本书精彩案例欣赏

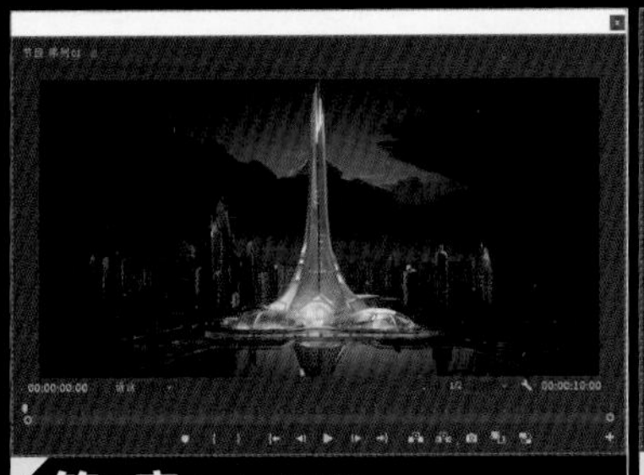

第2章 Premiere 的基本操作 创建浮动面板

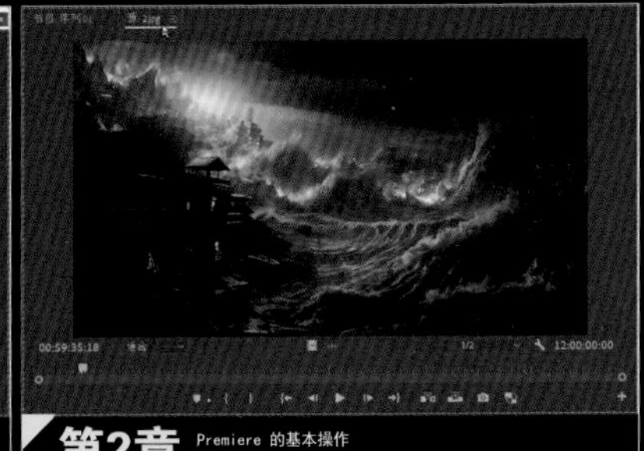

第2章 Premiere 的基本操作 移动面板

第3章 项目与素材管理 预览效果

第3章 项目与素材管理 查看安全区

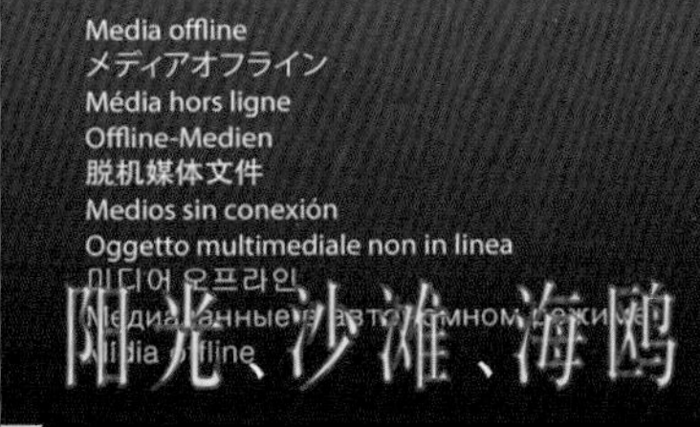

第3章 项目与素材管理 脱机文件

第3章 项目与素材管理 链接媒体

第3章 项目与素材管理 设置入点

第3章 项目与素材管理 设置出点

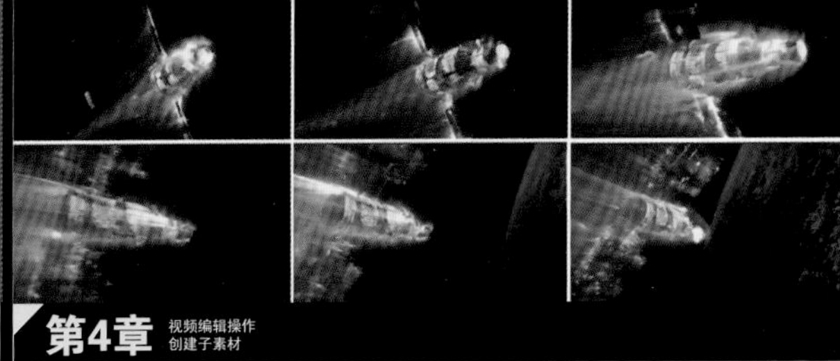

第4章 视频编辑操作 创建子素材

第3章 项目与素材管理 切换素材

第4章 视频编辑操作 设置素材入点

第4章 视频编辑操作 设置素材出点

第3章 项目与素材管理 创建倒计时片头

第4章 视频编辑操作 设置序列入点与出点

本书精彩案例欣赏

第5章 关键帧动画
制作发散的灯光

第5章 关键帧动画
制作飘落的花瓣

第6章 视频切换
在素材间添加过渡效果

本书精彩案例欣赏

第6章 视频切换 制作古诗诵读效果

第6章 视频切换 百叶窗过渡

第6章 视频切换 带状擦除过渡

第6章 视频切换 风车过渡

第6章 视频切换 划出过渡

第6章 视频切换 棋盘过渡

第6章 视频切换 时钟式擦除过渡

第6章 视频切换 双侧平推门过渡

第6章 视频切换 叠加溶解过渡

第6章 视频切换 非叠加溶解过渡

第6章 视频切换 交叉溶解过渡

第6章 视频切换 胶片溶解过渡

第6章 视频切换 VR光圈擦除过渡

第6章 视频切换 VR光线过渡

第6章 视频切换 VR环形模糊过渡

第6章 视频切换 VR漏光过渡

第6章 视频切换 VR色度泄漏过渡

本书精彩案例欣赏

第6章 视频切换 盒形划像过渡
第6章 视频切换 交叉划像过渡
第6章 视频切换 菱形划像过渡
第6章 视频切换 圆划像过渡
第7章 制作视频特效 变换效果素材
第7章 制作视频特效 垂直翻转效果
第7章 制作视频特效 水平翻转效果
第7章 制作视频特效 羽化边缘效果

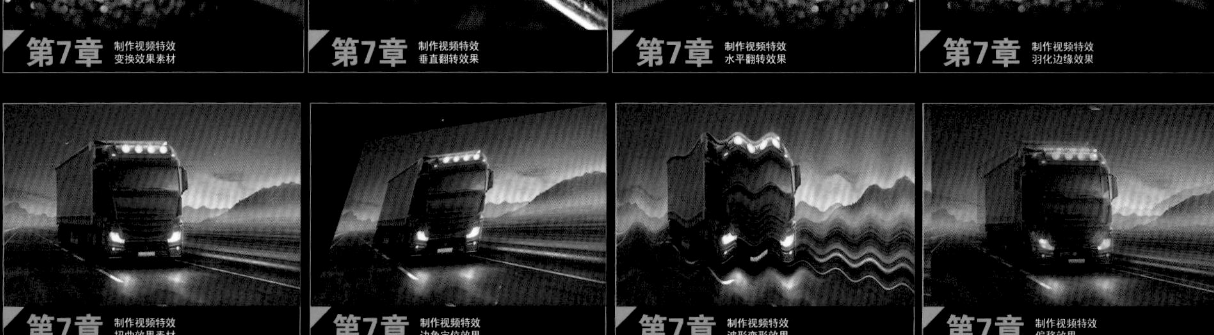
第7章 制作视频特效 扭曲效果素材
第7章 制作视频特效 边角定位效果
第7章 制作视频特效 波形变形效果
第7章 制作视频特效 偏移效果

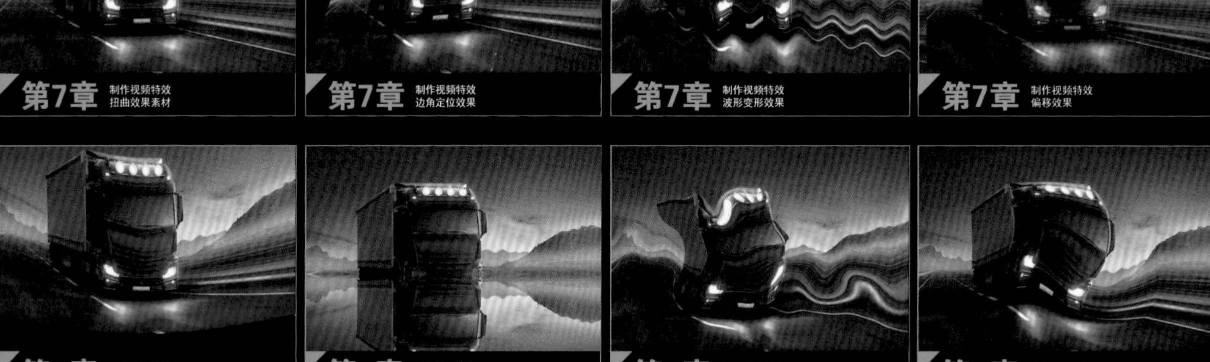
第7章 制作视频特效 镜头扭曲效果
第7章 制作视频特效 镜像效果
第7章 制作视频特效 湍流置换效果
第7章 制作视频特效 旋转扭曲效果

第7章 制作视频特效 模糊效果素材
第7章 制作视频特效 方向模糊效果
第7章 制作视频特效 高斯模糊效果
第7章 制作视频特效 相机模糊效果

第7章 制作视频特效 生成效果素材
第7章 制作视频特效 渐变效果
第7章 制作视频特效 镜头光晕效果
第7章 制作视频特效 四色渐变效果

本书精彩案例欣赏

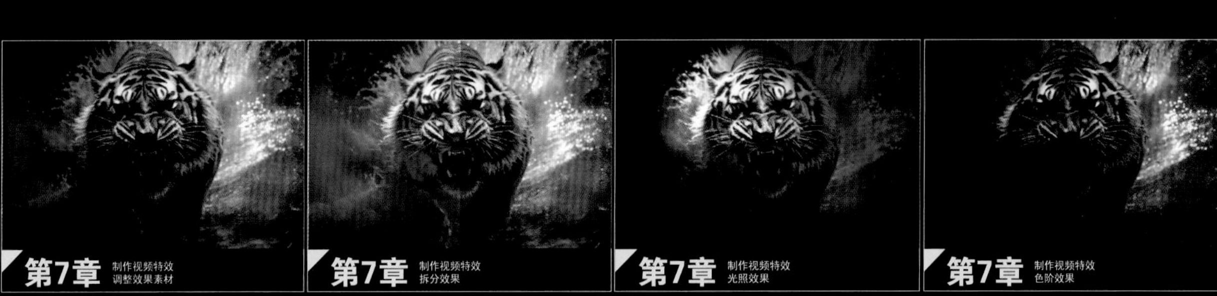
第7章 制作视频特效 调整效果素材
第7章 制作视频特效 拆分效果
第7章 制作视频特效 光照效果
第7章 制作视频特效 色阶效果

第7章 制作视频特效 颜色校正效果素材
第7章 制作视频特效 Lumetri 颜色效果
第7章 制作视频特效 亮度和对比度效果
第7章 制作视频特效 颜色平衡效果

第8章 抠像与合成 轨道1素材
第8章 抠像与合成 轨道2素材
第8章 抠像与合成 抠像效果

第8章 抠像与合成 超级键轨道1素材
第8章 抠像与合成 超级键轨道2素材
第8章 抠像与合成 超级键合成效果

第8章 抠像与合成 使用不透明度合成

本书精彩案例欣赏

第8章 抠像与合成 使用键控合成

第8章 抠像与合成 混合模式素材1

第8章 抠像与合成 混合模式素材2

第8章 抠像与合成 差值模式

第8章 抠像与合成 叠加模式

第8章 抠像与合成 亮光模式

第8章 抠像与合成 滤色模式

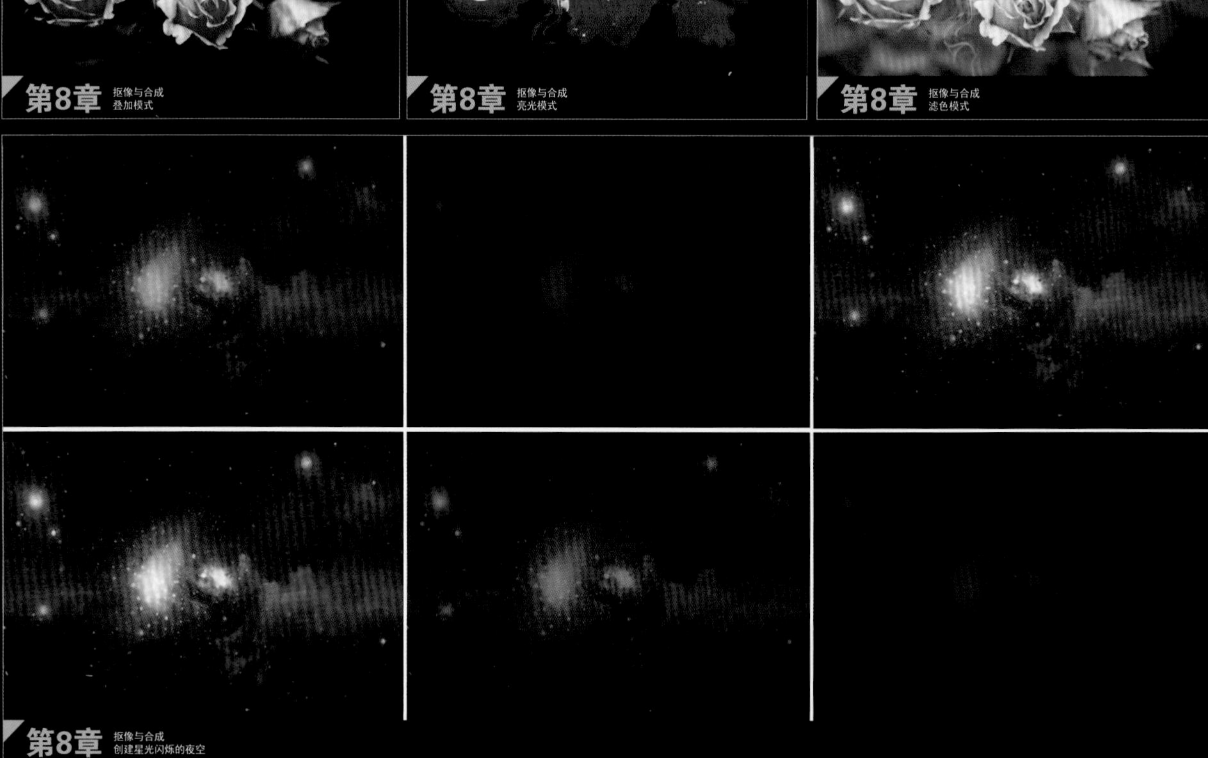

第8章 抠像与合成 创建星光闪烁的夜空

本书精彩案例欣赏

第8章 抠像与合成
制作消失的云烟

第8章 抠像与合成
创建蒙版跟踪效果

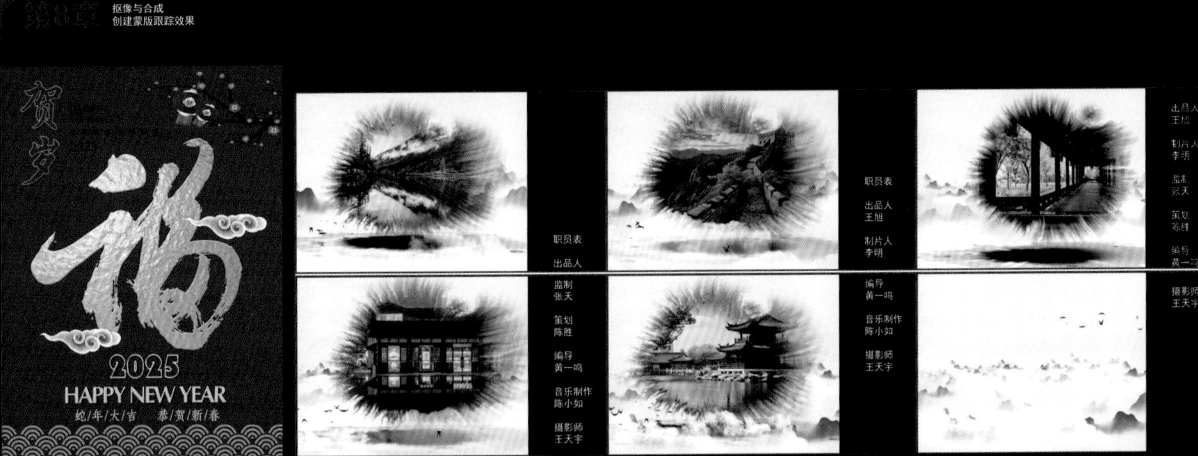

第9章 创建文字与图形
创建文字

第9章 创建文字与图形
制作片尾字幕

本书精彩案例欣赏

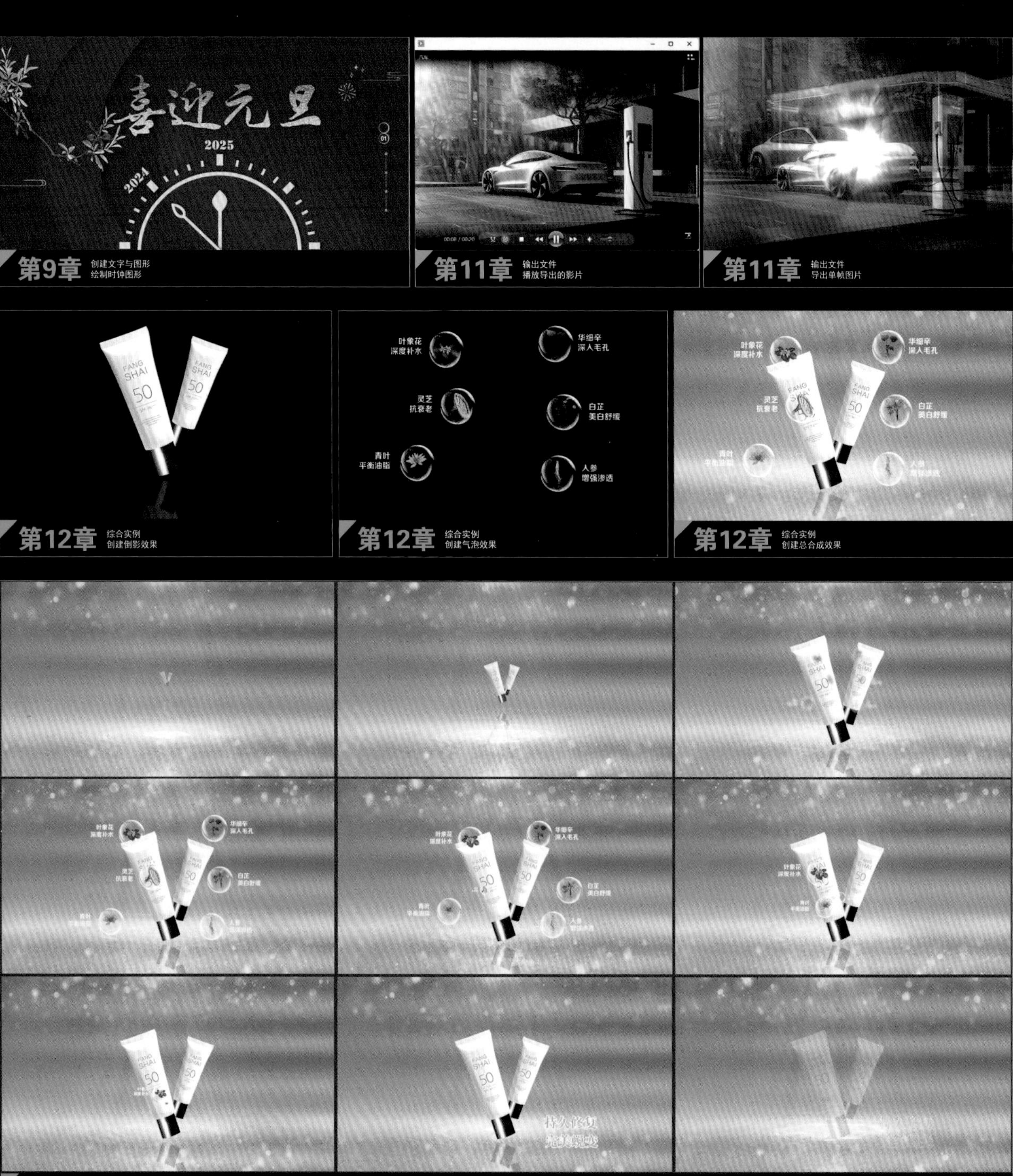
喜迎元旦
2025
2024
第9章 创建文字与图形 绘制时钟图形
第11章 输出文件 播放导出的影片
第11章 输出文件 导出单帧图片
第12章 综合实例 创建倒影效果
叶象花 深度补水
华细辛 深入毛孔
灵芝 抗衰老
白芷 美白舒缓
青叶 平衡油脂
人参 增强渗透
第12章 综合实例 创建气泡效果
第12章 综合实例 创建总合成效果
第12章 综合实例 化妆品广告展示效果

高等院校计算机应用系列教材

王宇 刘香军 侯伟萍 编著

Premiere Pro 2024 视频编辑标准教程（微课版）（全彩版）

清华大学出版社

内 容 简 介

Premiere 是用于制作视频的编辑软件，是视频编辑爱好者和专业人员必不可少的工具之一。本书详细地介绍了 Premiere Pro 2024 中文版在影视后期制作方面的主要功能和应用技巧。本书共 12 章，第 1 章介绍视频编辑基础知识；第 2~11 章介绍 Premiere 的软件知识，并配以大量实用的操作练习和实例，让读者在轻松的学习过程中快速掌握软件的使用技巧，同时达到对软件知识学以致用的目的；第 12 章主要讲解 Premiere 在影视后期制作领域的综合案例。

本书知识讲解由浅入深、内容丰富、结构合理、思路清晰、语言简洁流畅、实例典型，书中的所有实例配有教学视频，让学习变得更加轻松、方便。

本书适合用作相关院校广播电视类专业、影视艺术类专业和数字传媒类专业的教材，也适合用作影视后期制作人员的自学参考书。

本书配套的电子课件和实例源文件可以到 http://www.tupwk.com.cn/downpage 网站下载，也可以扫描前言中的“配套资源”二维码获取。扫描前言中的“看视频”二维码可以直接观看教学视频。

图书在版编目(CIP)数据

Premiere Pro 2024视频编辑标准教程 : 微课版 : 全彩版 / 王宇, 刘香军, 侯伟萍编著. -- 北京 : 清华大学出版社, 2025. 5. -- (高等院校计算机应用系列教材).
ISBN 978-7-302-68643-9

Ⅰ. TP317.53

中国国家版本馆CIP数据核字第2025GB9290号

责任编辑：胡辰浩　袁建华
封面设计：高娟妮
版式设计：妙思品位
责任校对：成凤进
责任印制：丛怀宇

出版发行：清华大学出版社
网　址：https://www.tup.com.cn，https://www.wqxuetang.com
地　址：北京清华大学学研大厦A座　**邮　编：**100084
社 总 机：010-83470000　**邮　购：**010-62786544
投稿与读者服务：010-62776969，c-service@tup.tsinghua.edu.cn
质 量 反 馈：010-62772015，zhiliang@tup.tsinghua.edu.cn
印 装 者：三河市龙大印装有限公司
经　销：全国新华书店
开　本：203mm×260mm　**印　张：**14.5　**插　页：**4　**字　数：**438千字
版　次：2025年5月第1版　**印　次：**2025年5月第1次印刷
定　价：89.00元

产品编号：103427-01

Preface 前言

Premiere 是目前影视后期制作领域应用广泛的视频编辑软件之一，因其强大的视频编辑处理功能而备受用户的青睐。

本书主要面向 Premiere Pro 2024 的初中级读者，从视频编辑初中级读者的角度出发，合理安排知识点，运用简洁流畅的语言，结合丰富实用的练习和实例，由浅入深地讲解 Premiere 在视频编辑领域中的应用，让读者在最短的时间内学习到最实用的知识，轻松掌握 Premiere 在影视后期制作专业领域中的应用方法和技巧。

本书共 12 章，具体内容如下。

第 1 章主要讲解视频编辑基础知识，包括非线性编辑技术、视频基本概念、视频和音频的常见格式、音视频编码解码器等内容。

第 2 ～ 4 章主要讲解 Premiere 基本操作、项目和序列，包括首选项的设置、快捷键的创建与修改、新建项目、项目与素材管理、序列的创建与设置、素材持续时间的修改、素材入点和出点的设置等。

第 5 ～ 8 章主要讲解 Premiere 的视频动画、视频效果和视频过渡相关知识，包括动画效果的制作、视频过渡的添加和设置、视频效果的添加和设置，以及视频抠像与合成等。

第 9 章主要讲解 Premiere 的文本与图形的创建，包括文本的创建、文本属性的设置、文本样式，以及绘制与编辑图形等。

第 10 章主要讲解 Premiere 的音频编辑，包括音频基础知识、音频的基本操作、音频编辑、应用音频特效和音轨混合器等内容。

第 11 章主要讲解 Premiere 的作品输出，包括对项目作品进行影片的导出与设置、图片的导出与设置，以及音频的导出与设置等。

第 12 章以制作产品广告为例，讲解 Premiere Pro 2024 在影视编辑中的具体操作方法、流程和技巧，帮助读者掌握 Premiere 在实际视频编辑工作中的应用，并达到举一反三的效果。

本书内容丰富、结构清晰、图文并茂、通俗易懂，适合以下读者学习和使用。

(1) 从事影视后期制作的工作人员。

(2) 对影视后期制作感兴趣的业余爱好者。

(3) 计算机培训班里学习影视后期制作的学员。

(4) 高等院校相关专业的学生。

前言

本书的编写分工：王宇编写了第1、4、6、7章，刘香军编写了第2、8、9、12章，侯伟萍编写了第3、5、10、11章。我们真切希望读者在阅读本书之后，不仅能拓宽视野、提升实践操作技能，而且能总结操作的经验和规律，达到灵活运用的水平。

由于编者水平有限，书中纰漏和考虑不周之处在所难免，欢迎读者予以批评、指正。我们的邮箱是992116@qq.com，电话是010-62796045。

本书配套的电子课件和实例源文件可以到http://www.tupwk.com.cn/downpage网站下载，也可以扫描下方的“配套资源”二维码获取。扫描下方的“看视频”二维码可以直接观看教学视频。

扫描下载

配套资源

扫一扫

看视频

作　者

2025年1月

Contents 目录

第1章 视频编辑基础知识

第2章 Premiere的基本操作

目录

目录

第 6 章 视频切换

第 7 章　制作视频特效

第 8 章　抠像与合成

第 9 章 创建文字与图形

第 10 章 音频编辑

第 11 章 输出文件

第 12 章　综合实例

第1章 视频编辑基础知识

随着自媒体和社交媒体的兴起，越来越多的创作者开始注重视频内容的质量，视频剪辑的应用也越来越广泛，视频剪辑师的职业发展前景也越来越广阔。视频编辑技术经过多年的发展，已由最初直接剪接胶片的形式发展到现在借助计算机进行数字化编辑的阶段，进入了非线性编辑的数字化时代。在学习视频编辑之前，首先需要对视频编辑基础知识有充分的了解和认识。

本章将介绍视频基础知识，包括非线性编辑技术、视频基本概念、视频和音频的常见格式、常用的音视频编码解码器等内容。

1.1　非线性编辑概述

随着电影的产生和发展，视觉表现力的丰富与完善，以及电影细节具体分工的产生，剪辑与合成作为重要的部分应运而生。到目前为止，影视编辑的发展共经历了物理剪辑方式、电子编辑方式、时码编辑方式、线性编辑方式和非线性编辑方式等阶段。1970 年，美国率先研制出非线性编辑系统。这种早期的模拟非线性编辑系统将图像信号以调频方式记录在磁盘上，可以随机确定编辑点。

1.1.1　非线性编辑的概念

非线性编辑(简称非编)是借助计算机来进行数字化制作，集录像、编辑、特技、动画、字幕、同步、切换、调音、播出等多种功能于一体，改变了人们剪辑素材的传统观念，克服了传统编辑设备的缺点，提高了视频编辑的效率。Premiere采用的便是非线性编辑技术。

从狭义上讲，非线性编辑是指剪切、复制和粘贴素材时无须在存储介质上重新排列它们；而传统的录像带编辑、素材存放都是有次序的。从广义上讲，非线性编辑是指在用计算机编辑视频的同时，还能实现诸多的处理效果，如特技等。

非线性编辑系统是指把输入的各种音视频信号进行A/D(模/数)转换，采用数字压缩技术将其存入计算机硬盘。非线性编辑没有采用磁带，而是使用硬盘作为存储介质，记录数字化的音视频信号。由于硬盘可以满足在(1/25)秒(PAL)内完成任意一幅画面的随机读取和存储，因此可以实现音视频编辑的非线性。

1.1.2　非线性编辑的特点

相对于线性编辑的制作途径，非线性编辑是在计算机中利用数字信息进行的视频、音频编辑，只需要使用鼠标和键盘就可以完成视频编辑的操作。非线性编辑的特点体现在以下几点。

1. 浏览素材

在查看存储在磁盘上的素材时，非线性编辑系统具有极大的灵活性。可以用正常速度播放，也可以快速重放、慢放和单帧播放，播放速度可无级调节，也可反向播放。

2. 帧定位

在确定帧时，非线性编辑系统的最大优点是可以实时定位，既可以手动操作进行粗略定位，也可以使用时间码精确定位到编辑点。

3. 调整素材长度

在调整素材长度时，非线性编辑系统通过时间码可实现精确到帧的编辑，同时吸取了影片剪辑简便且直观的优点，可以参考编辑点前后的画面直接进行手工剪辑。

4. 组接素材

非线性编辑系统中各段素材的相互位置可以随意调整。在编辑过程中，可以随时删除节目中的一个或多个镜头，或向节目中的任一位置插入一段素材，也可以实现磁带编辑中常用的插入和组合编辑。

5. 素材联机和脱机

大多数非线性编辑系统采用联机编辑方式工作，这种编辑方式可提高编辑效率，但同时也受到素材硬盘存储容量的限制。

6. 复制素材

非线性编辑系统中使用的素材全都以数字格式存储，因此在复制一段素材时，不会像磁带复制那样引起画面质量的下降。

7. 视频软切换

在剪辑多机拍摄的素材或同一场景多次拍摄的素材时，可以在非线性编辑系统中采用软切换的方法模拟切换台的功能。首先保证多轨视频精确同步，然后选择其中的一路画面输出，切换点可根据节目要求任意设定。

8. 视频特效

在非线性编辑系统中制作特效时，一般可以在调整特效参数的同时观察特效对画面的影响，尤其是软件特效，还可以根据需要扩充和升级。

9. 字幕制作

字幕与视频画面的合成方式有软件和硬件两种。软件字幕实际上使用了特技抠像的方法进行处理，生成的时间较长，一般不适合制作字幕较多的节目。

10. 音频编辑

大多数基于个人计算机的非线性编辑系统能直接从CD唱片、MIDI文件中录制波形声音文件，波形声音文件可以直接在屏幕上显示音量的变化，使用编辑软件进行多轨声音的合成时，一般也不受总的音轨数量的限制。

11. 动画制作与画面合成

由于非线性编辑系统的出现，动画的逐帧录制设备已基本被淘汰。非线性编辑系统除了可以实时录制动画，还能通过抠像实现动画与实拍画面的合成，极大地丰富了节目制作的手段。

1.2 视频的基本概念

在使用 Premiere 进行视频编辑的工作中，经常会遇到帧、帧速率、像素等概念。因此，在学习视频编辑前，首先需要了解一下视频的基本概念。

1.2.1 帧

电视、电影中的影片虽然都是动画影像，但这些影片其实都是由一系列连续的静态图像组成的，单位时间内的这些静态图像就称为帧。

1.2.2 帧速率

帧速率是指电视或显示器上每秒钟扫描的帧数。帧速率的大小决定了视频播放的平滑程度。帧速率越高，动画效果越平滑，反之就会越阻塞。在Premiere中，帧速率是非常重要的，它能帮助测定项目中动作的平滑度。通常，项目的帧速率与视频影片的帧速率相匹配。

北美和日本的标准帧速率是29.97帧/秒；欧洲的标准帧速率是25帧/秒。电影的标准帧速率是24帧/秒。新高清视频摄像机也可以24帧/秒(准确来说是23.976帧/秒)的帧速率进行录制。

1.2.3 关键帧

关键帧是素材中的一个特定帧，它被标记是为了特殊编辑或控制整个动画。

1.2.4 视频制式

大家平时看到的电视节目都是经过视频处理后进行播放的。由于世界上各个国家对电视视频制定的标准不同，故其制式也有一定的区别，各种制式的区别主要表现在帧速率、分辨率、信号带宽等方面，现行的彩色电视制式有NTSC、PAL和SECAM 3种。

1.2.5 像素

像素是图像编辑中的基本单位。像素是一个个有色方块，图像由许多像素以行和列的方式排列而成。文件包含的像素越多，其所含的信息也越多，所以文件越大，图像品质也就越好。

1.2.6 场

视频素材分为交错视频和非交错视频。交错视频的每一帧由两个场构成，称为场1和场2，也称为奇场和偶场，在Premiere中称为上场和下场，这些场按照顺序显示在NTSC或PAL制式的显示器上，产生高质量的平滑图像。

1.2.7 视频画幅

数字视频作品的画幅大小决定了Premiere项目的宽度和高度。在Premiere中，画幅大小是以像素为单位进行计算的。在Premiere中，也可以在画幅大小不同于原始视频画幅大小的项目中进行工作。

1.2.8 像素纵横比

在DV出现之前，多数台式计算机视频系统中使用的标准画幅大小是640×480像素，即4∶3，因此640×480像素的画幅大小非常符合电视的纵横比。但是，在使用720×480像素或720×486像素的DV画幅大小进行工作时，图像不是很清晰。这是由于如果创建的是720×480像素的画幅大小，那么纵横比就是3：2，而不是4：3的电视标准，因此，需要使用矩形像素将720×480像素压缩为4：3的纵横比。

知识点滴：

在 Premiere 中创建 DV 项目时，可以看到 DV 像素纵横比被设置为 0.9 而不是 1。此外，如果在 Premiere 中导入画幅大小为 720×480 像素的影片，那么像素纵横比将自动被设置为 0.9。

1.2.9 时间码

在视频编辑中，通常用时间码来识别和记录视频数据流中的每一帧，从一段视频的起始帧到终止帧，其间的每一帧都有一个唯一的时间码地址。根据动画和电视工程师协会(SMPTE)使用的时间码标准，其格式为小时:分钟:秒:帧。一段长度为00:02:31:15的视频片段的播放时间为2分31秒15帧，如果以30帧/秒的速率播放，则播放时间为2分31.5秒。

知识点滴：

由于技术的原因，NTSC 制式实际使用的帧速率是 29.97 帧 / 秒，而不是 30 帧 / 秒，因此在时间码与实际播放时间之间有 0.1% 的误差。为了解决这个误差问题，设计了丢帧格式，即在播放时每分钟要丢两帧，这样可以保证时间码与实际播放时间一致。

1.3 常见的视频和音频格式

在学习使用Premiere进行视频编辑之前，读者需要了解常见的视频格式和音频格式。

1.3.1 常见的视频格式

目前对视频压缩编码的方法有很多种，应用的视频格式也就有很多种，其中最有代表性的就是MPEG数字视频格式和AVI数字视频格式。下面介绍几种常用的视频格式。

1. AVI(Audio/Video Interleave) 格式

这是一种专门为微软公司的Windows环境设计的数字视频文件格式，这种视频格式的好处是兼容性好、调用方便、图像质量好，缺点是占用的空间大。

2. MPEG(Motion Picture Experts Group) 格式

该格式包括MPEG-1、MPEG-2、MPEG-4。MPEG-1被广泛应用于VCD的制作和网络上一些供下载的视频片段，使用MPEG-1的压缩算法可以把一部120分钟长的非视频文件的电影压缩到1.2GB左右。MPEG-2则应用在DVD的制作方面，相对于MPEG-1的压缩算法，MPEG-2可以制作出在画质等方面性能

远远超过MPEG-1的视频文件，但是容量也不小，为4～8GB。MPEG-4是一种新的压缩算法，可以将用MPEG-1压缩成1.2GB的文件压缩到300MB左右，供网络播放。

3. ASF(Advanced Streaming Format) 格式

这是微软公司为了和现在的Real Player竞争而创建的一种可以直接在网上观看视频节目的流媒体文件压缩格式，即一边下载一边播放，不用存储到本地硬盘上。

4. nAVI(newAVI) 格式

这是一种新的视频格式，由ASF的压缩算法修改而来，它拥有比ASF更高的帧速率，但是以牺牲ASF的视频流特性为代价。也就是说，它是非网络版本的ASF。

5. DIVX 格式

该格式的视频编码技术可以说是一种对DVD造成威胁的新生视频压缩格式。由于它使用的是MPEG-4压缩算法，因此可以在对文件尺寸进行高度压缩的同时，保留非常清晰的图像质量。

6. QuickTime 格式

QuickTime(MOV)格式是苹果公司创建的一种视频格式，在图像质量和文件尺寸的处理上具有很好的平衡性。

7. Real Video(RA、RAM) 格式

该格式主要定位于视频流应用方面，是视频流技术的创始者。该格式可以在56kb/s调制解调器的拨号上网条件下实现不间断的视频播放，因此必须通过损耗图像质量的方式来控制文件的大小，图像质量通常较差。

1.3.2 常见的音频格式

音频是指一个用来表示声音强弱的数据序列，由模拟声音经采样、量化和编码后得到。音频的常见格式有WAV、MP3、Real Audio、MP3 Pro、MP4、MIDI、WMA、VQF等，下面进行具体介绍。

1. WAV 格式

WAV格式是微软公司开发的一种声音文件格式，也称为波形声音文件，是最早的数字音频格式，Windows平台及其应用程序都支持这种格式。这种格式支持多种音频位数、采样频率和声道。标准的WAV格式和CD格式一样，也是44.1kHz的采样频率，速率为88kb/s，16位量化位数，因此WAV格式的音质和CD格式的差不多，也是目前广为流行的声音文件格式。

2. MP3 格式

MP3的全称为“MPEG Audio Layer-3”。Layer-3是Layer-1、Layer-2以后的升级版产品。与其前身相比，Layer-3具有最好的压缩率，并被命名为MP3，其应用最为广泛。

3. Real Audio 格式

Real Audio是由Real Networks公司推出的一种文件格式，其最大的特点就是可以实时传输音频信息，现在主要用于网上在线音乐欣赏。

4. MP3 Pro 格式

MP3 Pro由瑞典的Coding科技公司开发，其中包含两大技术：一是来自Coding科技公司所特有的解码技术；二是由MP3的专利持有者——法国汤姆森多媒体公司和德国Fraunhofer集成电路协会共同研发的一项译码技术。

5. MP4 格式

MP4是采用美国电话电报公司(AT&T)所开发的以“知觉编码”为关键技术的音乐压缩技术，由美国网络技术公司(GMO)及RIAA联合发布的一种新的音乐格式。MP4在文件中采用了保护版权的编码技术，只有特定用户才可以播放，这有效地保护了音乐版权。另外，MP4的压缩比达到1∶15，体积比MP3更小，音质却没有下降。

6. MIDI 格式

MIDI(Musical Instrument Digital Interface)又称乐器数字接口，是数字音乐电子合成乐器的国际统一标准。它定义了计算机音乐程序、数字合成器及其他电子设备之间交换音乐信号的方式，规定了不同厂家的电子乐器与计算机连接的电缆、硬件及设备的数据传输协议，可以模拟多种乐器的声音。

7. WMA 格式

WMA(Windows Media Audio)是由微软公司开发的用于Internet音频领域的一种音频格式。音质要强于MP3格式，更远胜于RA格式。WMA的压缩比一般可以达到1∶18，WMA格式还支持音频流技术，适合网上在线播放。

8. VQF 格式

VQF格式是由YAMAHA和NTT共同开发的一种音频压缩技术，它的核心是通过减少数据流量但保持音质的方法来达到更高的压缩比，压缩比可达到1∶18，因此相同情况下，压缩后的VQF文件的体积要比MP3的小30%~50%，更利于网络传播，同时音质极佳，接近CD音质(16位44.1kHz立体声)。

1.4 常用的编码解码器

在生成预演文件及最终节目影片时，需要选择一种合适的针对视频和音频的编码解码器程序。在计算机上预演或播放时，一般使用软件压缩方式；而在电视机上预演或播放时，则需要使用硬件压缩方式。

1.4.1 常用的视频编码解码器

在影片制作中，常用的视频编码解码器包括如下几种。

- Indeo Video 5.10：一种常用于在Internet上发布视频文件的压缩方式。
- Microsoft RLE：用于压缩包含大量平缓变化颜色区域的帧。
- Microsoft Video1：一种有损的空间压缩的编码解码器，支持深度为8位或16位的图像，主要用于压缩模拟视频。

- DiveX:MPEG-4Fast-Motion和DiveX:MPEG-4Low-Motion：当系统安装过MPEG-4的视频插件后，就会出现这两种视频编码解码器，用来输出MPEG-4格式的视频文件。
- Intel Indeo(TM) Video Raw：使用该视频编码解码器，能捕获图像质量极好的视频，其缺点是要占用大量的磁盘空间。

1.4.2 常用的音频编码解码器

在影片制作中，常用的音频编码解码器包括如下几种。

- Dsp Group True Speech (TM)：适用于压缩以低数据率在Internet上传播的语音。
- GSM 6.10：适用于压缩语音，在欧洲用于电话通信。
- Microsoft ADPCM：ADPCM是数字CD的格式，是一种用于将声音和模拟信号转换为二进制信息的技术，它通过一定的时间采样来取得相应的二进制数，是能存储CD质量音频的常用数字化音频格式。
- IMA：由Interactive Multimedia Association (IMA)开发的、关于ADPCM的一种实现方案，适用于压缩交叉平台上使用的多媒体声音。
- CCITTU和CCITT：适用于语音压缩，用于国际电话与电报通信。

知识点滴：

默认情况下，Premiere 支持 AVI、MEPG、WMA、WMV、ASF、MP3、WAV、AIF、SDI 等多种常见的视频和音频格式。如果用户需要在 Premiere 中导入其他 Premiere 不支持的视频格式的素材文件，就需要安装相应的视频和音频解码器软件。例如，如果在 Premiere 中导入 MOV 视频格式的素材，出现不支持该格式的提示时，就可以通过安装 QuickTime 软件来解决该问题。

1.5 高手解答

问：非线性编辑相比线性编辑的优势是什么？

答：线性编辑的主要特点是录像带必须按一定顺序编辑。因此，线性编辑只能按照视频的先后播放顺序进行编辑工作；非线性编辑借助计算机来进行数字化制作，几乎所有的工作都在计算机中完成，不再需要那么多的外部设备，对素材的调用也是瞬间实现，不用反反复复地在磁带上寻找，突破单一的时间顺序编辑限制，可以按各种顺序排列，具有快捷简便、随机的特性。非线性编辑只要上传一次就可以进行多次编辑，信号质量始终不会变差，所以节省了设备、人力，提高了效率。

问：哪种视频格式是专门为微软 Windows 环境设计的数字视频文件格式，这种视频格式的优点是什么？

答：AVI(Audio/Video Interleave) 格式是专门为微软 Windows 环境设计的数字视频文件格式，这个视频格式的优点是兼容性好、调用方便、图像质量好，缺点是占用空间大。

问：哪种视频格式被广泛应用于 VCD 的制作和网络上一些供下载的视频片段？

答：MPEG 视频格式被广泛应用于 VCD 的制作和网络上一些供下载的视频片段。

第2章 Premiere的基本操作

Premiere是目前流行的非线性编辑软件之一，是一款强大的数字视频编辑工具。Premiere Pro 2024作为最新版本的视频编辑软件，拥有前所未有的视频编辑能力和灵活性，是视频爱好者们使用最多的视频编辑软件之一。本章将介绍Premiere基本操作，包括Premiere的安装与卸载、Premiere工作界面的调整，以及Premiere首选项设置和快捷键的创建与修改等内容。

练习实例：卸载旧版本的Premiere
练习实例：将面板创建为浮动面板
练习实例：打开和关闭指定的面板
练习实例：调整各个面板的大小
练习实例：改变面板的位置
练习实例：创建快捷键
练习实例：修改快捷键

2.1 Premiere 基础知识

Premiere是一款视频编辑软件，在学习使用Premiere进行视频编辑之前，需要先了解Premiere的基础知识。

2.1.1 Premiere 的功能与作用

Premiere拥有创建动态视频作品所需的所有工具，无论是为Web创建一段简单的剪辑视频，还是创建复杂的纪录片、摇滚视频、艺术影片、宣传片或婚礼视频，Premiere都是最佳的视频编辑工具之一。

使用Premiere可以完成下列工作任务。

- 将数字视频素材编辑为完整的数字视频作品。
- 从摄像机或录像机采集视频。
- 从麦克风或音频播放设备采集音频。
- 加载数字图形、视频和音频素材库。
- 对素材添加视频过渡和视频特效。
- 创建字幕和动画字幕特效，如滚动或旋转字幕等。

2.1.2 安装与卸载 Premiere

本节将介绍Premiere的安装与卸载方法，该软件的安装和卸载操作与其他软件基本相同。

1. 安装 Premiere Pro 2024 的系统需求

随着软件版本的不断更新，Premiere的视频编辑功能也越来越强，同时文件的安装大小也“与日俱增”。为了让用户完美地应用Premiere的所有功能，安装Premiere Pro 2024时对计算机的配置提出了一定要求，如表2-1所示。安装Premiere Pro 2024必须使用64位Windows 10或更高版本的Windows操作系统。

表 2-1　安装 Premiere Pro 2024 的系统需求

操作系统与硬件	要求
操作系统	Windows：需要Windows 10(64位)版本20H2及以上，或Windows 11。建议使用最新的操作系统版本，以确保兼容性和性能； macOS：需要macOS 11(Big Sur)及以上版本，建议使用最新的macOS版本，以获得最佳的兼容性和性能支持
处理器	英特尔®第7代或更高版本的CPU，支持64位，或相当的AMD
浏览器	Internet Explorer 10或更高版本
内存	16GB RAM(建议使用32GB RAM或更高)
显示器分辨率	1920×1080像素或更高
磁盘空间	安装需要8GB，建议500GB以上，以保持顺畅运行
显卡	如果剪辑1080P视频，显卡显存容量建议大于4GB；如果剪辑4K视频，显存容量建议大于6GB

2. 安装 Premiere Pro 2024

Premiere Pro 2024的安装十分简单。如果计算机中已经有其他版本的Premiere软件，则不必卸载其他版本的软件，只需要将运行的相关软件关闭即可，然后打开Premiere Pro 2024安装文件夹，双击Setup.exe安装文件图标，再根据向导提示即可进行安装。

3. 卸载 Premiere

如果要将计算机中的Premiere应用程序删除，可以通过设置面板将其卸载。卸载Premiere应用程序的方法如下。

练习实例：卸载旧版本的 Premiere。	
文件路径	第 2 章 \
技术掌握	卸载 Premiere

01 单击屏幕左下方的“开始”菜单按钮，在弹出的菜单中选择“设置”命令，如图2-1所示。

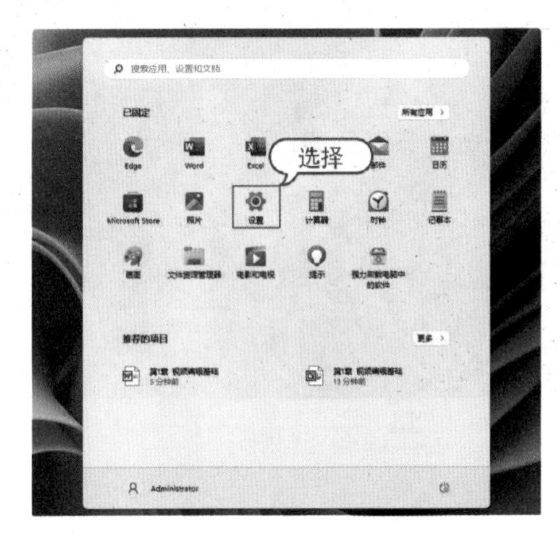

图 2-1　选择“设置”命令

02 在弹出的窗口中单击“应用”链接，如图2-2所示。

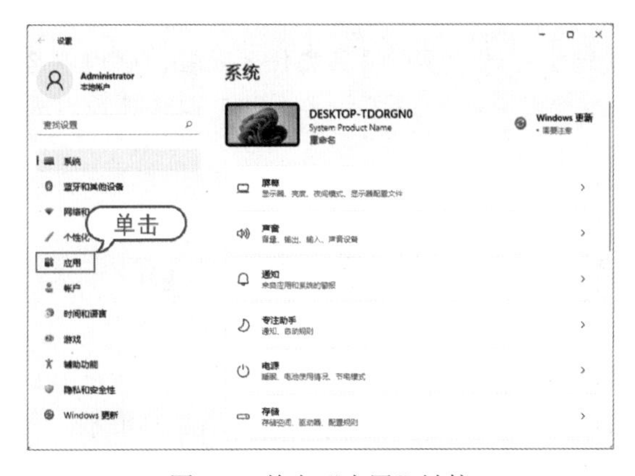

图 2-2　单击“应用”链接

03 在新出现的窗口中单击“应用和功能”选项，如图2-3所示。

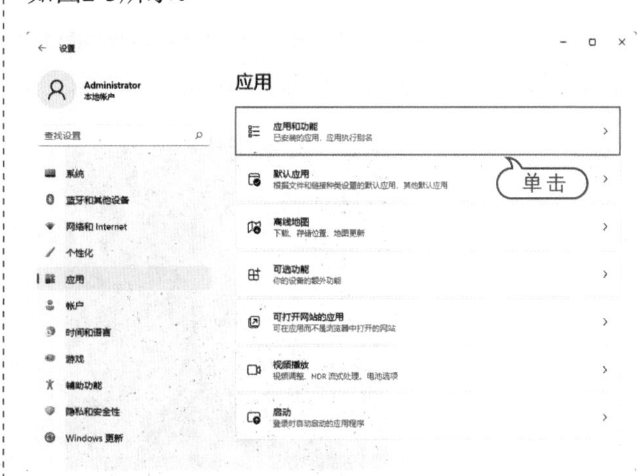

图 2-3　单击“应用和功能”选项

04 在应用程序列表中找到要卸载的Premiere程序，然后单击该程序选项右侧的“更多”按钮⋮，然后在弹出的菜单中选择“卸载”命令，即可卸载指定的Premiere程序，如图2-4所示。

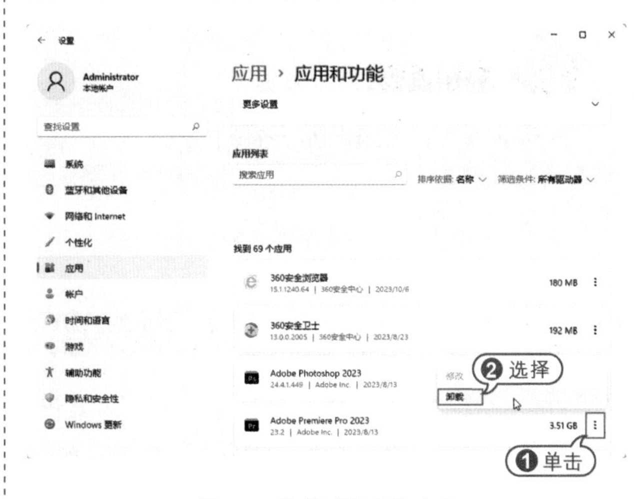

图 2-4　选择“卸载”命令

2.2 Premiere Pro 2024 的工作界面

为了方便使用Premiere Pro 2024进行视频编辑，首先需要熟悉Premiere Pro 2024的工作界面。

2.2.1 启动 Premiere Pro 2024

同启动其他应用程序一样，安装好Premiere Pro 2024后，可以通过以下两种方法来启动Premiere Pro 2024应用程序。

- 双击桌面上的Premiere Pro 2024快捷图标，启动Premiere Pro 2024。
- 在“开始”菜单中找到并单击Adobe Premiere Pro 2024命令，启动Premiere Pro 2024。

执行上述操作后，可以进入程序的启动界面，如图2-5所示。随后将出现如图2-6所示的主页界面，通过该界面，可以打开最近编辑的几个影片项目文件，以及执行新建项目、打开项目等操作。

图 2-5　启动界面

图 2-6　主页界面

- 新建项目：单击此按钮，可以创建一个新的项目文件并进行视频编辑。
- 打开项目：单击此按钮，可以打开一个计算机中已有的项目文件。

知识点滴：

默认状态下，Adobe Premiere Pro 2024可以显示用户最近使用过的多个项目文件的路径，它们以名称列表的形式显示在“最近使用项”一栏中，用户只需单击所要打开项目的文件名，就可以快速地打开该项目文件。

2.2.2 认识 Premiere Pro 2024 的工作界面

启动Premiere Pro 2024，新建或打开一个项目，可以进入Premiere Pro 2024的工作界面。Premiere Pro 2024的工作界面主要由菜单栏和各个功能面板组成，如图2-7所示。常用的功能面板包括工具面板、项目面板、源监视器面板、节目监视器面板、时间轴面板、效果控件面板、效果面板、音轨混合器面板、信息面板等。

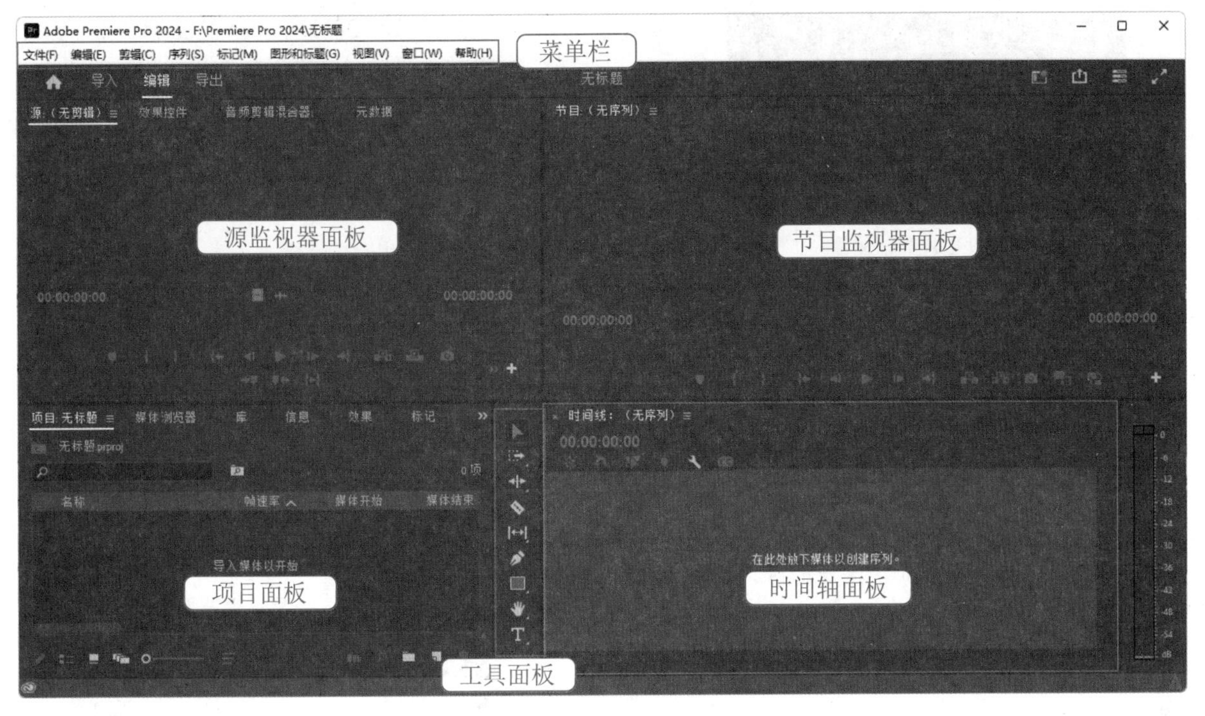

图 2-7 Premiere Pro 2024 的工作界面

知识点滴：

当功能面板处于打开的状态时，“窗口”菜单中对应的面板命令前面会出现一个√号。如果面板没有被打开，在“窗口”菜单中选择对应的面板命令即可打开该面板。

Premiere Pro 2024的功能面板是使用Premiere进行视频编辑的重要工具，主要包括项目面板、时间轴面板、监视器面板等功能面板，下面介绍其中常用面板的主要功能。

1. 项目面板

如果所工作的项目中包含许多视频、音频素材和其他作品元素，那么应该重视Premiere的项目面板。在项目面板中开启“预览区域”后，可以单击“播放-停止切换”按钮▶来预览素材，如图2-8所示。

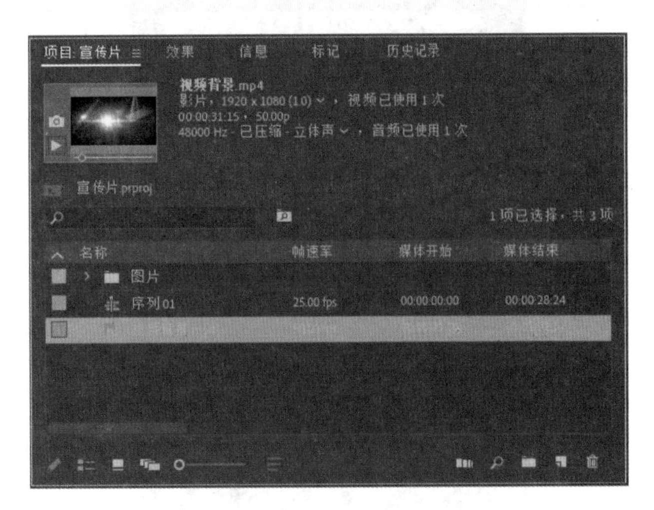

图 2-8 项目面板

2. 时间轴面板

创建序列后，在时间轴面板中可以组合项目的视频与音频序列、特效、字幕和切换效果，如图2-9所示。时间轴并非仅用于查看，它也是可交互的。使用鼠标把视频和音频素材、图形和字幕从项目面板拖动到时间轴面板中即可构建自己的作品。

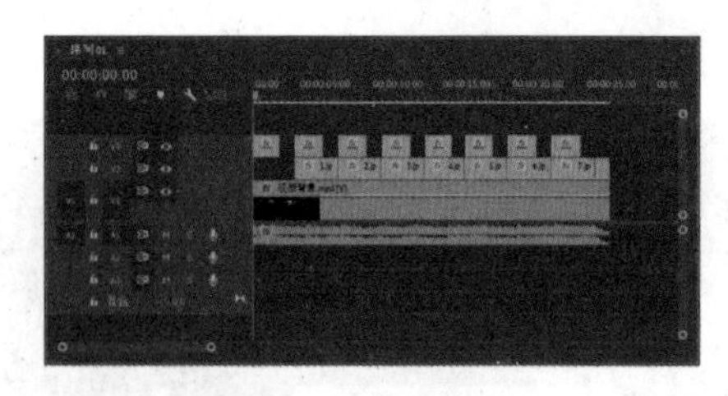

图 2-9　时间轴面板

3. 监视器面板

监视器面板主要用于在创建作品时对作品进行预览。Premiere Pro 2024提供了3种不同的监视器面板：源监视器面板、节目监视器面板和参考监视器面板。

- 源监视器面板：源监视器面板用于预览还未添加到时间轴的视频序列中的源影片，如图2-10所示。可以使用源监视器面板设置素材的入点和出点，然后将它们插入或覆盖到自己的作品中。源监视器面板也可以显示音频素材的音频波形，如图2-11所示。

图 2-10　源监视器面板

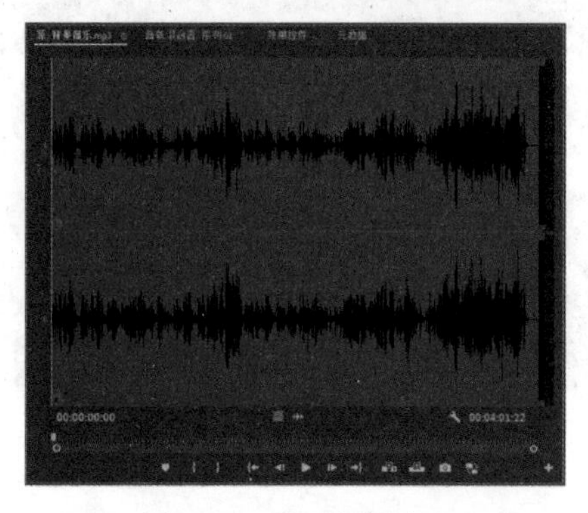

图 2-11　显示音频波形

- 节目监视器面板：节目监视器面板用于预览时间轴视频序列中组装的素材、图形、特效和切换效果，如图2-12所示。要在节目监视器面板中播放序列，只需单击“播放-停止切换”按钮▶或按空格键即可。如果在Premiere中创建了多个序列，可以在节目监视器面板的序列列表中选择其他序列作为当前的节目内容，如图2-13所示。

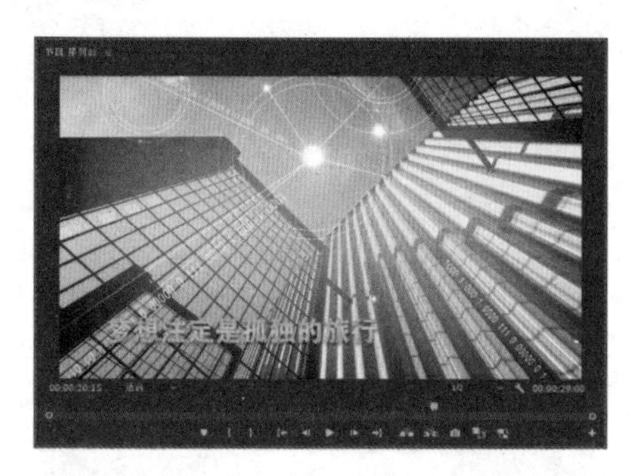

图 2-12　节目监视器面板

图 2-13　选择其他序列

- 参考监视器面板：在许多情况下，参考监视器是另一个节目监视器。许多Premiere编辑操作使用它来调整颜色和影调，因为在节目监视器面板中查看视频示波器(可以显示色调和饱和度级别)的同时，可以在参考监视器面板中查看实际的影片，如图2-14所示。

图 2-14　参考监视器面板

4. 效果面板

使用效果面板可以快速应用多种音频效果、视频效果和视频过渡。例如，“视频过渡”文件夹中包含了“内滑”“划像”“擦除”等过渡类型，如图2-15所示。

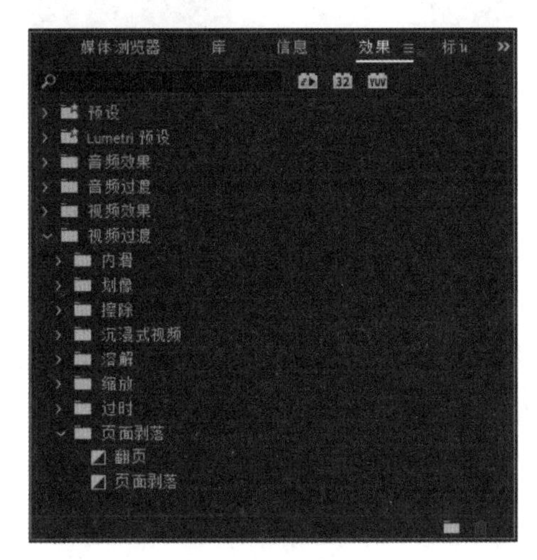

图 2-15　效果面板

5. 效果控件面板

为素材添加视频效果、视频过渡或音频效果后，可以在效果控件面板中设置相应的效果参数。图2-16所示的效果控件面板中包含了效果参数，以及其特有的时间轴和一个缩放时间轴的滑块控件。

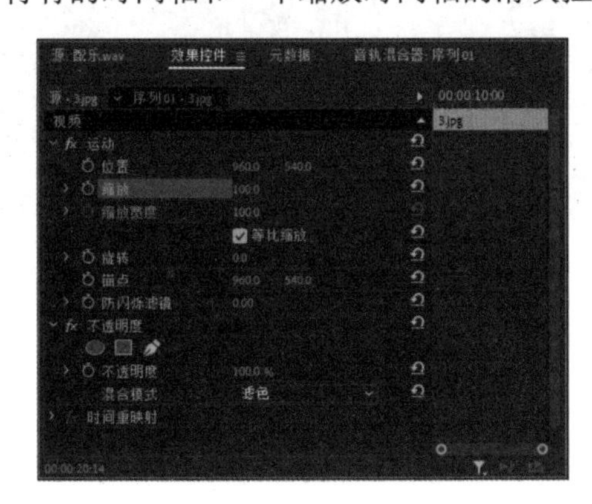

图 2-16　效果控件面板

6. 工具面板

Premiere工具面板中的工具主要用于在时间轴面板中编辑素材，如图2-17所示。在工具面板中单击某工具即可激活它。

7. 音轨混合器面板

使用音轨混合器面板可以混合不同的音频轨道、创建音频特效和录制叙述材料，如图2-18所示。使用音轨混合器可以查看混合音频轨道并应用音频特效。

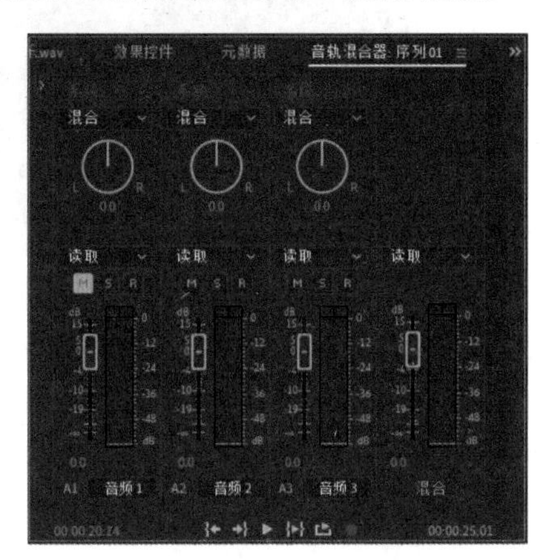

图 2-17　工具面板　　　图 2-18　音轨混合器面板

8. 信息面板

信息面板提供了关于素材和切换效果，乃至时间轴中空白间隙的重要信息。选择一段素材、切换效果或时间轴中的空白间隙后，可以在信息面板中查看素材或空白间隙的大小、持续时间，以及入点和出点，如图2-19所示。

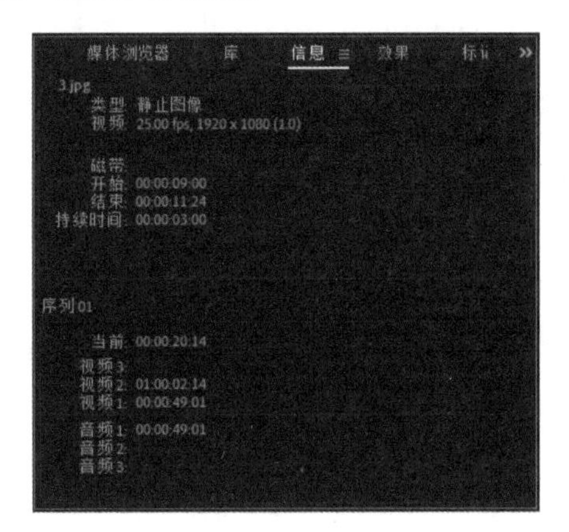

图 2-19　信息面板

9. 历史记录面板

使用Premiere的历史记录面板可以无限制地执行撤销操作。进行编辑工作时，历史记录面板会记录作品的制作步骤。要返回到项目的以前状态，只需单击历史记录面板中的历史状态即可，如图2-20所示。

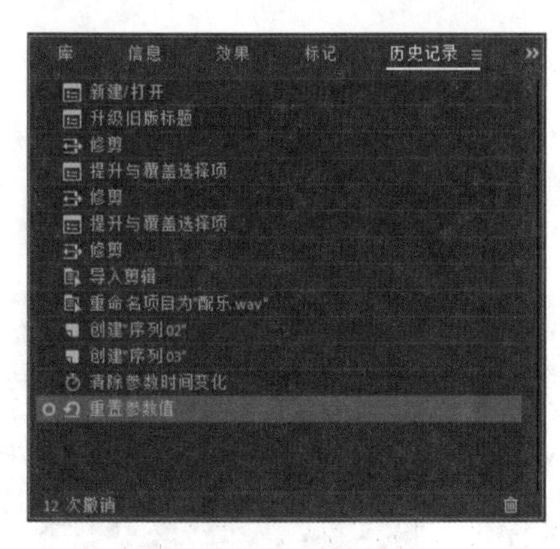

图 2-20　历史记录面板

单击历史记录面板中的历史状态并重新开始工作之后，历史将会被改写(返回历史状态的所有后续步骤都会从面板中移除，被新步骤取代)。如果想在面板中清除所有历史，可以单击面板右方的下拉菜单按钮，然后选择“清除历史记录”命令，如图2-21所示。要删除某个历史状态，可以在面板中选中它，然后单击面板右下方的“删除可重做的动作”按钮。

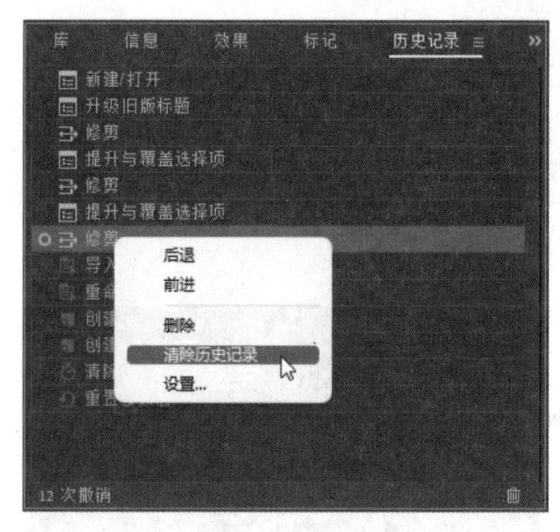

图 2-21　选择“清除历史记录”命令

知识点滴：

如果在历史记录面板中通过单击某个历史状态来撤销一个动作，然后继续工作，那么所单击状态之后的所有步骤都会从项目中移除。

2.2.3　Premiere Pro 2024 的界面操作

Premiere Pro 2024的所有面板都可以任意编组或停放。停放面板时，它们会连接在一起，因此调整一个面板的大小时，会改变其他面板的大小。

1. 调整面板的大小

要调整面板的大小，可以通过左右拖动面板间的纵向边界，或上下拖动面板间的横向边界，从而改变面板的大小。

练习实例：调整各个面板的大小。	
文件路径	第 2 章 \
技术掌握	调整 Premiere 的面板大小

01 启动Premiere Pro 2024应用程序，进入“主页”界面后，单击“打开项目”按钮，如图2-22所示。或者在进入工作界面后，选择“文件”|“打开项目”命令，打开“打开项目”对话框，如图2-23所示。

02 在“打开项目”对话框中选择“01.prproj”素材文件，然后单击“打开”按钮，将其打开，效果如图2-24所示。

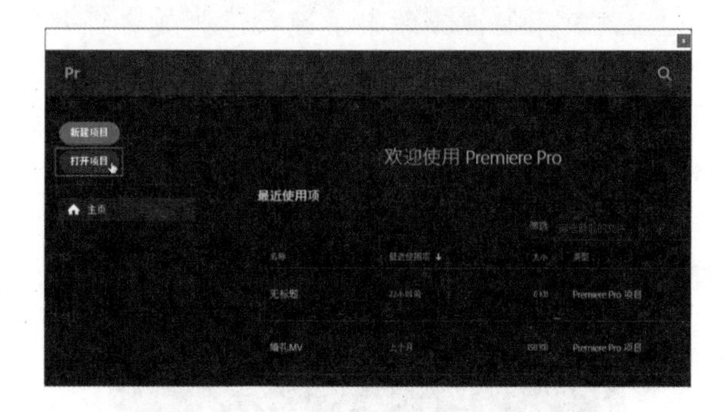

图 2-22　单击“打开项目”按钮

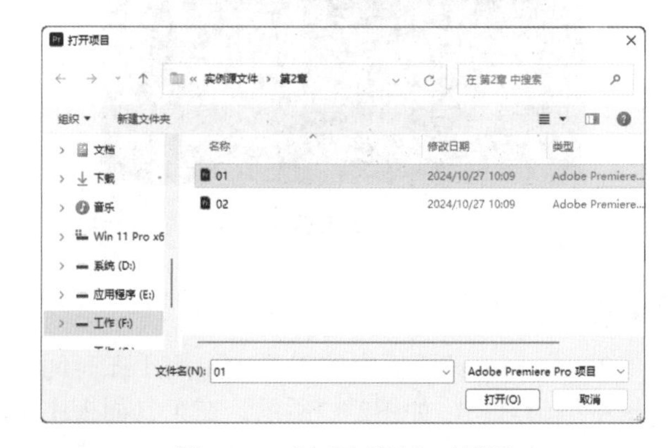

图 2-23　“打开项目”对话框

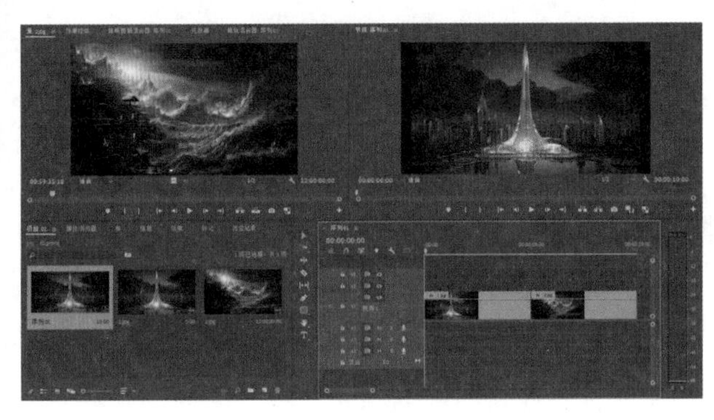

图 2-24　打开素材文件

03 将光标移到工具面板和时间轴面板之间，然后向右拖动面板间的边界，改变工具面板和时间轴面板的大小，如图2-25所示。

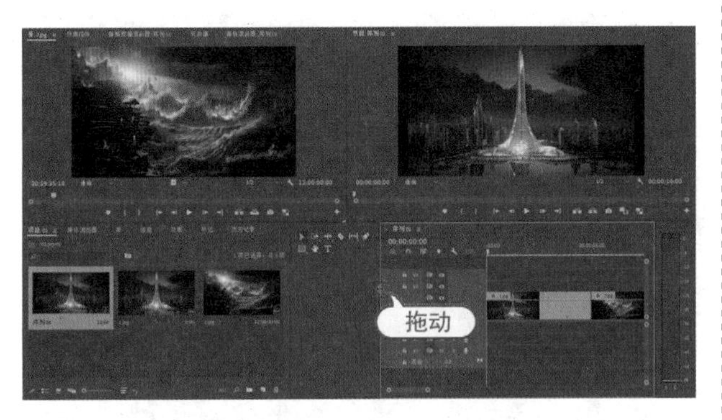

图 2-25　左右调整面板边界

04 将光标移到监视器面板和项目面板之间，然后向下拖动面板间的边界，改变监视器面板和项目面板的大小，如图2-26所示。

图 2-26　上下调整面板边界

2. 面板的编组与停靠

单击面板左上角的缩进点并拖动面板，可以在一个组中添加或移除面板。如果想将一个面板停到另一个面板上，可以单击并将它拖到目标面板的顶部、底部、左侧或右侧。在停靠面板的暗色预览出现后再释放鼠标。

练习实例：改变面板的位置。	
文件路径	第 2 章\
技术掌握	改变面板的位置

01 打开“01.prproj”素材文件，单击并拖动源监视器面板到节目监视器面板中，将源监视器面板添加到节目监视器面板组中，如图2-27所示。

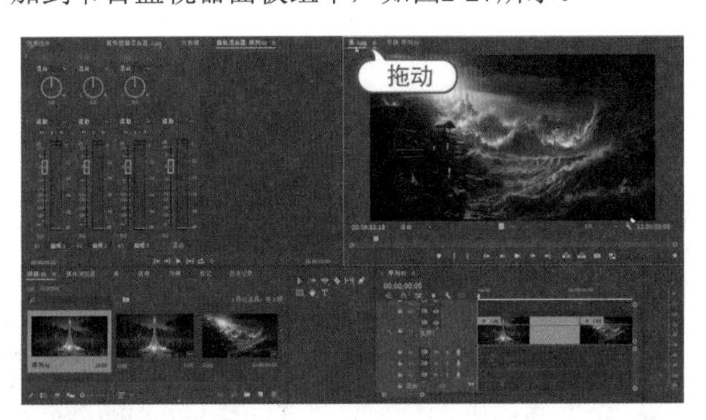

图 2-27　拖动源监视器面板

02 单击并拖动源监视器面板到节目监视器面板的右方，可以改变源监视器面板和节目监视器面板的位置，如图2-28所示。

图 2-28　改变源监视器面板的位置

知识点滴：

在拖动面板进行编组的过程中，如果对结果满意，则释放鼠标；如果不满意，则按Esc键取消操作。如果想将一个面板从当前编组中移除，可以将其拖到其他地方，从而将其从当前编组中移除。

3. 创建浮动面板

在面板标题处右击鼠标，或者单击面板右方的下拉菜单按钮，在弹出的快捷菜单中选择“浮动面板”命令，可以将当前的面板创建为浮动面板。

练习实例：将面板创建为浮动面板。	
文件路径	第 2 章\
技术掌握	设置浮动面板

01 打开“01.prproj”素材文件，选中节目监视器面板，在节目监视器面板的标题处右击鼠标，或者单击面板右方的下拉菜单按钮，将弹出快捷菜单，如图2-29所示。

02 在弹出的快捷菜单中选择“浮动面板”命令，即可将节目监视器面板创建为单独存放的浮动面板，效果如图2-30所示。

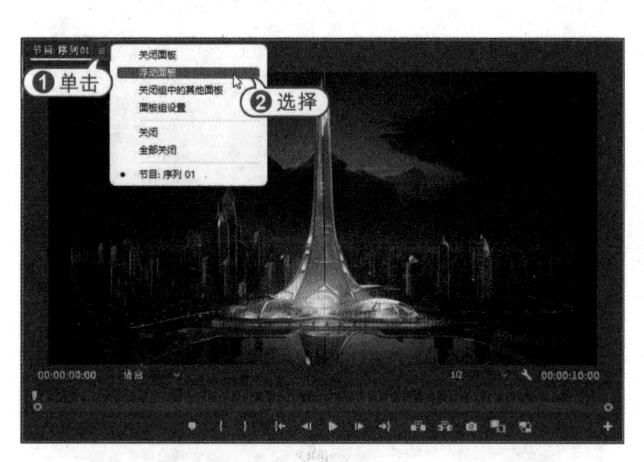

图 2-29　弹出快捷菜单

图 2-30　浮动面板

知识点滴：

将浮动面板拖到其他面板中，可以将其重新编组到其他面板组中。

4. 打开和关闭面板

有时Premiere的主要面板会自动在屏幕上打开。如果想关闭某个面板，可以单击其关闭图标；如果想打开被关闭的面板，可以在“窗口”菜单中选择相应的名称将其打开。

练习实例：打开和关闭指定的面板。	
文件路径	第 2 章\
技术掌握	打开和关闭面板

01 打开“01.prproj”素材文件，将效果控件、源监视器和节目监视器面板编组在一起，然后单击源监视器面板中的菜单按钮，在弹出的快捷菜单中选择“关闭面板”命令，如图2-31所示，即可关闭源监视器面板，如图2-32所示。

图 2-31 选择“关闭面板”命令

图 2-32 关闭源监视器面板

02 单击“窗口”菜单，在菜单中可以看到“源监视器”命令前方没有√标记，如图2-33所示，表示该面板已被关闭。要想重新打开该面板，则再次选择该命令，即可将其打开。

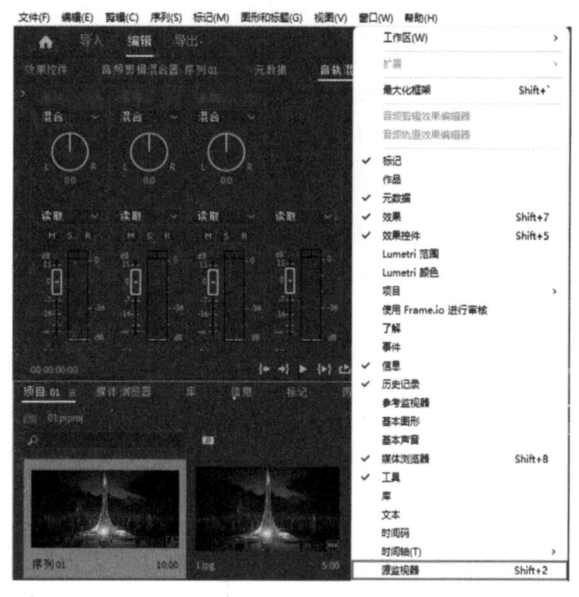

图 2-33 “窗口”菜单

知识点滴：

如果改变了面板在屏幕上的大小和位置，通过选择“窗口”|“工作区”|“重置为保存的布局”命令可以返回之前保存的初始设置；如果已经在特定位置按特定大小组织好了窗口，选择“窗口”|“工作区”|“另存为新工作区”命令，可以保存此配置。在命名与保存工作区之后，工作区的名称会出现在“窗口”|“工作区”的子菜单中。无论何时想使用此工作区，只需单击其名称即可。

2.3 首选项设置

首选项用于设置Premiere的外观和功能等，用户可以根据自己的习惯及项目编辑需要，对相关的首选项进行设置。

2.3.1 常规设置

选择“编辑”|“首选项”命令，在“首选项”子菜单中可以选择各个选项，如图2-34所示。在“首选项”子菜单中选择“常规”命令，可以打开“首选项”对话框，并显示常规选项的内容，在此可以设置一些通用的项目选项，如图2-35所示。

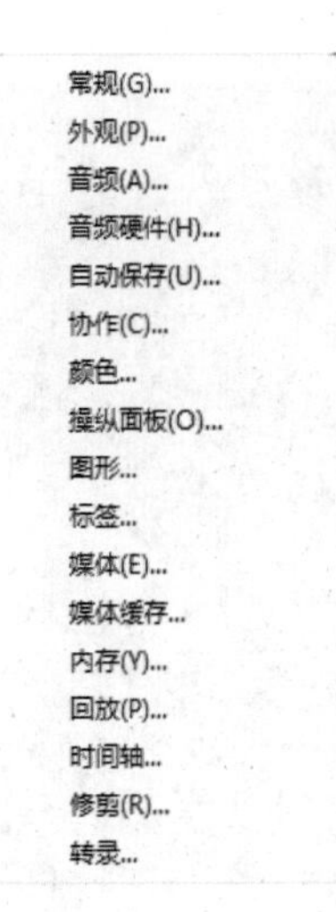

图 2-34　“首选项”子菜单

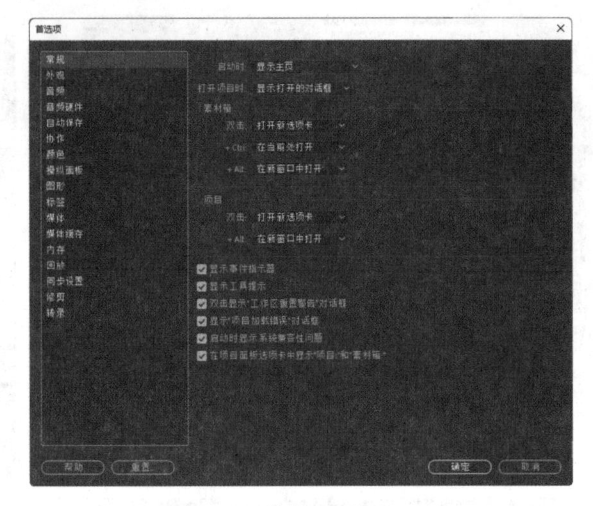

图 2-35　常规选项

常规设置中主要选项的作用如下。

- 启动时：用于设置启动Premiere后，是进入启动画面还是直接打开最近使用过的项目，如图2-36所示。
- 素材箱：用于设置关于文件夹管理的3组操作所对应的结果，包括“在新窗口中打开”“在当前处打开”和“打开新选项卡”，如图2-37所示。

图 2-36　设置“启动时”选项

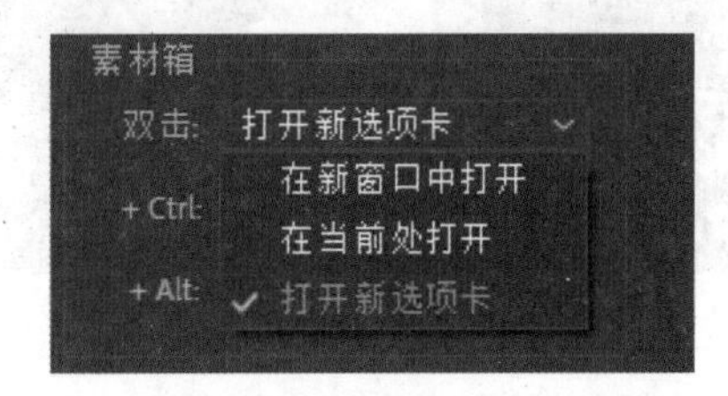

图 2-37　设置 3 组操作所对应的结果

2.3.2　外观设置

在“首选项”对话框中选择“外观”选项，然后拖动“亮度”选项组的滑块，可以修改Premiere操作界面的亮度，如图2-38所示。

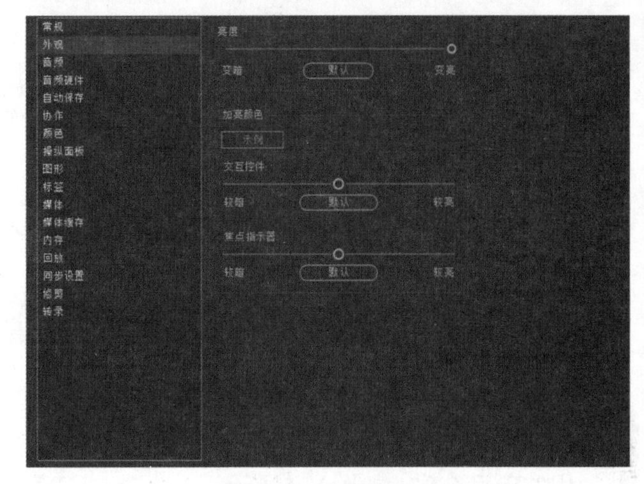

图 2-38　设置界面亮度

2.3.3 音频设置

在“首选项”对话框中选择“音频”选项，可以设置音频的播放方式及轨道等参数，如图2-39所示。用户还可以在“音频硬件”选项中进行音频的输入和输出设置。

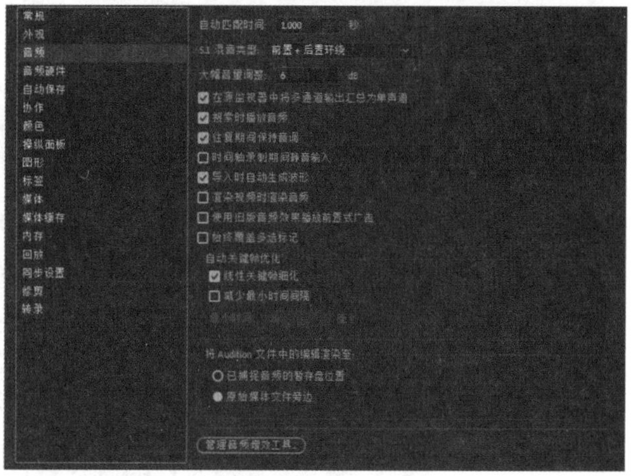

图 2-39 音频选项

2.3.4 自动保存设置

在“首选项”对话框中选择“自动保存”选项，可以设置项目文件自动保存的时间间隔和最大保存项目数，如图2-40所示。

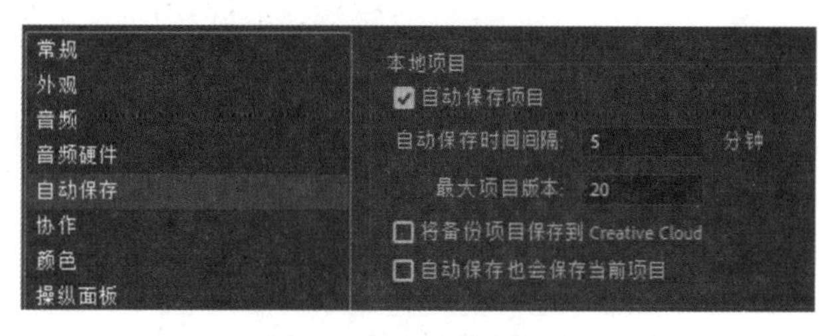

图 2-40 自动保存选项

2.3.5 媒体缓存设置

在“首选项”对话框中选择“媒体缓存”选项，可以设置媒体的缓存位置和缓存管理的相关选项，如图2-41所示。

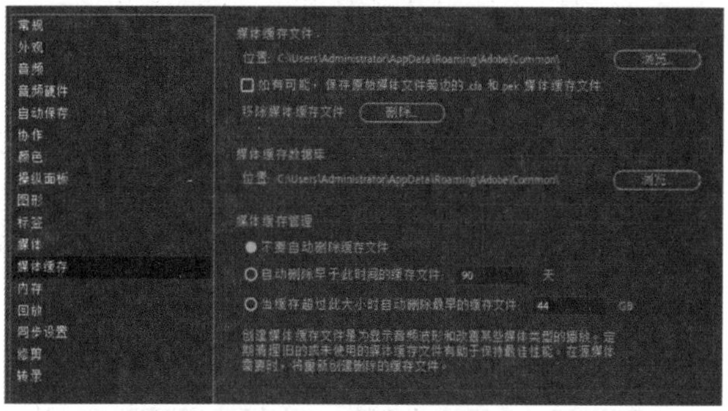

图 2-41 媒体缓存选项

2.4 键盘快捷键设置

使用键盘快捷方式可以提高工作效率。Premiere为激活工具、打开面板以及访问大多数菜单命令提供了键盘快捷方式。这些命令是预置的，但也可以进行修改。

选择“编辑”|“快捷键”命令，打开“键盘快捷键”对话框，在该对话框中可以创建或修改“应用程序”和“面板”两部分的快捷键，如图2-42所示。

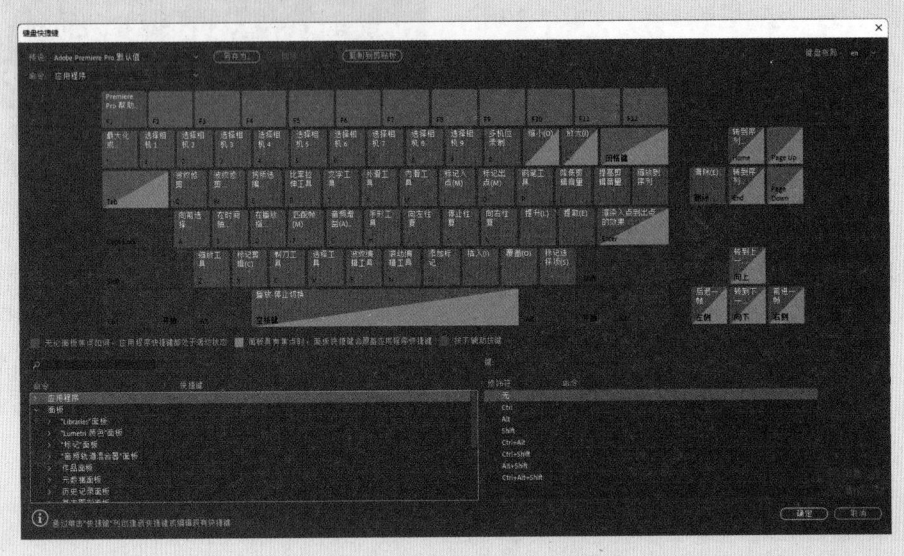

图 2-42 “键盘快捷键”对话框

2.4.1 创建快捷键

默认状态下，“键盘快捷键”对话框中显示了各个工具和命令已有的键盘命令。用户也可以根据需要为没有设置快捷键的工具和命令创建快捷键。

练习实例：创建快捷键。	
文件路径	第 2 章\
技术掌握	设置快捷键

01 选择“编辑”|“快捷键”命令，打开“键盘快捷键”对话框，在“命令”下拉列表中选择“应用程序”选项，然后在面板下方的“命令”列表框中展开需要的命令菜单。例如，单击“序列”菜单命令选项前面的三角形按钮，展开其中的命令选项，如图2-43所示。

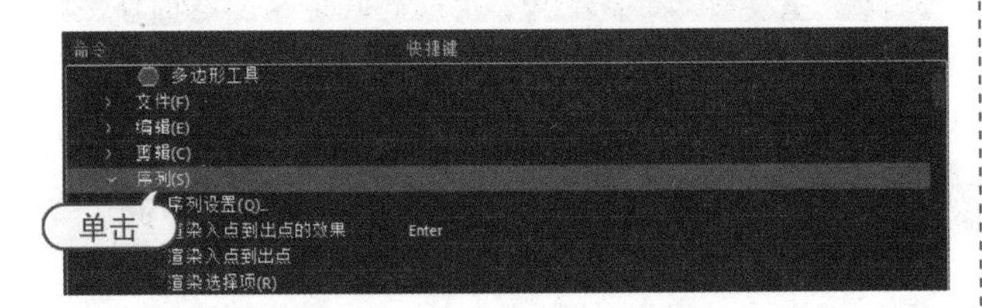

图 2-43 展开“序列”菜单

02 单击要创建快捷键的命令(如“序列设置”)，然后在“快捷键”列表中单击命令后面对应的文本框，如图2-44所示。

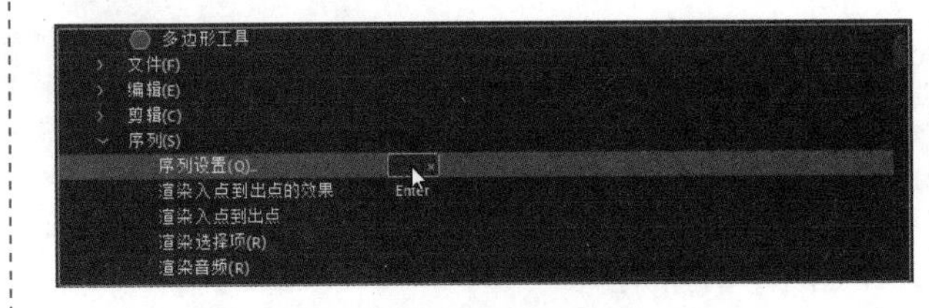

图 2-44 指定要创建快捷键的命令

03 按下一个功能键或组合键(如Ctrl+P)，为指定的命令创建键盘快捷键，如图2-45所示。然后单击对话框右下方的“确定”按钮，即可为选择的命令创建一个相应的快捷键。

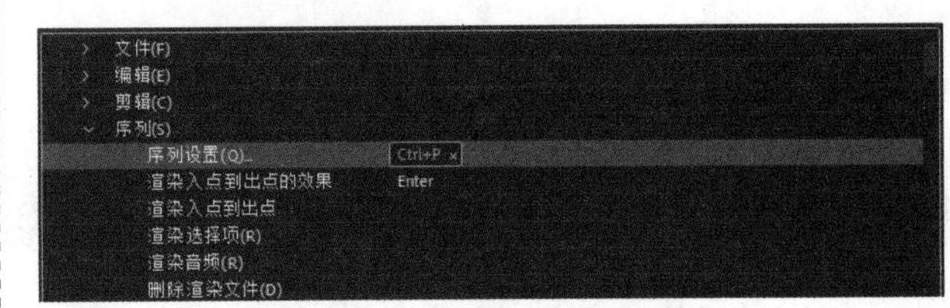

图 2-45 为命令设置快捷键

2.4.2 修改快捷键

如果Premiere提供的键盘快捷键与其他软件的快捷键有冲突，用户也可以根据需要修改已有的快捷键。

练习实例：修改快捷键。	
文件路径	第 2 章\
技术掌握	修改快捷键

01 选择“编辑”|“快捷键”命令，打开“键盘快捷键”对话框，在“键盘快捷键”对话框的“命令”下拉列表中选择“应用程序”选项，然后在相应工具快捷键文本框的后面单击，此时将增加一个快捷键文本框，如图2-46所示。

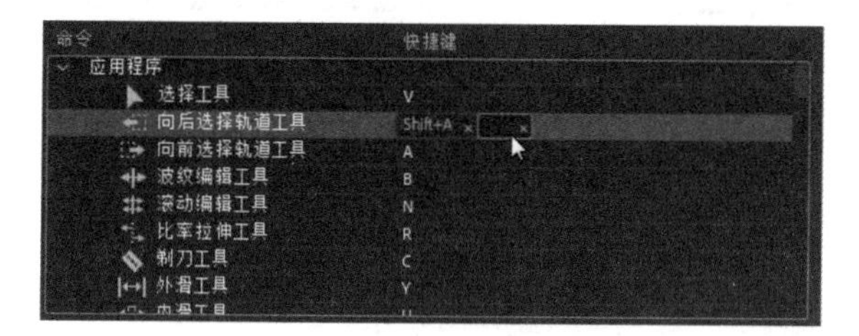

图 2-46　增加快捷键文本框

02 重新按下一个功能键或组合键(如Alt+Shift+A)，在增加的快捷键文本框中重设该工具的键盘快捷键，如图2-47所示。

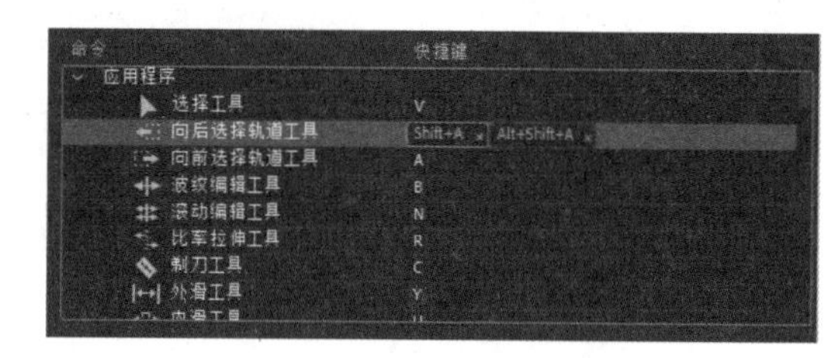

图 2-47　增加键盘快捷键

03 单击该工具原来快捷键文本框右方的删除按钮 ，将原来的快捷键删除，然后单击“确定”按钮，即可修改该工具的快捷键，如图2-48所示。

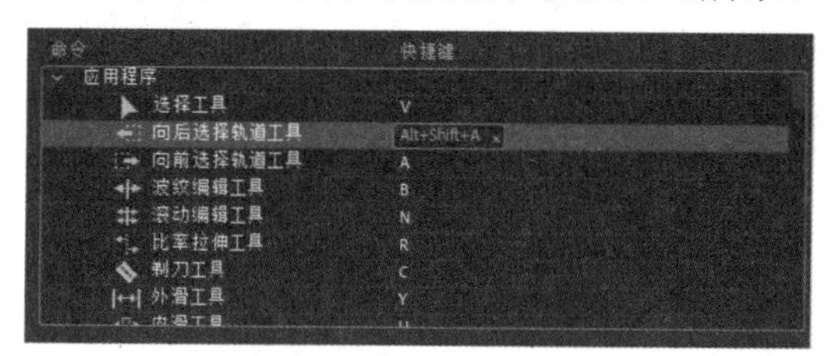

图 2-48　修改快捷键

2.4.3 保存自定义快捷键

更改工具的键盘快捷键后，在“键盘快捷键”对话框的“预设”下拉列表的右方单击“另存为”按钮，如图2-49所示。然后在弹出的“创建预设”对话框中设置键盘布局预设名称并单击“存储”按钮，如图2-50所示，即可添加并保存自定义设置，从而可以避免改写Premiere的默认设置。

图 2-49　单击“另存为”按钮

图 2-50　设置键盘布局预设名称

2.4.4 载入自定义快捷键

保存自定义快捷键后，在下次启动Premiere时，可以通过“键盘快捷键”对话框载入自定义的快捷键。在“键盘快捷键”对话框的“预设”下拉列表中选择自定义的快捷键(如“[自定义]01”)选项，如图2-51所示，即可载入自定义快捷键。

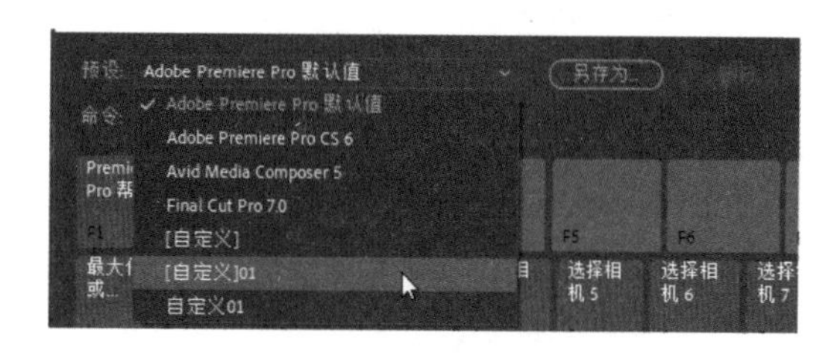

图 2-51　载入自定义快捷键

2.4.5 删除自定义快捷键

创建自定义快捷键后，也可以在“键盘快捷键”对话框中将其删除。打开“键盘快捷键”对话框，在“预设”下拉列表中选择要删除的自定义快捷键，然后单击“删除”按钮，即可将其删除，如图2-52所示。

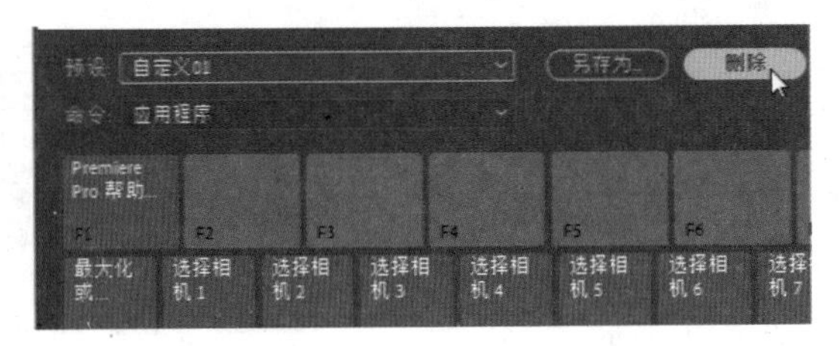

图 2-52 删除自定义快捷键

2.5 高手解答

问：为什么在安装Premiere Pro 2024应用程序时，总是在安装进程达到2%时提示失败？

答：出现这种情况通常是因为计算机中之前已经安装了其他版本的Premiere软件，从而发生冲突现象，用户可以将之前的软件卸载，再安装Premiere Pro 2024程序。

问：如何防止在工作过程中因断电或其他意外未能及时保存当前的工作而造成损失？

答：为了防止因断电或其他意外未能及时保存当前的工作而造成损失，可以设置好自动保存间隔时间。在“首选项”对话框中选择“自动保存”选项，可以设置项目文件自动保存的时间间隔和最大保存项目数。

问：如果在设置快捷键时，错误地将一些常用的快捷键删除了，该怎么办？

答：对于这种误操作，可以通过单击“键盘快捷键”对话框中的“还原”按钮，还原默认的快捷键。

第3章 项目与素材管理

使用 Premiere 进行视频编辑，首先需要创建项目对象，将需要的素材导入项目面板中进行管理，以便进行视频编辑时调用。本章将介绍 Premiere Pro 2024 项目与素材管理，包括新建项目文件、项目面板的应用、创建与编辑 Premiere 背景元素、在监视器中预览和设置素材对象等。

练习实例：新建项目
练习实例：导入静帧序列图片
练习实例：导入视频、图像和声音素材
练习实例：嵌套导入项目
练习实例：对素材进行分类管理
练习实例：替换项目中的素材
练习实例：创建彩条背景元素
练习实例：创建倒计时片头
练习实例：导入 PSD 图像
练习实例：在项目面板中预览素材
练习实例：链接脱机媒体
练习实例：查看监视器面板中的安全框
练习实例：设置素材出入点
练习实例：创建颜色遮罩

3.1 创建项目

在Premiere中创建的视频作品都被称为项目。制作视频首先需要创建一个项目，项目中包含了序列和相关素材。

3.1.1 新建项目

新建Premiere项目文件有两种方式：一种是在主页界面中新建项目文件；另一种是在进入工作界面后，使用菜单命令新建项目文件。

1. 在主页界面中新建项目

启动Premiere Pro 2024应用程序后，在打开的主页界面中单击“新建项目”按钮，如图3-1所示，即可进入项目创建面板，输入项目名称并指定创建项目的位置，然后选择要导入的素材，或直接单击“创建”按钮(如图3-2所示)，即可新建一个项目。

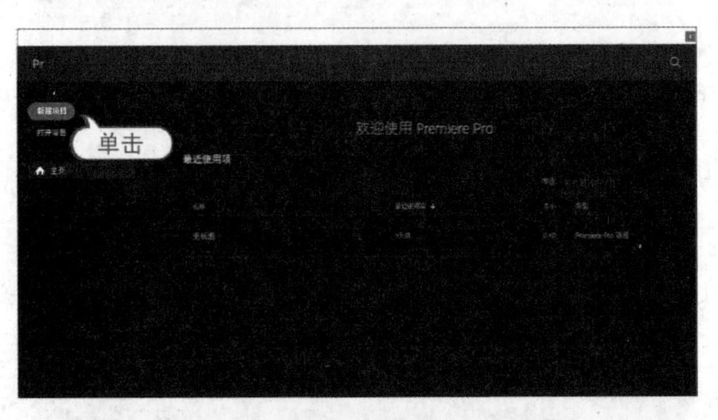

图 3-1　单击“新建项目”按钮

图 3-2　项目创建面板

2. 使用菜单命令新建项目

在进入Premiere Pro 2024工作界面后，如果要新建一个项目文件，可以选择“文件”|“新建”|“项目”命令，进入项目创建面板，然后创建新的项目文件。

练习实例：新建项目。	
文件路径	第 3 章 \ 新建项目.prproj
技术掌握	新建项目

01 启动Premiere Pro 2024应用程序，然后选择“文件”｜“新建”｜“项目”菜单命令，进入项目创建面板后，在“项目名”文本框中输入项目名称，如图3-3所示。

图 3-3　输入项目名称

02 在“项目位置”下拉列表中选择创建项目的位置，或选择“选择位置”命令，如图3-4所示。

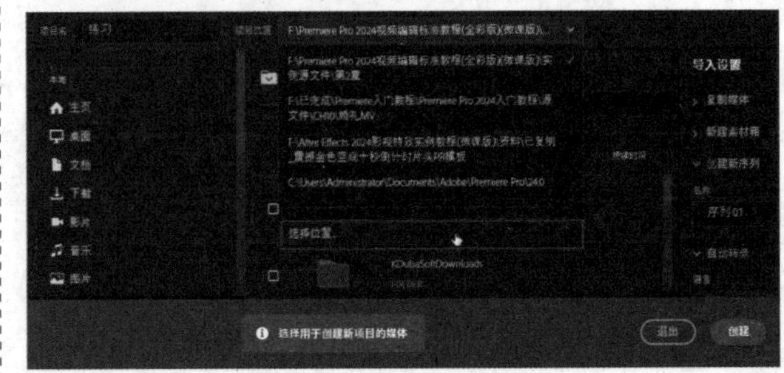

图 3-4　选择“选择位置”命令

03 选择"选择位置"命令后，将打开"项目位置"对话框，在该对话框中选择保存项目的位置，然后单击"选择文件夹"按钮，如图3-5所示。

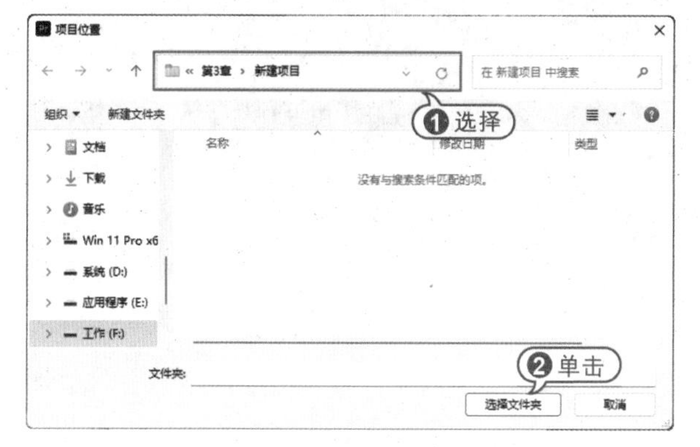

图 3-5 选择保存项目的位置

04 返回项目创建面板中，在面板左方选择存放素材的盘符，然后在面板右方的素材窗口中依次展开素材的位置，再选择需要导入的素材，如图3-6所示。

05 单击创建项目面板右下角的"创建"按钮，即可创建一个指定的新项目，并导入所选素材，同时创建一个新的序列，如图3-7所示。

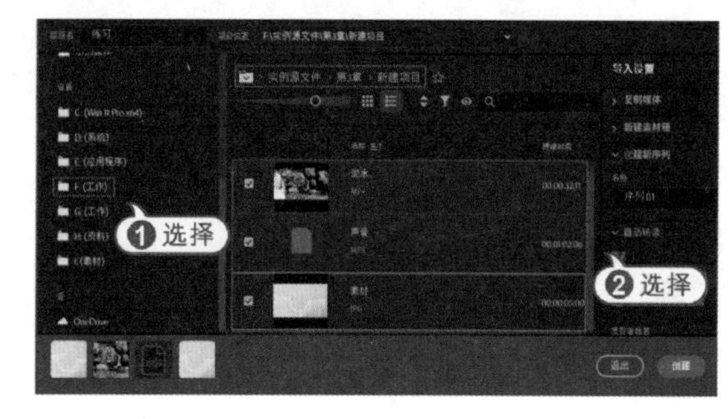

图 3-6 新建的项目

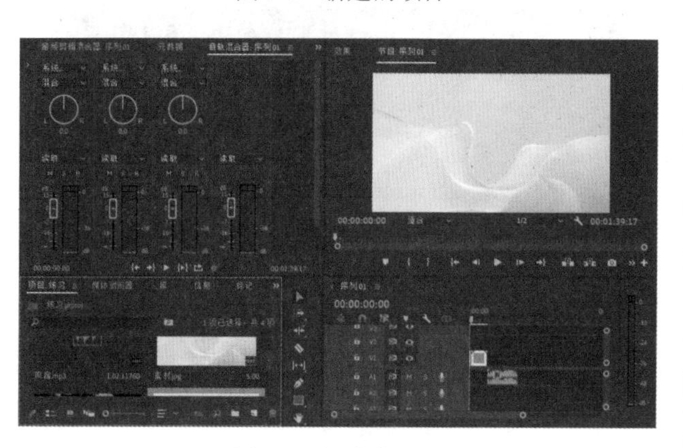

图 3-7 新建的项目

知识点滴：

在新建项目时，如果没有导入素材对象，新建的项目中将没有素材和序列对象，用户可以在进入工作界面后，通过选择"文件"|"导入"命令导入所需素材；通过选择"文件"|"新建"|"序列"命令创建新的序列。

3.1.2 导入素材

Premiere Pro 2024是通过组合素材的方法来编辑影视作品的，因此，在进行视频编辑的过程中，通常会用到很多素材文件。在进行影视编辑之前，需要将这些素材导入项目面板中。

前面介绍了在新建项目时导入素材的操作，用户也可以在创建好项目后，通过菜单命令，或者在项目面板中的空白处双击鼠标打开"导入"对话框，进行素材的导入操作。

1. 导入常规素材

这里所讲的常规素材是指适用于Premiere Pro 2024常用文件格式的素材，以及文件夹和字幕文件等。

练习实例：导入视频、图像和声音素材。

文件路径	第 3 章 \ 导入常规素材.prproj
技术掌握	导入常规素材

01 启动Premiere Pro 2024应用程序，新建一个项目。然后在项目面板中的空白处双击鼠标，或单击鼠标右键，在弹出的快捷菜单中选择“导入”命令，如图3-8所示。

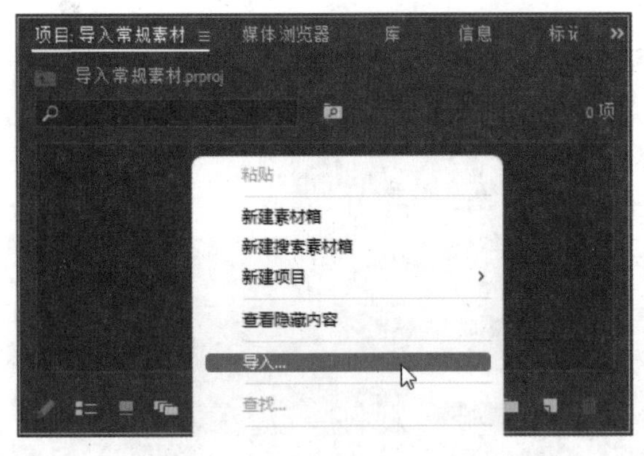

图 3-8　选择“导入”命令

02 在打开的“导入”对话框中选择素材存放的位置，然后选择要导入的素材，如图3-9所示。

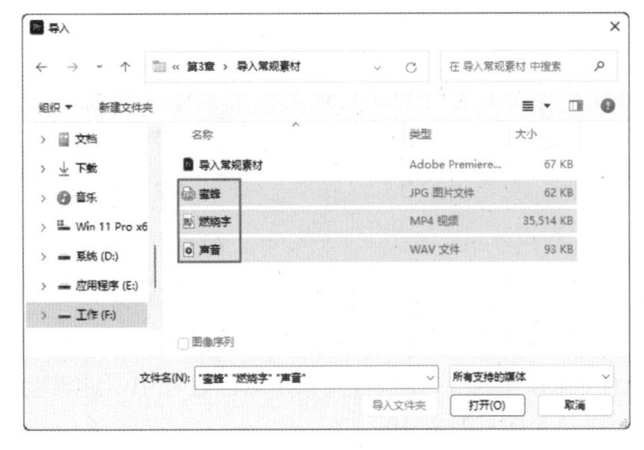

图 3-9　选择素材

03 在“导入”对话框中选择素材后，单击“打开”按钮，即可将选择的素材导入项目面板中，如图3-10所示。

04 双击项目面板中的素材，可以在源监视器面板中显示导入的素材，单击源监视器面板中的“播放-停止切换”按钮▶，可以预览视频素材效果，如图3-11所示。

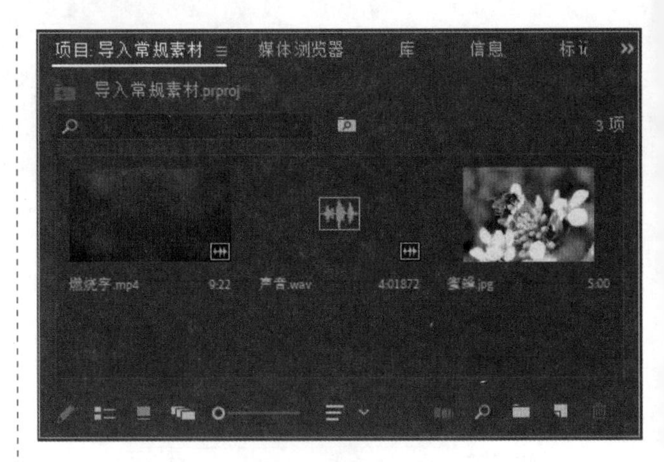

图 3-10　导入素材

图 3-11　在源监视器面板中预览素材效果

2. 导入静帧序列素材

静帧序列素材是指按照名称编号顺序排列的一组格式相同的静态图片，每帧图片之间有着时间延续上的关系。

练习实例：导入序列图片。

文件路径	第 3 章 \ 导入序列图片 .prproj
技术掌握	导入序列素材

01 选择“文件”|“新建”|“项目”命令，新建一个项目。然后选择“文件”|“导入”命令，在打开的“导入”对话框中选择素材存放的位置，再选择静帧序列图片中的第一张图片，最后选中“图像序列”复选框，如图3-12所示。

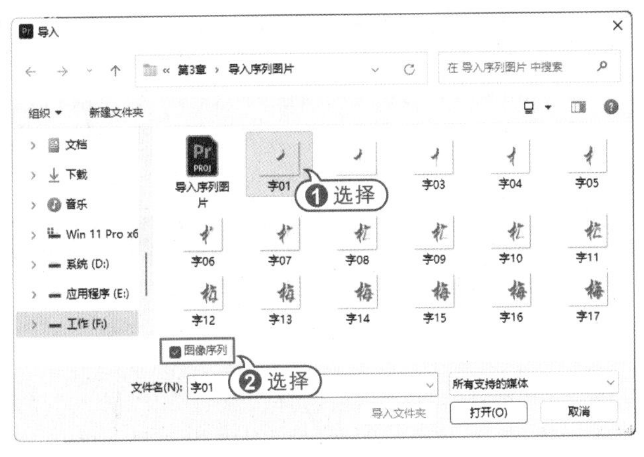

图 3-12　“导入”对话框

02 在“导入”对话框中单击“打开”按钮，即可将指定文件夹中的序列图片以影片形式导入项目面板中，如图3-13所示。

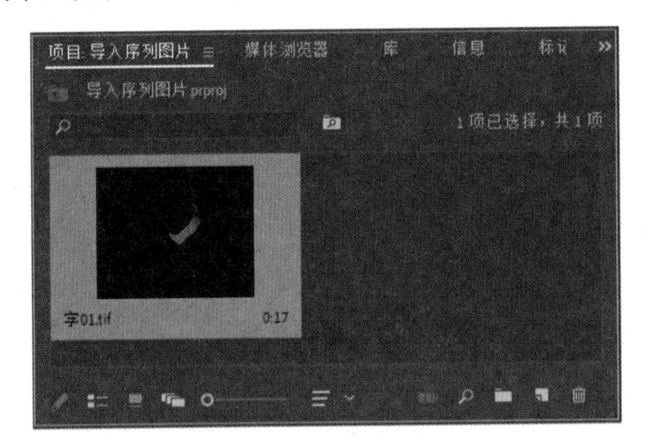

图 3-13　导入序列素材

03 双击项目面板中的素材，可以在源监视器面板中显示导入的素材，单击源监视器面板中的“播放-停止切换”按钮▶，可以预览序列图片效果，如图3-14所示。

图 3-14　在源监视器面板中预览序列素材

3. 导入 PSD 格式的素材

Premiere Pro 2024支持多种文件格式，但是在导入PSD格式的素材时，需要指定导入的图层或者在合并图层后将素材导入项目面板中。

练习实例：导入 PSD 图像。

文件路径	第 3 章 \ 导入 PSD 图像.prproj
技术掌握	导入 PSD 格式的素材

01 新建一个项目。然后选择“文件”|“导入”命令，在打开的“导入”对话框中选择PSD格式的素材，然后单击“打开”按钮，如图3-15所示。

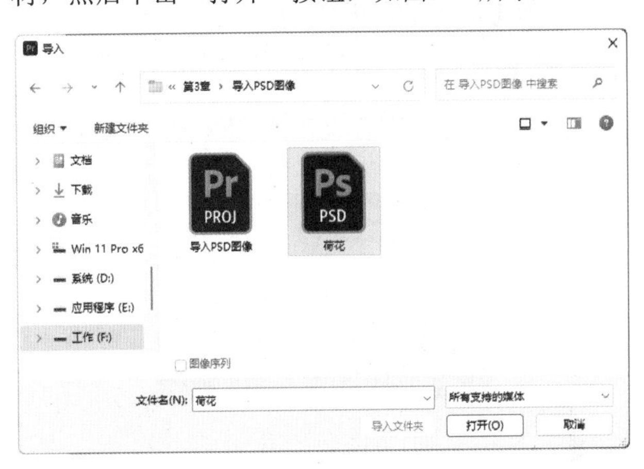

图 3-15　“导入”对话框

02 在打开的“导入分层文件：荷花”对话框中设置导入PSD素材的方式为“合并所有图层”，如图3-16所示。

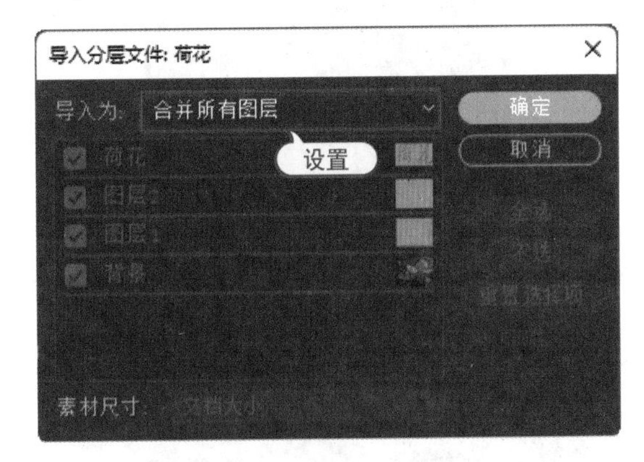

图 3-16　设置导入方式

03 在“导入分层文件：荷花”对话框中单击“确定”按钮，即可将PSD素材图像以合并图层后的效果导入项目面板中，如图3-17所示。

04 也可以将PSD素材以各个分层图像导入项目中。在“导入分层文件：荷花”对话框中单击“导入为”选项后的下拉按钮，在弹出的下拉列表中选择“各个图层”选项，如图3-18所示。

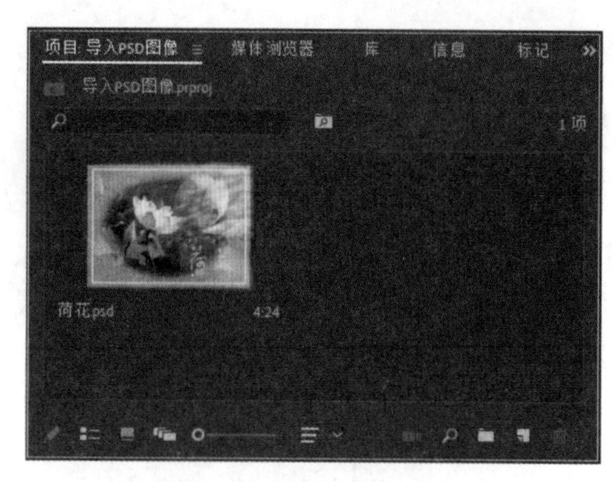

图 3-17　导入 PSD 素材

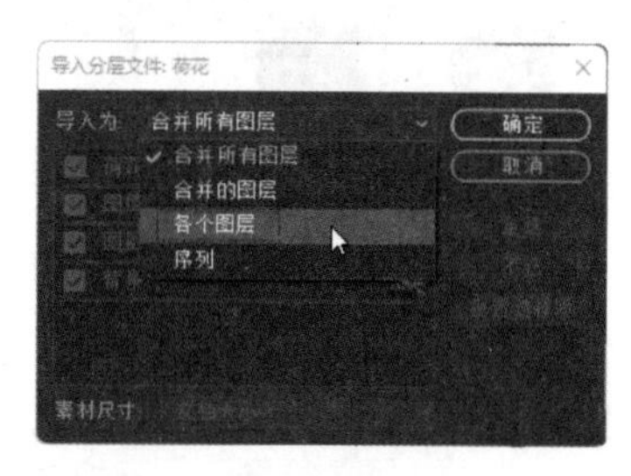

图 3-18　选择“各个图层”选项

05 在“导入分层文件：荷花”对话框的图层列表中选中要导入的图层，如图3-19所示。

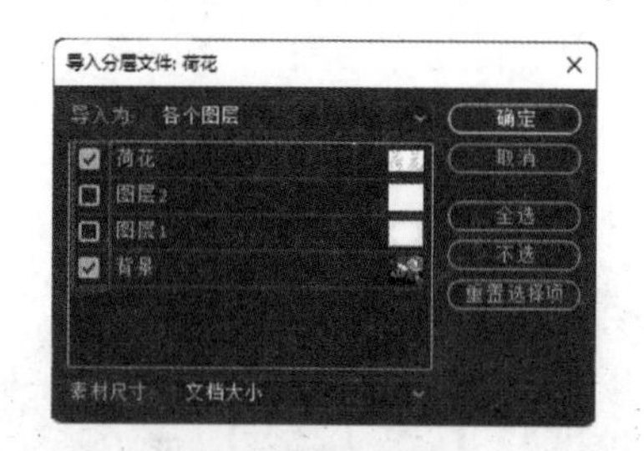

图 3-19　选中图层

06 单击“确定”按钮，即可将选中的图层导入项目面板中，导入的图层素材将自动存放在以素材命名的素材箱中，如图3-20所示。

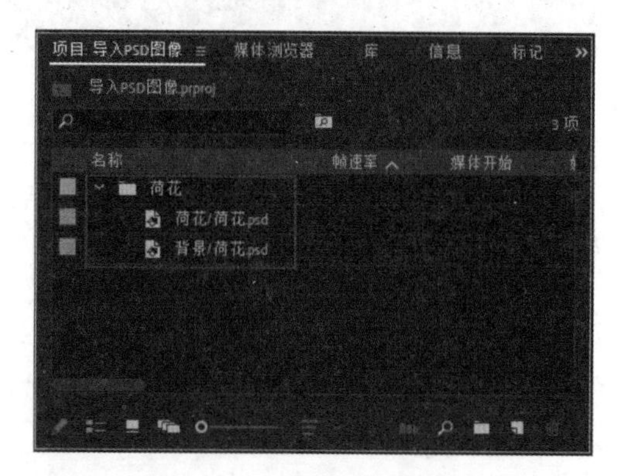

图 3-20　导入所选图层图像

4. 嵌套导入项目

Premiere Pro 2024不仅能导入各种媒体素材，还可以将项目文件以素材形式导入另一个项目文件中，这种导入方式称为嵌套导入。

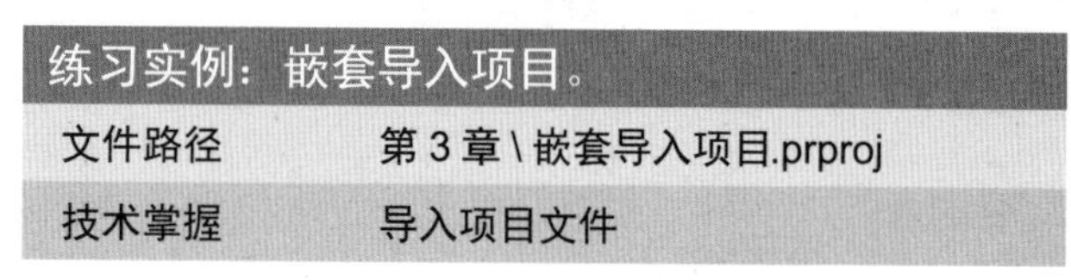

练习实例：嵌套导入项目。	
文件路径	第 3 章 \ 嵌套导入项目.prproj
技术掌握	导入项目文件

01 新建一个项目。然后选择“文件”|“导入”命令，在打开的“导入”对话框中选中要导入的项目文件，如图3-21所示，然后单击“打开”按钮。

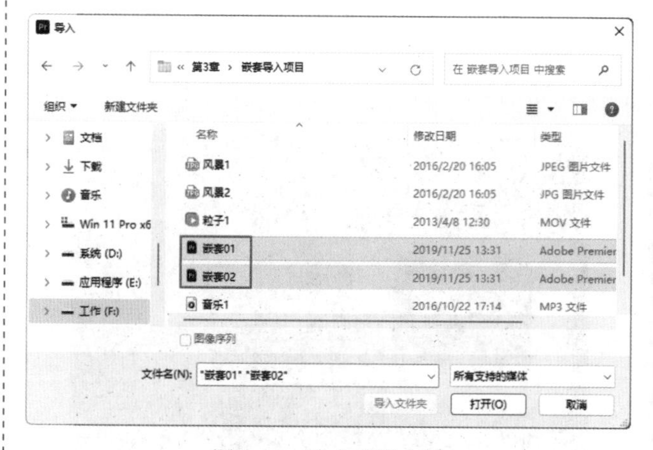

图 3-21　选中项目文件

02 在弹出的“导入项目”对话框中设置“嵌套01”项目的导入类型为“导入整个项目”，然后单击“确定”按钮，如图3-22所示。

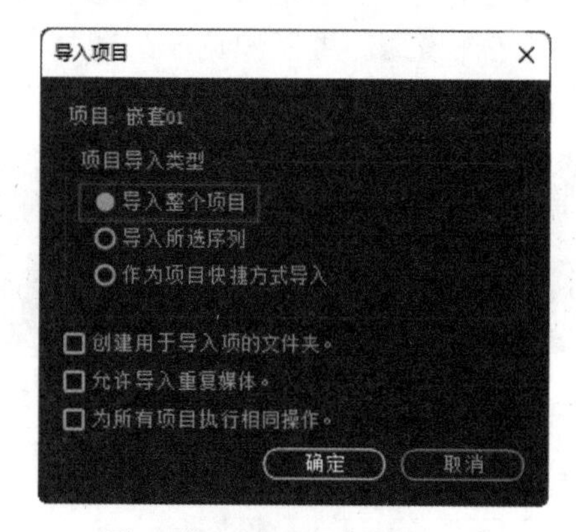

图 3-22　选择导入类型（一）

03 继续在“导入项目”对话框中设置“嵌套02”项目的导入类型为“导入整个项目”，然后单击“确定”按钮，如图3-23所示。

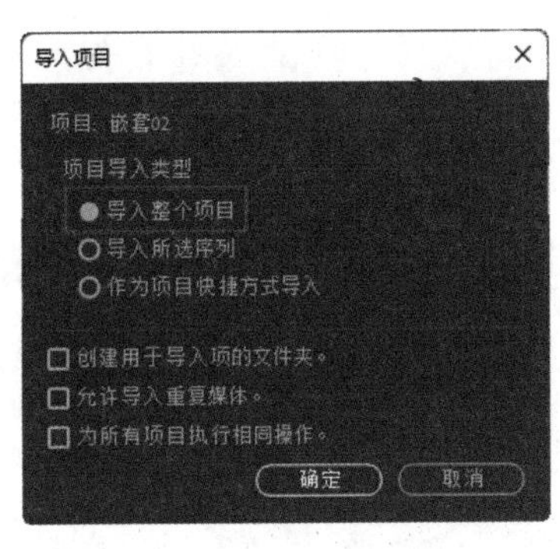

图 3-23　选择导入类型(二)

04 将选择的项目导入项目面板中后，可以看到导入的项目包含了两个项目文件的所有素材和序列，如图3-24所示。

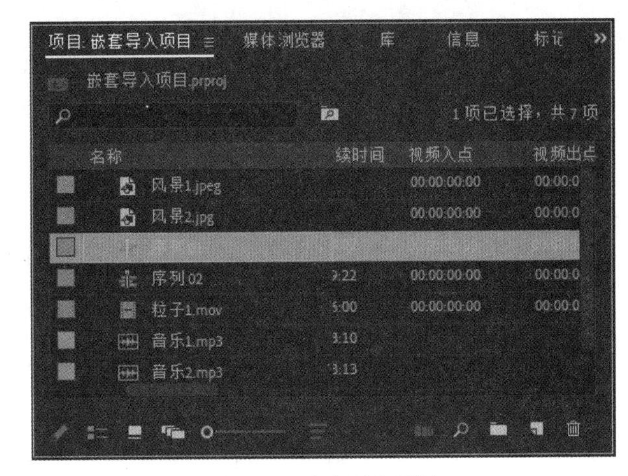

图 3-24　嵌套导入项目

3.2　管理素材

素材管理是影视编辑过程中的一个重要环节，在项目面板中对素材进行合理的管理，可以给后期的影视编辑工作带来事半功倍的效果。

3.2.1　应用素材箱管理素材

Premiere Pro 2024项目面板中的素材箱类似于Windows操作系统中的文件夹，用于对项目面板中的各种文件进行分类管理。

1. 创建素材箱

当项目面板中的素材过多时，应该通过创建素材箱(即文件夹)对素材进行分类管理。在项目面板中创建素材箱有如下3种常用方法。

- 选择“文件”|“新建”|“素材箱”命令。
- 在项目面板中的空白处右击鼠标，在弹出的快捷菜单中选择“新建素材箱”命令，如图3-25所示。
- 单击项目面板右下方的“新建素材箱”按钮，即可创建一个素材箱，创建的素材箱依次以“素材箱”“素材箱01”“素材箱02”……作为默认名称，用户可以在激活名称的情况下对素材进行重命名，如图3-26所示。

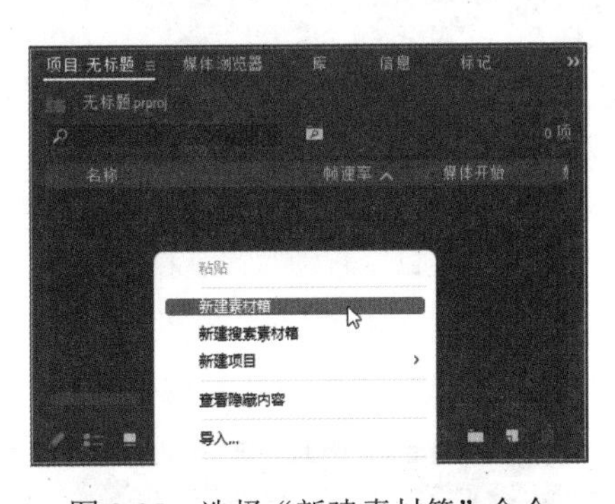

图 3-25　选择“新建素材箱”命令

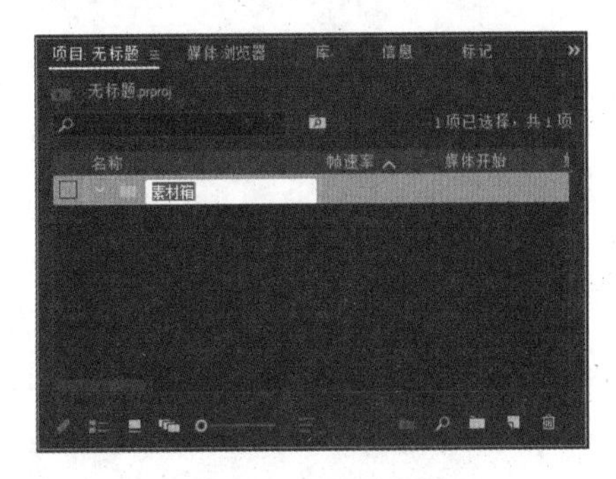

图 3-26　新建素材箱

2. 分类管理素材

如果导入了一个素材文件夹，那么Premiere 将为素材创建一个新素材箱，并使用原文件夹的名称。用户也可以在项目面板中新建素材箱，用于分类存放导入的素材。

练习实例：对素材进行分类管理。	
文件路径	第 3 章 \ 管理素材.prproj
技术掌握	创建素材箱和分类管理素材

01 新建一个项目文件。在项目面板中导入图片、视频和音乐素材。然后单击项目面板中的“新建素材箱”按钮，新建一个素材箱，如图3-27所示。

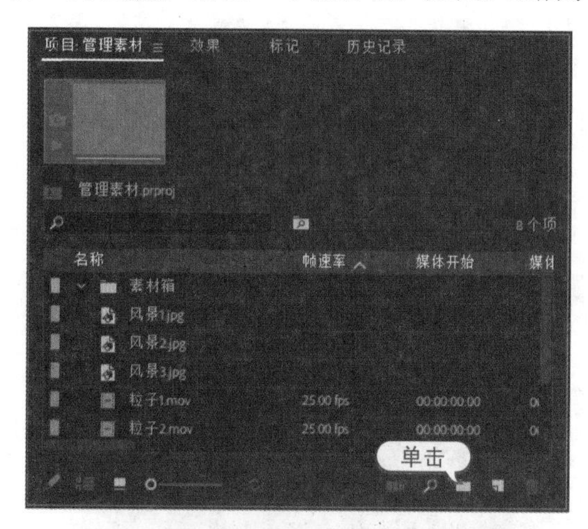

图 3-27　新建一个素材箱

02 将新建的素材箱命名为“图片”，如图3-28所示，然后按Enter键进行确定，完成素材箱的创建。

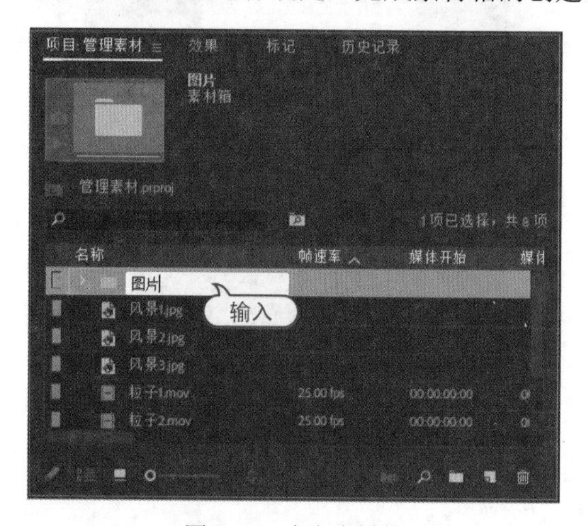

图 3-28　命名素材箱

03 选择项目面板中的风景图像，然后将这些图像拖到“图片”素材箱上，即可将选择的图像放入“图片”素材箱中，如图3-29所示。

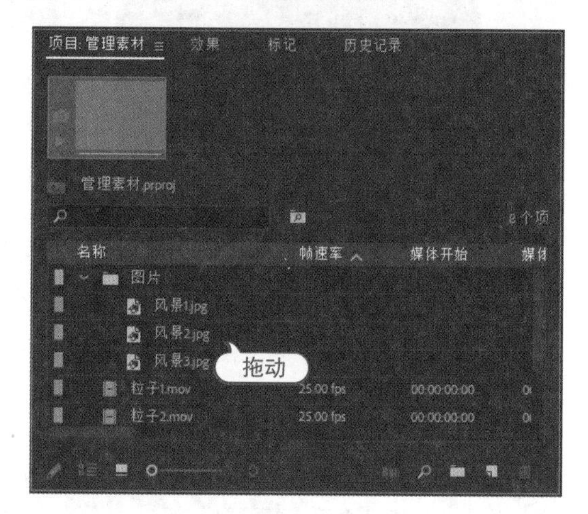

图 3-29　将素材放入素材箱中

04 继续创建名为“视频”和“音乐”的素材箱，并将素材拖入相应的素材箱中，如图3-30所示。

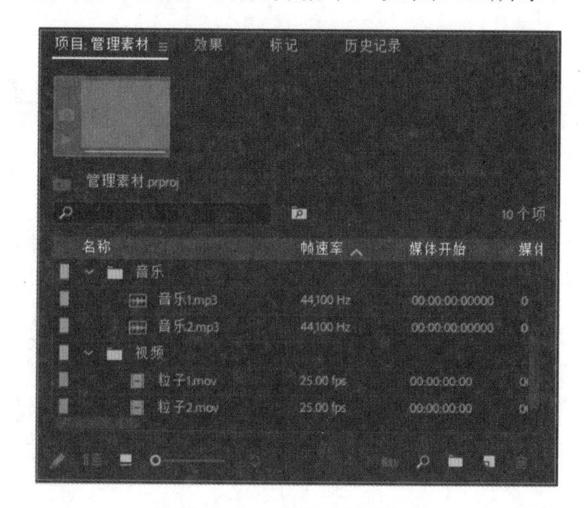

图 3-30　分类存放素材

知识点滴：

在新建素材箱时，如果选中了其中的一个素材箱，则新建的素材箱将作为子素材箱存放在当前选中的素材箱中。

05 单击各个素材箱前面的三角形按钮，可以折叠素材箱，隐藏其中的内容，如图3-31所示。再次单击素材箱前面的三角形按钮，即可展开素材箱，显示其中的内容。

06 双击素材箱(如“图片”)，可以单独打开该素材箱，并显示该素材箱中的内容，如图3-32所示。

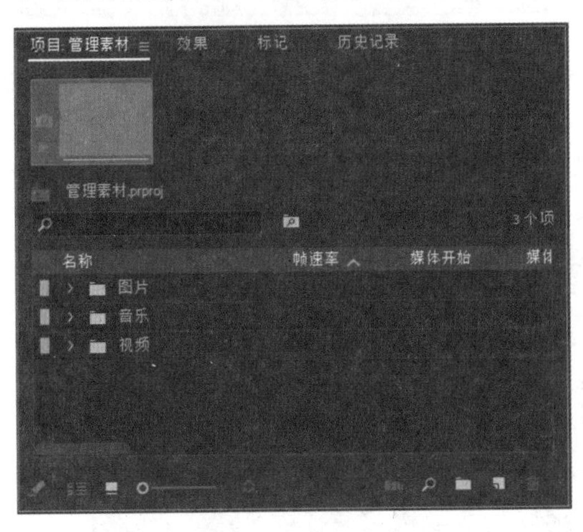

图 3-31　折叠素材箱

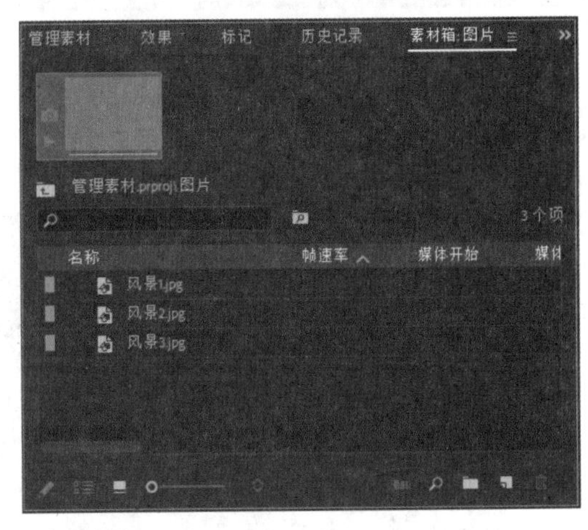

图 3-32　打开素材箱

知识点滴：

将素材放入素材箱，可以对素材箱中的素材进行统一管理和修改。例如，在选中素材箱对象后，按Delete键，可以删除指定的素材箱及其内容；也可以在选择素材箱后，一次性对素材箱中素材的速度和持续时间进行修改。

3.2.2　在项目面板中预览素材

将素材导入项目面板中后，除了可以在源监视器面板中打开素材并预览效果，还可以直接在项目面板中预览素材的效果。

在项目面板中导入素材，然后在项目面板标题处右击鼠标，在弹出的快捷菜单中选择“预览区域”命令，如图3-33所示。此时在项目面板左上方出现一个预览区域，选择一个素材后，即可在预览区域显示素材的效果，如图3-34所示。

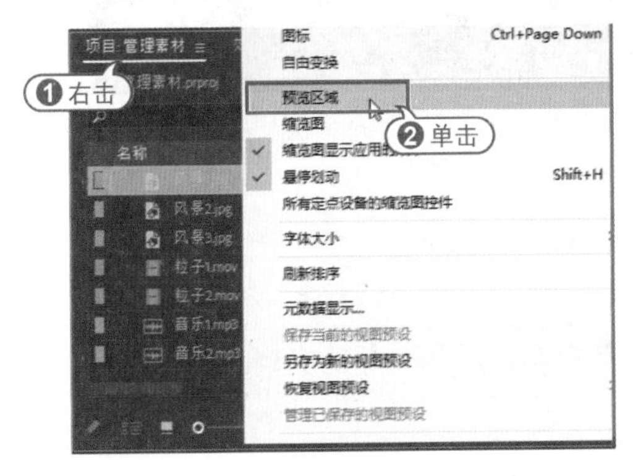

图 3-33　选择“预览区域”命令

图 3-34　预览素材效果

知识点滴：

打开预览区域后，再次选择“预览区域”命令可以关闭预览区域。

3.2.3 切换图标和列表视图

在项目面板中导入素材后，可以使用图标格式或列表格式显示项目中的元素对象。单击项目面板左下方的“图标视图”按钮▭，所有作品元素都将以图标格式出现在项目面板中，如图3-35所示。单击项目面板左下方的“列表视图”按钮☰，作品元素将以列表格式出现在项目面板中，如图3-36所示。

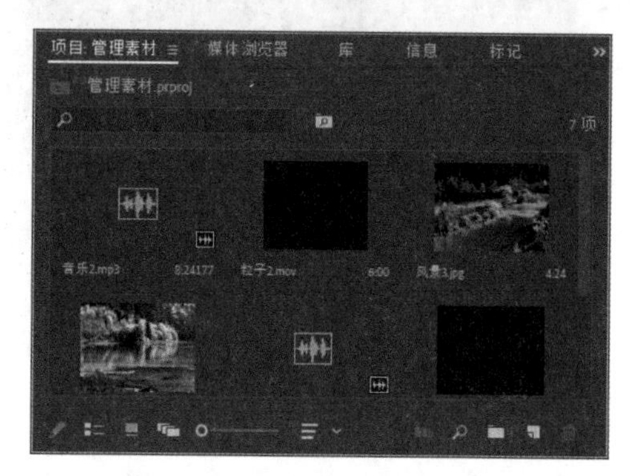

图 3-35　图标视图

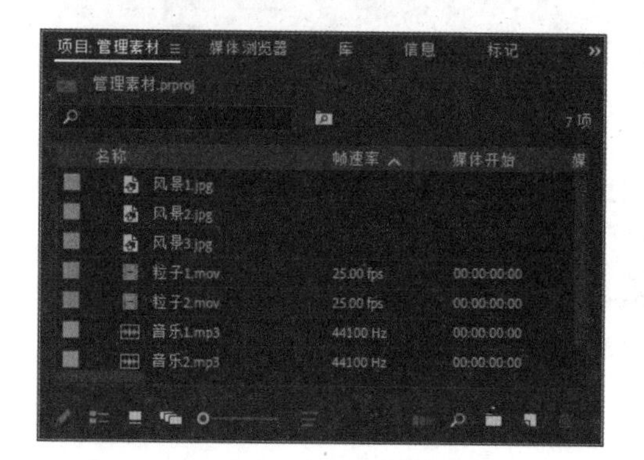

图 3-36　列表视图

3.2.4 链接脱机文件

脱机文件是当前并不存在的素材文件的占位符，可以记忆丢失的源素材信息。在视频编辑中遇到素材文件丢失时，不会毁坏已编辑好的项目文件。脱机文件在项目面板中显示的媒体类型信息为问号，如图3-37所示；脱机文件在节目监视器面板中显示为脱机媒体文件，如图3-38所示。

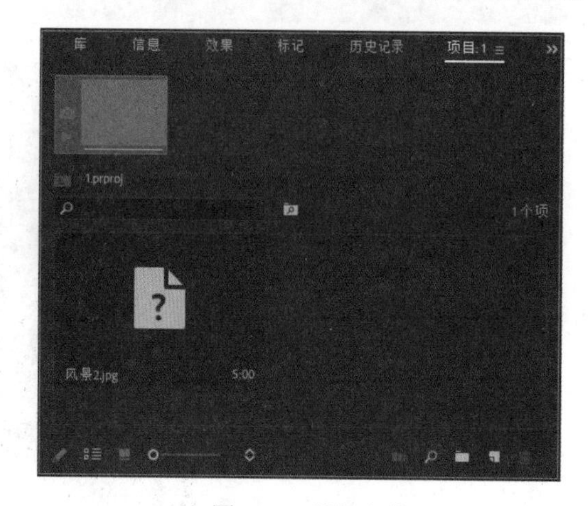

图 3-37　脱机文件

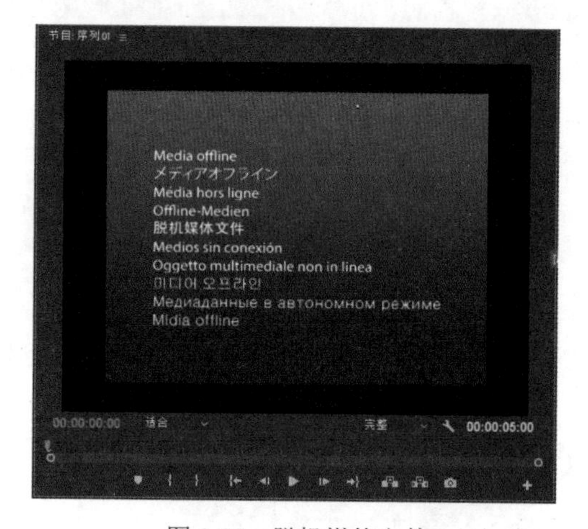

图 3-38　脱机媒体文件

知识点滴：

脱机文件只起到占位符的作用，在节目的合成中没有实际内容，如果最后要在Premiere中输出，则要将脱机文件用需要的素材替换，或链接计算机中的素材。

练习实例：链接脱机媒体。

文件路径	第 3 章 \ 脱机文件.prproj
技术掌握	链接脱机素材

01 打开素材“脱机文件.prproj”项目文件，项目面板中的“大海.mp4”素材显示为脱机文件，如图3-39所示。

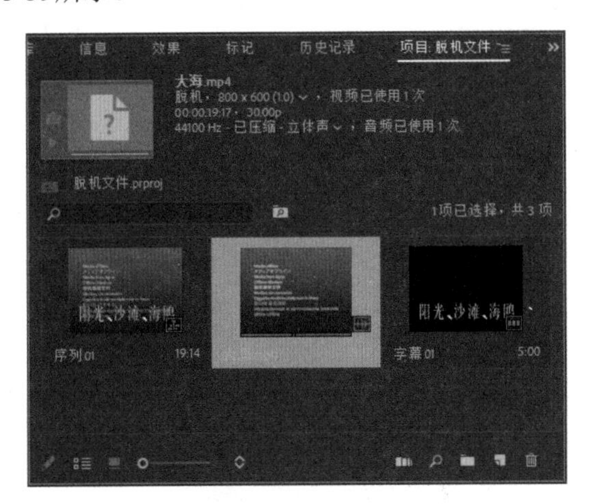

图 3-39　打开项目文件

02 在节目监视器面板中进行播放，可以显示素材脱机的效果，如图3-40所示。

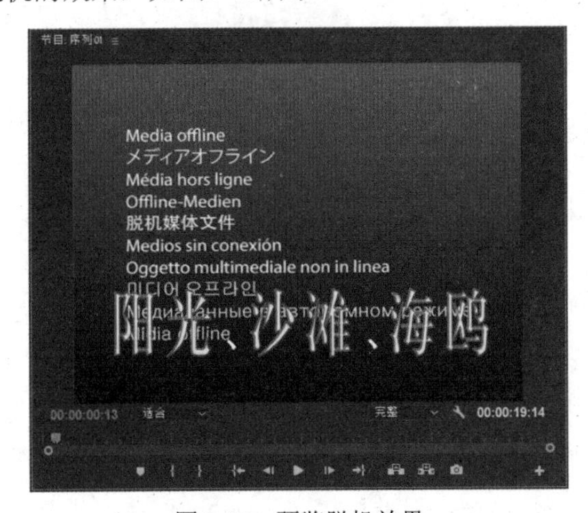

图 3-40　预览脱机效果

03 在脱机素材上右击鼠标，在弹出的快捷菜单中选择“链接媒体”命令，如图3-41所示。

04 在打开的“链接媒体”对话框中单击“查找”按钮，如图3-42所示。

05 在打开的对话框中找到并选择“大海.mp4”素材，如图3-43所示。单击该对话框中的“确定”按钮，即可完成脱机文件的链接。

图 3-41　选择“链接媒体”命令

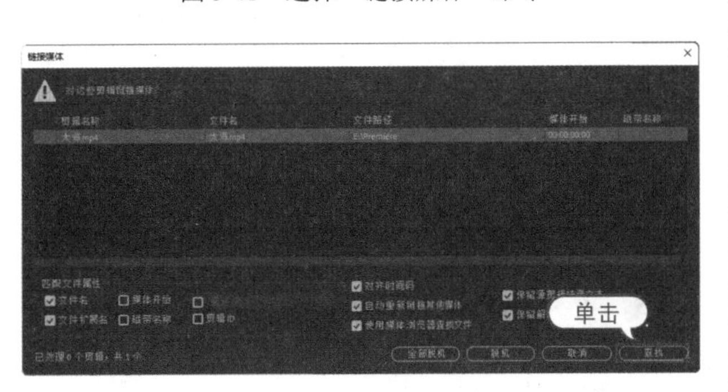

图 3-42　单击“查找”按钮

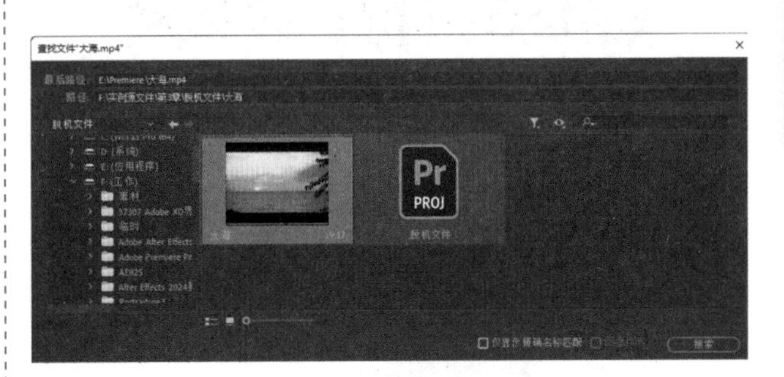

图 3-43　选择链接素材

06 在节目监视器面板中进行播放，可以显示链接素材后的效果，如图3-44所示。

图 3-44　预览链接素材后的效果

3.2.5 替换素材文件

在完成Premiere视频编辑后，如果发现项目文件中有一些素材丢失或者不适合当前的效果，用户可以通过替换其中的素材来修改最终的效果，而无须对项目文件进行重新编辑，这样可以提高工作效率。

练习实例：替换项目中的素材。	
文件路径	第 3 章 \ 风景欣赏.prproj
技术掌握	替换素材

01 打开“风景欣赏.prproj”项目文件，在节目监视器面板中单击“播放-停止切换”按钮▶，对原节目进行预览，效果如图3-45所示。

图 3-45 原节目预览效果

02 在项目面板的“风景01.jpg”素材上右击鼠标，在弹出的快捷菜单中选择“替换素材”命令，如图3-46所示。

图 3-46 选择“替换素材”命令

03 在打开的对话框中选择“建筑01.jpg”作为替换素材，如图3-47所示，单击“选择”按钮。

图 3-47 选择替换素材

04 在项目面板中显示“风景01.jpg”被替换为“建筑01.jpg”的结果，如图3-48所示。

图 3-48 替换素材

05 使用同样的方法，将“风景02.jpg”和“风景03.jpg”分别替换为“建筑02.jpg”和“建筑03.jpg”，效果如图3-49所示。

图 3-49　替换其他素材

06 在节目监视器面板中单击“播放-停止切换”按钮▶，对替换素材后的节目进行预览，效果如图3-50所示。

图 3-50　节目预览效果

3.2.6　修改素材的持续时间

在项目面板中选择素材，然后选择“剪辑”|“速度/持续时间”命令，或者右击项目面板中的素材，在弹出的快捷菜单中选择“速度/持续时间”命令，如图3-51所示。在打开的“剪辑速度/持续时间”对话框中输入一个持续时间值并确定，如图3-52所示，即可修改素材的持续时间。

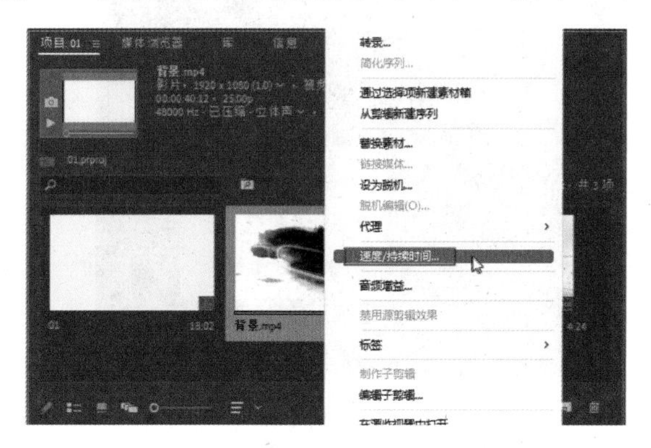

图 3-51　选择“速度 / 持续时间”命令

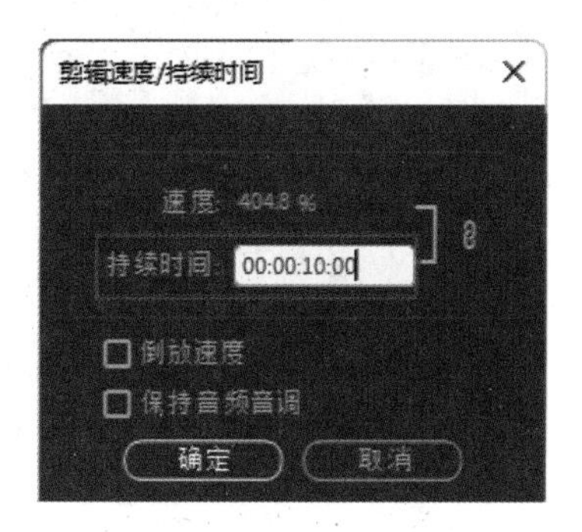

图 3-52　输入持续时间值

知识点滴:

“剪辑速度/持续时间”对话框中的持续时间“00:00:10:00”，表示对象的持续时间为10秒。单击该对话框中的“链接”按钮，可以解除速度和持续时间之间的约束链接。

3.2.7　修改影片素材的播放速度

使用Premiere可以对视频素材的播放速度进行修改。在项目面板中选择素材，然后选择“剪辑”|“速度/持续时间”命令，打开“剪辑速度/持续时间”对话框，在该对话框的“速度”文本框中可以设置影片

素材的播放速度，如图3-53所示。当输入的速度大于100%的数值时，会加快视频素材的播放速度；当输入的速度为0~99%的数值时，将减慢视频素材的播放速度。

图 3-53　设置播放速度

在“剪辑速度/持续时间”对话框中选中“倒放速度”复选框，可以反向播放素材。

3.2.8　重命名素材

对素材文件进行重命名，可以让素材的使用变得更加方便、准确。在项目面板中选择素材后，单击素材的名称，即可激活素材名称，如图3-54所示。此时只需要输入新的文件名称，如图3-55所示，然后按Enter键即可完成素材的重命名操作。

图 3-54　激活名称

图 3-55　输入新的名称

3.2.9　清除素材

在影视编辑过程中，可以清除多余的素材。在Premiere中清除素材的常用方法有如下3种。

- 在项目面板中右击素材，在弹出的快捷菜单中选择“清除”命令。
- 在项目面板中选择要清除的素材，然后单击面板右下角的“清除”按钮🗑。
- 选择“编辑”|“移除未使用资源”命令，可以将未使用的素材清除。

3.3　在源监视器中设置素材

将素材导入项目面板中后，不仅可以在源监视器面板中查看素材的效果，还可以在源监视器面板中进行安全区查看、素材入点和出点的设置、素材标记设置等操作。

3.3.1 查看安全区域

源监视器和节目监视器面板都允许查看安全区域。监视器的安全框用于显示动作和字幕所在的安全区域。这些框指示图像区域在监视器的视图区域内是安全的，包括那些可能被扫描的图像区域。

练习实例：查看监视器面板中的安全框。	
文件路径	第 3 章 \ 查看安全框 .prproj
技术掌握	查看视图区域内的安全框

01 新建一个项目，然后在项目面板中导入素材，如图3-56所示。

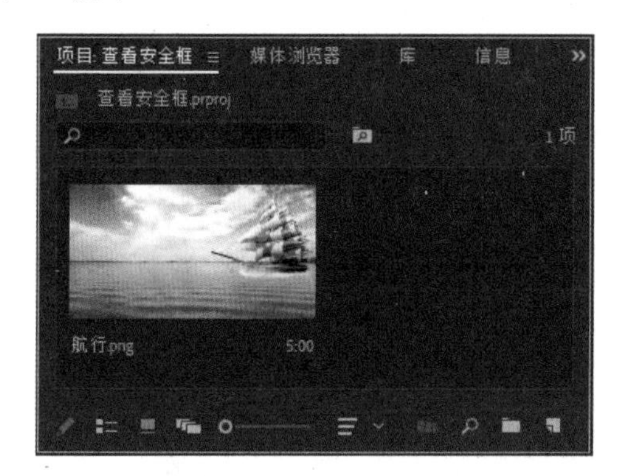

图 3-56　导入视频素材

02 双击项目面板中的素材，在源监视器面板中显示素材，如图3-57所示。

图 3-57　在源监视器面板中显示素材

03 在源监视器面板中右击鼠标，在弹出的快捷菜单中选择“安全边距”命令，如图3-58所示。

图 3-58　选择“安全边距”命令

04 当安全区域的边界显示在监视器中时，内部安全区域就是字幕安全区域，而外部安全区域则是动作安全区域，如图3-59所示。

图 3-59　显示安全区域

3.3.2 在源监视器面板中选择素材

源监视器面板顶部显示了素材的名称。如果源监视器面板中有多个素材，可以在源监视器面板中单击标题按钮☰，在打开的下拉列表中选择素材进行切换，如图3-60所示。选择的素材将会出现在源监视器面板中，如图3-61所示。

图 3-60　选择素材

图 3-61　切换素材

3.3.3　素材的帧定位

在源监视器面板中可以精确地查找素材片段的每一帧，具体而言，可以进行如下一些操作。

- 在源监视器面板左下方的时间码文本框中单击，将其激活为可编辑状态，输入需要跳转到的准确时间，如图3-62所示。然后按Enter键进行确认，即可精确地定位到指定的帧位置，如图3-63所示。

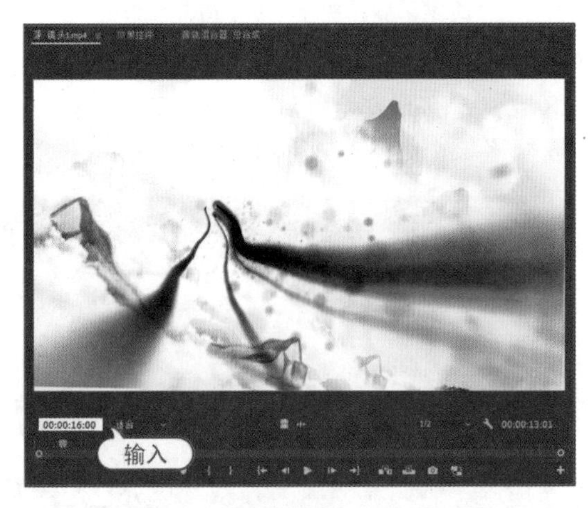

图 3-62　输入要跳转到的帧位置

图 3-63　帧定位

- 单击“前进一帧”按钮，可以使画面向前移动一帧。如果按住Shift键的同时单击该按钮，可以使画面向前移动5帧。
- 单击“后退一帧”按钮，可以使画面向后移动一帧。如果按住Shift键的同时单击该按钮，可以使画面向后移动5帧。
- 直接拖动当前时间指示器到要查看的位置。

3.3.4　在源监视器面板中设置素材出入点

由于采集的素材包含的影片总是多于所需的影片，因此在将素材放到时间轴面板中的某个视频序列之前，可以先在源监视器面板中设置素材的入点和出点，从而节省在时间轴面板中编辑素材的时间。

练习实例：设置素材出入点。	
文件路径	第 3 章 \ 设置素材出入点 .prproj
技术掌握	在源监视器面板中设置素材的出入点

01 新建一个项目，然后在项目面板中导入素材，并在源监视器面板中显示素材，如图3-64所示。

图 3-64　在源监视器面板中显示素材

02 将时间指示器移到需要设置为入点的位置(如第1秒)，然后选择“标记”|“标记入点”命令，或在源监视器面板中单击“标记入点”按钮，如图3-65所示，即可为素材设置入点。将时间指示器从入点位置移开，可以看到入点处的左括号标记，如图3-66所示。

图 3-65　设置入点

图 3-66　入点标记

03 将时间指示器移到需要设置为出点的位置(如第5秒)，然后选择“标记”|“标记出点”命令，或单击“标记出点”按钮，如图3-67所示，即可为素材设置出点。将时间指示器从出点位置移开，可以看到出点处的右括号标记，如图3-68所示。

图 3-67　设置出点

图 3-68　出点标记

04 单击源监视器面板右下方的“按钮编辑器”按钮，在弹出的面板中将“从入点播放到出点”按钮拖到源监视器面板下方的工具按钮栏中，如图3-69所示。

图 3-69　添加工具按钮

05 在源监视器面板中单击添加的“从入点播放到出点”按钮，可以在源监视器面板中预览素材在入点和出点之间的视频，如图3-70所示。

图 3-70　播放入点到出点间的视频

进阶技巧：

选择“标记”|“转到入点”命令，或单击源监视器面板中的“转到入点”按钮，即可返回素材的入点标记；选择“标记”|“转到出点”命令，或单击源监视器面板中的“转到出点”按钮，即可返回素材的出点标记；选择“标记”|“清除入点/出点”命令，可以清除设置的入点/出点；选择“标记”|“清除入点和出点”命令，可以同时清除设置的入点和出点。

3.4　创建 Premiere 背景元素

在使用Premiere进行视频编辑的过程中，借助Premiere自带的彩条、颜色遮罩等对象，可以为文本或图像创建黑场视频、彩条、颜色遮罩等。Premiere的背景元素除了可以使用菜单命令来创建，还可以在Premiere 的项目面板中通过单击“新建项”按钮来创建。

3.4.1　创建颜色遮罩

Premiere的颜色遮罩是一个覆盖整个视频帧的纯色遮罩，可用作背景或创建最终轨道之前的临时轨道占位符。颜色遮罩的优点之一是它的通用性，在创建完颜色遮罩后，通过单击颜色遮罩即可修改颜色。

练习实例：创建颜色遮罩。	
文件路径	第 3 章 \ 颜色遮罩.prproj
技术掌握	创建颜色遮罩

01 选择“文件”|“新建”|“颜色遮罩”命令，打开“新建颜色遮罩”对话框，设置视频宽度和高度等信息，然后单击“确定”按钮，如图3-71所示。

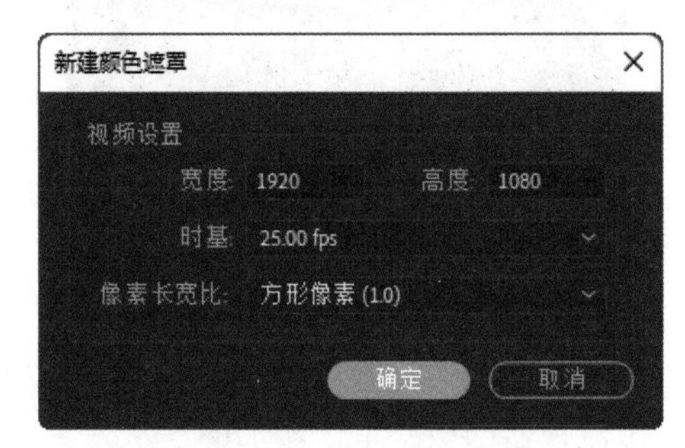

图 3-71 “新建颜色遮罩”对话框

02 在打开的“拾色器”对话框中选择遮罩颜色，如图3-72所示，选择好颜色后，单击“确定”按钮，关闭“拾色器”对话框。

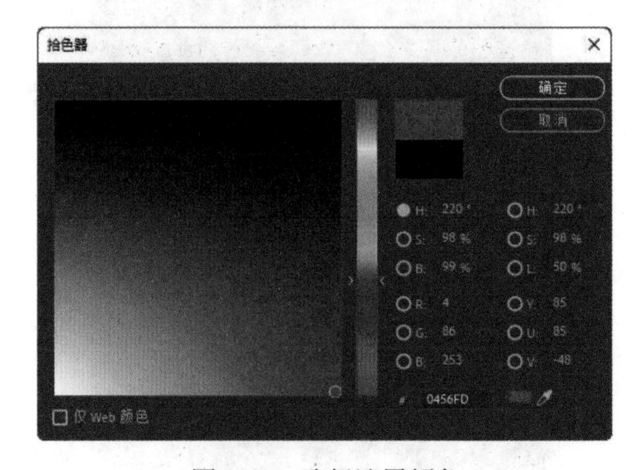

图 3-72　选择遮罩颜色

03 在打开的“选择名称”对话框中输入颜色遮罩的名称，如图3-73所示。

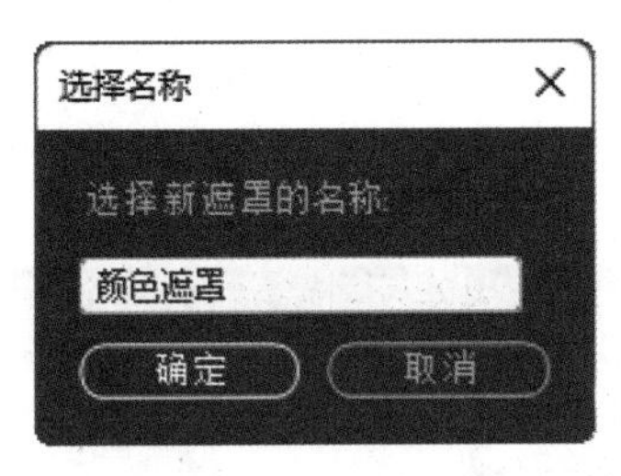

图 3-73　输入遮罩名称

04 单击“确定”按钮，颜色遮罩会自动在项目面板中生成，如图3-74所示。

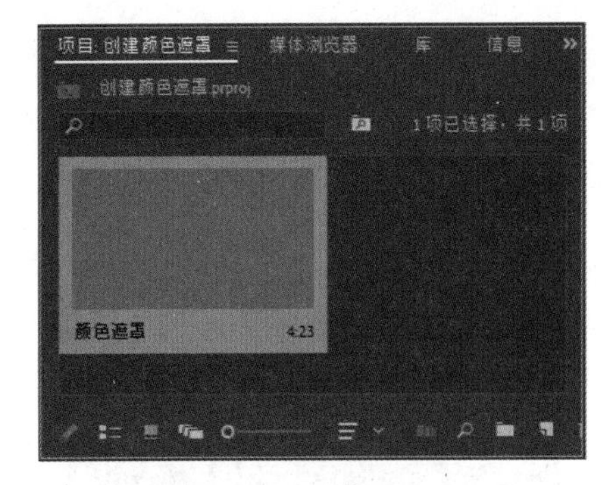

图 3-74　生成颜色遮罩

3.4.2　创建彩条

彩条通常放在视频片头，其作用主要是测试各种颜色是否正确。下面通过单击“新建项”按钮讲解创建彩条的操作。

练习实例：创建彩条背景元素。	
文件路径	第 3 章 \ 彩条.prproj
技术掌握	创建彩条

01 单击项目面板中的“新建项”按钮，在弹出的菜单中选择“彩条”命令，如图3-75所示。

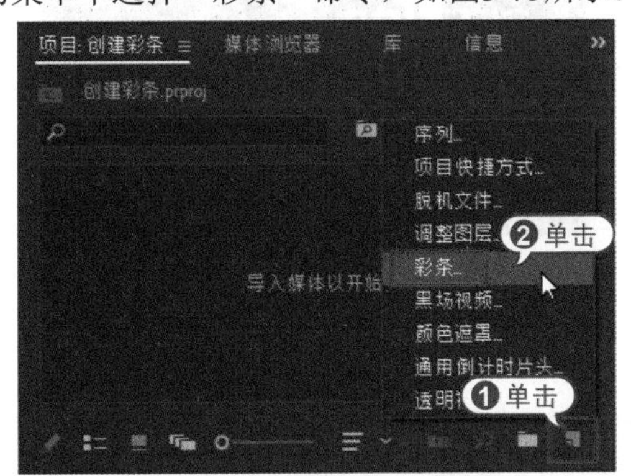

图 3-75　选择“彩条”命令

02 在打开的“新建色条和色调”对话框中设置视频的宽度和高度，如图3-76所示。

03 单击“确定”按钮，即可在项目面板中创建彩条对象，如图3-77所示。

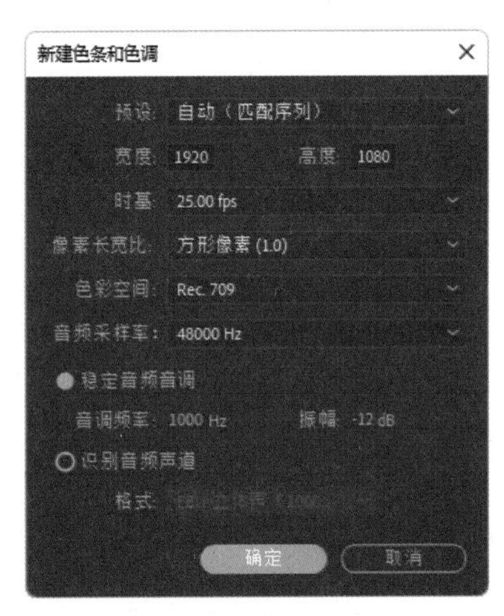

图 3-76　“新建色条和色调”对话框

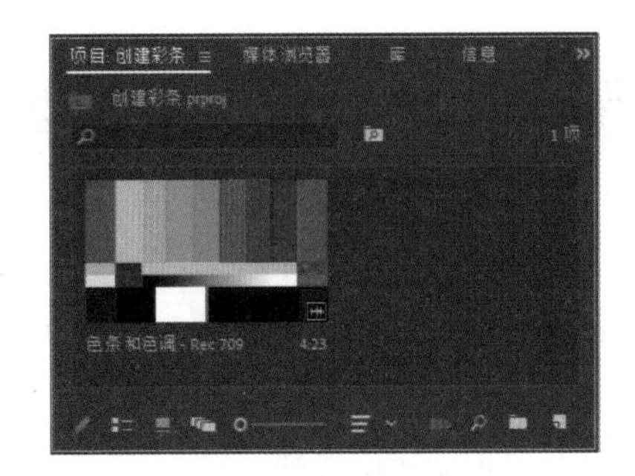

图 3-77　创建彩条

3.4.3　创建倒计时片头

使用“通用倒计时片头”命令，可以创建系统预设的影片开始前的倒计时片头效果。

练习实例：创建倒计时片头。	
文件路径	第 3 章 \ 创建倒计时片头.prproj
技术掌握	创建倒计时片头

01 单击项目面板右下角的“新建项”按钮，在弹出的快捷菜单中选择“通用倒计时片头”命令，如图3-78所示。

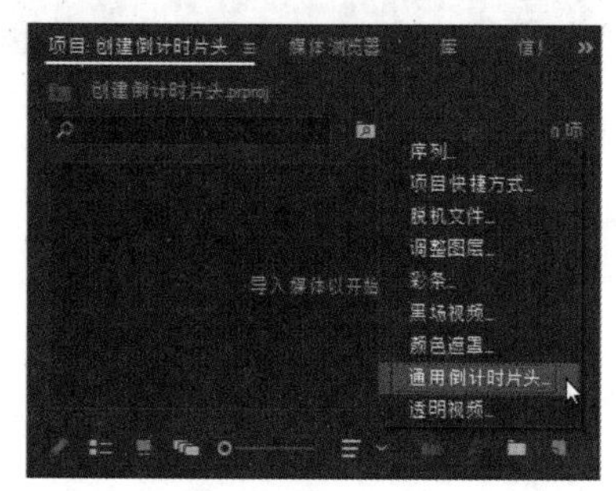

图 3-78　选择“通用倒计时片头”命令

02 在打开的“新建通用倒计时片头”对话框中设置视频的宽度和高度，然后单击“确定”按钮，如图3-79所示。

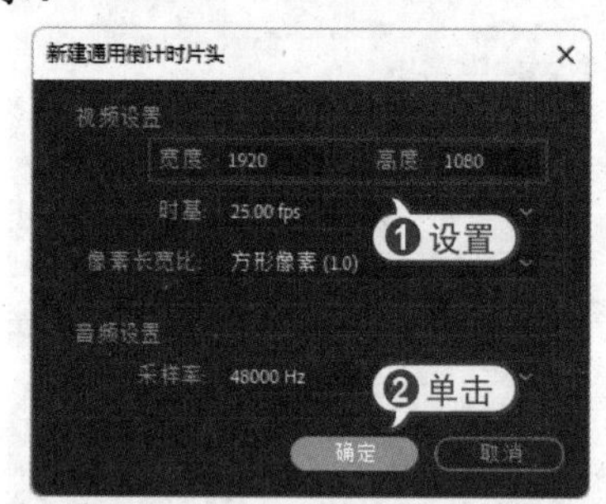

图 3-79　进行视频设置

03 在打开的“通用倒计时设置”对话框中设置倒计时视频的颜色和音频提示音，如图3-80所示。

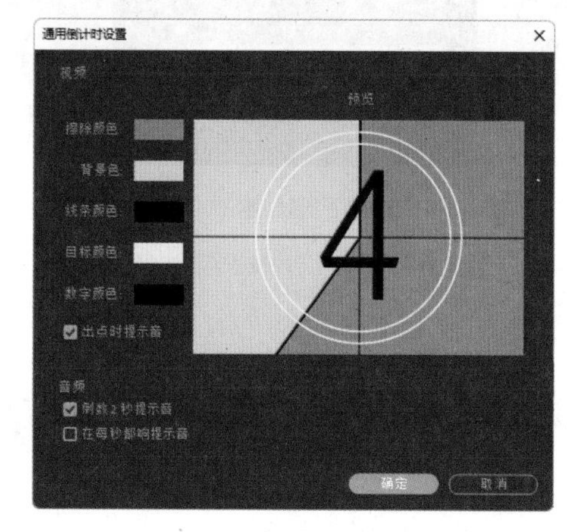

图 3-80　设置倒计时片头

04 单击“确定”按钮，创建的“通用倒计时片头”对象将显示在项目面板中，如图3-81所示。

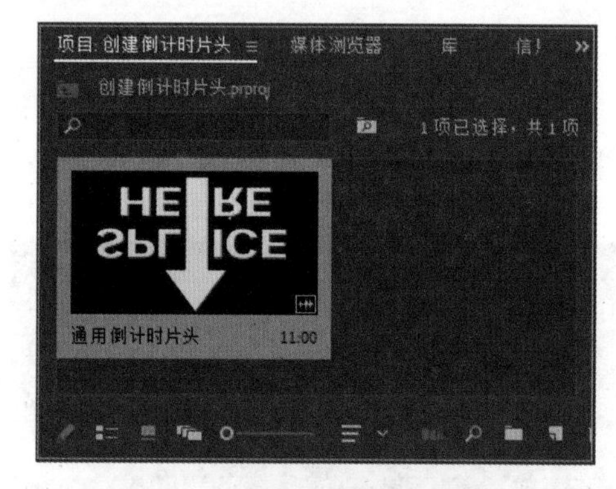

图 3-81　创建的通用倒计时片头

3.5　高手解答

问：如果在影片制作过程中，不能使用某种类型的素材，是出于什么原因，应该如何解决？

答：如果在影片制作过程中，不能使用某种类型的素材，其原因是缺少该种类型的解码器，用户只需要在相应的网站中下载并安装这些解码器，即可解决这种问题。

问：为什么项目面板中的素材显示为图标格式，且无法查看素材的信息？

答：项目面板中的素材可以显示为图标格式或列表格式。当素材显示为图标格式时，在项目面板中只能预览素材的效果，不能显示素材的相关信息；当素材显示为列表格式时，在项目面板中不能预览素材的效果，但会显示素材的相关信息。单击项目面板左下方的“图标视图”按钮，所有作品元素都将以图标格式出现在项目面板中；单击面板左下方的“列表视图”按钮，作品元素将以列表格式出现在项目面板中。

第4章 视频编辑操作

Premiere 的视频编辑主要是在创建的序列中进行的。Premiere 创建的序列将显示在时间轴面板中，在时间轴面板中对序列素材进行编辑后，再将一个个的片段组接起来，就完成了视频的编辑操作。本章将介绍 Premiere Pro 2024 序列的应用和素材的编辑，包括认识时间轴面板，以及创建序列、在时间轴面板中编辑素材、设置素材的入点和出点、轨道控制、嵌套序列、主素材和子素材等。

练习实例：更改并保存序列
练习实例：修改素材的入点和出点
练习实例：通过插入方式重排素材
练习实例：通过覆盖方式重排素材
练习实例：自动匹配序列
练习实例：设置序列的入点和出点
练习实例：创建嵌套序列
练习实例：在序列中拼接素材
练习实例：使用剃刀工具切割素材
练习实例：通过提取方式重排素材
练习实例：激活和禁用序列中的素材
练习实例：在时间轴面板中添加轨道
练习实例：创建与编辑子素材

4.1 时间轴面板

时间轴面板用于组合项目面板中的各个片段，是按时间排列片段、制作影视节目的编辑面板。Premiere创建的序列存放在时间轴面板中，视频编辑工作的大部分操作都是在时间轴面板中进行的。

4.1.1 认识时间轴面板

在创建序列前，时间轴面板中只有标题、时间码和工具选项，而且这些选项都呈不可用的灰色状态，如图4-1所示。将素材添加到时间轴面板中，或选择“文件”|“新建”|“序列”命令，创建一个序列后，时间轴面板将变为包括工作区、视频轨道、音频轨道和各种工具等的面板，如图4-2所示。

图 4-1 无序列的时间轴面板

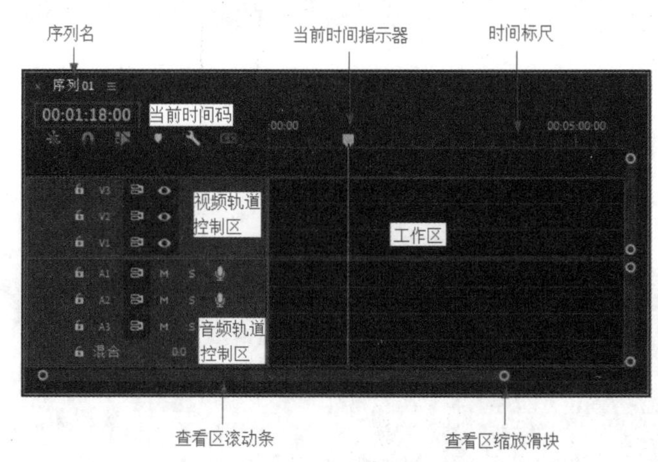

图 4-2 有序列的时间轴面板

知识点滴：

如果在Premiere程序窗口中看不到时间轴面板，可以通过双击项目面板中的序列图标将其打开，或者选择“窗口”|“时间轴”命令将时间轴面板打开。

4.1.2 时间轴面板中的标尺图标和控件

时间轴面板中的标尺图标和控件决定了观看影片的方式，以及Premiere渲染和导出的区域。

- 时间标尺：时间标尺是时间间隔的可视化显示，它将时间间隔转换为每秒包含的帧数，对应于项目的帧速率。标尺上出现的数字之间的实际刻度数取决于当前的缩放级别，用户可以拖动查看区滚动条或缩放滑块进行调整。
- 当前时间码：在时间轴上移动当前时间指示器时，当前时间码显示框中会指示当前帧所在的时间位置。用户可以单击时间码显示框并输入一个时间，以快速跳到指定的帧处。输入时间时不必输入分号或冒号。例如，单击时间码显示框并输入55415后按Enter键，如图4-3所示，即可移到帧05:54:15的位置，如图4-4所示。

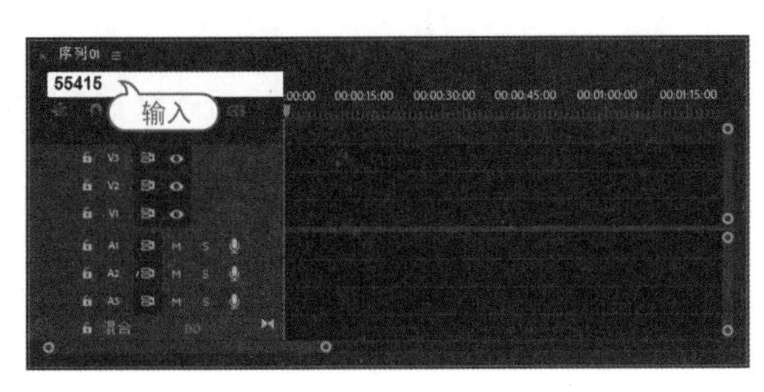

图 4-3　输入时间

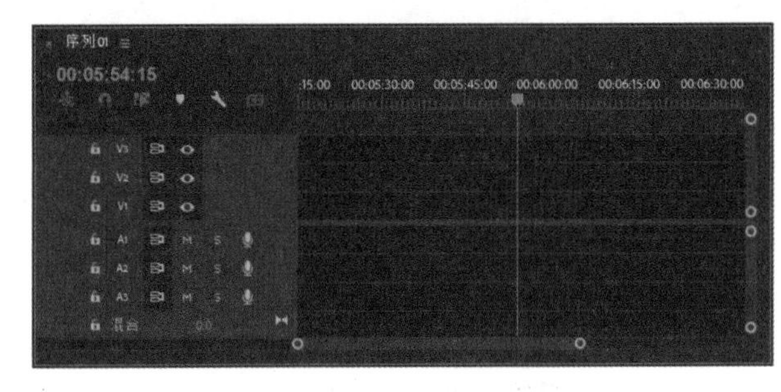

图 4-4　移到指定位置

- 当前时间指示器：单击并拖动当前时间指示器在影片上缓缓移动，或单击标尺区域中的某个位置，可以将当前时间指示器移到特定帧处，如图4-5所示。
- 查看区滚动条：单击并拖动查看区滚动条可以更改时间轴中的查看位置，如图4-6所示。

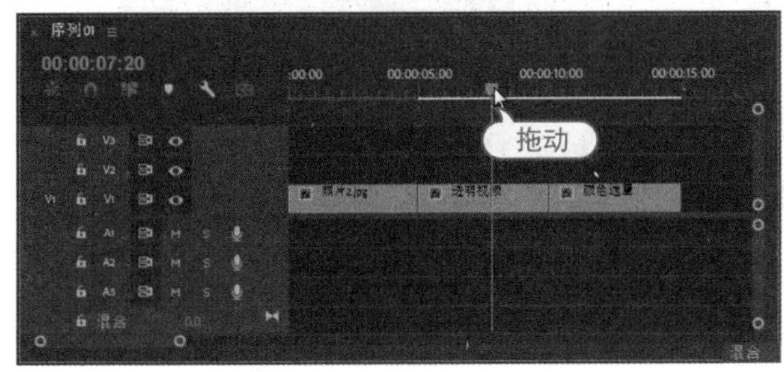

图 4-5　拖动当前时间指示器

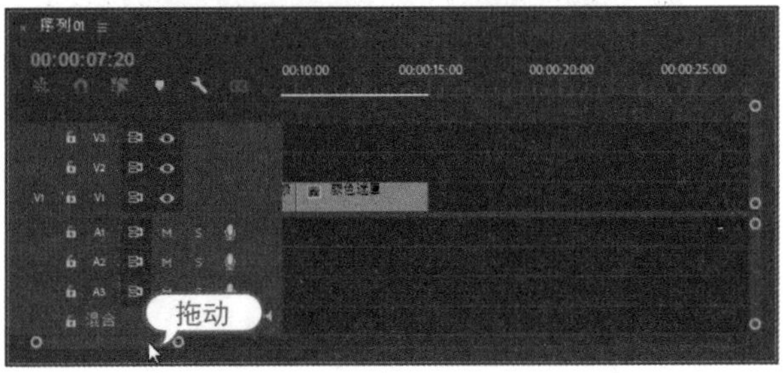

图 4-6　拖动查看区滚动条

- 工作区：时间标尺的下面是Premiere的工作区，用于指定将要导出或渲染的工作区。用户可以单击工作区的某个端点并拖动，或者从左向右拖动整个工作区。在渲染项目时，Premiere只渲染工作区中定义的区域。
- 缩放滑块：单击并拖动查看区滚动条两边的缩放滑块可以更改时间轴中的缩放级别。缩放级别决定标尺的增量和在时间轴面板中显示的影片长度。若要放大时间轴，则单击查看区滚动条右边的缩放滑块并向左拖动，如图4-7所示；若要缩小时间轴，则单击查看区滚动条右边的缩放滑块并向右拖动，如图4-8所示。

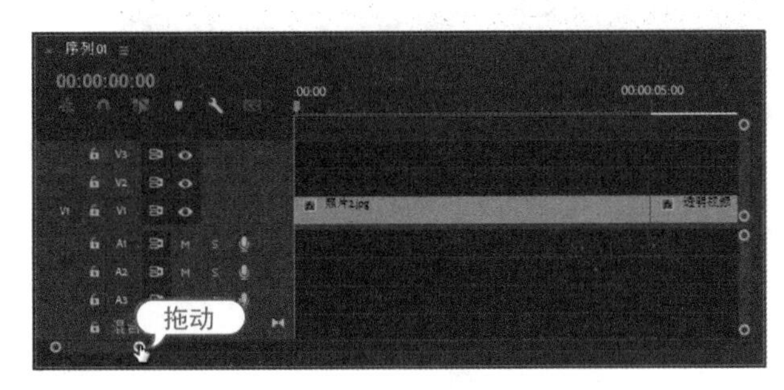

图 4-7　向左拖动缩放滑块

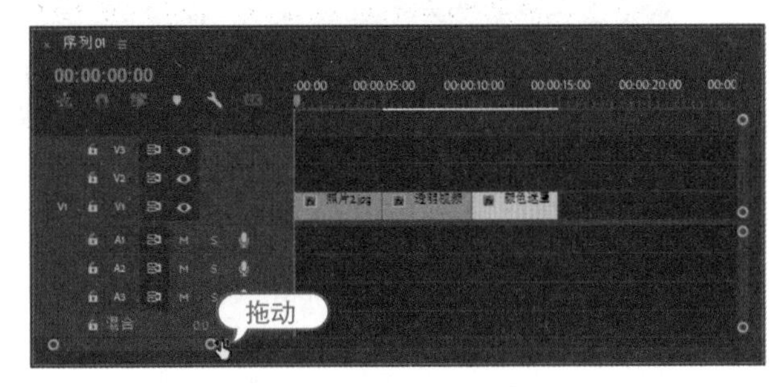

图 4-8　向右拖动缩放滑块

4.1.3　视频轨道控制区

时间轴面板中的视频轨道提供了视频影片、转场和效果的可视化表示。使用时间轴轨道选项可以添加和删除轨道，并控制轨道的显示方式，还可以控制在导出项目时是否输出指定轨道，以及锁定轨道和指定是否在视频轨道中查看视频帧。

轨道中的图标和选项如图4-9所示，下面分别介绍常用图标和选项的功能。

- 对齐：该按钮触发Premiere的对齐到边界命令。当打开对齐功能时，一个序列的帧会对齐到下一个序列的帧，这种磁铁似的效果有助于确保影片中没有间隙。打开对齐功能后，“对齐”按钮显示为被按下的状态。此时，将一个素材向另一个邻近的素材拖动时，它们会自动吸附在一起，这可以防止素材之间出现时间间隙。
- 添加标记：使用序列标记，可以设置想要快速跳至的时间轴上的点。序列标记有助于在编辑时将时间轴中的工作分解。要设置未编号标记，将当前时间指示器拖到想要设置标记的地方，然后单击“添加标记”按钮 即可，图4-10所示为设置的标记效果。

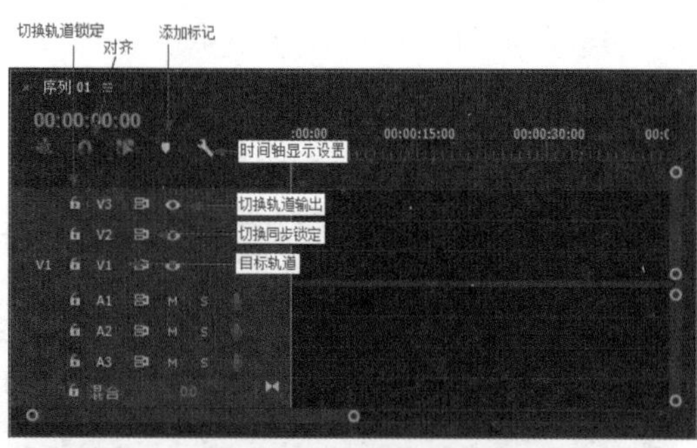

图 4-9　轨道中的图标和选项

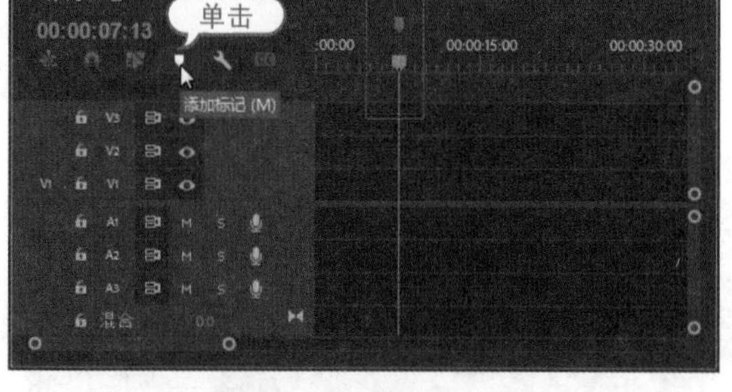

图 4-10　设置标记

- 目标轨道：当使用源监视器插入影片，或者使用节目监视器或修整监视器编辑影片时，Premiere会改变时间轴中当前目标轨道中的影片。
- 时间轴显示设置 ：单击该按钮，可以弹出用于设置时间轴显示样式的菜单，如图4-11所示。例如，选择“显示视频缩览图”选项后，在展开轨道时，可以显示素材的缩览图，如图4-12所示。

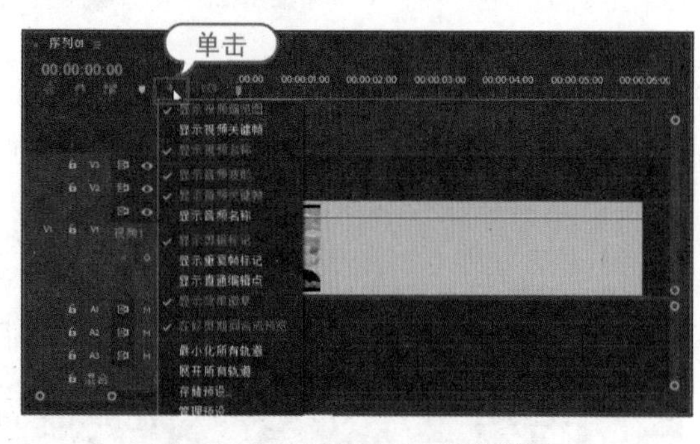

图 4-11　时间轴显示设置菜单

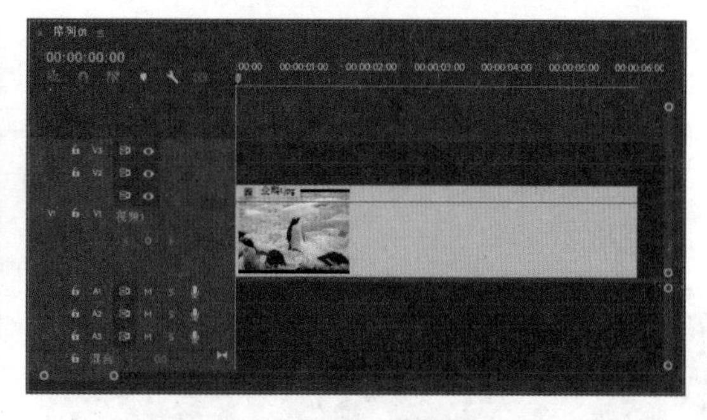

图 4-12　显示视频缩览图

- 切换轨道输出：单击“切换轨道输出”眼睛图标可以关闭轨道输出，避免在播放期间或导出时在节目监视器面板中查看轨道。再次单击此按钮，可以重新打开轨道输出，眼睛图标会再次出现。
- 切换轨道锁定：轨道锁定是一个安全特性，可以防止意外编辑。当一个轨道被锁定时，不能对轨道进行任何更改。单击“切换轨道锁定”图标后，此图标将变为锁定标记 ，指示轨道已被锁定。再次单击该图标，即可对轨道解锁。

4.1.4　音频轨道控制区

音频轨道中的时间轴控件与视频轨道中的时间轴控件类似。音频轨道提供了音频素材、转场和效果的可视化表示。

- 目标轨道：要将一个轨道转变为目标轨道，单击其左侧的A1、A2或A3图标即可。
- M/S：单击M按钮，转换为静音轨道；单击S按钮，转换为独奏轨道。
- 切换轨道锁定：此图标控制轨道是否被锁定。当轨道被锁定后，不能对轨道进行更改。单击“切换轨道锁定”图标，可以打开或关闭轨道锁定。当轨道被锁定时，将出现锁形图标。

知识点滴：

Premiere可以提供各种不同的音频轨道，包括标准音频轨道、子混合轨道、主音轨道及5.1轨道。标准音频轨道用于WAV和AIFF素材。子混合轨道用于为轨道的子集创建效果，而不是为所有轨道创建效果。使用Premiere音轨混合器可以将音频放到主音轨道和子混合轨道中。5.1轨道是一种特殊轨道，仅用于立体声音频。

4.1.5 显示音频时间单位

默认情况下，Premiere以帧的形式显示时间轴间隔。用户可以在时间轴面板的标尺处右击鼠标，然后在弹出的快捷菜单中选择“显示音频时间单位”命令，如图4-13所示，即可将时间轴单位更改为音频时间单位，如图4-14所示。

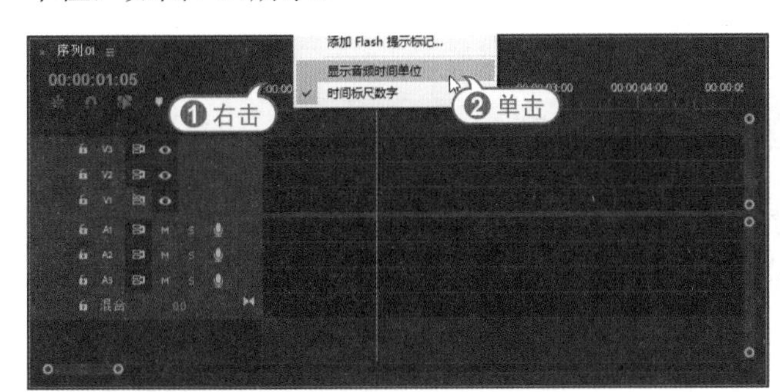

图 4-13 选择“显示音频时间单位”命令

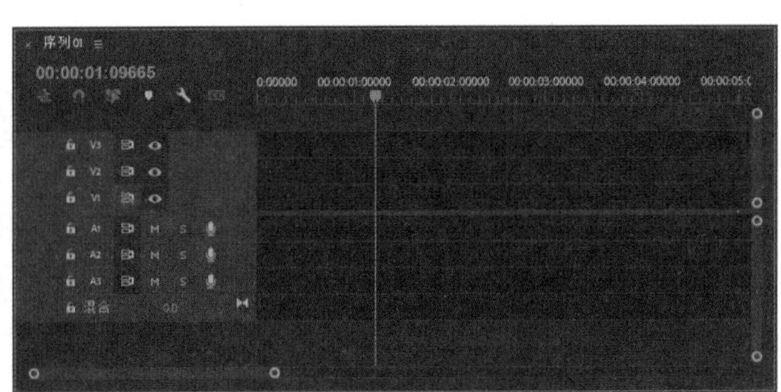

图 4-14 显示音频时间单位

4.2 创建与设置序列

将素材导入项目面板后，需要将素材添加到时间轴面板的序列中，然后在时间轴面板中对序列素材进行编辑。将素材按照顺序分配到时间轴上的操作就是装配序列。

4.2.1 创建新序列

将项目面板中的素材拖到时间轴面板中，即可创建一个以素材名命名的序列。用户也可以通过“新建”命令，在时间轴面板中创建一个新序列，并且可以设置序列的名称、视频大小和轨道数等参数，新建的序列会作为一个新的选项卡自动添加到时间轴面板中。

选择“文件”|“新建”|“序列”命令，打开“新建序列”对话框。在该对话框的“序列名称”文本

框中输入序列的名称，如图4-15所示，在“序列预设”“设置”和“轨道”选项卡中设置好需要的参数，然后单击“确定”按钮，即可在时间轴面板中新建一个序列，如图4-16所示。

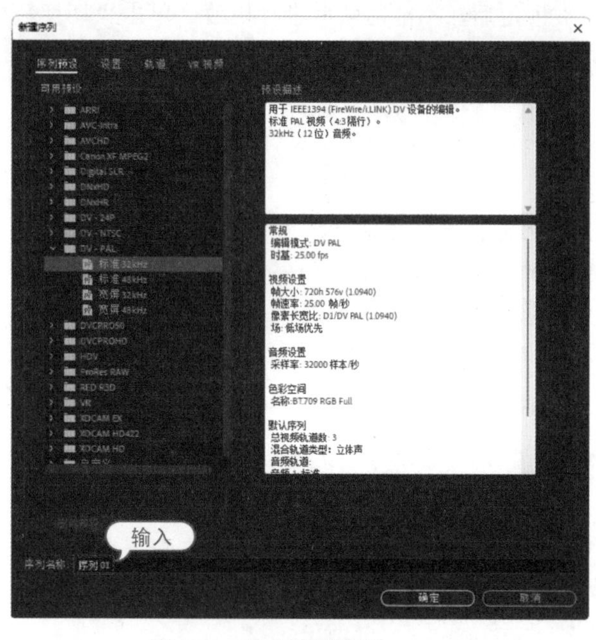

图 4-15　输入序列名称

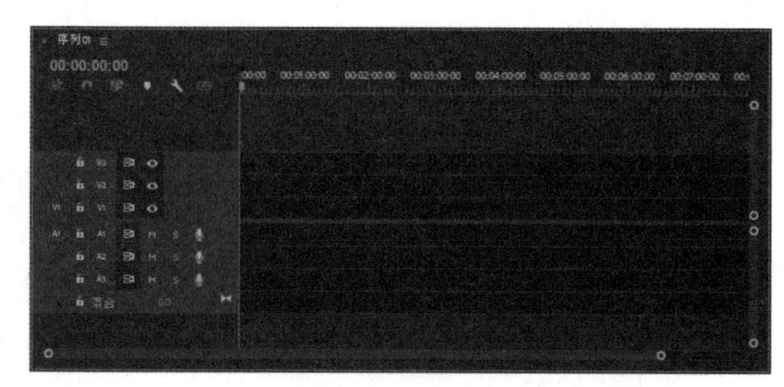

图 4-16　新建序列

4.2.2　序列预设

在“新建序列”对话框中选择“序列预设”选项卡，在“可用预设”列表中可以选择所需的序列预设参数，选择序列预设后，在该对话框的“预设描述”区域中，将显示该预设的编辑模式、帧大小、帧速率、像素长宽比及音频设置等，如图4-17所示。

Premiere为NTSC和PAL标准提供了DV(数字视频)格式预设。如果正在使用HDV或HD进行工作，也可以选择预设。用户还可以更改预设，同时将自定义预设保存起来，用于其他项目。

- 如果所工作的DV项目中的视频不准备用于宽银幕格式(16：9的纵横比)，可以选择“标准48kHz”选项。该预设将声音品质设置为48kHz，它用于匹配素材源影片的声音品质。
- DV-24P预设文件夹用于以24帧/秒拍摄且画幅大小是720×480像素的逐行扫描影片(松下和佳能制造的摄像机在此模式下拍摄)。如果有第三方视频采集卡，可以看到其他预设，专门用于辅助采集卡工作。
- 如果使用DV影片，无须更改默认设置。

4.2.3　序列常规设置

在“新建序列”对话框中选择“设置”选项卡，在该选项卡中可以设置序列的常规参数，如图4-17所示。

- 编辑模式：编辑模式是由“序列预设”选项卡中选定的预设所决定的。使用编辑模式选项可以设置时间轴播放方法和压缩方式。选择DV预设，编辑模式将自动设置为DV NTSC或DV PAL。用户可以在“编辑模式”下拉列表中选择一种编辑模式，选项如图4-18所示。

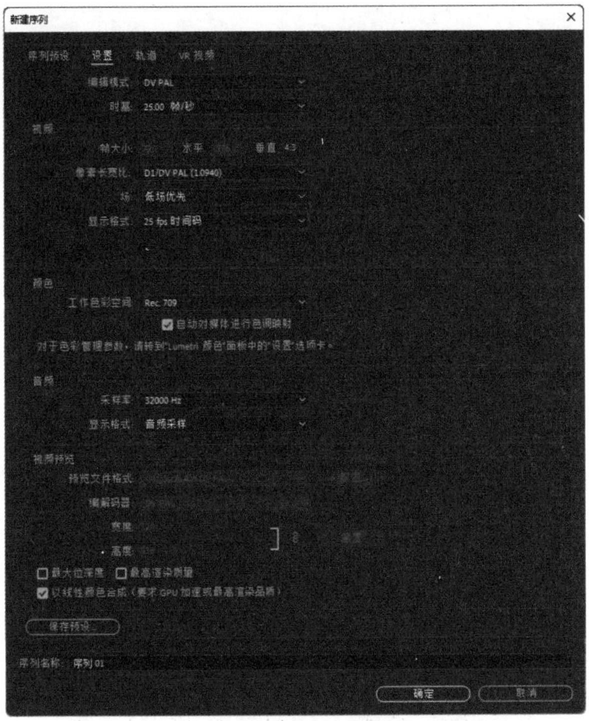

图 4-17　选择“设置”选项卡 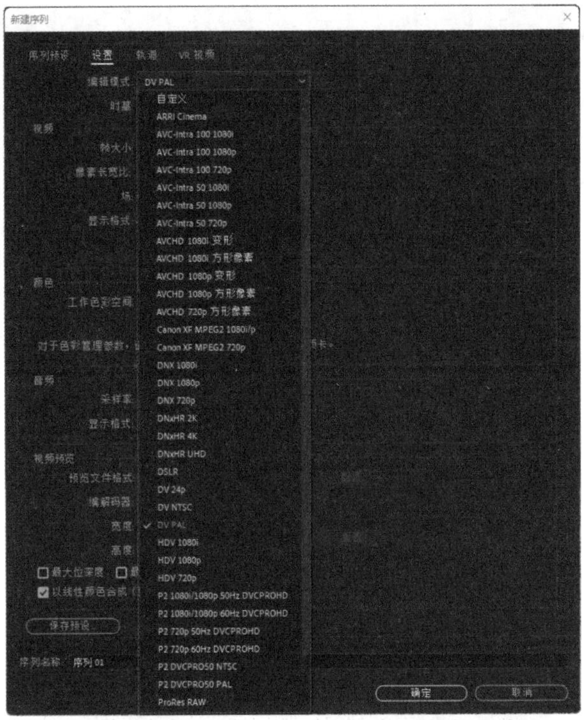　　　　图 4-18　“编辑模式”下拉列表

- 时基：时基也就是时间基准。在计算编辑精度时，“时基”选项决定了Premiere如何划分每秒的视频帧。在大多数项目中，时间基准应该匹配所采集影片的帧速率。
- 帧大小：项目的画面大小是其以像素为单位的宽度和高度。第一个数字代表画面宽度，第二个数字代表画面高度。
- 像素长宽比：本设置应该匹配图像像素的形状(图像中一个像素的宽与高的比值)。对于在图形程序中扫描或创建的模拟视频和图像，请选择方形像素。根据所选择的编辑模式的不同，“像素长宽比”选项的设置也会不同。

知识点滴：

如果需要更改所导入素材的帧速率或像素长宽比(因为它们可能与项目设置不匹配)，请在项目面板中选定此素材，然后选择“剪辑”|“修改”|“解释素材”命令，打开“修改剪辑”对话框。要更改帧速率，可在该对话框中选中“采用此帧速率”单选按钮，然后在文本编辑框中输入新的帧速率；要更改像素长宽比，则选中“符合”单选按钮，然后从像素长宽比列表中进行选择。设置完成后单击“确定”按钮，项目面板即指示这种改变。如果需要在纵横比为4：3的项目中导入纵横比为16：9的宽银幕影片，那么可以选择“运动”视频效果的“位置”和“比例”选项，以缩放与控制宽银幕影片。

- 场：在将项目导出到录像带中时，就要用到场。每个视频帧都会分为两个场。在PAL标准中，每个场会显示1/50秒。在“场”下拉列表中可以选择“高场优先”或“低场优先”选项。
- 采样率：音频采样率决定了音频品质。采样率越高，提供的音质就越好。
- 视频预览：用于指定使用Premiere时如何预览视频。大多数选项是由项目编辑模式决定的，因此不能更改。

4.2.4 序列轨道设置

在“新建序列”对话框中选择“轨道”选项卡，在该选项卡中可以设置时间轴面板中的视频和音频轨道数，也可以选择是否创建子混合轨道和数字轨道，如图4-19所示。

图 4-19 “轨道”选项卡

在“视频”选项组的数值框中可以重新对序列的视频轨道数量进行设置；在“音频”选项组的“混合”下拉列表中可以选择主音轨的类型，如图4-20所示，单击其下方的“添加轨道”按钮，则可以增加默认的音频轨道数量，在下方的轨道列表中还可以设置音频轨道的名称、类型等参数。

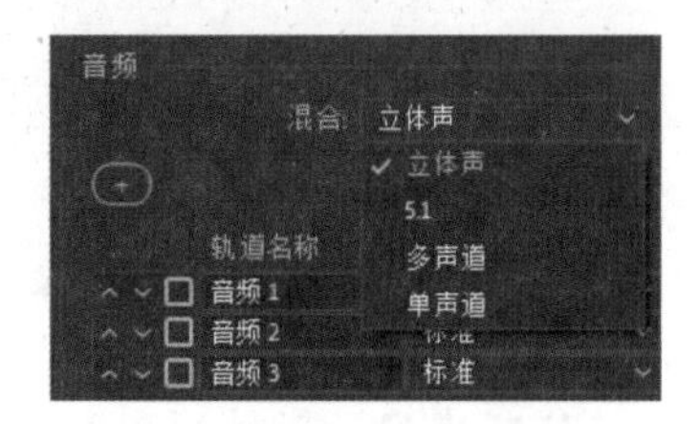

图 4-20 选择主音轨类型

知识点滴：

在“轨道”选项卡中更改设置并不会改变当前时间轴，如果通过选择“文件”|“新建”|“序列”命令的方式创建一个新序列后，则添加了新序列的时间轴会显示新设置。

练习实例：更改并保存序列。

文件路径	第 4 章\
技术掌握	更改序列参数、保存序列

01 选择“文件”|“新建”|“序列”命令，打开“新建序列”对话框，在“新建序列”对话框中选择“设置”选项卡，设置“编辑模式”和“帧大小”参数，如图4-21所示。

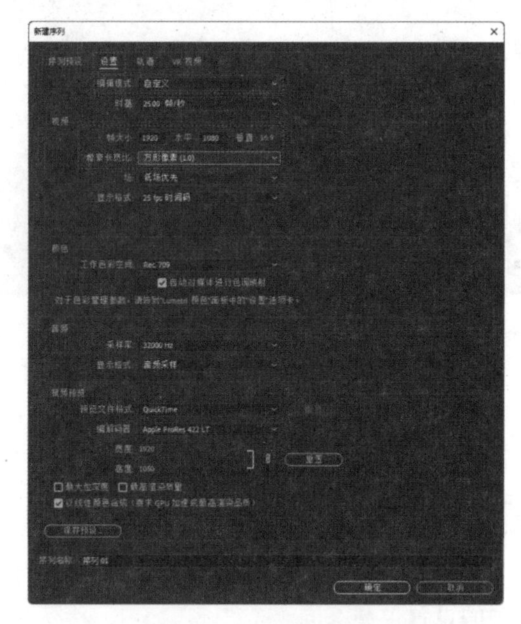

图 4-21 设置常规参数

02 选择“轨道”选项卡，设置视频轨道数量，如图4-22所示，然后单击“保存预设”按钮。

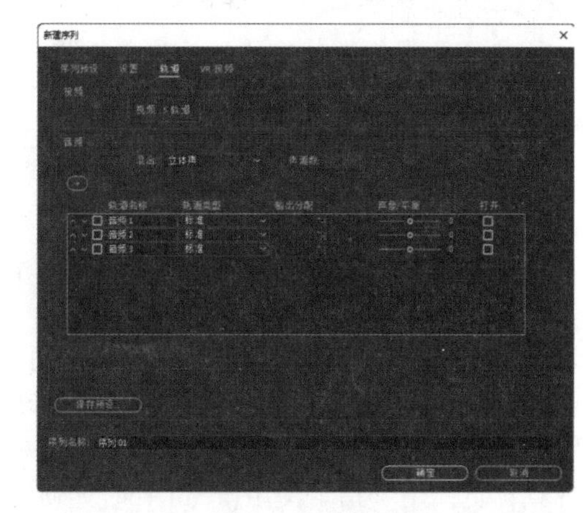

图 4-22 设置轨道参数

03 在打开的“保存序列预设”对话框中为该自定义预设命名，也可以在“描述”文本框中输入一些有关该预设的说明性文字，如图4-23所示。

图 4-23　命名自定义预设

04 单击“确定”按钮，即可保存设置的序列预设参数，保存的预设将出现在“序列预设”选项卡的“自定义”文件夹中，如图4-24所示。

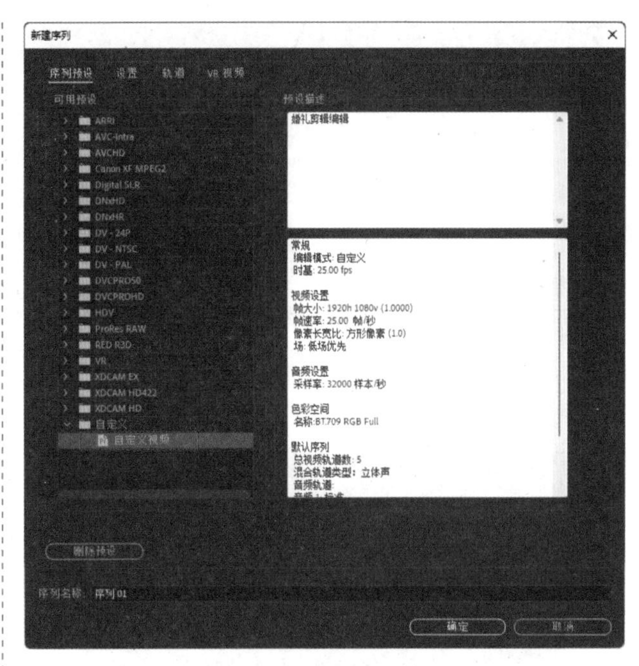

图 4-24　新建的预设序列

4.2.5　关闭和打开序列

创建序列后，序列会在项目面板中生成。在时间轴面板中单击序列名称前的“关闭”按钮 ，可以将时间轴面板中的序列关闭；关闭时间轴面板中的序列后，双击项目面板中的序列项目，可以在时间轴面板中重新打开该序列。

4.3　在序列中添加素材

在项目面板中导入素材后，就可以将素材添加到时间轴的序列中，这时便可以在时间轴面板中对素材进行编辑，还可以在节目监视器面板中对素材效果进行预览。

4.3.1　在序列中添加素材的方法

在Premiere中创建序列后，可以通过如下几种方法将项目面板中的素材添加到时间轴面板的序列中。

- 在项目面板中选择素材，然后将其从项目面板拖到时间轴面板的序列轨道中。
- 选中项目面板中的素材，然后选择“素材”|“插入”命令，将素材插入当前时间指示器所在的目标轨道上。插入素材时，该素材被放到序列中，并将插入点所在的影片推向右边。
- 选中项目面板中的素材，然后选择“素材”|“覆盖”命令，将素材插入当前时间指示器所在的目标轨道上。插入素材时，该素材被放到序列中，插入的素材将替换当前时间指示器后面的素材。
- 在源监视器面板中设置好素材的入点和出点后，单击源监视器面板中的“插入”或“覆盖”按钮，或者选择“素材”|“插入”或“素材”|“覆盖”命令，将素材添加到时间轴面板中。

4.3.2 在序列中拼接素材

将素材添加到序列中以后，便可以使用“移动”工具根据需要对素材进行移动，完成素材间的拼接。

练习实例：在序列中拼接素材。	
文件路径	第 4 章 \ 在序列中拼接素材.prproj
技术掌握	在序列中添加素材、将素材缩放为帧大小

01 新建一个项目文件，然后在项目面板中导入两个素材对象，如图4-25所示。

图 4-25 导入素材

02 选择“文件”|“新建”|“序列”命令，新建一个序列。然后在项目面板中选择并拖动一个素材到时间轴面板的视频1轨道中，即可将选择的素材添加到时间轴面板的序列中，如图4-26所示。

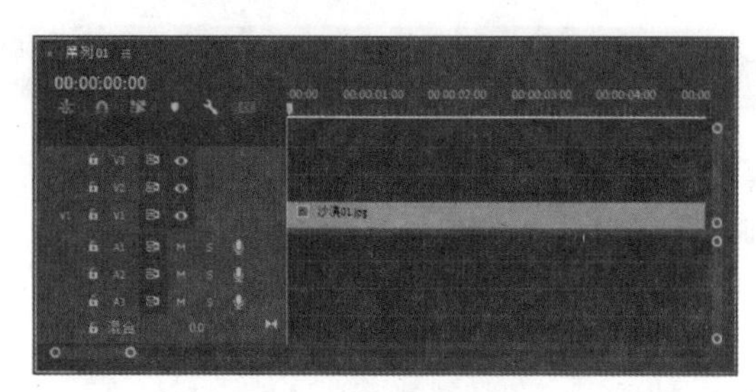

图 4-26 添加素材

知识点滴：

在时间轴面板中添加素材时，如果素材与序列设置不匹配，会弹出“剪辑不匹配警告”对话框，此时单击其中的“保持现有设置”按钮可以保持现有设置；如果需要序列设置匹配素材大小，则单击“更改序列设置”按钮，修改当前序列设置。

03 在时间轴面板中将时间指示器移到素材的出点处，在项目面板中选择并拖动另一个素材到时间轴面板的视频1轨道中，将其入点与前面素材的出点对齐，效果如图4-27所示。

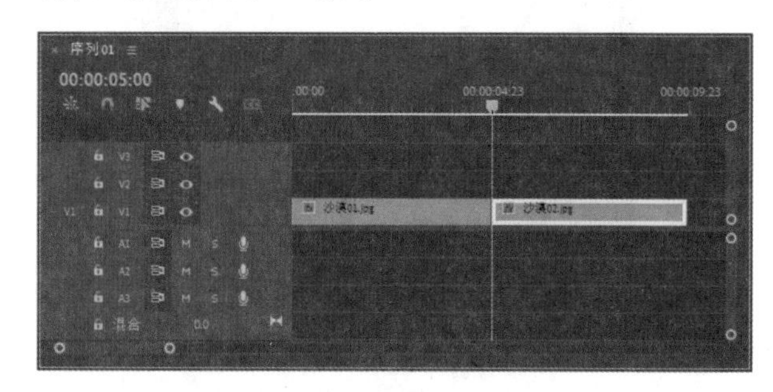

图 4-27 添加另一个素材

04 在时间轴面板中添加素材后，如果发现素材在节目监视器面板中显示不完整，可以右击添加的素材，然后在弹出的快捷菜单中选择“缩放为帧大小”命令，如图4-28所示，使素材在节目监视器面板中显示完整。

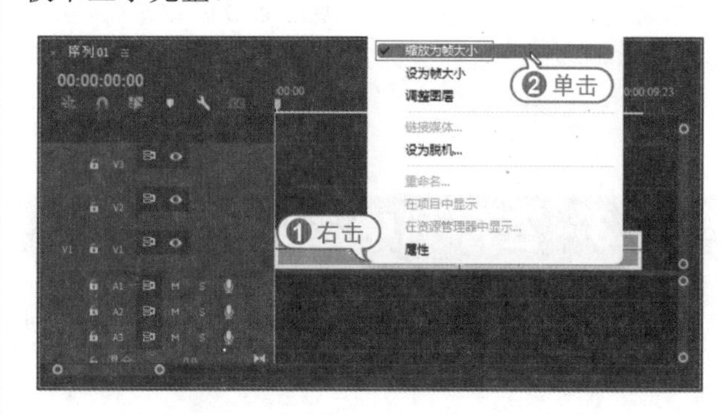

图 4-28 选择“缩放为帧大小”命令

05 在节目监视器面板中单击“播放-停止切换”按钮，可以预览节目效果，如图4-29所示。

图 4-29 预览节目效果

4.4 在序列中编辑素材

时间轴面板是Premiere用于放置序列的地方，用户可以在时间轴面板中对序列中的素材进行各种编辑，如设置素材的出入点、调整素材的排列顺序、激活和禁用素材、删除序列间隙、自动匹配序列、素材的编组等。

4.4.1 选择素材

将素材放置在时间轴面板中进行编辑时，首先需要对要编辑的素材进行选择。用户可以使用选择工具或轨道选择工具对序列中的素材进行选择。

1. 使用选择工具

在时间轴面板中对素材进行选择时，最简单的方法是使用工具面板中的选择工具进行选择。在工具面板中选择“选择工具”后，用户可以进行以下选择操作。

- 单击素材，可以直接选中该素材。
- 按住Shift键的同时单击想要选择的多个素材，或者通过框选的方式也可以选择多个素材。
- 如果想选择素材的视频部分而不要音频部分，或者想选择音频部分而不要视频部分，可以在按住Alt键的同时单击素材的视频或音频部分。

2. 使用轨道选择工具

如果想快速选择某个轨道上的多个素材，或者从某个轨道中删除一些素材，可以使用工具面板中的“向前选择轨道工具”或“向后选择轨道工具”进行选择。

选择“向前选择轨道工具”后，单击轨道中的素材，可以选择单击的素材及该素材右侧的所有素材，如图4-30所示；选择“向后选择轨道工具”后，单击轨道中的素材，可以选择单击的素材及该素材左侧的所有素材，如图4-31所示。

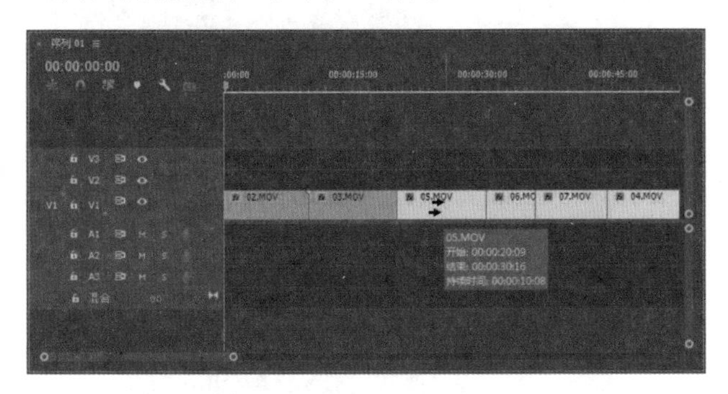

图 4-30　向前选择素材

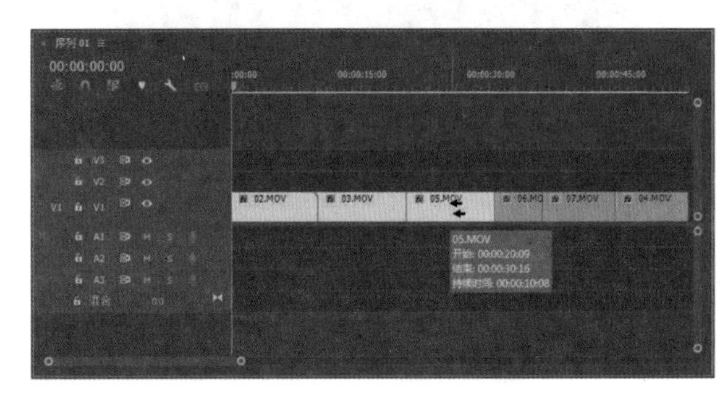

图 4-31　向后选择素材

4.4.2 修改素材的入点和出点

在序列中修改素材的入点和出点，可以改变素材输出为影片后的持续时间，使用选择工具可以快速调整素材的入点和出点。

练习实例：修改素材的入点和出点。

文件路径	第 4 章 \ 修改素材入点和出点 .prproj
技术掌握	修改素材的入点和出点、在时间轴中移动素材

01 新建一个项目文件和一个序列，然后在项目面板中导入素材，并将项目面板中的素材添加到时间轴面板的视频1轨道中，如图4-32所示。

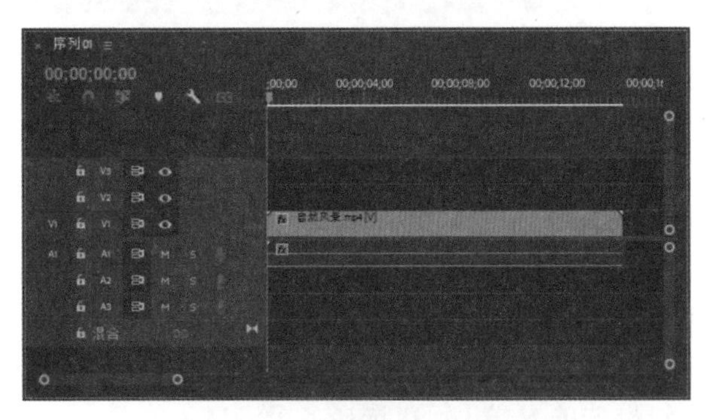

图 4-32　在时间轴中添加素材

02 将时间指示器移到素材的入点处，在节目监视器面板中预览素材的效果，如图4-33所示。

图 4-33　素材的入点效果

03 这里修改素材的入点：单击工具面板中的“选择工具”按钮▶，将光标移到时间轴面板中素材的左边缘(入点)，选择工具将变为一个向右的边缘图标，如图4-34所示。

04 单击并按住鼠标左键，然后向右拖动鼠标到想作为素材入点的地方，即可修改素材的入点。在拖动素材左边缘(入点)时，时间码读数会显示在该素材下方，如图4-35所示。

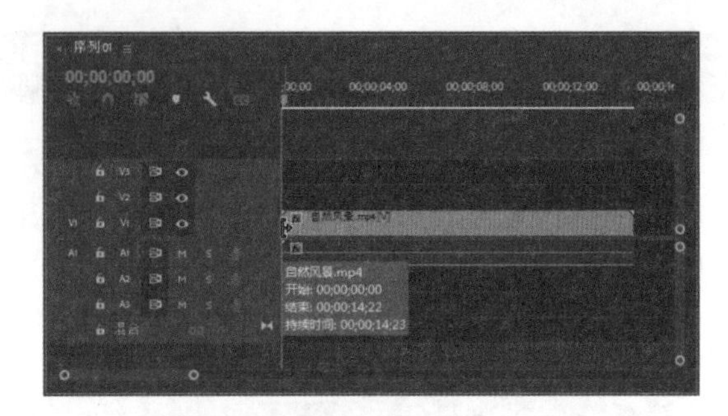

图 4-34　移动光标到素材左边缘

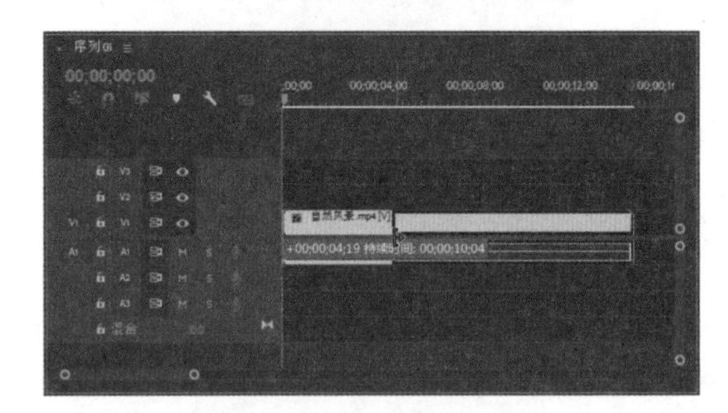

图 4-35　拖动素材的入点

05 松开鼠标左键，即可在时间轴面板中重新设置素材的入点，如图4-36所示。在节目监视器面板中预览素材新的入点效果，如图4-37所示。

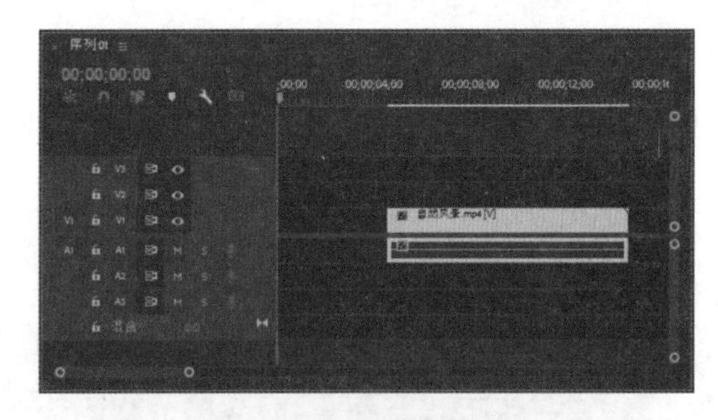

图 4-36　更改素材的入点

图 4-37　素材新的入点效果

06 下面设置素材的出点：首先在时间轴面板中将素材向左拖动，使新的入点在第0秒的位置，如图4-38所示。

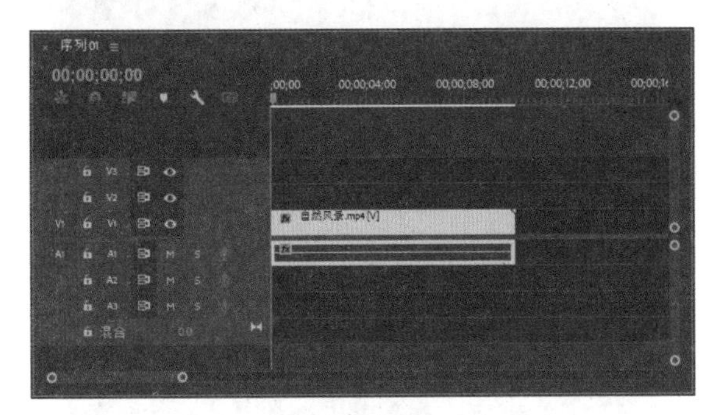

图 4-38　拖动素材

07 将时间指示器移到素材的出点处，然后在节目监视器面板中预览素材的效果，如图4-39所示。

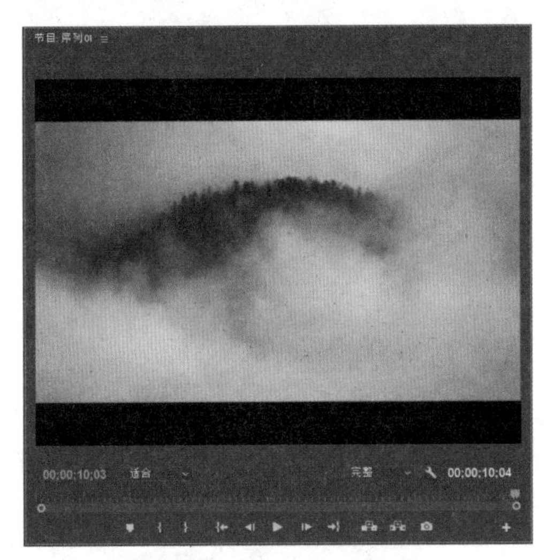

图 4-39　预览素材出点效果

08 选择“选择工具”后，将光标移到时间轴面板中素材的右边缘(出点)，此时选择工具变为一个向左的边缘图标。单击并按住鼠标左键，然后向左拖动鼠标到想作为素材出点的地方，即可设置素材的出点，如图4-40所示。松开鼠标左键，即可在时间轴面板中重新设置素材的出点。在节目监视器面板中预览素材新的出点效果，如图4-41所示。

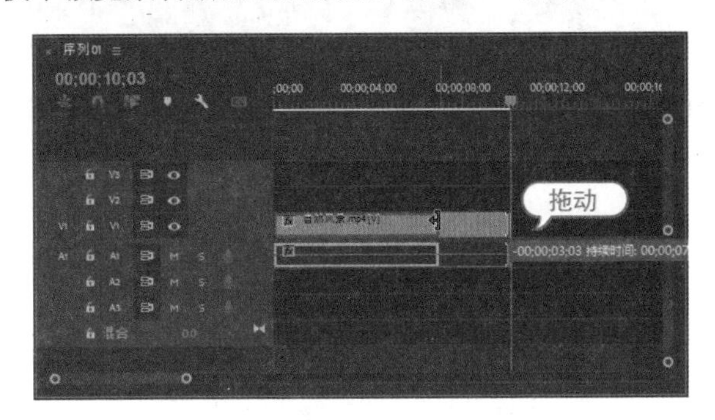

图 4-40　拖动素材的出点

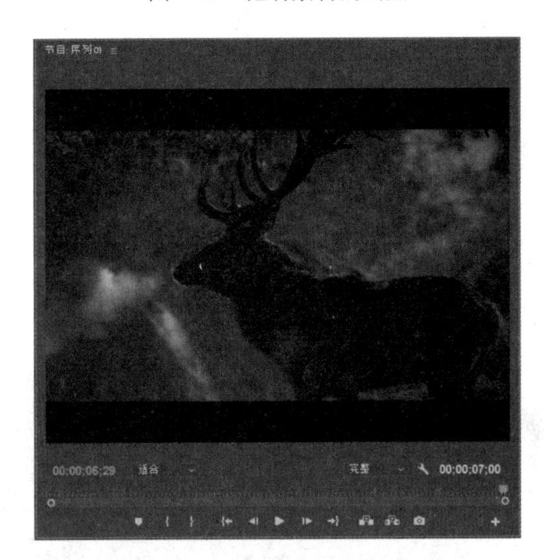

图 4-41　预览新的出点效果

4.4.3　切割并编辑素材

使用工具面板中的“剃刀工具”可以将素材切割成两段，从而快速设置素材的入点和出点，并且可以将不需要的部分删除。

练习实例：使用剃刀工具切割素材。	
文件路径	第 4 章 \ 切割素材 .prproj
技术掌握	切割素材、删除素材

01 新建一个项目文件和一个序列，并在项目面板和时间轴面板中添加素材。

02 在时间轴面板中按下“对齐”按钮，即可在时间轴面板中开启“对齐”功能。

03 将当前时间指示器移到想要切割素材的位置，在工具面板中选择“剃刀工具”，在时间指示器的位置单击，如图4-42所示。

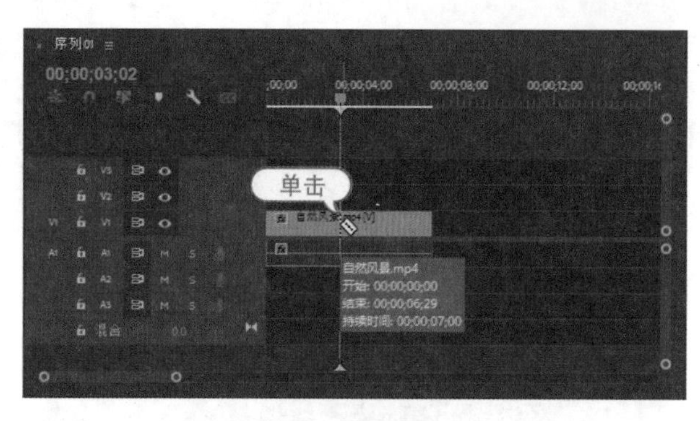

图 4-42　单击切割素材

04 在时间指示器的位置将素材切割为两段后，当前时间便是前一段素材的出点，也是后一段素材的入点，效果如图4-43所示。

05 在工具面板中选择“选择工具”▶，然后在时间轴面板中选择其中一部分素材，按Delete键，可以将选择部分的素材删除，如图4-44所示。

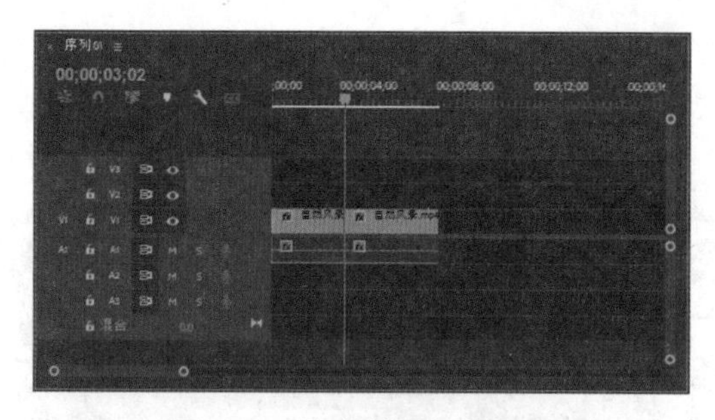

图 4-43　将素材切割为两段

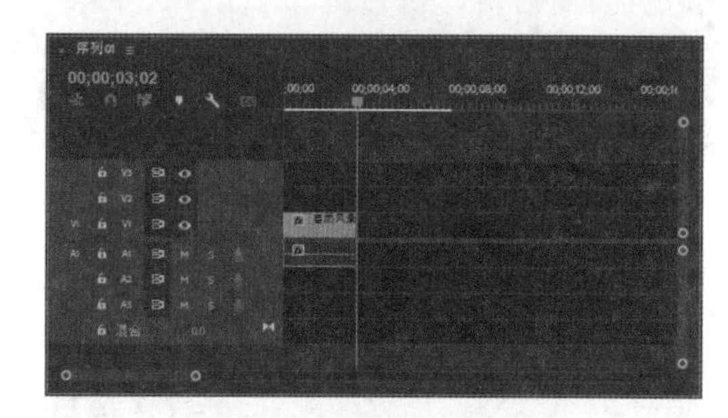

图 4-44　删除后面的素材

4.4.4　调整素材的排列顺序

进行视频编辑时，有时需要将时间轴面板中的某个素材放置到另一个区域。但是，在移动某个素材后，就会在移除素材的地方留下一个空隙，如图4-45和图4-46所示。为了避免这个问题，Premiere提供了“插入”“提取”和“覆盖”3种方式来移动素材。

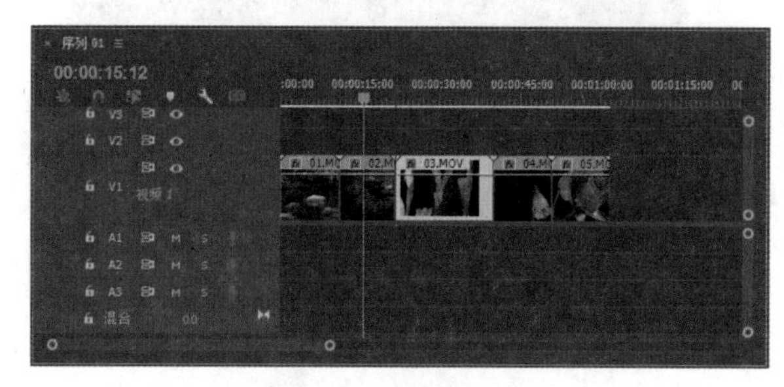

图 4-45　移动素材前

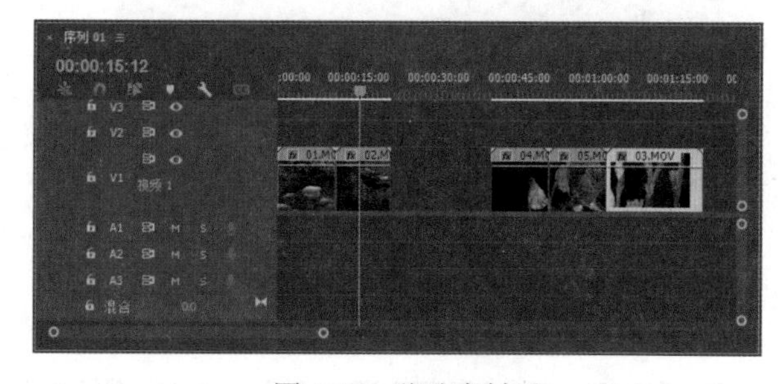

图 4-46　移动素材后

1. 插入素材

在Premiere中，通过“插入”方式排列素材，可以在节目中的某个位置快速添加一个素材，且在各个素材之间不留下空隙。

练习实例：通过插入方式重排素材。	
文件路径	第 4 章 \ 插入素材.prproj
技术掌握	以插入方式重排素材

01 新建一个项目文件，在项目面板中导入4个素材(如“01.MOV”~“04.MOV”)，如图4-47所示。

02 新建一个序列，将项目面板中的“01.MOV”和“04.MOV”素材添加到时间轴面板的视频1轨道中，如图4-48所示。

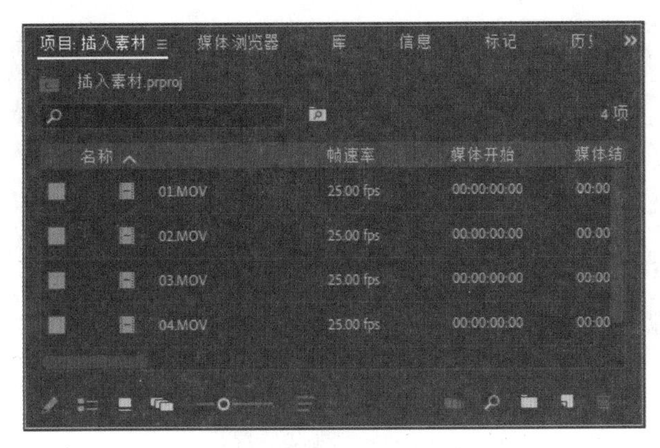

图 4-47　导入素材

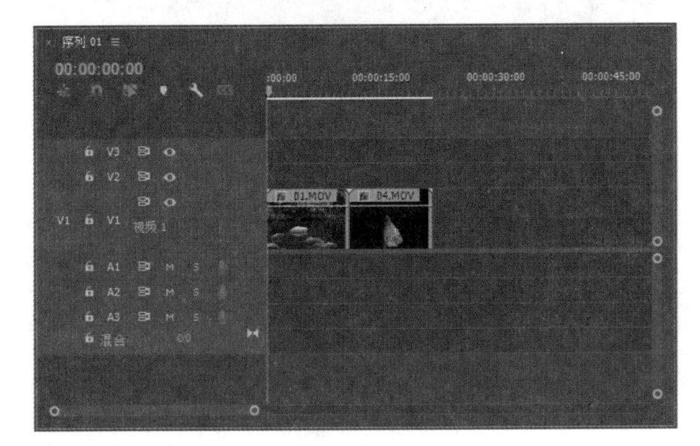

图 4-48　在时间轴中添加素材

03 在时间轴面板中将时间指示器移到“01.MOV”素材的出点处，如图4-49所示。

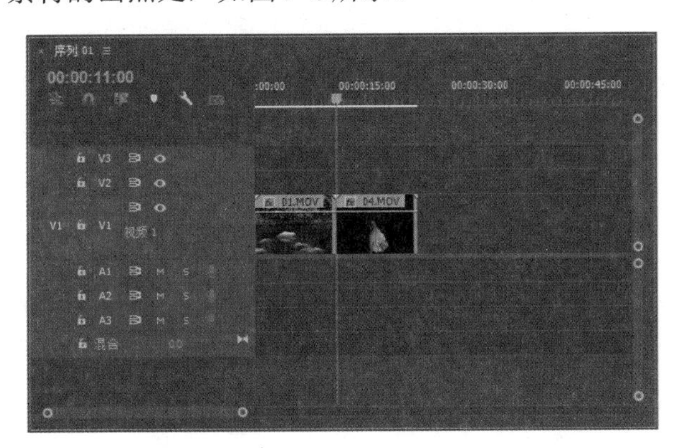

图 4-49　移动时间指示器

04 在项目面板中选中“02.MOV”素材，然后选择“剪辑”|“插入”命令，即可将“02.MOV”素材插入“01.MOV”素材的后面，如图4-50所示。

05 在时间轴面板中将时间指示器移到“01.MOV”素材中间，如图4-51所示。

06 在项目面板中选中“03.MOV”素材，然后选择“剪辑”|“插入”命令，即可将“03.MOV”素材插入“01.MOV”素材的中间，如图4-52所示。

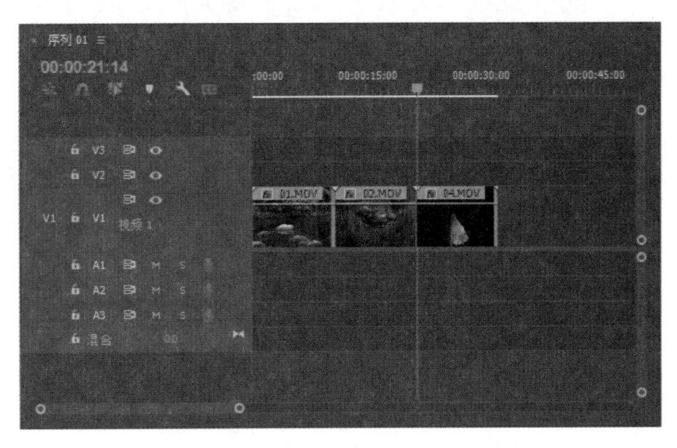

图 4-50　在时间轴中插入素材

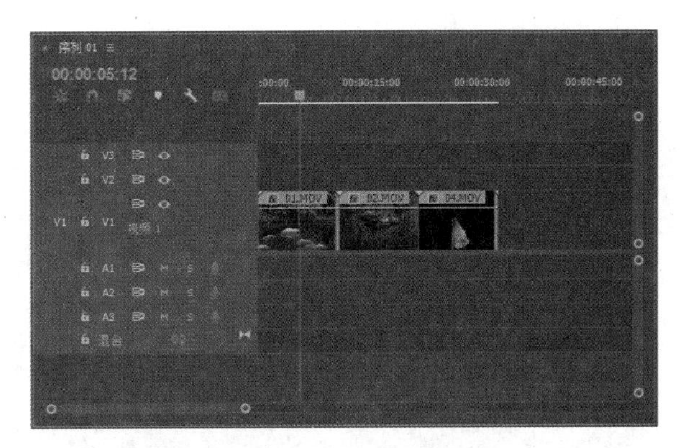

图 4-51　移动时间指示器

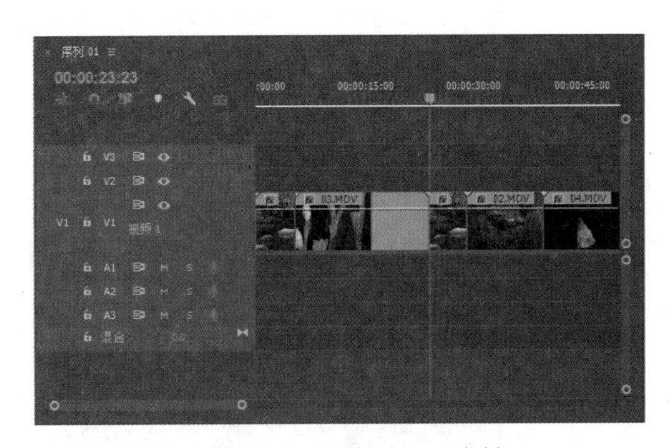

图 4-52　在时间轴中插入素材

知识点滴：

如果将素材直接拖到时间轴面板中的时间指示器位置，虽然可以将素材添加到视频轨道中，但同时会覆盖时间指示器后面的素材。

2. 提取素材

使用“提取”方式可以在移除素材之后闭合素材的间隙。按住Ctrl键，将一个素材或一组选中的素材拖动到新位置，然后释放鼠标，即可以提取方式重排素材。

练习实例：通过提取方式重排素材。	
文件路径	第 4 章 \ 提取素材.prproj
技术掌握	以提取方式重排素材

01 新建一个项目文件，然后在项目面板中导入4个素材。

02 新建一个序列，将项目面板中的素材依次添加到时间轴面板的视频1轨道中，如图4-53所示。

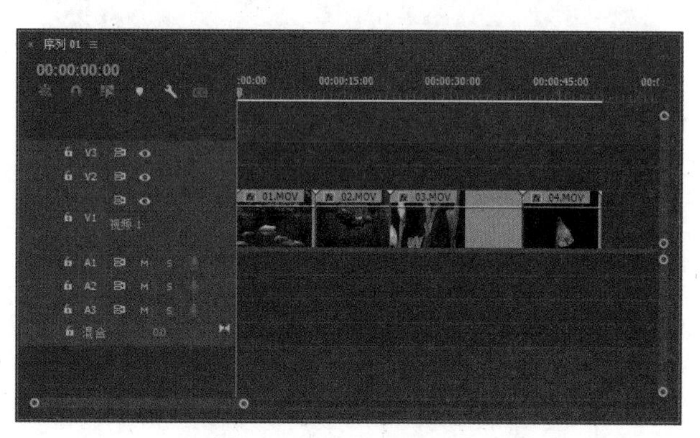

图 4-53　在时间轴中添加素材

03 按住Ctrl键的同时，选择视频1轨道中的“02.MOV”素材，如图4-54所示。

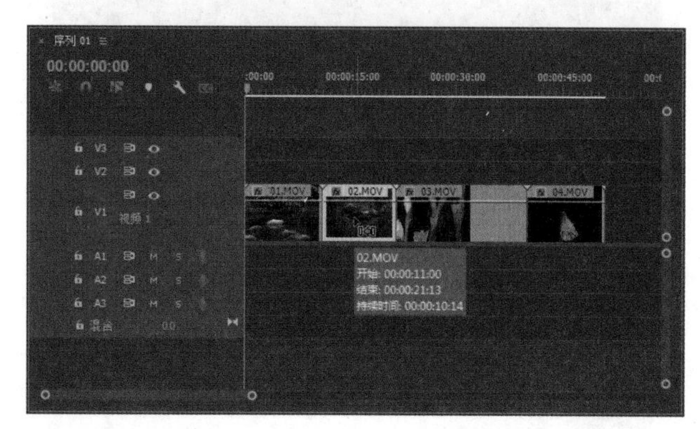

图 4-54　按住 Ctrl 键选择素材

04 将“02.MOV”素材拖动到“04.MOV”素材的出点处，如图4-55所示。释放鼠标，即可完成素材的提取，如图4-56所示。

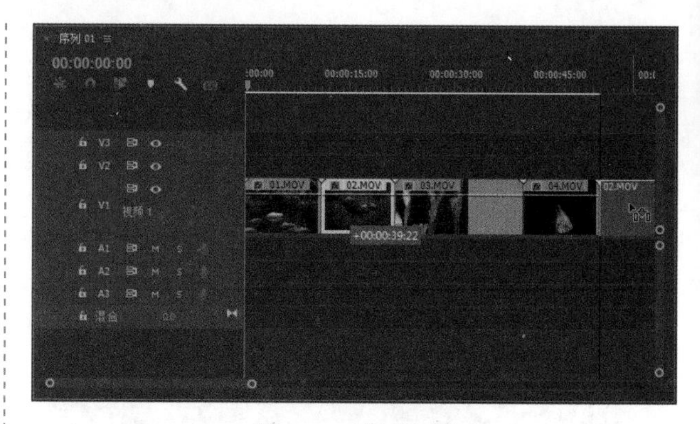

图 4-55　拖动素材

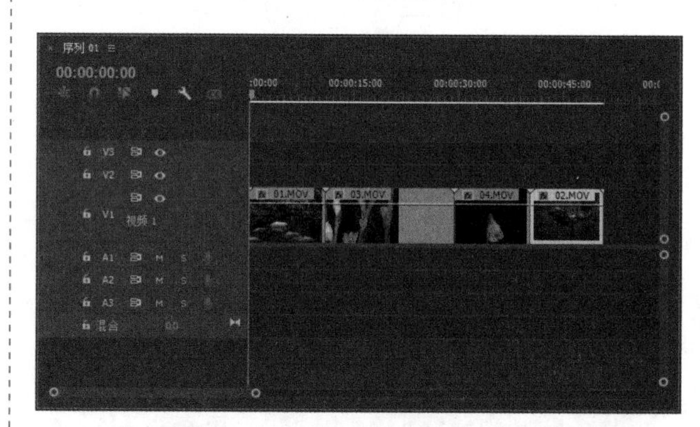

图 4-56　提取素材

3. 覆盖素材

以“覆盖”方式重排素材，可以使用某个素材将时间指示器所在位置的素材覆盖。在项目面板中选择一个素材，然后在时间轴面板中将时间指示器移到指定位置，再选择“剪辑”|“覆盖”命令，即可使用选择的素材将时间指示器后面的素材覆盖；或者在时间轴面板中将一个素材拖动到另一个素材的位置，即可将其覆盖。

练习实例：通过覆盖方式重排素材。	
文件路径	第 4 章 \ 覆盖素材.prproj
技术掌握	以覆盖方式重排素材

01 新建一个项目文件，然后在项目面板中导入4个素材。

02 新建一个序列，将项目面板中的“01.MOV”“02.MOV”“04.MOV”素材依次添加到时间轴面板的视频1轨道中，如图4-57所示。

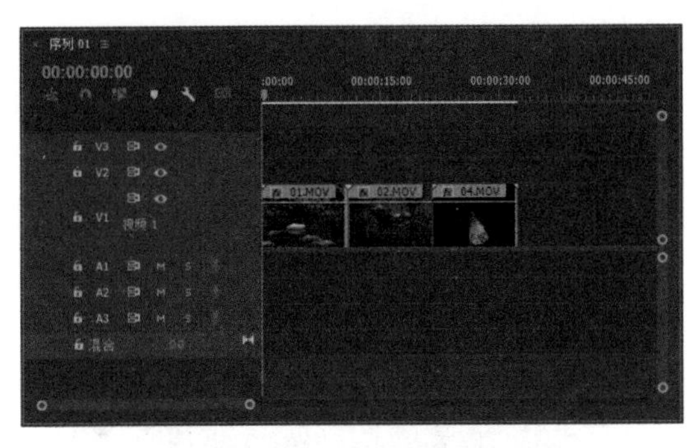

图 4-57　在时间轴中添加素材

03 将时间指示器移到“01.MOV”素材的出点处，如图4-58所示。

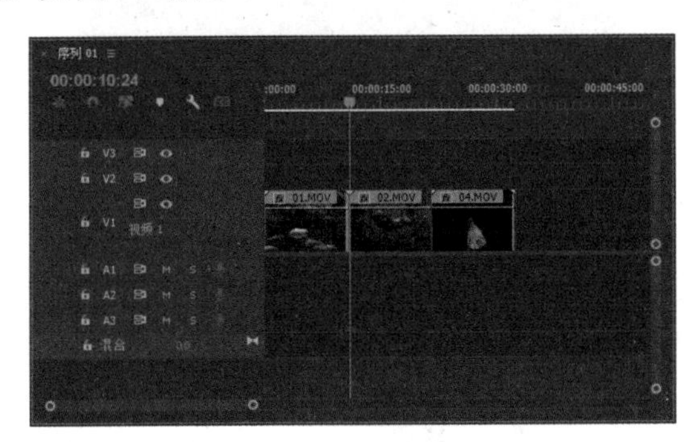

图 4-58　移动时间指示器

04 在项目面板中选择“03.MOV”素材作为要覆盖时间轴中素材的对象，如图4-59所示。

图 4-59　选择覆盖对象

05 选择“剪辑”|“覆盖”命令，即可使用“03.MOV”素材覆盖时间指示器后面的素材，如图4-60所示。

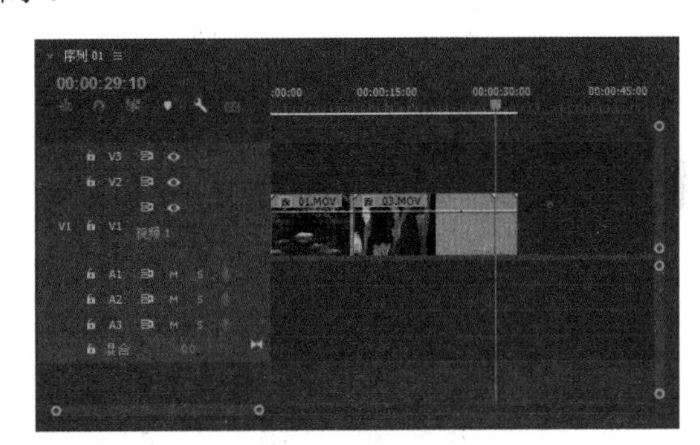

图 4-60　覆盖素材

4.4.5　激活和禁用素材

在进行视频编辑的过程中，使用节目监视器面板播放项目时，如果不想看到某素材的视频，可以将其禁用，而不用将其删除。

练习实例：激活和禁用序列中的素材。	
文件路径	第 4 章 \ 激活和禁用素材.prproj
技术掌握	激活素材、禁用素材

01 新建一个项目文件，然后在项目面板中导入两个素材(如“04.MOV”“05.MOV”)，如图4-61所示。

02 新建一个序列，将项目面板中的素材添加到时间轴面板的视频轨道中，如图4-62所示。

03 在时间轴面板中将时间指示器移到后面素材所在的持续范围内，在节目监视器面板中查看效果，如图4-63所示。

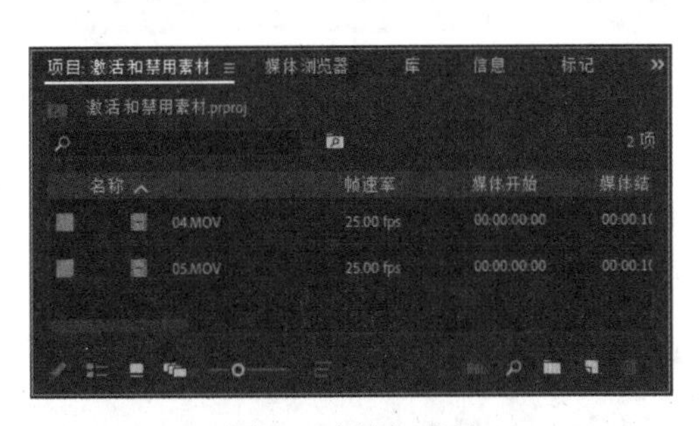

图 4-61　导入素材

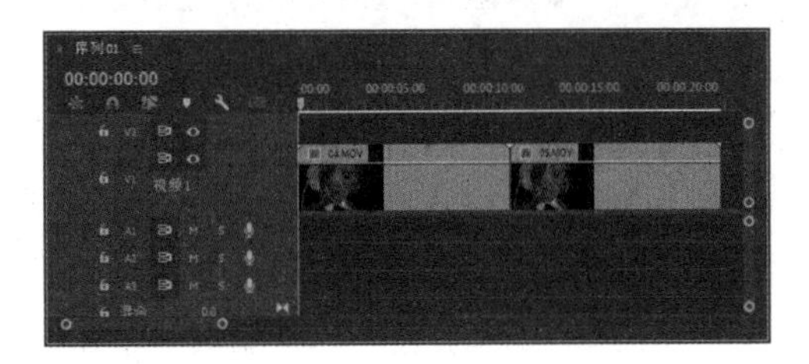

图 4-62　在时间轴中添加素材

图4-63　查看节目效果

04 在时间轴面板中选中后面的素材，然后选择“剪辑”|“启用”命令，将“启用”菜单项上的复选标记移除，这样即可将选中的素材设置为禁用状态。在时间轴面板中，禁用的素材将变暗，如图4-64所示，并且该素材不能在节目监视器中显示，如图4-65所示。

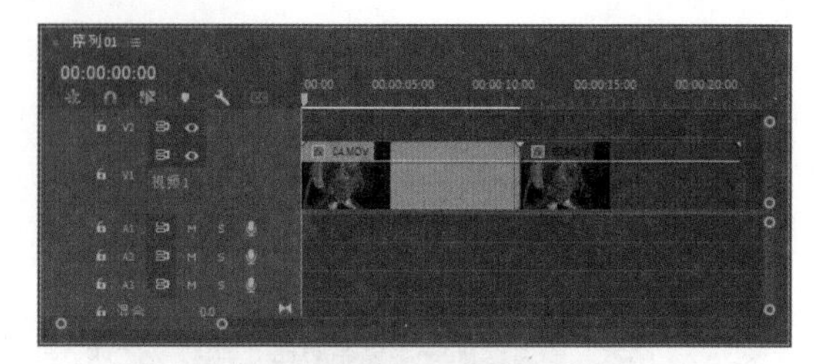

图4-64　禁用素材

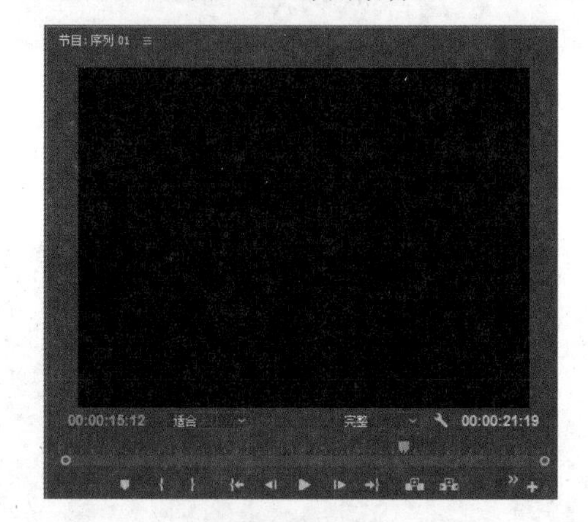

图4-65　禁用效果

知识点滴：

若要重新激活素材，可以再次选择“剪辑”|“启用”命令，将素材设置为最初的激活状态，该素材便可以重新在节目监视器中显示。

4.4.6　删除序列间隙

在编辑过程中，有时不可避免地会在时间轴面板的素材间留有间隙。如果通过移动素材来填补间隙，那么其他的素材之间又会出现新的间隙。这种情况就需要使用波纹删除方法来删除序列中素材间的间隙。

在素材间的间隙中右击，从弹出的菜单中选择“波纹删除”命令，如图4-66所示，就可以将素材间的间隙删除，如图4-67所示。

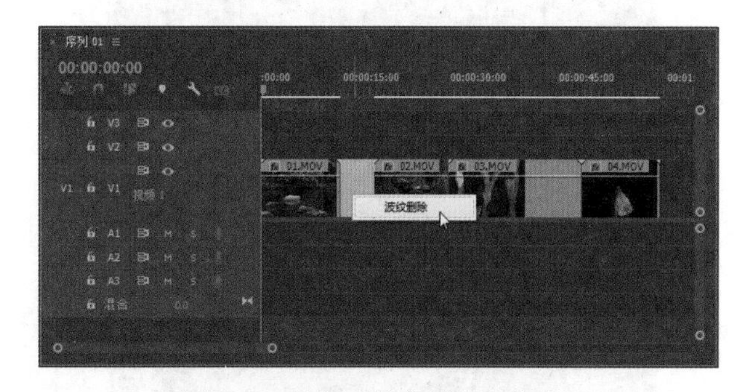

图4-66　选择“波纹删除”命令

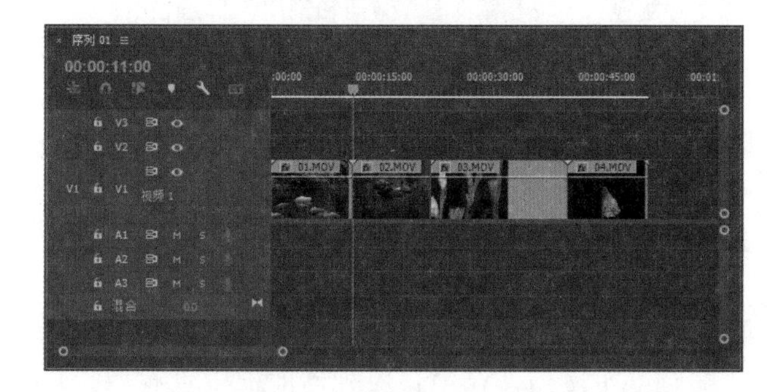

图4-67　删除素材间的间隙

4.4.7　自动匹配序列

使用Premiere的自动匹配序列功能不仅可以将素材从项目面板添加到时间轴的轨道中，而且还可以在素材之间添加默认过渡效果。

练习实例：自动匹配序列。	
文件路径	第 4 章 \ 自动匹配序列.prproj
技术掌握	将素材自动匹配序列

01 新建一个项目文件，在项目面板中导入多个素材，如图4-68所示。

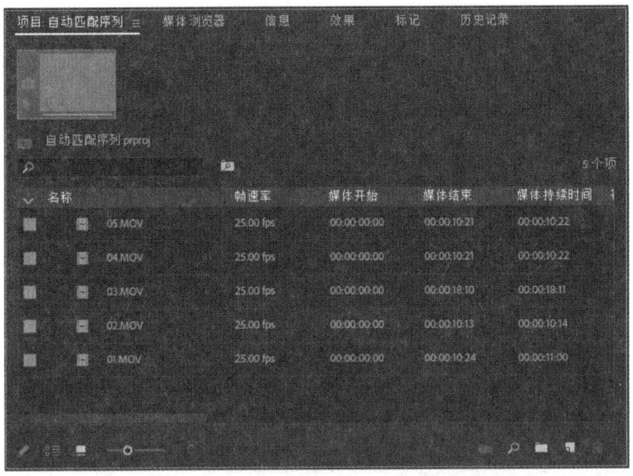

图 4-68　导入素材

02 新建一个序列，将项目面板中的“01.MOV”和“02.MOV”素材添加到时间轴面板的视频轨道中，如图4-69所示，然后将时间指示器移到“01.MOV”素材的出点处。

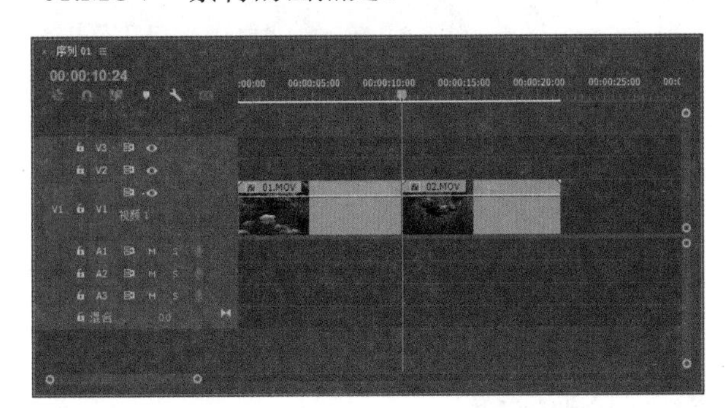

图 4-69　在时间轴中添加素材

03 在项目面板中选中其他几个素材，作为要自动匹配到时间轴面板中的素材，如图4-70所示。

04 选择“剪辑”|“自动匹配序列”命令，打开“序列自动化”对话框，如图4-71所示。

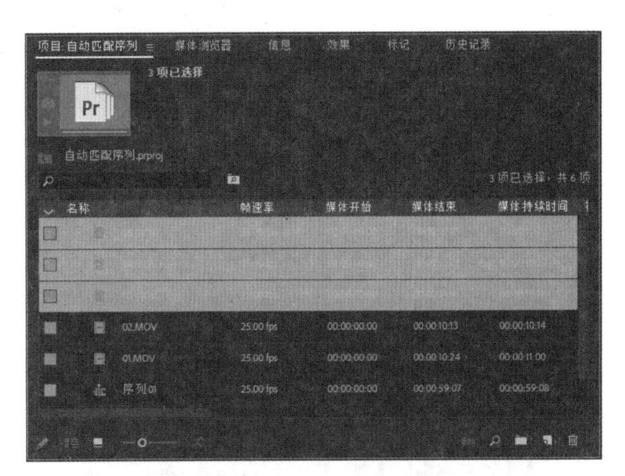

图 4-70　选中要匹配的素材

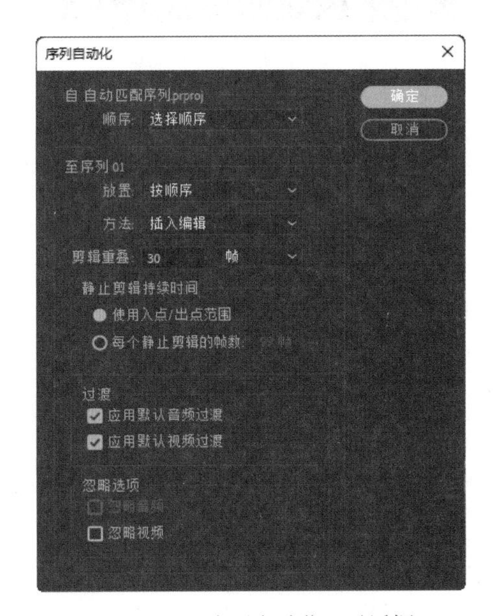

图 4-71　“序列自动化”对话框

“序列自动化”对话框中主要选项的功能如下。

- 顺序：用于选择是按素材在项目面板中的排列顺序对它们进行排序，还是根据在项目面板中选择它们的顺序进行排序。
- 放置：用于选择“按顺序”对素材进行排序，或者选择按“未编号标记”进行排序。
- 方法：此选项允许选择“插入编辑”或“覆盖编辑”。如果选择“插入编辑”选项，素材将以插入的方式添加到时间轴轨道中，原有的素

材被分割，其内容不变。如果选择“覆盖编辑”选项，素材将以覆盖的方式添加到时间轴轨道中，原有的素材被覆盖替换。

- 剪辑重叠：此选项用于指定将多少秒或多少帧用于默认转场。在30帧长的转场中，15帧将覆盖来自两个相邻素材的帧。
- 过渡：此选项用于应用目前已设置好的素材之间的默认切换转场。

05 在“序列自动化”对话框中设置“顺序”为“排序”、“方法”为“插入编辑”，如图4-72所示。

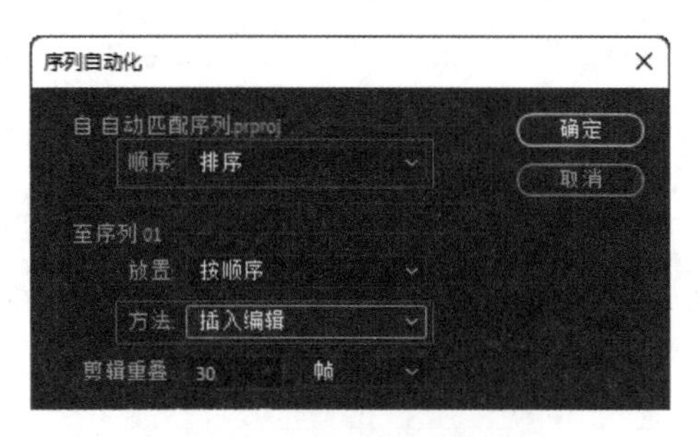

图 4-72　设置自动匹配选项

06 单击“确定”按钮，即可完成操作，自动匹配序列后的效果如图4-73所示。

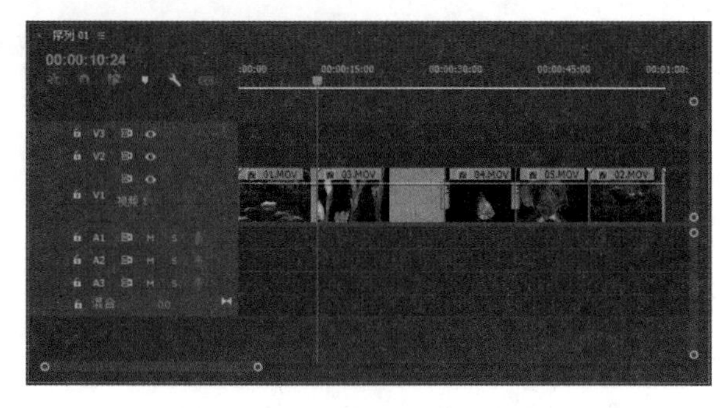

图 4-73　自动匹配序列后的效果

进阶技巧：

如果要将在项目面板中选择的素材按顺序放置在视频轨道中，首先要对项目面板中的素材进行排序，以便它们按照需要的时间顺序出现。

4.4.8　设置序列的入点和出点

对序列设置入点和出点后，在渲染输出项目时，可以只渲染入点到出点间的内容，从而提高渲染的速度。使用“标记”|“标记入点”和“标记”|“标记出点”菜单命令，可以设置序列的入点和出点。

练习实例：设置序列的入点和出点。	
文件路径	第 4 章 \ 设置序列的入点和出点.prproj
技术掌握	设置序列的入点和出点、渲染入点到出点的效果

01 新建一个项目文件和一个序列，在项目面板和时间轴面板中添加素材。

02 将当前时间指示器拖到要设置为序列入点的位置。然后选择“标记”|“标记入点”命令，在时间轴标尺线上的相应时间位置即可出现一个“入点”图标，如图4-74所示。

03 将当前时间指示器拖到要设置为序列出点的位置，选择“标记”|“标记出点”命令，在时间轴标尺线上的相应时间位置即可出现一个“出点”图标，如图4-75所示。

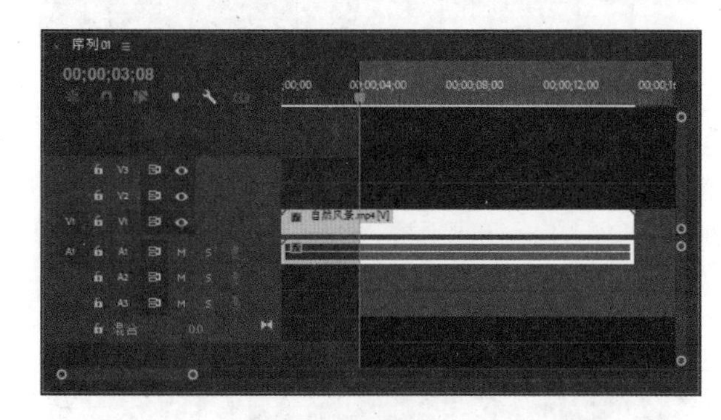

图 4-74　标记入点

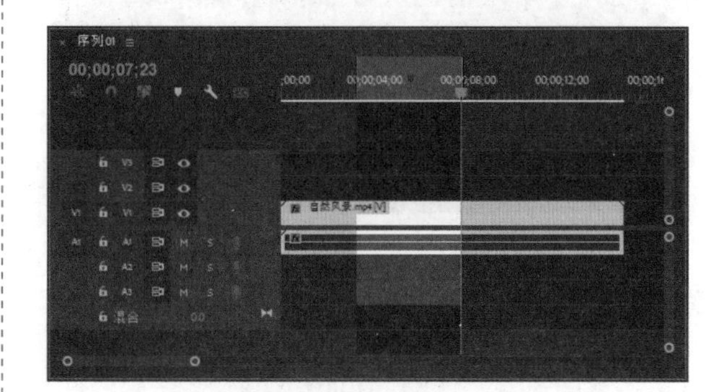

图 4-75　标记出点

04 为当前序列设置好入点和出点之后，可以通过在时间轴面板中拖动入点和出点对其进行修改，图4-76所示为修改出点标记后的效果。

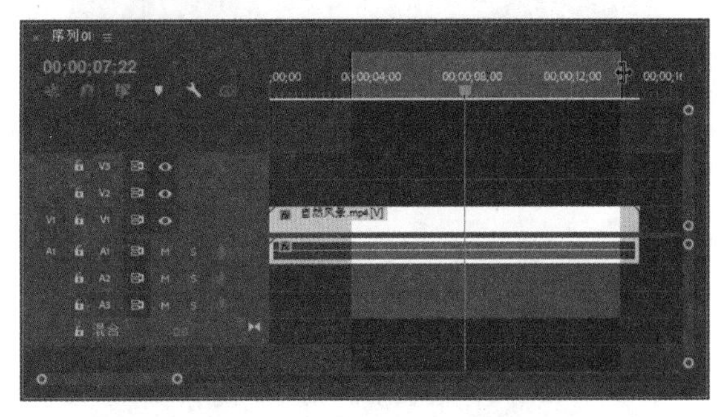

图 4-76 修改出点标记

05 选择“序列”|“渲染入点到出点的效果”命令，或按Enter键，可以在节目监视器面板中预览序列入点到出点的渲染效果，如图4-77所示。

图 4-77 序列入点到出点的预览效果

4.5 轨道控制

在视频编辑过程中，通常需要添加、删除视频或音频轨道等。本节就介绍一下添加轨道、删除轨道、重命名轨道和锁定与解锁轨道的方法。

4.5.1 添加轨道

选择“序列”|“添加轨道”命令，或者右击轨道名称并在弹出的快捷菜单中选择“添加轨道”命令，可以在打开的“添加轨道”对话框中设置添加轨道的数量，以及选择要创建的轨道类型和轨道放置的位置。

练习实例：在时间轴面板中添加轨道。	
文件路径	第 4 章 \ 添加轨道 .prproj
技术掌握	在时间轴面板中添加轨道

01 新建一个项目文件，然后在项目面板中导入“世界风光.psd”素材中的各个图层，如图4-78所示。

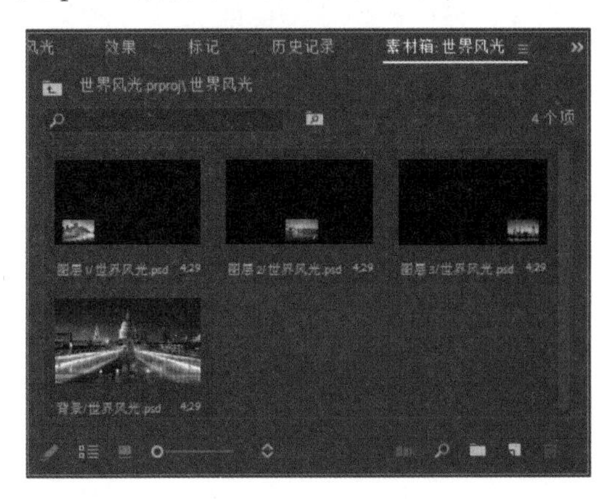

图 4-78 导入素材

02 新建一个序列，并保持默认的序列设置，创建的序列将包含3个视频轨道，如图4-79所示。

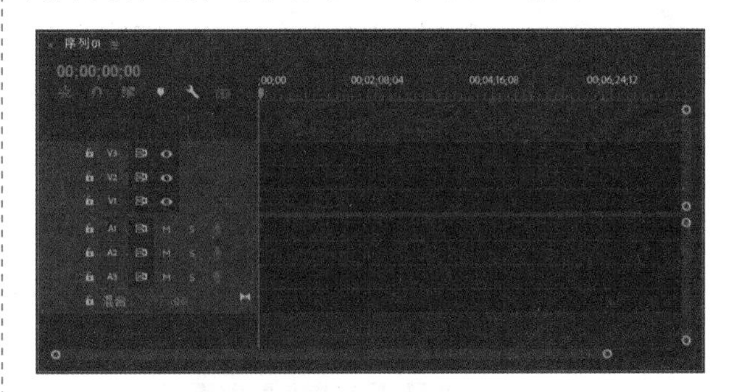

图 4-79 新建序列

03 将“背景”“图层1”和“图层2”素材分别拖入时间轴面板的视频1~视频3轨道中，如图4-80所示。

04 选择“序列”|“添加轨道”命令，打开“添加轨道”对话框，设置添加视频轨道数量为2，如图4-81所示。

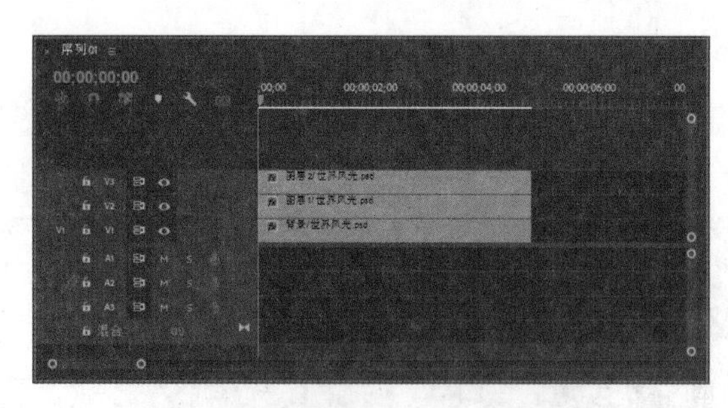

图 4-80　在视频轨道中添加素材

图 4-81　设置添加轨道参数

05 在“添加轨道”对话框中单击“确定”按钮，即可添加两个视频轨道，如图4-82所示。

06 将“图层3”素材拖入时间轴面板的视频4轨道中，如图4-83所示。

07 在节目监视器面板中预览视频节目，效果如图4-84所示。

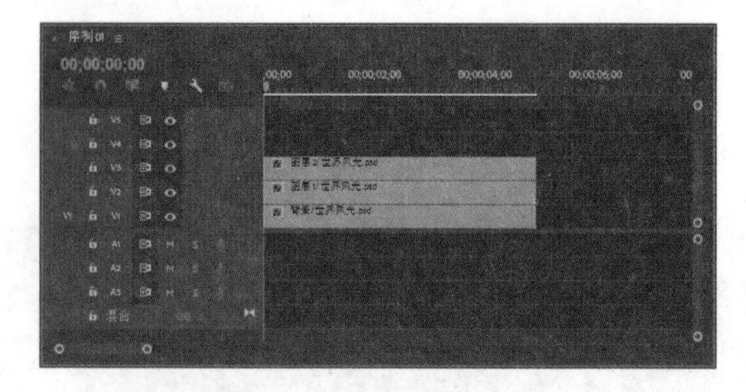

图 4-82　添加两个视频轨道

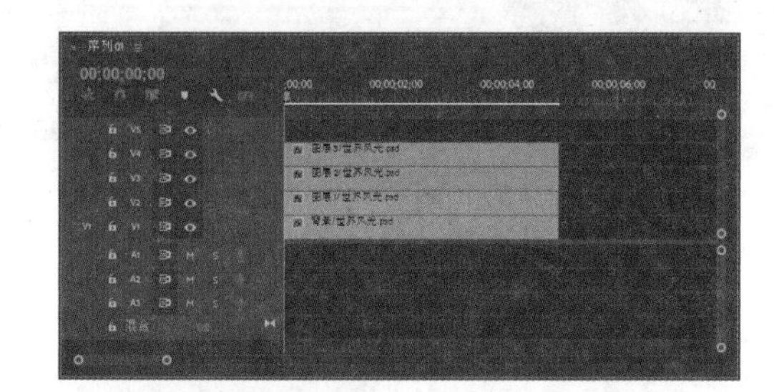

图 4-83　在新轨道中添加素材

图 4-84　视频效果

4.5.2　删除轨道

在删除轨道之前，需要确定是删除目标轨道还是空轨道。如果要删除一个目标轨道，先将该轨道选中，然后选择“序列”|“删除轨道”命令，或者右击轨道名称并在弹出的快捷菜单中选择“删除轨道”命令，将打开“删除轨道”对话框，如图4-85所示，在该对话框中可以选择删除空轨道、目标轨道和音频子混合轨道，在删除轨道的下拉列表中还可以选择要删除的某一个轨道，如图4-86所示。

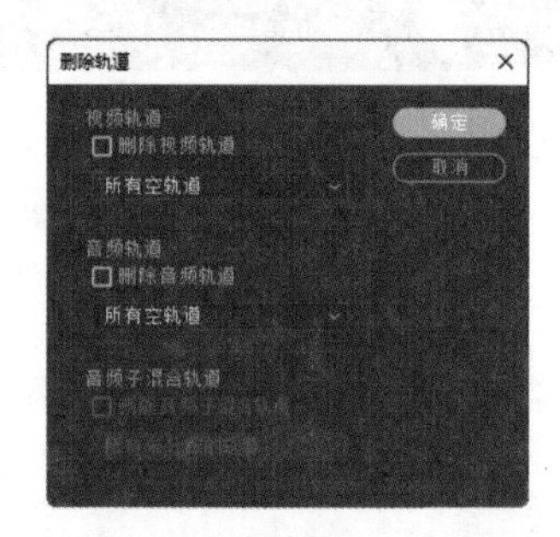

图 4-85　“删除轨道”对话框

图 4-86　选择要删除的轨道

4.5.3 重命名轨道

要重命名一个音频或视频轨道，首先展开该轨道并显示其名称，然后右击轨道名称，在弹出的快捷菜单中选择“重命名”命令，如图4-87所示，然后对轨道进行重命名，再按Enter键即可，如图4-88所示。

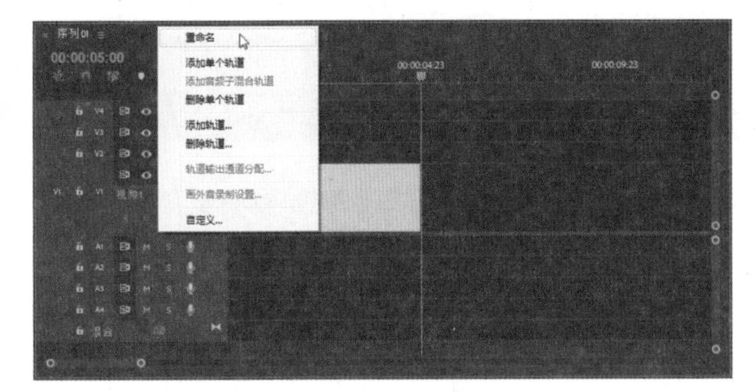

图 4-87　选择“重命名”命令

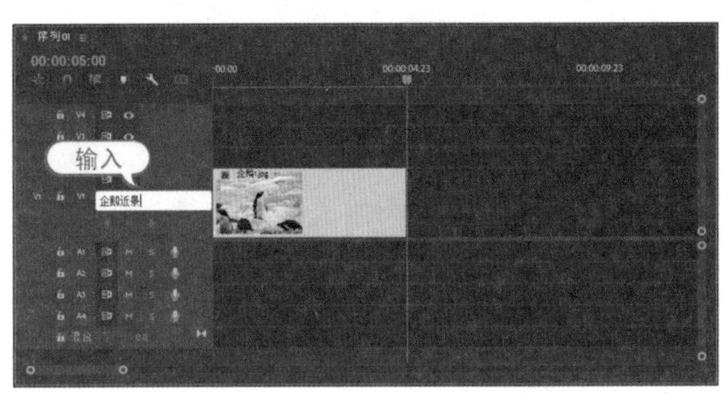

图 4-88　重命名视频轨道

4.5.4 锁定与解锁轨道

在进行视频编辑时，对当前暂时不需要进行操作的轨道进行锁定，可以避免轨道选择错误而导致视频编辑错误，当需要对锁定的轨道进行操作时，可以再将其解锁，从而提高视频编辑效率。

1. 锁定视频轨道

在时间轴面板中单击视频轨道左侧的“切换轨道锁定”图标，该图标将变为锁定轨道标记，表示该轨道已经被锁定了，锁定后的轨道将出现灰色的斜线，如图4-89所示。

2. 锁定音频轨道

锁定音频轨道的方法与锁定视频轨道的方法相似，在时间轴面板中单击音频轨道左侧的“切换轨道锁定”图标，该图标将变为锁定轨道标记，即表示该音频轨道已被锁定，如图4-90所示。

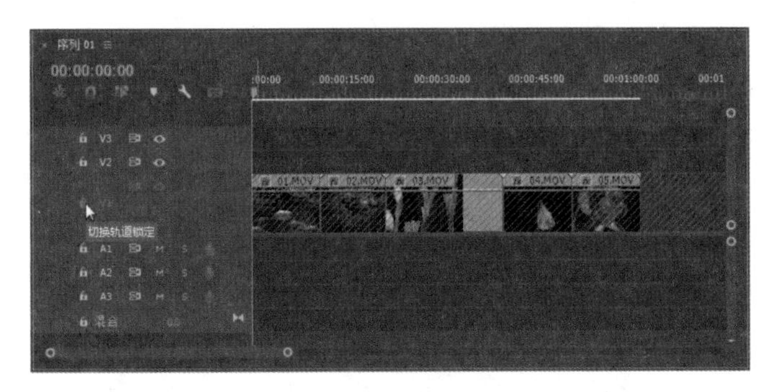

图 4-89　锁定视频轨道

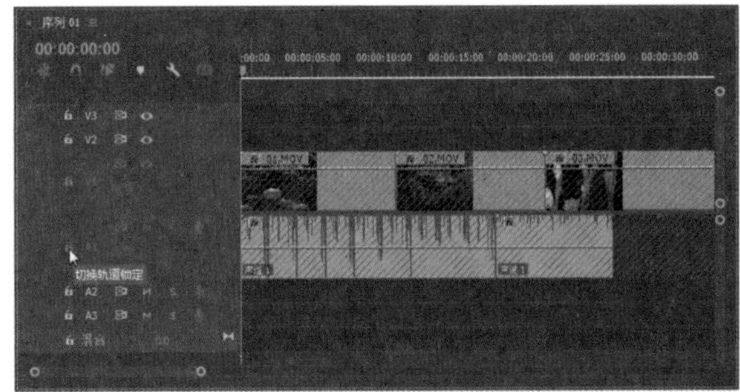

图 4-90　锁定音频轨道

3. 解除轨道的锁定

要解除轨道的锁定状态，单击被锁定轨道左侧的“切换轨道锁定”图标即可，该图标将变为解除锁定轨道标记。轨道解除锁定后，用户就可以对该轨道的素材进行编辑了。

4.6 主素材和子素材

如果正在处理一个较长的视频项目，有效地组织视频和音频素材有助于提高工作效率，Premiere 可以在主素材中创建子素材，从而对主素材进行细分管理。

4.6.1 认识主素材和子素材

子素材是父级主素材的子对象，它们可以同时用在一个项目中，子素材与主素材同原始影片之间的关系如下。

- 主素材：当首次导入素材时，它会作为项目面板中的主素材。主素材可以在项目面板中被重命名和删除，而不会影响原始的硬盘文件。
- 子素材：子素材是主素材的一个更短的、经过编辑的版本，但又独立于主素材。用户可以将一个主素材分解为多个子素材，并在项目面板中快速访问它们。如果从项目中删除主素材，它的子素材仍会保留在项目中。

在对主素材和子素材进行脱机和联机等操作时，将出现如下几种情况。

- 如果造成一个主素材脱机，或者从项目面板中将其删除，这样并未从磁盘中将素材文件删除，子素材和子素材实例仍然是联机的。
- 如果使一个素材脱机并从磁盘中删除素材文件，则子素材及其主素材将会脱机。
- 如果从项目中删除子素材，不会影响主素材。
- 如果造成一个子素材脱机，则它在时间线序列中的实例也会脱机，但是其副本将会保持联机状态，基于主素材的其他子素材也会保持联机。
- 如果重新采集一个子素材，那么它会变为主素材。子素材在序列中的实例被链接到新的子素材电影胶片中，它们不再被链接到旧的子素材上。

4.6.2 创建和编辑子素材

在Premiere中编辑素材时，在时间轴中处理短的素材比处理长的素材效率更高。下面介绍在Premiere中创建和编辑子素材的方法。

练习实例：创建与编辑子素材。	
文件路径	第 4 章 \ 创建与编辑子素材.prproj
技术掌握	创建子素材，编辑子素材的入点和出点

01 在项目面板中导入一个素材(即主素材)文件“太空.mp4”，如图4-91所示。

02 双击主素材文件，将该素材从项目面板中添加到源监视器面板中，在源监视器面板中打开该素材，如图4-92所示。

图 4-91　导入主素材

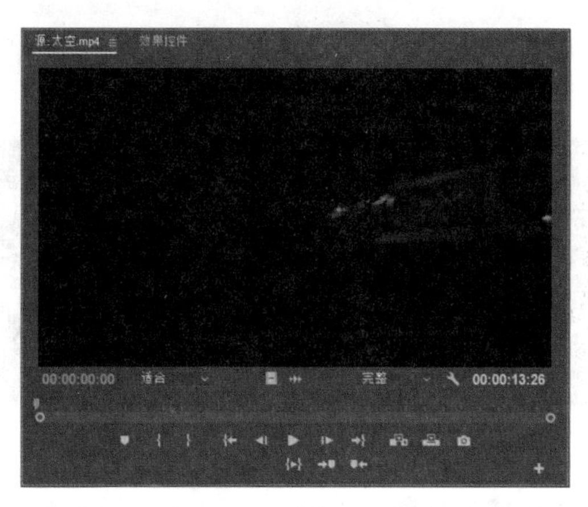

图 4-92　在源监视器面板中打开主素材

03 将源监视器面板中的时间指示器移到期望入点的时间位置(如第2秒)，然后单击“标记入点”按钮 ，添加一个入点标记，如图4-93所示。

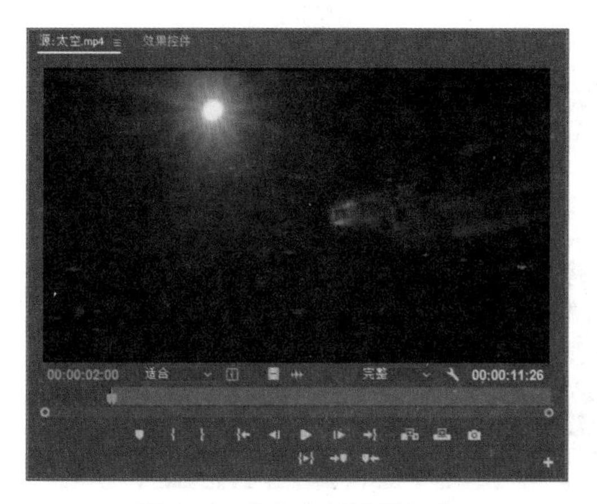

图 4-93　为主素材设置入点

04 将时间指示器移到期望出点的时间位置(如第9秒29帧)，然后单击“标记出点”按钮 ，添加一个出点标记，如图4-94所示。

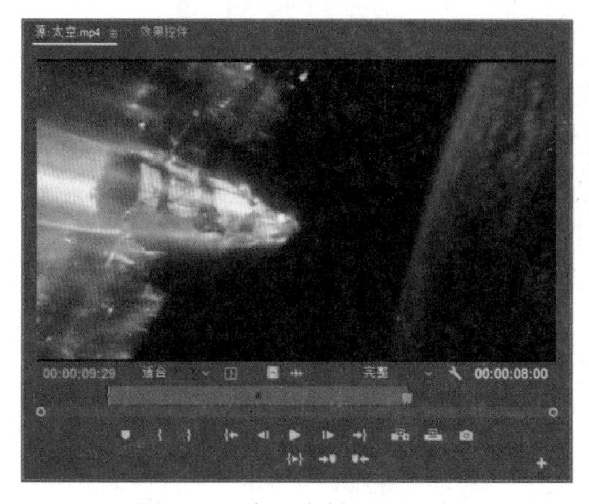

图 4-94　为主素材设置出点

05 选择“剪辑”|“制作子剪辑”命令，打开“制作子剪辑”对话框，在该对话框中为子素材输入一个名称，如图4-95所示。

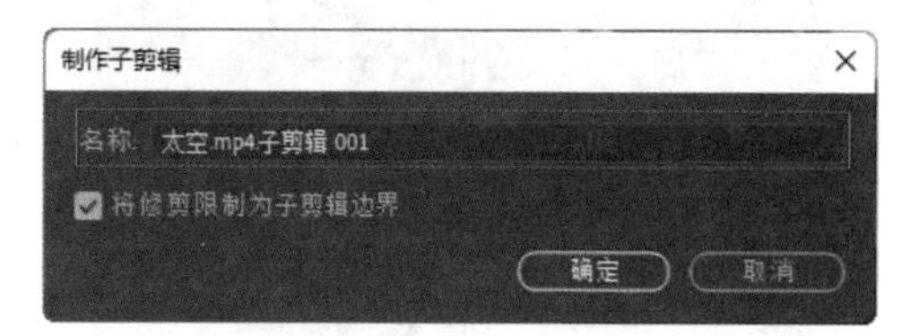

图 4-95　输入子素材名称

06 在“制作子剪辑”对话框中单击“确定”按钮，即可在项目面板中创建一个子素材，该子素材的持续时间为8秒，如图4-96所示。

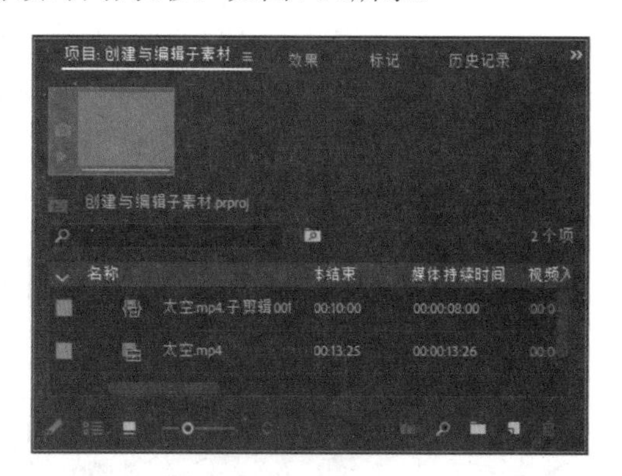

图 4-96　创建子素材

07 选择“剪辑”|“编辑子剪辑”命令，打开“编辑子剪辑”对话框，然后重新设置素材的开始时间(即入点)和结束时间(即出点)，如图4-97所示。

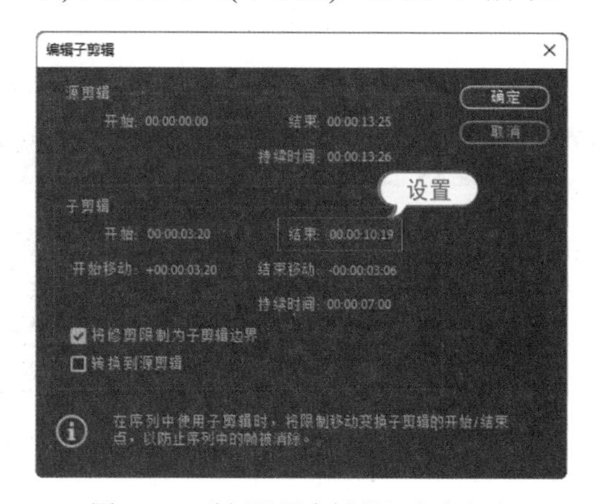

图 4-97　重新设置素材的入点和出点

08 在“编辑子剪辑”对话框中单击“确定”按钮，即可完成对子素材入点和出点的编辑，在项目面板中将显示编辑后的开始点(即入点)和结束点(即出点)，如图4-98所示。

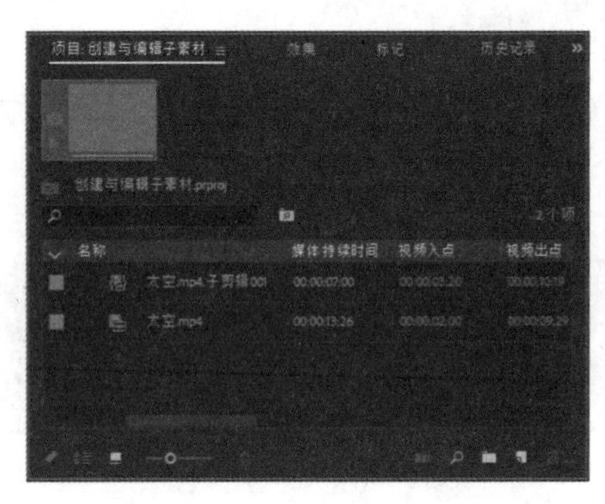

图 4-98　编辑后的入点和出点

09 在项目面板中双击子素材对象，可以在源监视器面板中打开并预览子素材，效果如图4-99所示。

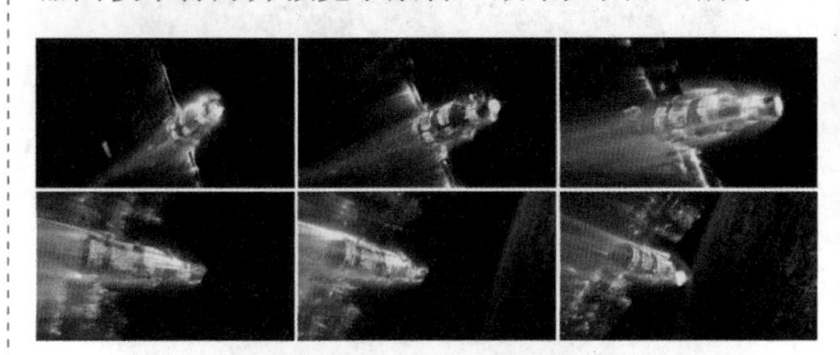

图 4-99　子素材预览效果

4.6.3　将子素材转换为主素材

在创建好子素材后，还可以将子素材转换为主素材。选择“剪辑”|“编辑子剪辑”命令，在弹出的“编辑子剪辑”对话框中选中“转换到主剪辑” 复选框，如图4-100所示，然后单击“确定”按钮，即可将子素材转换为主素材，其在项目面板中的图标将变为主素材图标，如图4-101所示。

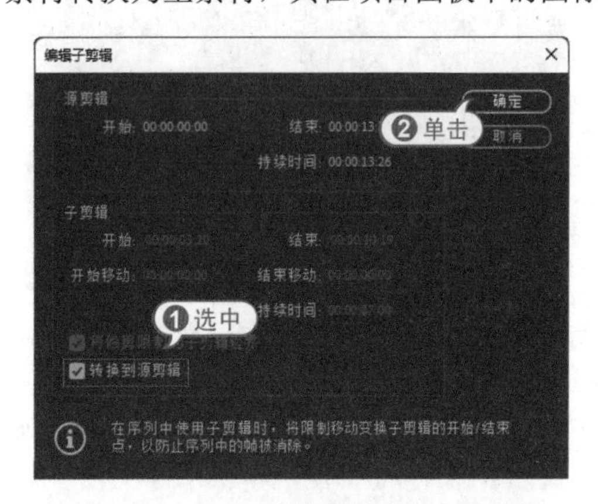

图 4-100　选中“转换到主剪辑”复选框

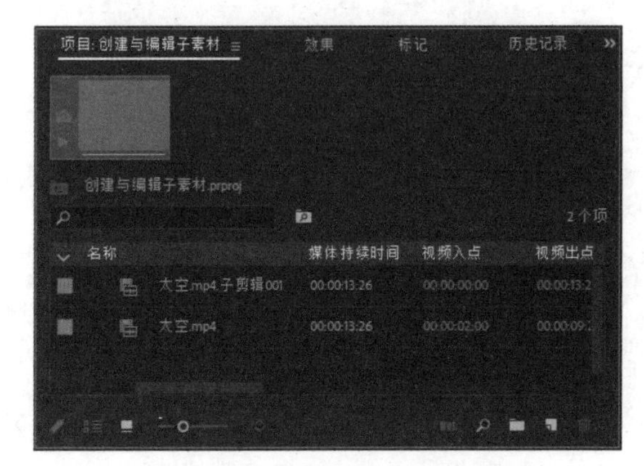

图 4-101　转换子素材为主素材

4.7　嵌套序列

在时间轴面板中放置两个序列之后，可以将一个序列复制到另一个序列中，或者编辑一个序列并将其嵌套到另一个序列中。

嵌套序列的优点：将序列在时间轴面板中嵌套多次，就可以重复使用编辑过的序列。每次将一个序列嵌套到另一个序列中时，可以对其进行修整并更改该序列的切换效果。当将一个效果应用到嵌套序列时，Premiere会将该效果应用到序列中的所有素材，这样能够方便地将相同效果应用到多个素材中。

练习实例：创建嵌套序列。

文件路径	第 4 章 \ 创建嵌套序列.prproj
技术掌握	创建嵌套序列

01 新建一个项目文件，然后在项目面板中导入风景和建筑图像素材，如图4-102所示。

02 选择“文件”|“新建”|“序列”命令，创建一个名为“风景”的新序列，将项目面板中的风景素材添加到视频轨道1中，如图4-103所示。

图 4-102　导入素材

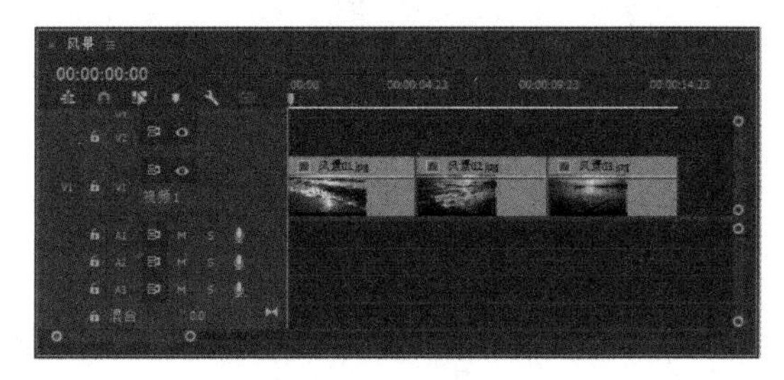

图 4-103　创建风景序列

03 在时间轴面板中选择添加到风景序列中的所有素材，然后选择“剪辑”|“嵌套”命令，打开“嵌套序列名称”对话框，在该对话框中输入嵌套序列的名称并确定(如图4-104所示)。即可将序列中所选的素材创建为嵌套对象，如图4-105所示。

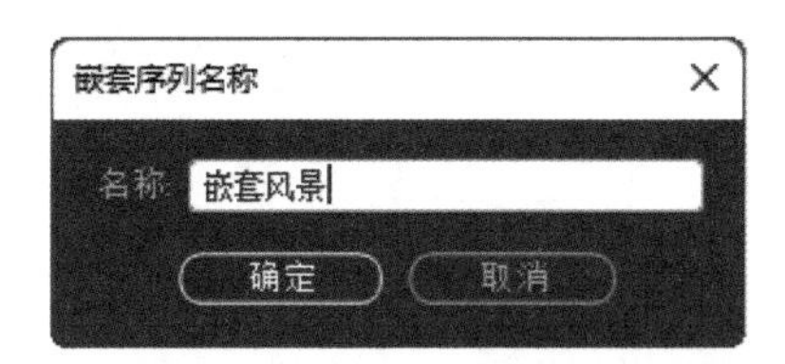

图 4-104　输入嵌套序列名并确定

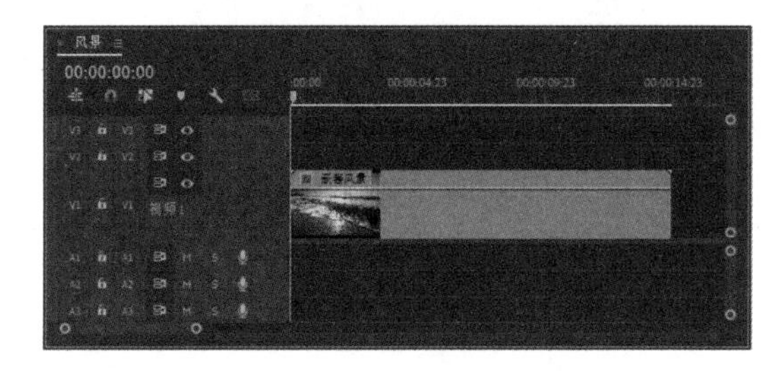

图 4-105　创建为嵌套对象 (1)

04 新建一个名为“建筑”的序列，然后将项目面板中的建筑素材添加到视频1轨道中，如图4-106所示。

图 4-106　创建建筑序列

05 使用同样的方法，将建筑序列中的所有素材创建为嵌套对象，如图4-107所示。

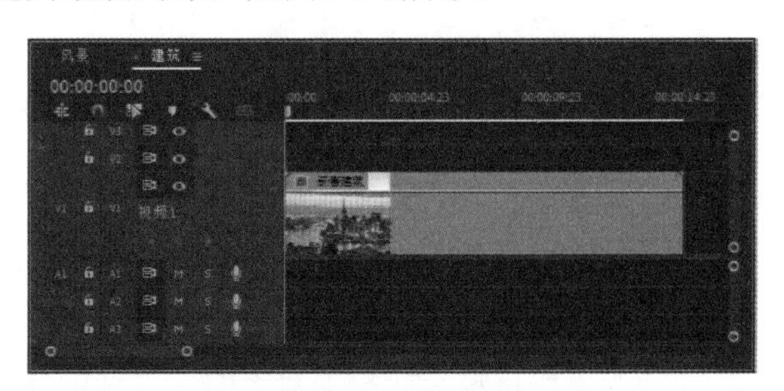

图 4-107　创建为嵌套对象 (2)

06 新建一个名为“合成”的序列，然后将项目面板中的“风景”序列以素材的形式拖入“合成”序列的视频1轨道中，即可将“风景”序列嵌套在“合成”序列中，如图4-108所示。

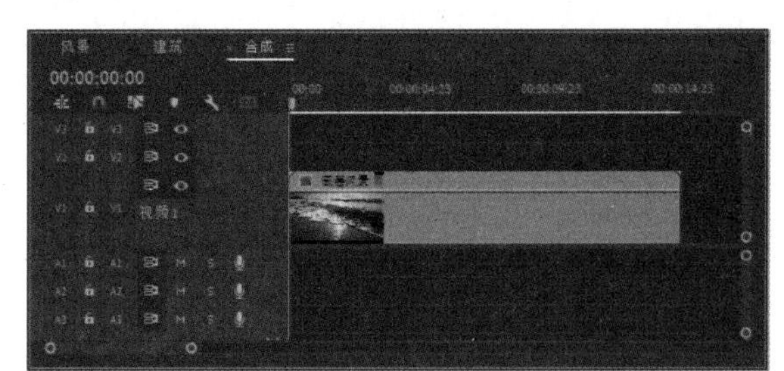

图 4-108　添加嵌套序列 (1)

07 将项目面板中的“建筑”序列以素材的形式拖入“合成”序列的视频2轨道中，如图4-109所示，完成本例的练习。

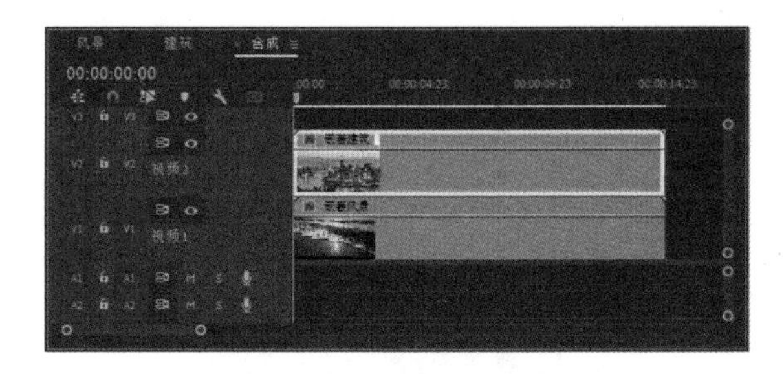

图 4-109　添加嵌套序列 (2)

进阶技巧：

在时间轴面板中双击创建的嵌套序列对象，可以打开原序列，从而进行素材的修改。

4.8 高手解答

问：在时间轴面板中要将时间指示器移到2分15秒05帧的位置，只需在时间码显示框中直接输入什么数值即可？

答：在时间轴面板的时间码显示框中直接输入21505数值，然后按Enter键即可将时间指示器移到2分15秒05帧的位置。

问：在时间轴面板中将一个素材向一个邻近的素材拖动时，如何使它们自动吸附在一起，防止素材之间出现时间间隙？

答：在时间轴面板中单击“对齐”按钮，打开对齐功能后，将一个素材向邻近的素材拖动时，它们会自动吸附在一起，这可以防止素材之间出现时间间隙。

问：在编辑过程中，当素材之间出现新的间隙时，可以使用什么方法删除序列中素材间的间隙？

答：这种情况需要使用波纹删除方法来删除序列中素材间的间隙。在素材间的间隙中右击，从弹出的菜单中选择“波纹删除”命令即可。

问：嵌套序列的优点是什么？

答：嵌套序列的优点是：将序列在时间轴面板中嵌套多次，就可以重复使用编辑过的序列。每次将一个序列嵌套到另一个序列中时，可以对其进行修整并更改该序列的切换效果。当将一个效果应用到嵌套序列时，Premiere会将该效果应用到序列中的所有素材，这样能够方便地将相同效果应用到多个素材中。

第5章 关键帧动画

在 Premiere 的效果控件面板中通过设置“运动”选项中的关键帧参数，可以为素材添加移动、缩放和旋转动画效果。通过设置“运动”控件关键帧，可以制作随着时间变化而形成运动的视频动画效果，使原本枯燥乏味的图像活灵活现起来。本章将学习关键帧动画效果的编辑操作，包括对视频运动参数的介绍、关键帧的添加与设置、运动效果的应用等。

练习实例：制作文字缩放动画
练习实例：制作发散的灯光
练习实例：调整花瓣的飘动路线
练习实例：制作飘落的花瓣
练习实例：制作随风舞动的花瓣

5.1 关键帧动画基础

在Premiere中进行运动效果的设置，离不开关键帧的设置。在进行运动效果设置之前，首先了解一下关键帧动画。

5.1.1 关键帧动画概述

帧是动画中最小单位的单幅影像画面，相当于电影胶片上的每一格镜头。在动画软件的时间轴上，帧表现为一格或一个标记。关键帧相当于二维动画中的原画，指角色或物体在运动或变化中的关键动作所处的那一帧。关键帧与关键帧之间的动画可以由软件来创建，叫作过渡帧或中间帧。

任何动画要表现运动或变化，至少前后要给出两个不同的关键状态，而中间状态的变化和衔接，可以由计算机自动完成，表示关键状态的帧动画叫作关键帧动画。

所谓关键帧动画，就是给需要动画效果的属性准备一组与时间相关的值，这些值都是在动画序列中比较关键的帧中提取出来的；而其他时间帧中的值，可以用这些关键值采用特定的插值方法计算得到，从而达到比较流畅的动画效果。

使用关键帧可以创建动画、效果和音频属性以及其他一些随时间变化而变化的属性。当使用关键帧创建随时间而产生变化的动画时，至少需要两个关键帧，一个处于变化的起始位置的状态，而另一个处于变化的结束位置的新状态。使用多个关键帧时，可以通过复制关键帧属性进行变化效果的复制。

5.1.2 关键帧的设置原则

使用关键帧创建动画时，可以在效果控件面板或时间轴面板中查看并编辑关键帧。有时，使用时间轴面板设置关键帧，可以更直观、更方便地对动画进行调节。在设置关键帧时，遵循以下原则可以提高工作效率。

- 在时间轴面板中编辑关键帧，适用于只具有一维数值参数的属性，如不透明度、音频音量。效果控件面板则更适合于二维或多维数值参数的设置，如位置、缩放或旋转等。
- 在时间轴面板中，关键帧数值的变化，会以图像的形式进行展现。因此，可以直观地分析数值随时间变化的趋势。
- 效果控件面板可以一次性显示多个属性的关键帧，但只能显示所选的素材片段，而时间轴面板可以一次性显示多个轨道中多个素材的关键帧，但每个轨道或素材仅显示一种属性。
- 效果控件面板也可以像时间轴面板一样，以图像的形式显示关键帧。一旦某个效果属性的关键帧功能被激活，便可以显示其数值及速率图。
- 音频轨道效果的关键帧可以在时间轴面板或音频混合器面板中进行调节。

5.2 在时间轴面板中设置关键帧

在时间轴面板中编辑视频效果时，通常需要添加和设置关键帧，从而得到不同的视频效果。本节介绍在时间轴面板中设置关键帧的方法。

5.2.1 显示关键帧控件

在默认情况下，时间轴面板中的关键帧控件处于隐藏状态，用户可以将光标移到轨道控制区中，然后在按住Alt键的同时，滚动鼠标中键来折叠或展开关键帧控件区域，也可以通过拖动轨道控制区上方的边界来折叠或展开关键帧控件区域，如图5-1所示。

5.2.2 设置关键帧类型

在时间轴面板中右击素材图标中的 fx 按钮，在弹出的下拉菜单中可以选择关键帧的类型，包括运动、不透明度和时间重映射，如图5-2所示。

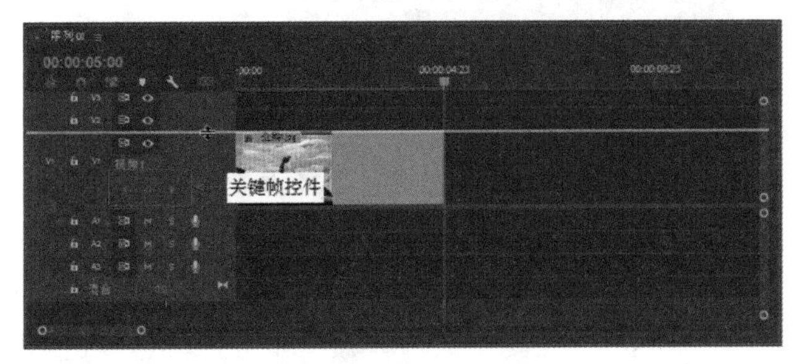

图5-1 显示关键帧控件

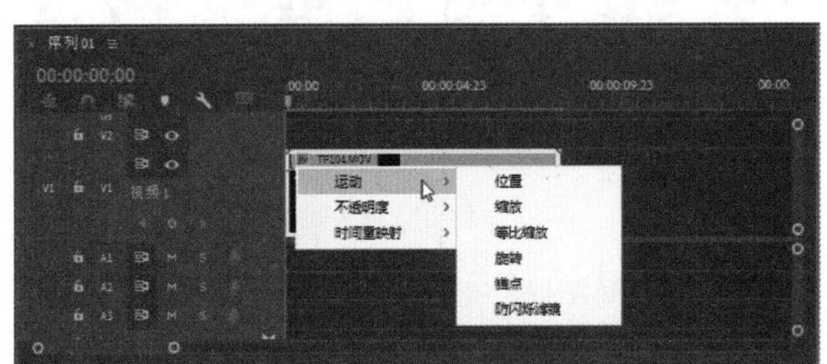

图5-2 设置关键帧类型

5.2.3 添加和删除关键帧

在轨道关键帧控件区单击“添加-移除关键帧”按钮，可以在轨道的效果图形线中添加或删除关键帧。

- 选择要添加关键帧的素材，然后将当前时间指示器移到想要关键帧出现的位置，单击“添加-移除关键帧”按钮即可添加关键帧，如图5-3所示。
- 选择要删除关键帧的素材，然后将当前时间指示器移到要删除的关键帧处，单击“添加-移除关键帧”按钮即可删除关键帧。
- 单击“转到上一关键帧”按钮，可以将时间指示器移到上一个关键帧的位置。
- 单击“转到下一关键帧”按钮，可以将时间指示器移到下一个关键帧的位置。

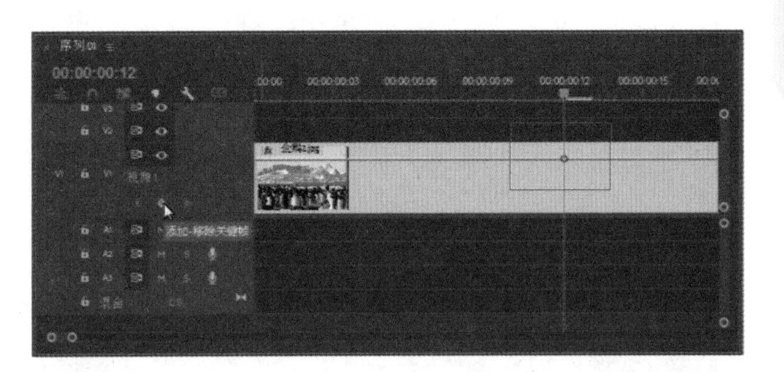

图5-3 添加轨道关键帧

5.2.4 移动关键帧

在轨道的效果图形线中选择关键帧，然后直接拖动关键帧，可以移动关键帧的位置。通过移动关键帧，可以修改关键帧所处的时间位置，还可以修改素材对应的效果。例如，设置关键帧的类型为“旋转”，调整关键帧时，可以对素材进行旋转。

知识点滴：

同视频轨道一样，拖动音频轨道边缘，或在音频轨道中滑动鼠标中键，即可展开关键帧控制面板，在此可以设置整个轨道的关键帧及音量，如图5-4所示。

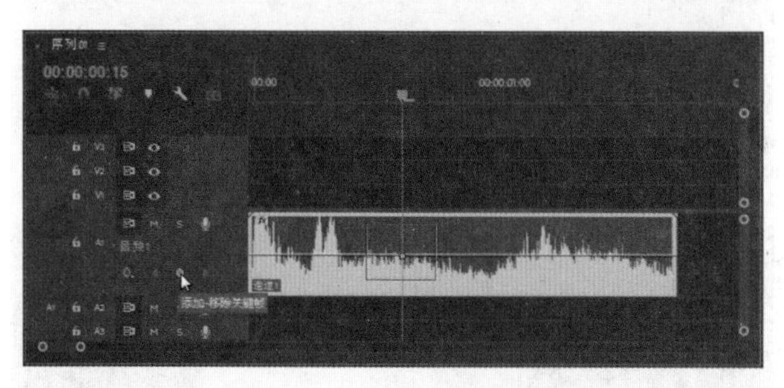

图5-4　设置音频关键帧

练习实例：制作文字缩放动画。

文件路径	第 5 章 \ 文字缩放动画 .prproj
技术掌握	设置关键帧、修改缩放值

01 新建一个项目文件，然后在项目面板中导入“片头背景.mp4”和“文字.tif”素材对象。

02 选择“文件”|“新建”|“序列”命令，新建一个序列，然后将“片头背景.mp4”和“文字.tif”素材分别添加到序列的视频1和视频2轨道中，并将两个素材的出入点对齐，如图5-5所示。

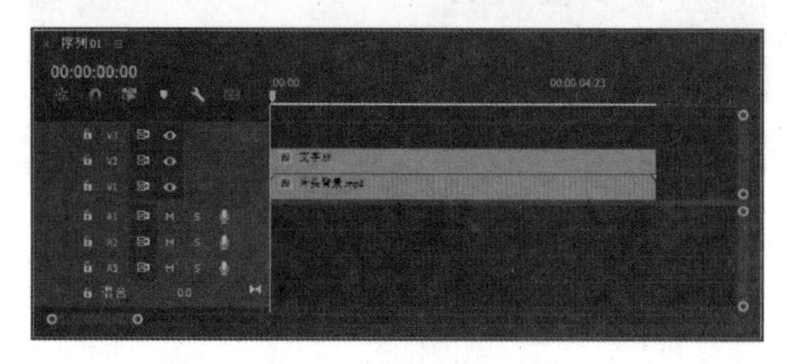

图5-5　添加素材

03 将光标移到时间轴视频2轨道上方的边缘处，当光标呈现图标时向上拖动轨道上边界，展开轨道关键帧控件区域，如图5-6所示。

04 在视频2轨道中的素材上右击，在弹出的快捷菜单中选择“显示剪辑关键帧”|“运动”|“缩放”命令，设置关键帧的类型，如图5-7所示。

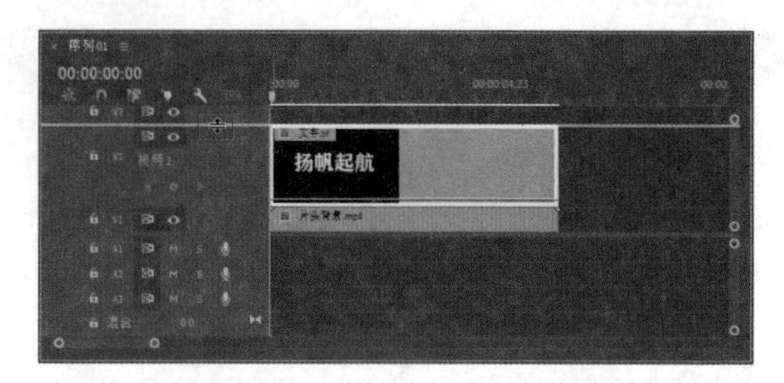

图5-6　展开轨道关键帧控件区域

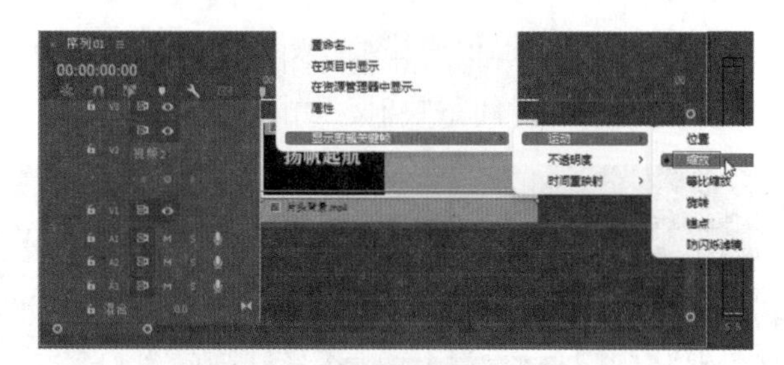

图5-7　设置关键帧类型

05 将时间指示器移到素材的入点处，然后单击“添加-移除关键帧”按钮，即可在轨道中的素材上添加一个关键帧，如图5-8所示。

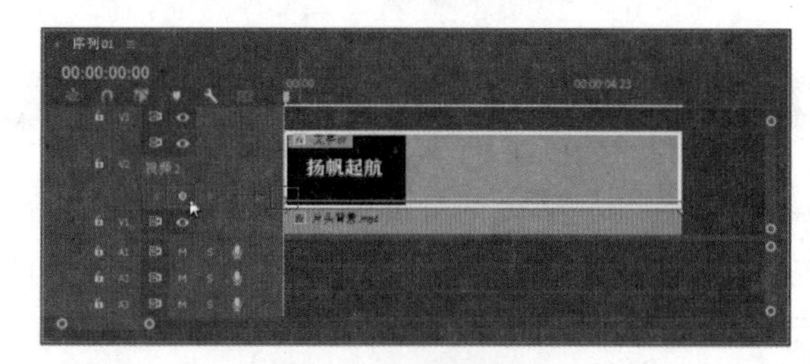

图5-8　添加关键帧

06 将时间指示器移到第2秒的位置，然后单击“添加-移除关键帧”按钮，在该时间位置添加一个关键帧，如图5-9所示。

图5-9　添加另一个关键帧

07 选择第一个关键帧，然后将该关键帧向上拖动，调整该关键帧的位置(可以改变素材在该帧的缩放值)，如图5-10所示。

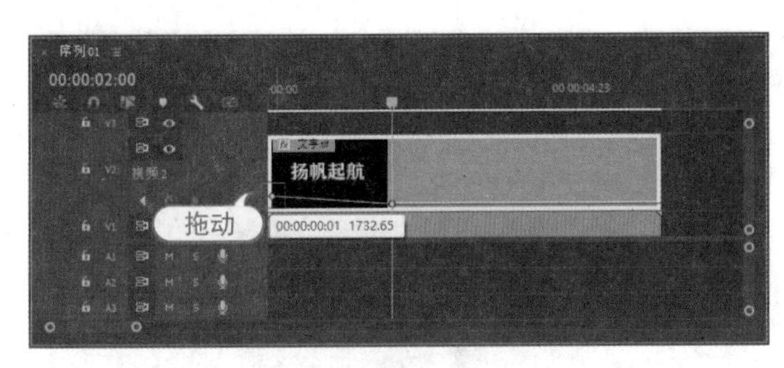

图5-10 调整关键帧

08 在节目监视器中播放素材，可以预览到在不同的帧位置，文字素材产生了缩放动画效果，如图5-11所示。

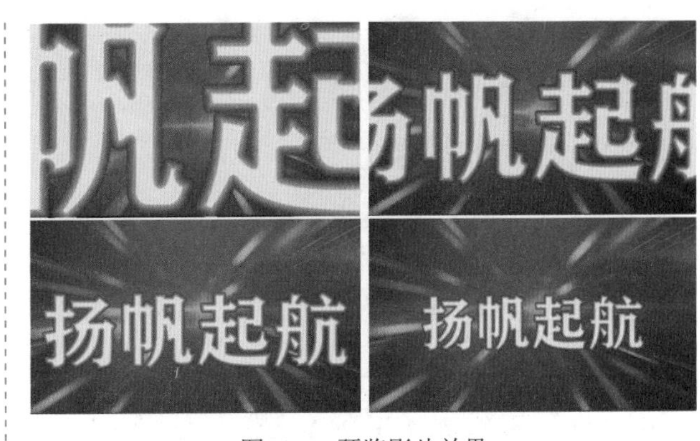

图5-11 预览影片效果

5.3 在效果控件面板中设置关键帧

在Premiere中，由于运动效果的关键帧属性具有二维数值。因此，素材的运动效果需要在效果控件面板中进行设置。

5.3.1 视频运动参数详解

在效果控件面板中单击“运动”选项组旁边的三角形按钮，展开“运动”选项组，其中包含位置、缩放、缩放宽度、旋转、锚点和防闪烁滤镜等控件，如图5-12所示。

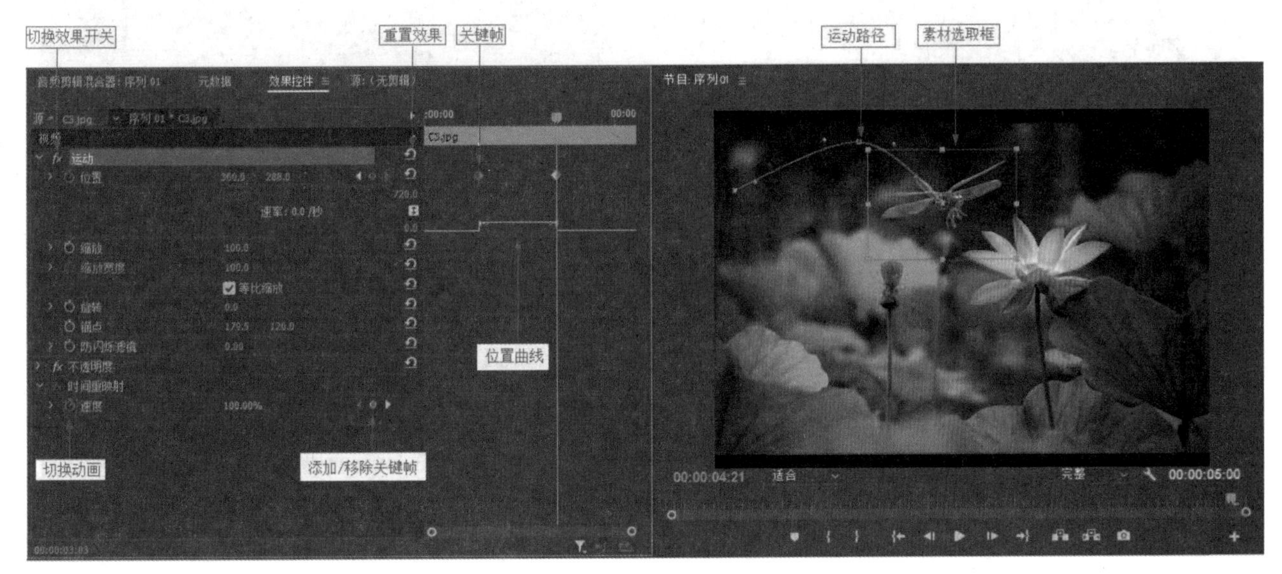

图5-12 “运动”选项组

单击各选项前的三角形按钮，将展开该选项的具体参数，拖动各选项中的滑块可以进行参数的设置，如图5-13所示。在每个控件对应的参数上单击鼠标，可以输入新的数值对参数进行修改，也可以在参数值上按下鼠标左键并左右拖动来修改参数，如图5-14所示。

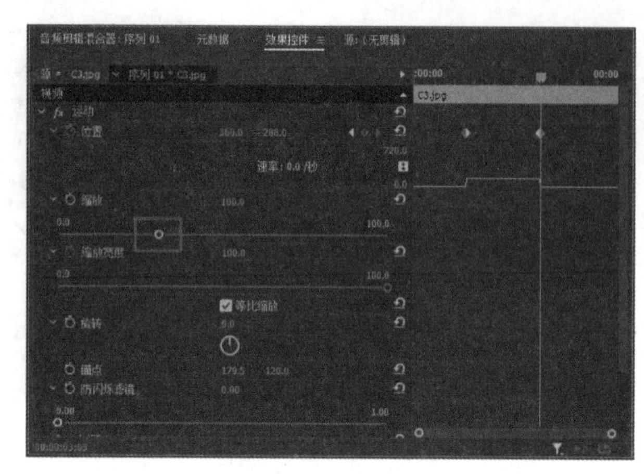

图5-13　拖动滑块

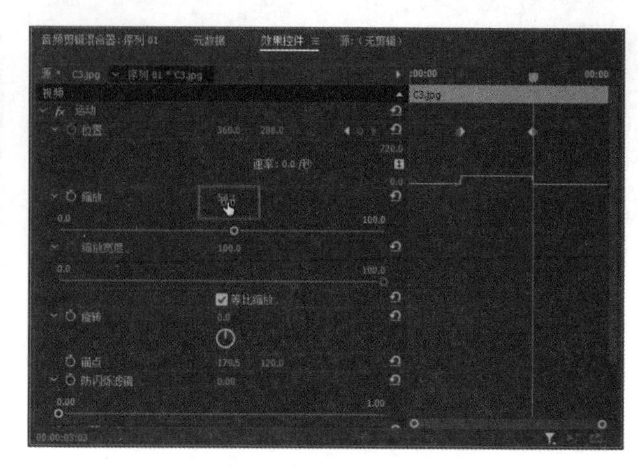

图5-14　拖动数值

1. 位置

“位置”参数用于设置素材相对于整个屏幕所在的坐标。当项目的视频帧尺寸大小为720×576像素而当前的位置参数为360×288像素时，那么编辑的视频中心正好对齐节目窗口的中心。在Premiere Pro 2024的坐标系中，左上角是坐标原点位置(0,0)，横轴和纵轴的正方向分别向右和向下设置，右下角是离坐标原点最远的位置，坐标为(720,576)。所以，增加横轴和纵轴坐标值时，视频片段素材对应向右和向下运动。

单击效果控件面板中的“运动”选项，使其变为灰色，这样就会在节目监视器面板中出现运动的控制点，这时就可以在节目监视器面板中选择并拖动素材，改变素材的位置，如图5-15所示。

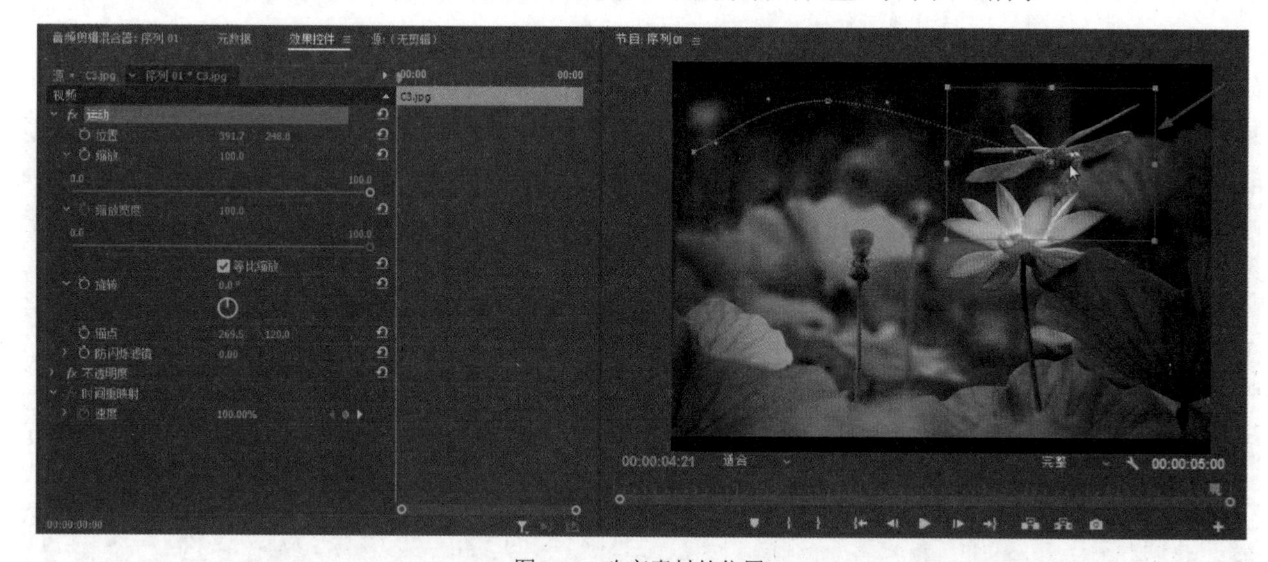

图5-15　改变素材的位置

2. 缩放

“缩放”参数用于设置素材的尺寸百分比。当其下方的“等比缩放”复选框未被选中时，“缩放”用于调整素材的高度，同时其下方的“缩放宽度”选项呈可选状态，此时可以只改变对象的高度或宽度。当“等比缩放”复选框被选中时，对象只能按照比例进行缩放变化。

3. 旋转

“旋转”参数用于调整素材的旋转角度。当旋转角度小于360°时，参数设置只有一个，如图5-16所示。当旋转角度超过360°时，属性变为两个参数：第一个参数指定旋转的周数，第二个参数指定旋转的角度，如图5-17所示。

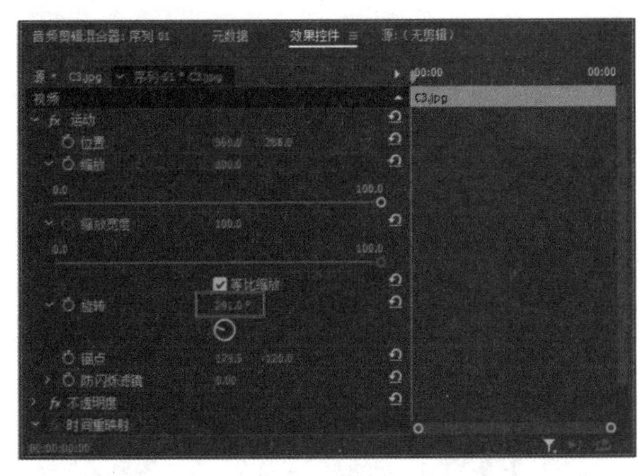

图5-16 旋转角度小于360°

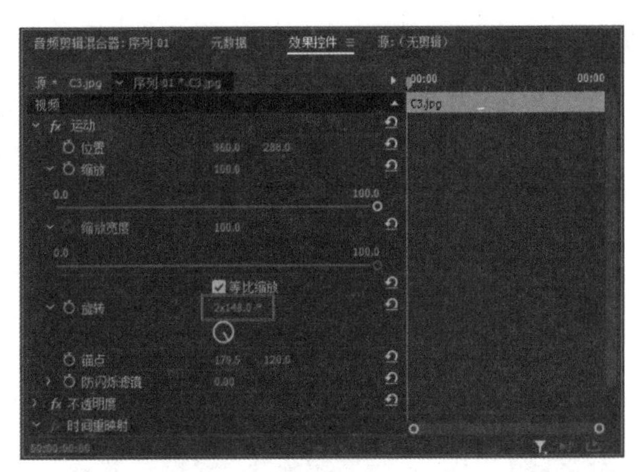

图5-17 旋转角度大于360°

4. 锚点

默认状态下，锚点(即定位点)设置在素材的中心点。调整锚点参数可以使锚点远离视频中心，将锚点调整到视频画面的其他位置，有利于创建特殊的旋转效果，如图5-18所示。

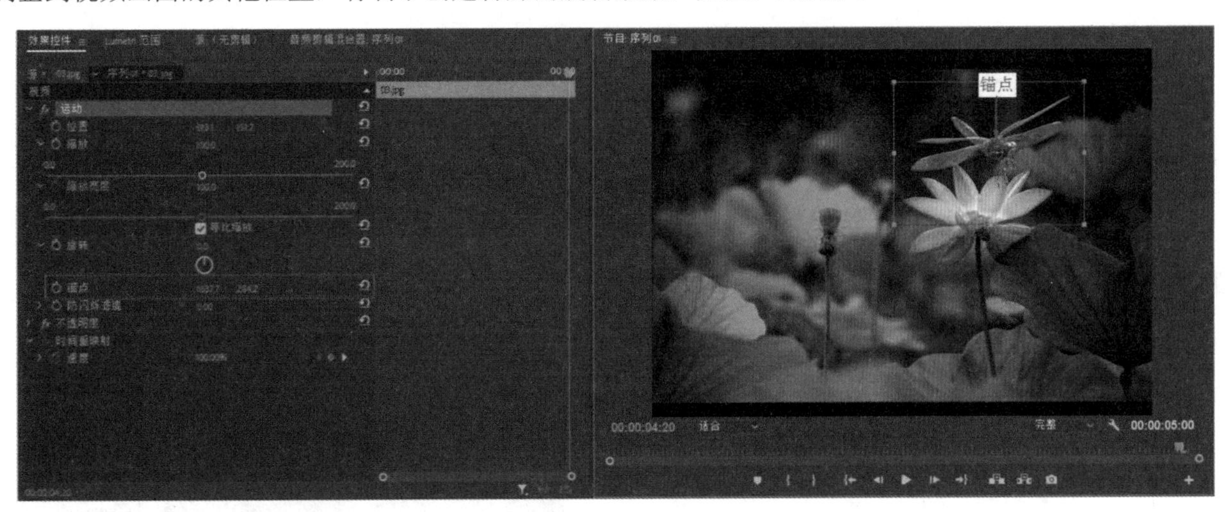

图5-18 调整锚点的位置

5. 防闪烁滤镜

通过将防闪烁滤镜关键帧参数设置为不同的值，可以更改防闪烁滤镜在剪辑持续时间内变化的强度。单击“防闪烁滤镜”选项旁边的三角形，展开该控件参数，向右拖动“防闪烁滤镜”滑块，可以增加滤镜的强度。

5.3.2 关键帧的添加与设置

默认情况下，对视频运动参数的修改是整体调整。在Premiere中进行的视频运动设置建立在关键帧的基础上。在设置关键帧时，可以分别对位置、缩放、旋转、锚点等单独进行设置。

1. 开启动画记录

如果要保存某种运动方式的动画记录，需要单击该运动方式前面的“切换动画”开关按钮。例如，单击“位置”前面的“切换动画”开关按钮，如图5-19所示，将开启并保存位置运动方式的动画记录，如图5-20所示。

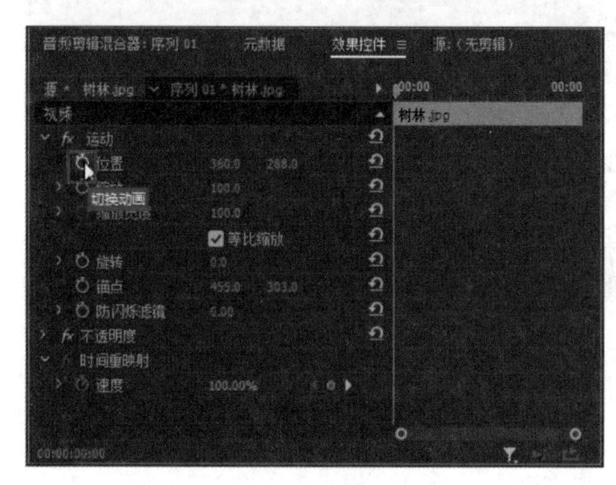

图5-19 单击“切换动画”按钮

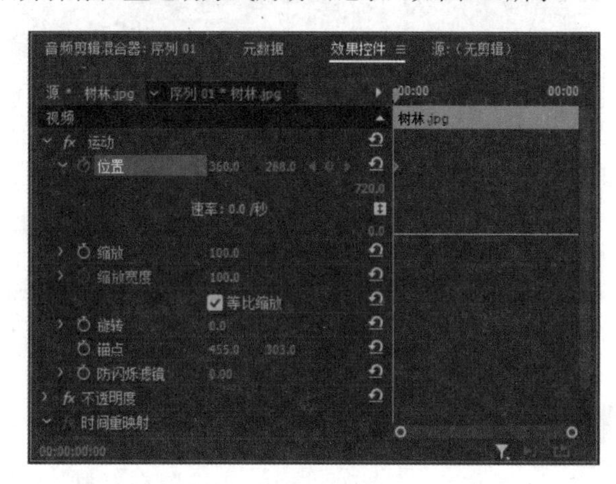

图5-20 开启动画记录

进阶技巧：

开启动画记录后，再次单击“切换动画”开关按钮，将删除此运动方式下的所有关键帧。单击效果控件面板中“运动”选项右边的“重置”按钮，将清除素材片段上添加的所有运动效果，还原到初始状态。

2. 添加关键帧

视频素材要产生运动效果，需要在效果控件面板中为素材添加两个或两个以上的关键帧，并设置不同的关键帧参数。在效果控件面板中，不仅可以添加或删除关键帧，还可以通过对关键帧各项参数进行设置来实现素材的运动效果，如图5-21所示。

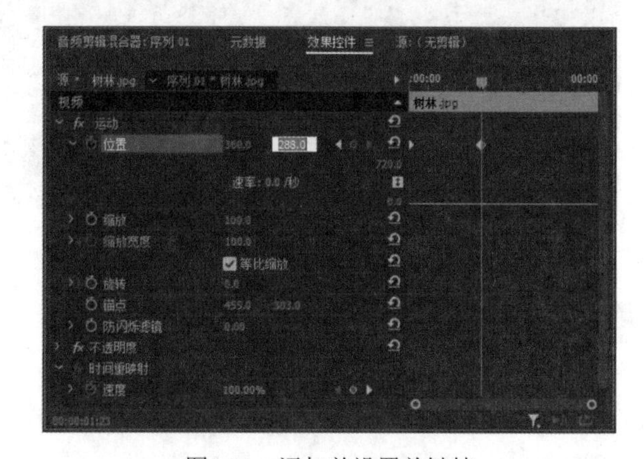

图5-21 添加并设置关键帧

3. 选择关键帧

编辑素材的关键帧时，首先需要选中关键帧，然后才能对关键帧进行相关操作。用户可以直接单击关键帧将其选中，也可以通过效果控件面板中的“转到上一关键帧”按钮和“转到下一关键帧”按钮来选择关键帧。

进阶技巧：

在视频编辑中，有时需要选择多个关键帧进行统一编辑。要在效果控件面板中选择多个关键帧，按住Ctrl或Shift键，依次单击要选择的各个关键帧即可，或者通过按住并拖动鼠标的方式框选多个关键帧。

4. 移动关键帧

为素材添加关键帧后，如果需要将关键帧移到其他位置，只需要选择要移动的关键帧，单击并拖动至合适的位置，然后释放鼠标即可。

5. 复制与粘贴关键帧

若要将某个关键帧复制到其他位置，可以在效果控件面板中右击要复制的关键帧，在弹出的快捷菜单中选择“复制”命令，然后将时间指示器移到新位置，再右击鼠标，在弹出的快捷菜单中选择“粘贴”命令，即可完成关键帧的复制与粘贴操作。

6. 删除关键帧

选中关键帧，按Delete键即可删除关键帧，或者在选中的关键帧上右击，然后在弹出的快捷菜单中选择“清除”命令，将所选关键帧删除；也可以在效果控件面板中单击“添加/移除关键帧”按钮删除所选关键帧。

7. 关键帧插值

默认状态下，Premiere中关键帧之间的变化为线性变化，如图5-22所示。除线性变化外，Premiere Pro 2024还提供了贝塞尔曲线、自动贝塞尔曲线、连续贝塞尔曲线、定格、缓入和缓出等多种变化方式，在关键帧控制区域右击关键帧，在弹出的快捷菜单中的“临时插值”子菜单中可以选择关键帧的曲线变化方式，如图5-23所示。

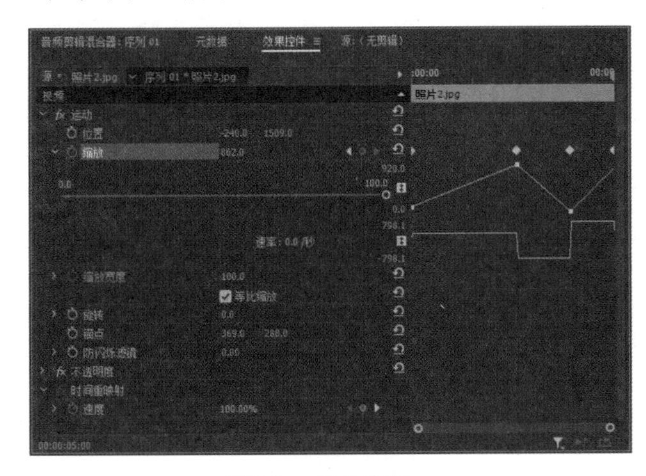

图5-22　线性变化

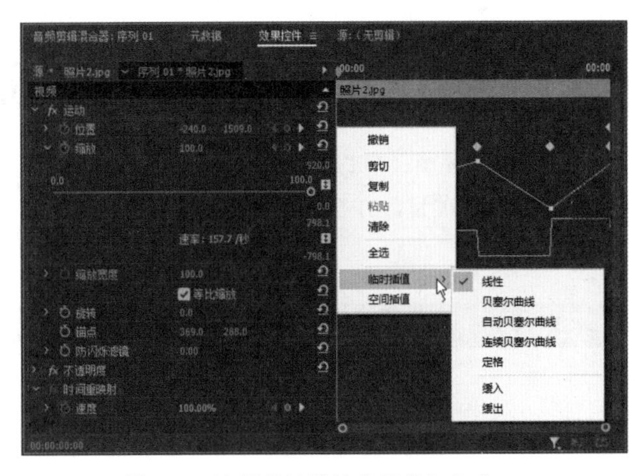

图5-23　选择关键帧的曲线变化方式

- 线性：在两个关键帧之间实现恒定速度的变化。
- 贝塞尔曲线：可以手动调整关键帧图像的形状，从而创建平滑的变化。
- 自动贝塞尔曲线：自动创建平稳速度的变化。
- 连续贝塞尔曲线：可以手动调整关键帧图像的形状，从而创建平滑的变化。连续贝塞尔曲线与贝塞尔

曲线不同的是：前者的两个调节手柄始终在一条直线上，调节一个手柄时，另一个手柄将发生相应的变化；后者是两个独立的调节手柄，可以单独调节其中一个手柄，如图5-24和图5-25所示。

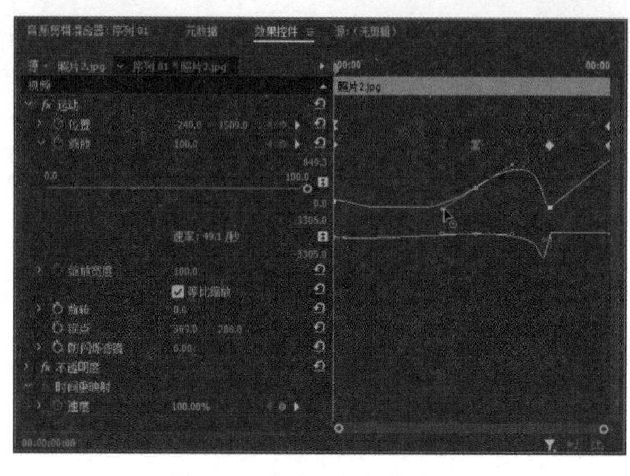

图5-24　连续贝塞尔曲线手柄

图5-25　贝塞尔曲线手柄

- 定格：不会逐渐地改变属性值，会使效果发生快速变化。
- 缓入：逐渐减慢进入下一个关键帧的值变化。
- 缓出：逐渐加快离开上一个关键帧的值变化。

进阶技巧：

选择关键帧的曲线变化方式后，可以利用钢笔工具调整曲线的手柄，从而调整曲线的形状。使用效果控件面板中的速度曲线可以调整效果变化的速度，通过调整速度曲线可以模拟真实世界中物体的运动效果。

5.4　创建运动效果

在Premiere中，可以控制的运动效果包括位置、缩放和旋转等。要在Premiere中创建运动效果，首先需要创建一个项目，并在时间轴面板中选中素材，然后使用“运动”效果控件调整素材。

5.4.1　创建移动效果

移动效果能够实现视频素材在节目监视器面板中的移动，是视频编辑过程中经常使用的一种运动效果，该效果可以通过调整效果控件中的位置参数来实现。

练习实例：制作飘落的花瓣。	
文件路径	第 5 章 \ 飘落的花瓣 .prproj
技术掌握	添加关键帧、创建运动路径

01 新建一个名为“飘落的花瓣”的项目文件和一个序列，然后将需要的素材导入项目面板中，如图5-26所示。

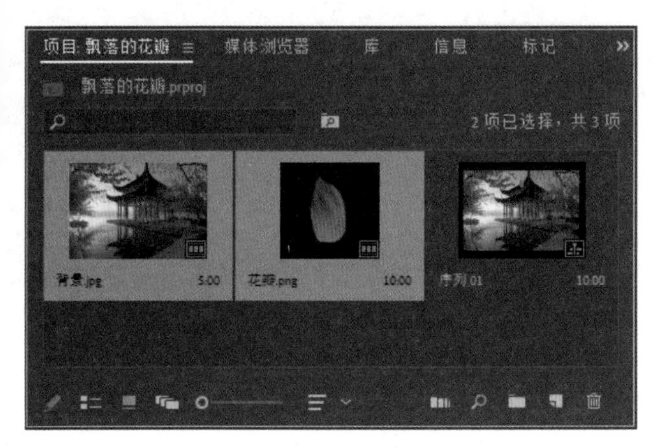

图5-26　导入素材

02 将素材“背景.jpg”添加到时间轴面板的视频1轨道中，将素材“花瓣.png”添加到时间轴面板的视频2轨道中，如图5-27所示。

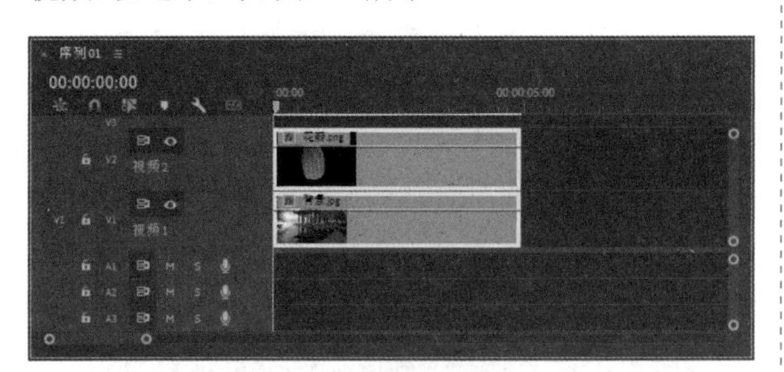

图5-27　添加素材

03 在时间轴面板中选中两个视频轨道中的素材，然后选择“剪辑”|“速度/持续时间”命令，在打开的“剪辑速度/持续时间”对话框中设置两个素材的持续时间为10秒，如图5-28所示，然后单击“确定”按钮。

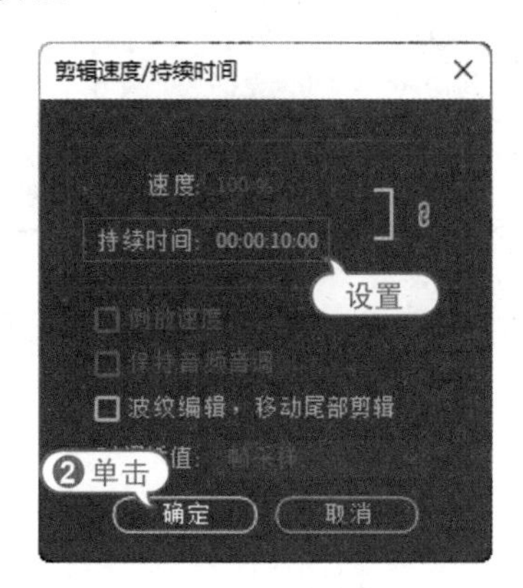

图5-28　设置素材的持续时间

04 修改持续时间后，素材在视频轨道中的显示效果如图5-29所示。

图5-29　修改持续时间后素材的显示效果

05 选择视频轨道2中的“花瓣.png”素材。在效果控件面板中单击“位置”选项前面的“切换动画”按钮，启用动画功能，并自动添加一个关键帧，然后将位置的坐标设置为(360,120)，如图5-30所示，使花瓣处于视频画面的上方，如图5-31所示。

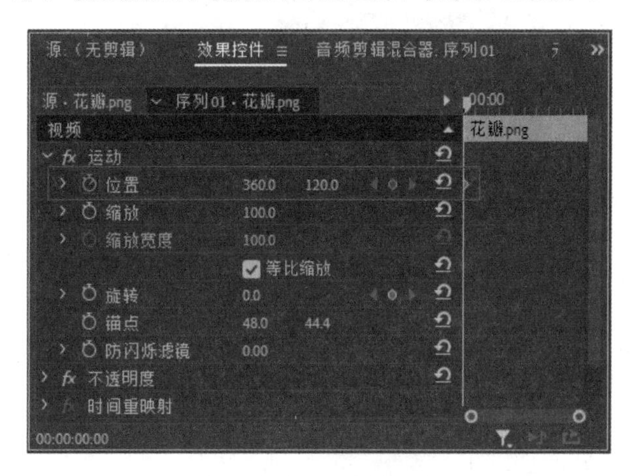

图5-30　设置花瓣的坐标

图5-31　花瓣所在的位置

06 将时间指示器移到第3秒的位置，单击“位置”选项后面的“添加/移除关键帧”按钮，在此处添加一个关键帧，然后将“位置”的坐标值改为(310,280)，如图5-32所示。

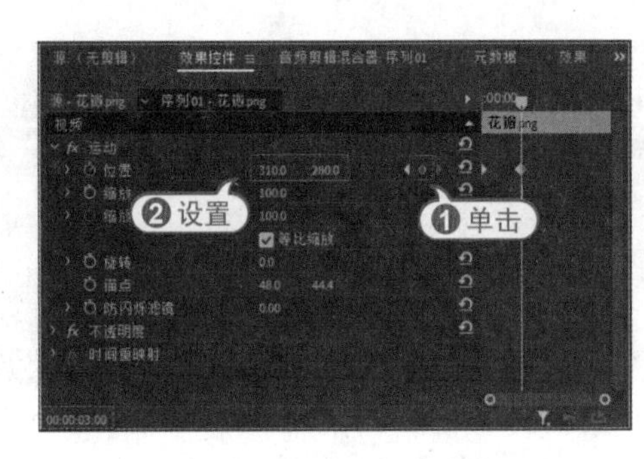

图5-32　添加并设置关键帧(一)

07 单击效果控件面板中的“运动”选项名称，可以在节目监视器中显示花瓣的运动路径，如图5-33所示。

图5-33　花瓣的运动路径(一)

08 将时间指示器移到第6秒的位置，单击“位置”选项后面的“添加/移除关键帧”按钮，在此处添加一个关键帧，然后将“位置”的坐标值改为(545,170)，如图5-34所示。节目监视器中显示花瓣的运动路径如图5-35所示。

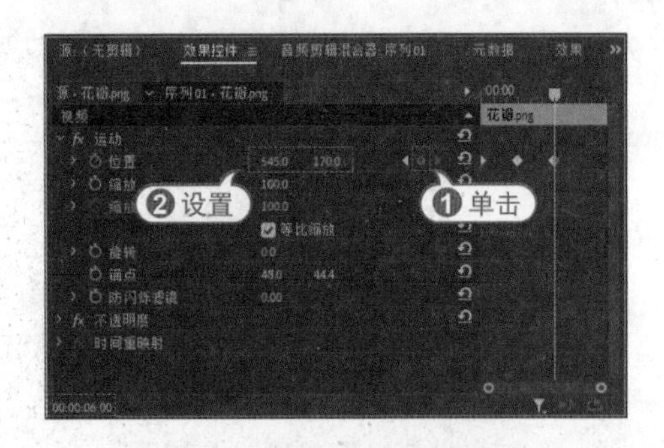

图5-34　添加并设置关键帧(二)

图5-35　花瓣的运动路径(二)

09 将时间指示器移到素材的出点位置，单击“位置”选项后面的“添加/移除关键帧”按钮，在此处添加一个关键帧，然后将“位置”的坐标值改为(450,550)，如图5-36所示。

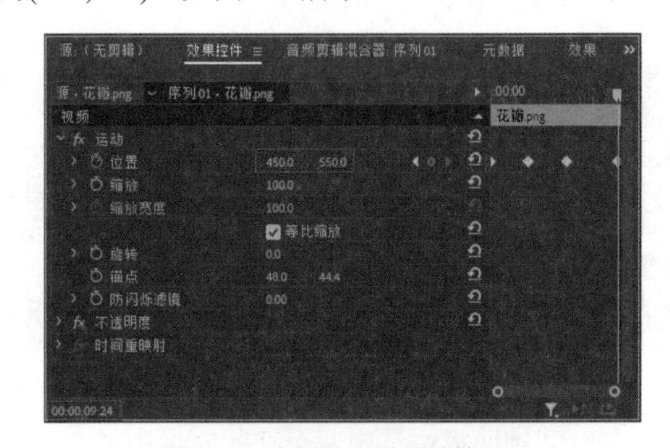

图5-36　添加并设置关键帧(三)

10 单击节目监视器面板中的“播放-停止切换”按钮，预览花瓣飘动的效果，如图5-37所示。

图5-37　预览花瓣飘动的效果

5.4.2　创建缩放效果

视频编辑中的缩放效果可以作为视频的出场效果，也可以作为视频素材中局部内容的特写效果，这是视频编辑常用的运动效果之一。

练习实例：制作发散的灯光。	
文件路径	第 5 章 \ 发散的灯光.prproj
技术掌握	添加关键帧、设置缩放参数

01 新建一个项目文件和一个序列，然后将素材导入项目面板中，如图5-38所示。

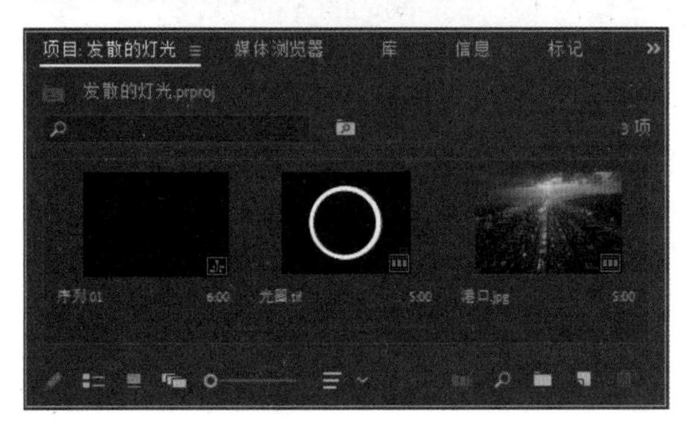

图5-38　导入素材

02 将项目面板中的素材分别添加到时间轴面板中的视频1和视频2轨道中，设置两个素材的持续时间为6秒，如图5-39所示。

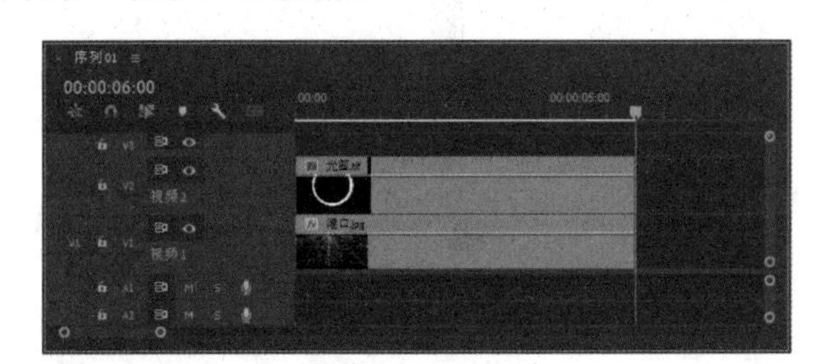

图5-39　添加素材

03 在时间轴面板中选择“光圈.tif”素材，然后在效果控件面板中展开“运动”选项组，将“位置”的坐标值改为(365, 124)，如图5-40所示。图像预览效果如图5-41所示。

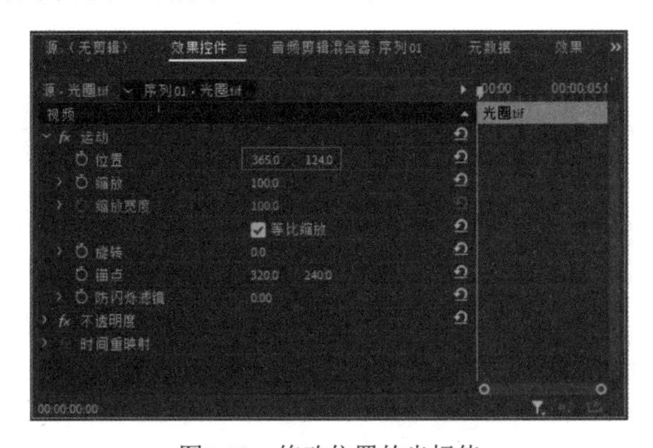

图5-40　修改位置的坐标值

图5-41　图像预览效果

04 在第0秒的位置，单击“缩放”和“不透明度”选项前面的“切换动画”开关按钮，在此处为各选项添加一个关键帧，并将“缩放”值改为5，将“不透明度”值改为0，如图5-42所示。图像预览效果如图5-43所示。

图5-42　设置缩放和不透明度关键帧(一)

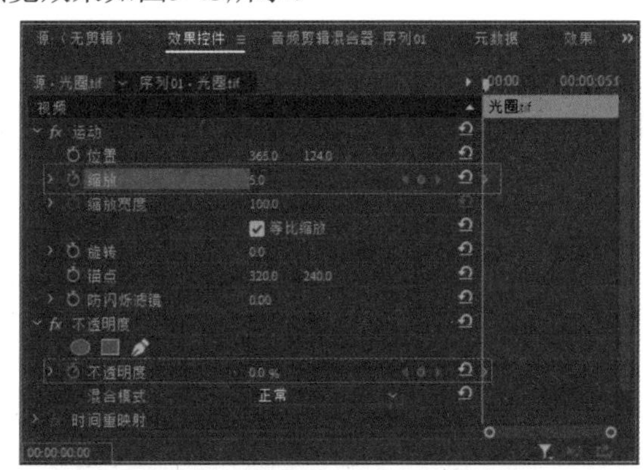

图5-43　图像预览效果

05 将时间指示器移到第1秒的位置，单击“缩放”和“不透明度”选项后面的“添加/移除关键帧”按钮，为各选项添加一个关键帧。然后将“缩放”值改为100，将“不透明度”值改为50%，如图5-44所示。

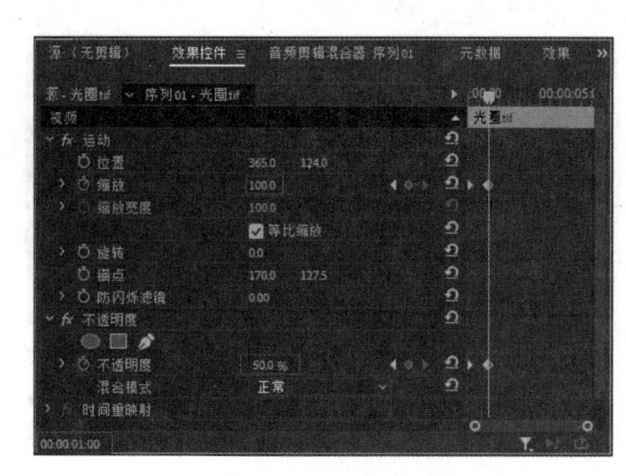

图5-44　设置缩放和不透明度关键帧(二)

06 将时间指示器移到第2秒的位置，单击“缩放”和“不透明度”选项后面的“添加/移除关键帧”按钮◇，为各选项添加一个关键帧。然后将“缩放”值改为300，将“不透明度”值改为0，如图5-45所示。

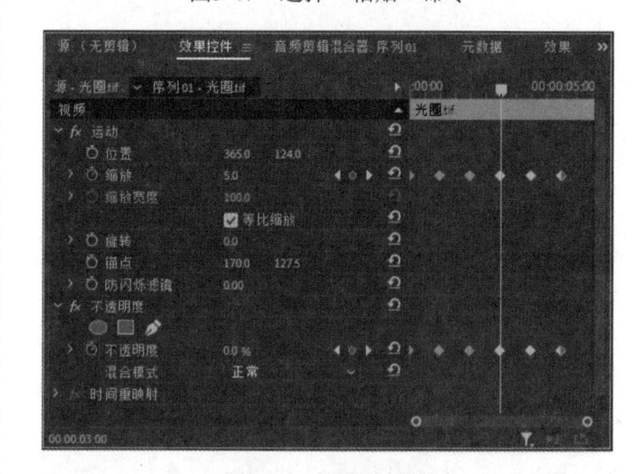

图5-45　设置缩放和不透明度关键帧(三)

07 通过按住鼠标左键并拖动鼠标的方式，在效果控件面板中框选创建的所有关键帧，然后在任意关键帧对象上单击鼠标右键，在弹出的快捷菜单中选择“复制”命令，如图5-46所示。

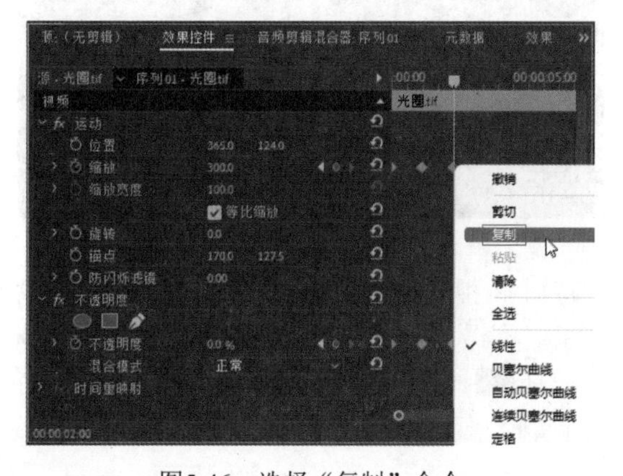

图5-46　选择“复制”命令

08 将时间指示器移到第3秒的位置，然后单击鼠标右键，在弹出的快捷菜单中选择“粘贴”命令，如图5-47所示。对复制的关键帧进行粘贴后的效果如图5-48所示。

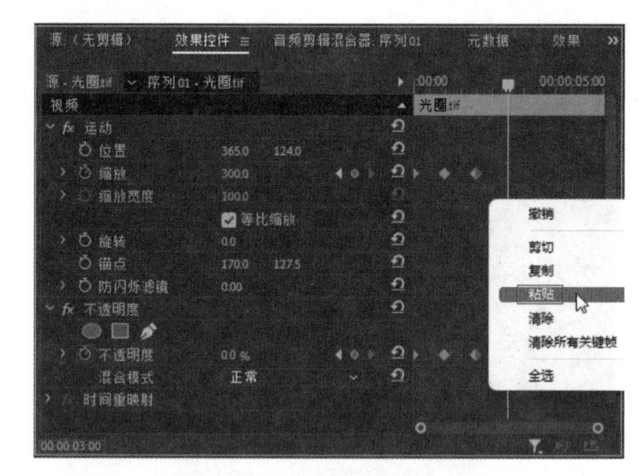

图5-47　选择“粘贴”命令

图5-48　粘贴关键帧

09 将光标移到时间轴面板中的视频轨道控制区域，然后单击鼠标右键，在弹出的快捷菜单中选择“添加单个轨道”命令(如图5-49所示)，添加一个视频轨道，如图5-50所示。

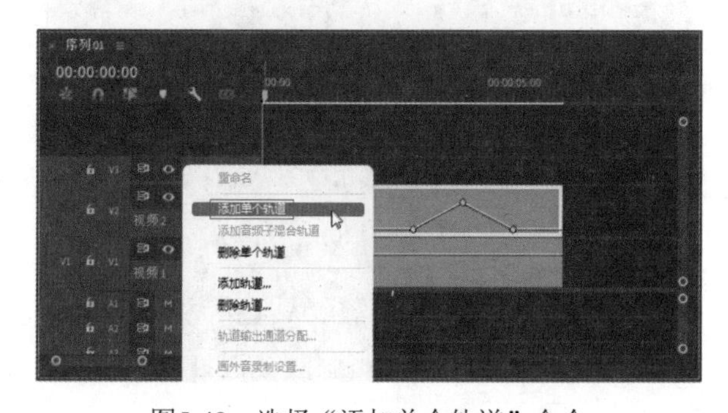

图5-49　选择“添加单个轨道”命令

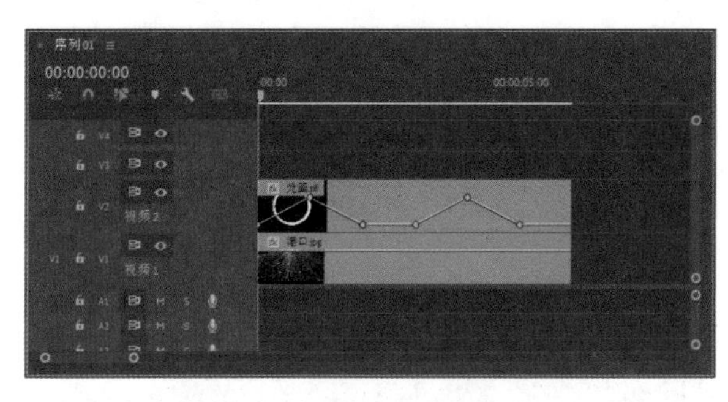

图5-50 添加一个视频轨道

10 将时间指示器移到第0秒12帧的位置，然后在按住Alt键的同时，将时间轴面板中视频2轨道中的“光圈.tif”素材拖动到视频3轨道中，将视频2轨道中的素材复制到视频3轨道中，如图5-51所示。

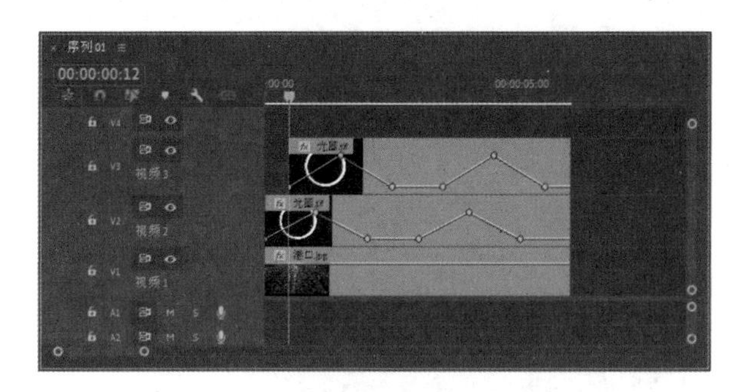

图5-51 将素材复制到视频3轨道中

11 将时间指示器移到第1秒位置，将时间轴面板中视频3轨道中的“光圈.tif”素材复制到视频4轨道中，如图5-52所示。

12 拖动视频3轨道中和视频4轨道中的素材的出点，将这两个视频轨道中的素材出点与其他素材的出点对齐，如图5-53所示。

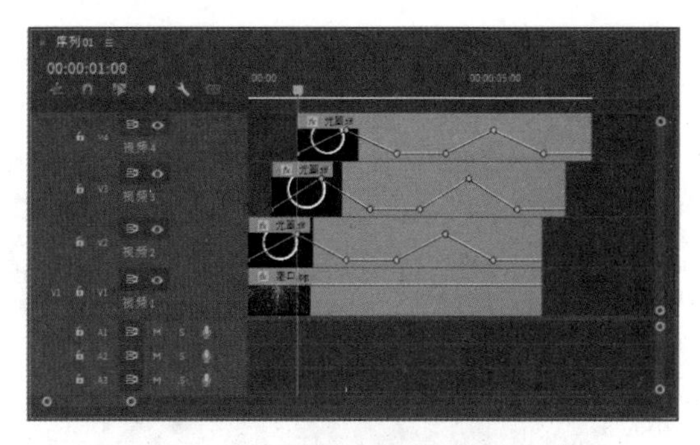

图5-52 将素材复制到视频4轨道中

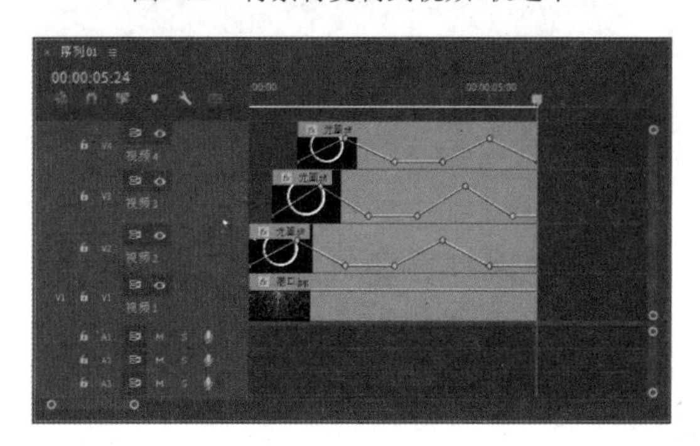

图5-53 调整素材的出点

13 单击节目监视器面板下方的“播放-停止切换”按钮▶，对影片进行预览，可以看到光圈的变化效果，如图5-54所示。

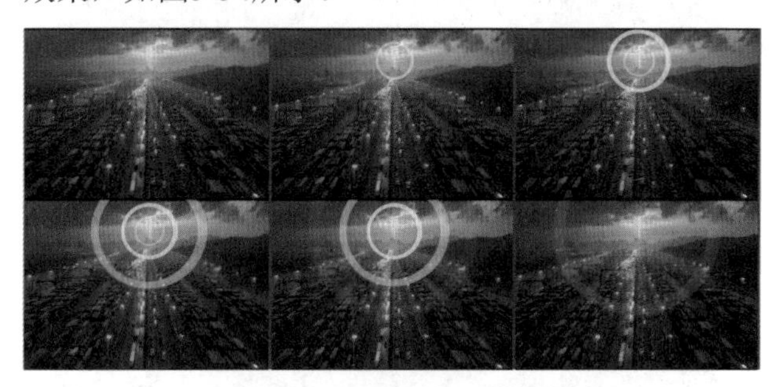

图5-54 预览缩放运动效果

5.4.3 创建旋转效果

旋转效果能增加视频的旋转动感，适用于视频或字幕的旋转。在设置旋转的过程中，将素材的锚点设置在不同的位置，其旋转的轴心也不同。

练习实例：制作随风舞动的花瓣。	
文件路径	第 5 章 \ 随风舞动的花瓣 .prproj
技术掌握	添加关键帧、设置旋转参数

01 打开前面制作的“飘落的花瓣”项目文件，然后将其另存为“随风舞动的花瓣”。

02 选择时间轴面板中的花瓣素材，当时间指示器处于第0秒的位置时，在效果控件面板中单击“旋

转”选项前面的“切换动画”按钮，在此处添加一个关键帧，并保持“旋转”值不变，如图5-55所示。

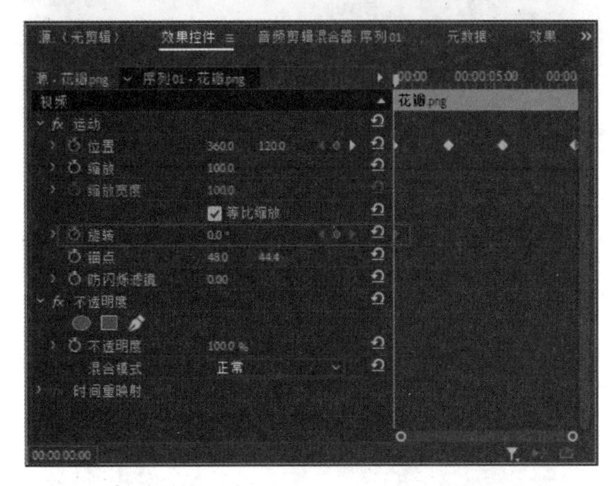

图5-55　添加一个关键帧

03 将时间指示器移到第1秒20帧的位置，单击“旋转”选项后面的“添加/移除关键帧”按钮，在此处添加一个关键帧，并将“旋转”值修改为270，如图5-56所示。

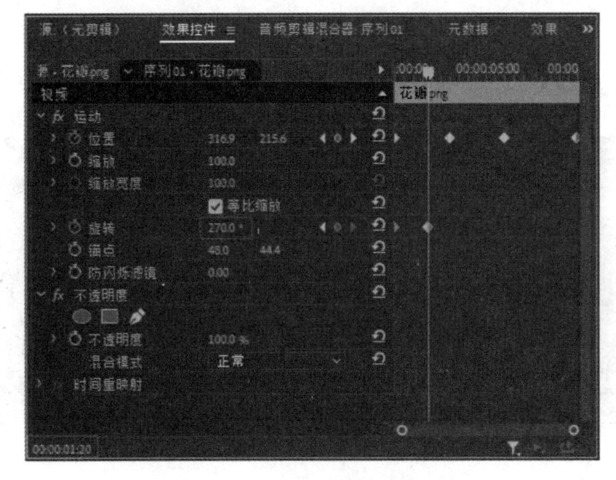

图5-56　添加并设置关键帧

04 将时间指示器移到第3秒的位置，单击“旋转”选项后面的“添加/移除关键帧”按钮，在此处添加一个关键帧，并将“旋转”值修改为540，此时该值将变为1×180.0°，如图5-57所示。

05 在效果控件面板中选择创建的3个旋转关键帧，然后单击鼠标右键，在弹出的快捷菜单中选择“复制”命令，如图5-58所示。

06 将时间指示器移到第4秒的位置，然后单击鼠标右键，在弹出的快捷菜单中选择“粘贴”命令，如图5-59所示。

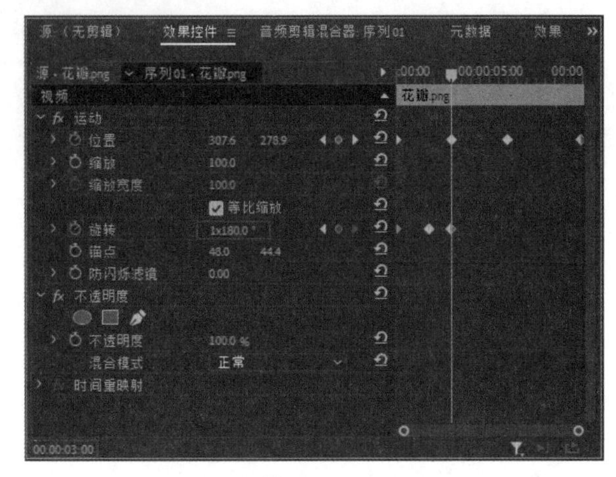

图5-57　添加并设置关键帧

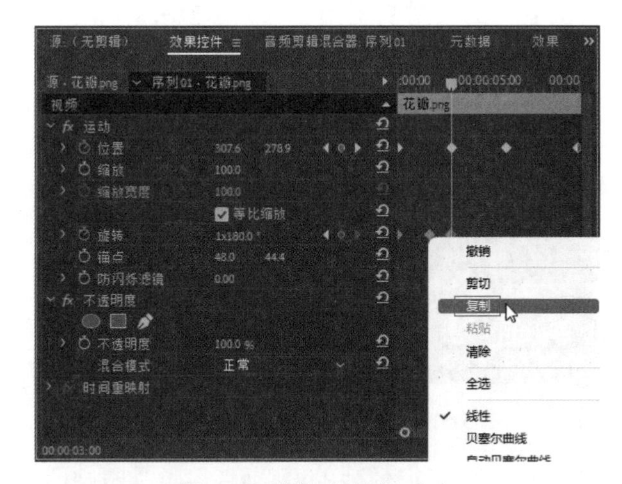

图5-58　选择“复制”命令

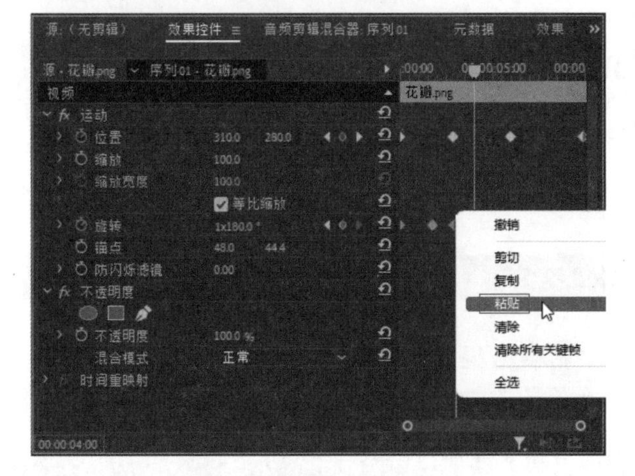

图5-59　选择“粘贴”命令

07 将时间指示器移到第8秒的位置，使用同样的方法对最后两个关键帧进行复制粘贴，此时效果控件面板中的关键帧如图5-60所示。

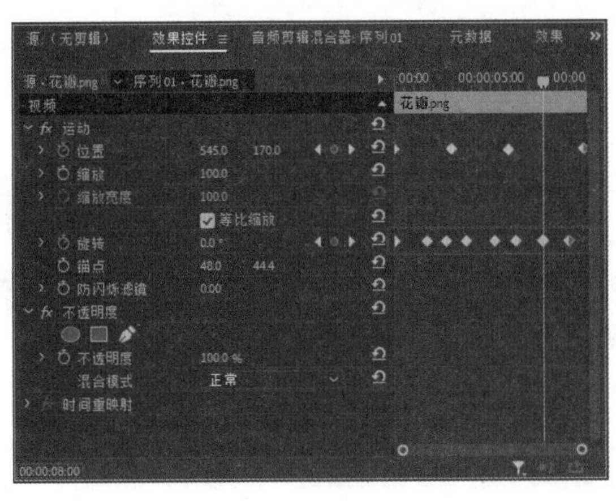

图5-60　粘贴关键帧后的效果控件面板

08 单击节目监视器面板下方的“播放-停止切换”按钮▶，对影片进行预览，可以看到花瓣在飘动过程中产生了旋转效果，如图5-61所示。

图5-61　影片预览效果

5.4.4　创建平滑运动效果

在Premiere中可以使素材沿着指定的路线进行运动。为素材添加运动效果后，默认状态下，素材是以直线状态进行运动的。要改变素材的运动状态，可以在效果控件面板中对关键帧的属性进行修改。

练习实例：调整花瓣的飘动路线。	
文件路径	第 5 章 \ 平滑运动的花瓣 .prproj
技术掌握	调整关键帧曲线

01 打开前面制作的“随风舞动的花瓣”项目文件，然后将其另存为“平滑运动的花瓣”。

02 在效果控件面板中右击“位置”选项中的第一个关键帧，在弹出的快捷菜单中选择“空间插值”|“贝塞尔曲线”命令，如图5-62所示。

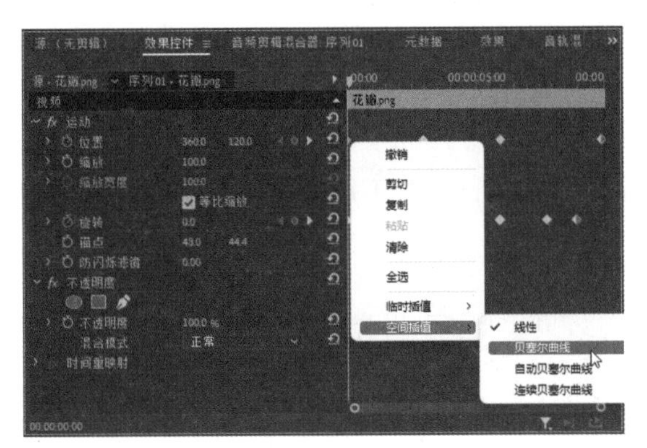

图5-62　选择“贝塞尔曲线”命令

03 在效果控件面板中单击“运动”选项名称，然后在节目监视器面板中单击花瓣将其选中，再拖动路径节点的贝塞尔手柄，调节路径的平滑度，如图5-63所示。

图5-63　调节贝塞尔手柄

04 选中“位置”选项中的后面3个关键帧，在关键帧上右击，在弹出的快捷菜单中选择“空间插值”|“连续贝塞尔曲线”命令，如图5-64所示。

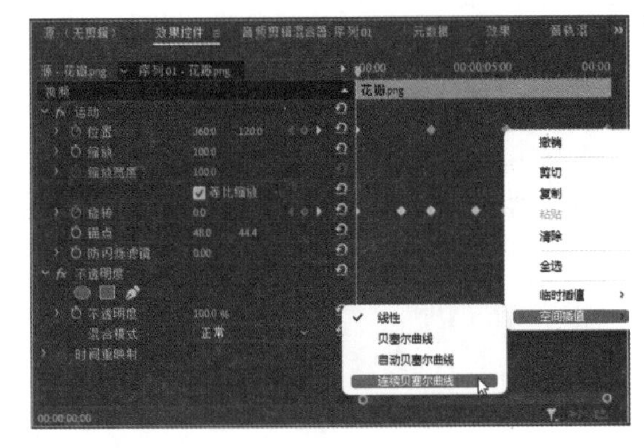

图5-64　选择“连续贝塞尔曲线”命令

05 在节目监视器面板中拖动路径中其他节点的贝塞尔手柄，调节路径的平滑度，如图5-65所示。

图5-65　调整贝塞尔手柄

06 单击节目监视器面板下方的“播放-停止切换”按钮▶，对影片进行预览，可以预览到花瓣飘动的路径为曲线形状，如图5-66所示。

图5-66　影片预览效果

5.5　高手解答

问：在Premiere Pro 2024的时间轴面板中，如何展开关键帧控件区域？

答：可以将光标移到轨道控制区中，然后在按住Alt键的同时，滚动鼠标中键来折叠或展开关键帧控件区域，也可以通过拖动轨道控制区上方的边界来折叠或展开关键帧控件区域。

问：为什么在节目监视器面板中调整素材的位置时，总是无法将其选中？

答：出现这种情况时，首先要确定调整的素材是否处于时间轴轨道的上层，如果该素材上方轨道中还有其他素材，就需要将上方轨道中的素材锁定，这样在调整目标对象时就不会受上方轨道中素材的影响。其次要在效果控件面板中选中“运动”选项。

问：设置素材旋转时，如何才能将旋转设置为一圈以上的值？

答：效果控件面板中的“旋转”参数用于调整素材的旋转角度。当旋转角度小于360°时，参数设置只有一个。当旋转角度超过360°时，属性变为两个参数：第一个参数指定旋转的周数，第二个参数指定旋转的角度。要将旋转设置为大于一圈以上的值，可以将旋转值设置为大于360°的值，然后根据需要设置旋转的周数和角度即可。

问：在设置素材旋转时，如何才能将素材对象以某个指定的点进行旋转？

答：默认状态下，锚点(即定位点)在素材的中心点，旋转素材时将以该点为中心进行旋转。调整锚点参数可以使锚点远离视频中心，将锚点调整到视频画面的指定位置，便可以将素材以指定的点为中心进行旋转。

问：在设置素材运动时，如何将素材以平滑的状态进行运动？

答：可以使用关键帧插值来调整素材的运动状态。在效果控件面板中右击“运动”选项中的关键帧，在弹出的快捷菜单中选择“空间插值”|“贝塞尔曲线”命令，选择了关键帧的曲线变化方式后，可以利用钢笔工具来调整曲线的手柄，从而调整曲线的形状。这样就可以使素材以平滑的状态进行运动。

第6章 视频切换

将视频作品中的一个场景过渡到另一个场景就是一次视频切换。但是，如果想对切换的时间进行推移，或者想创建从一个场景逐渐切入另一个场景的效果，只是对素材进行简单的剪辑是不够的，这需要使用过渡效果，将一个素材逐渐淡入另一个素材中。本章将介绍使用 Premiere 进行视频切换的相关知识，包括视频切换概述、应用视频过渡效果、各类视频过渡效果详解和自定义视频过渡。

练习实例：在素材间添加过渡效果

练习实例：制作古诗朗读效果

6.1 视频切换概述

视频切换 (也称视频过渡或视频转场)是指编辑电视节目或影视媒体时，在不同的镜头间加入过渡效果。视频过渡效果被广泛应用于影视媒体创作，是一种比较常见的技术手段。

6.1.1 场景切换的依据

一组镜头一般是在同一时空中完成的，因此时间和地点就是场景切换的很好依据。当然，有时候在同一时空中也可能有好几组镜头，也就有好几个场景，而情节段落则是按情节发展结构的起承转换等内在节奏来过渡的。

1. 时间的转换

影视节目中的拍摄场景，如果在时间上发生转移，有明显的省略或中断，就可以依据时间的中断来划分场面。在镜头语言的叙述中，时间的转换一般是很快的，这期间转换的时间中断处，就可以是场景的转换处。

2. 空间的转换

在叙事场景中，经常要进行空间转换，一般每组镜头段落都是在不同的空间里拍摄的，如脚本里的内景、外景、居室、沙滩等，故事片中的布景也随场景的不同而随时更换。因此，空间的变更处就可以作为场景的划分处。如果空间变了，还不做场景划分，又不用某种方式暗示观众，就可能会引起混乱。

3. 情节的转换

一部影视作品的情节结构由内在线索发展而成，一般来说都有开始、发展、转折、高潮、结束的过程。这些情节的每一个阶段，就形成一个个情节的段落，无论是倒叙、顺叙、插叙、闪回、联想，都离不开情节发展中的一个阶段性的转折，可以依据这一点来做情节段落的划分。

总之，场景和段落是影视作品中基本的结构形式，作品里内容的结构层次依据段落来表现。因此，场景过渡首先是叙述内在逻辑上的要求，同时也是叙述外在节奏上的要求。

6.1.2 场景切换的方法

场景切换的方法多种多样，但依据手法的不同分为两类：一是用特技手段过渡(即技巧过渡)；二是用镜头自然过渡(即无技巧过渡)。

1. 技巧过渡的方法

技巧过渡的特点是既容易造成视觉的连贯，又容易造成段落的分割。场景过渡常用的技巧包括淡出淡入、叠化、划像、圈出圈入、定格、空画面转场、翻页、正负像互换和变焦几种。

2. 无技巧过渡的方法

无技巧过渡即不使用技巧手段，而用镜头的自然过渡来连接两段内容，这在一定程度上加快了影片的节奏。无技巧过渡要注意寻找合理的转换因素和适当的造型因素，使之具有视觉的连贯性，但在

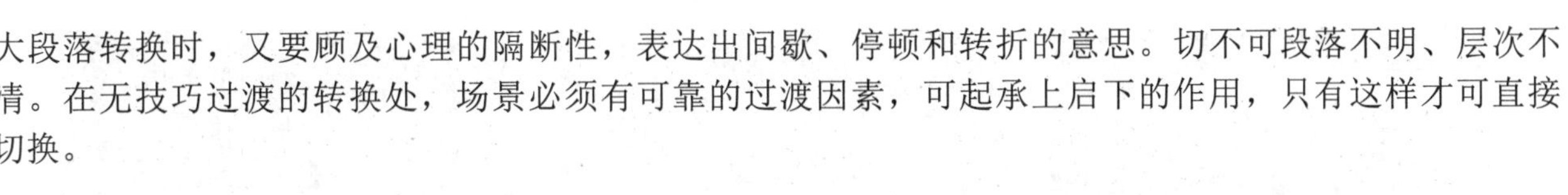

大段落转换时，又要顾及心理的隔断性，表达出间歇、停顿和转折的意思。切不可段落不明、层次不清。在无技巧过渡的转换处，场景必须有可靠的过渡因素，可起承上启下的作用，只有这样才可直接切换。

6.2 应用视频过渡效果

要使两个素材的切换更加自然、变化更丰富，就需要加入Premiere提供的各种过渡效果，达到丰富画面的目的。

6.2.1 应用效果面板

Premiere Pro 2024的视频过渡效果存放在效果面板的“视频过渡”素材箱(即文件夹)中。选择“窗口”|“效果”命令，打开效果面板，如图6-1所示，效果面板将所有视频效果有组织地放入各个子素材箱中。

在Premiere Pro 2024效果面板的“视频过渡”素材箱中存储了数十种不同的过渡效果。单击效果面板中“视频过渡”素材箱前面的三角形图标，可以查看过渡效果的种类列表，如图6-2所示。单击其中一种过渡效果素材箱前面的三角形图标，可以查看该类过渡效果所包含的内容，如图6-3所示。

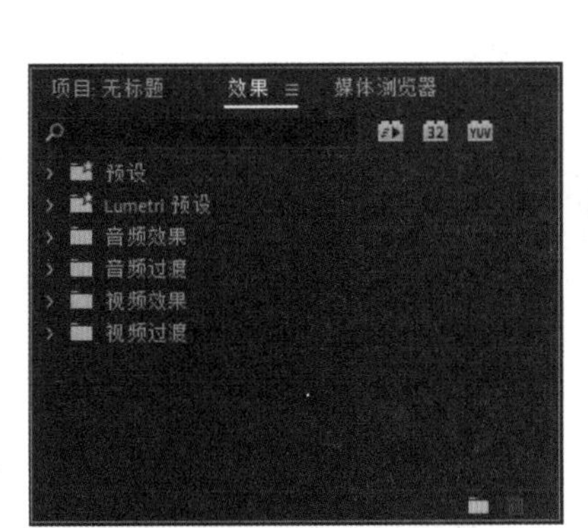

图6-1　效果面板

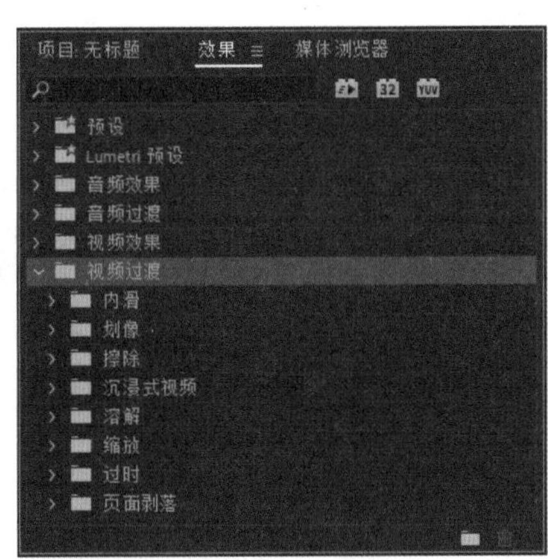

图6-2　过渡效果的种类列表

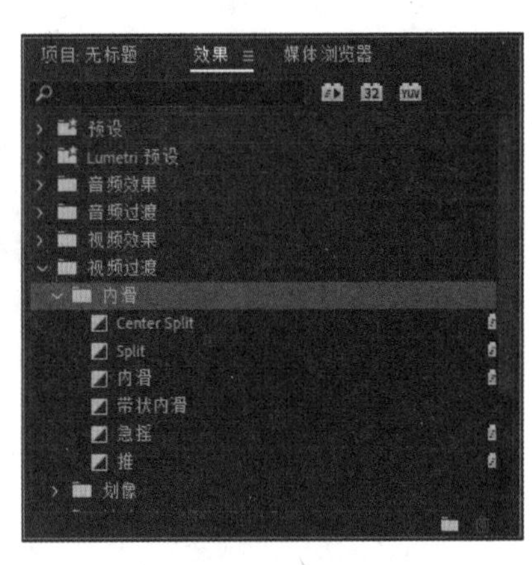

图6-3　查看内容

6.2.2 效果的管理

在效果面板中存放了各类效果，用户在此可以查找需要的效果，或对效果进行有序化管理，在效果面板中用户可以进行如下操作。

- 查找视频效果：单击效果面板中的查找文本框，然后输入效果的名称，即可找到该视频效果，如图6-4所示。
- 组织素材箱：创建新的素材箱，可以将最常使用的效果组织在一起。单击效果面板底部的“新建自定义素材箱”按钮，可以创建新的素材箱，如图6-5所示，然后可以将需要的效果拖入其中进行管理，如图6-6所示。

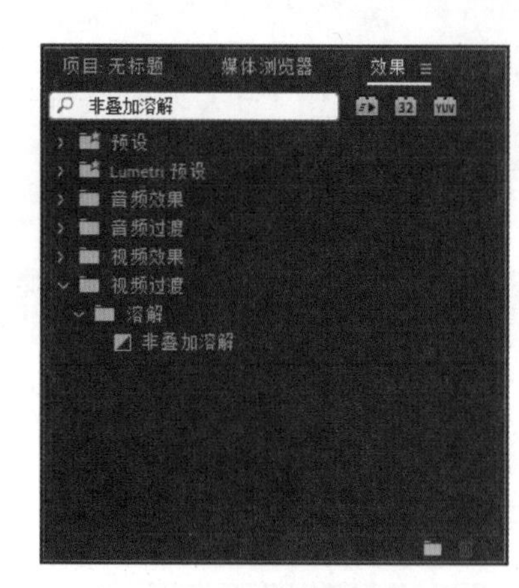

图6-4 查找视频效果

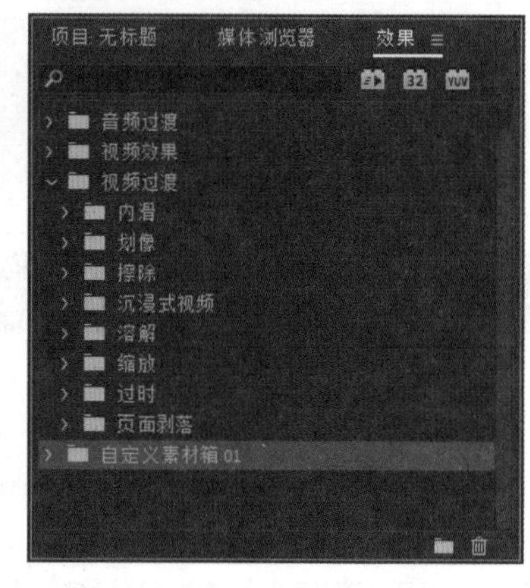

图6-5 新建自定义素材箱

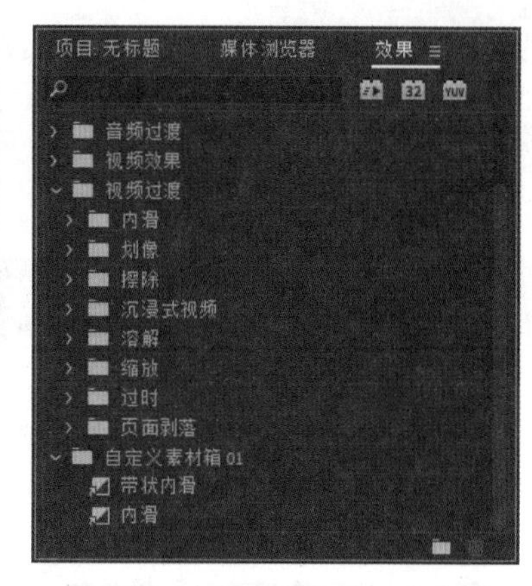

图6-6 管理过渡效果

- 重命名自定义素材箱：在新建的素材箱名称上单击两次，然后输入新名称，即可重命名创建的素材箱。
- 删除自定义素材箱：单击素材箱将其选中，然后单击“删除自定义项目”图标，或者从面板菜单中选择“删除自定义项目”命令。当出现“删除项目”对话框时，单击“确定”按钮，即可删除自定义素材箱。

知识点滴：

用户不能对Premiere自带的素材箱进行删除和重命名操作。

6.2.3 添加视频过渡效果

将效果面板中的过渡效果拖到轨道中的两个素材之间(也可以是前一个素材的出点处，或者后一个素材的入点处)，即可在帧间添加该过渡效果。过渡效果使用第一个素材出点处的额外帧和第二个素材入点处的额外帧之间的区域作为过渡效果区域。

对素材应用效果时，可以选择“窗口”|“工作区”|“效果”命令，将Premiere的工作区设置为“效果”模式。在工作区中，应用和编辑过渡效果所需的面板都显示在屏幕上，有助于对效果进行添加和编辑等操作。

练习实例：在素材间添加过渡效果。	
文件路径	第 6 章 \ 添加过渡效果.prproj
技术掌握	添加过渡效果

01 新建一个项目文件，然后在项目面板中导入照片素材，如图6-7所示。

02 新建一个序列，然后将项目面板中的照片依次添加到时间轴面板的视频1轨道中，如图6-8所示。

03 选择“窗口”|“效果”命令，打开效果面板，如图6-9所示。

图6-7 导入照片素材

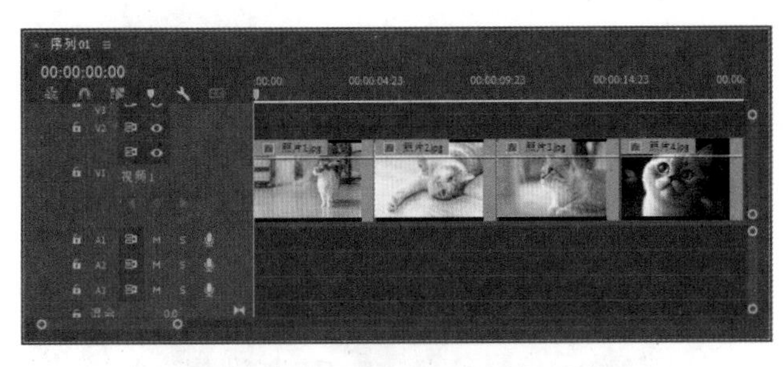

图6-8　在时间轴面板中添加照片

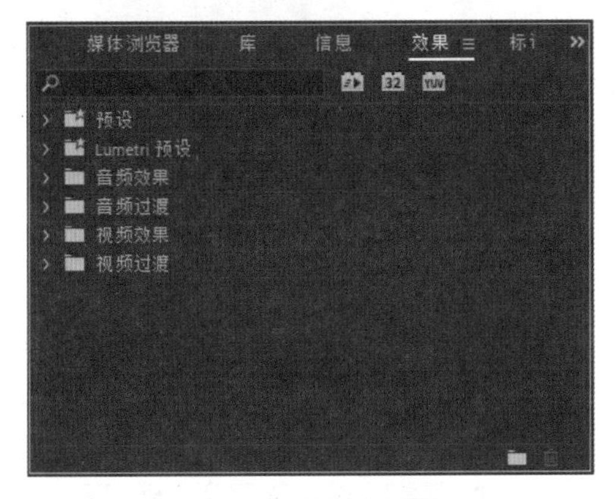

图6-9　“效果”面板

04 在效果面板中展开“视频过渡”素材箱，然后选择一个过渡效果，如“内滑”过渡类型中的“推”效果，如图6-10所示。

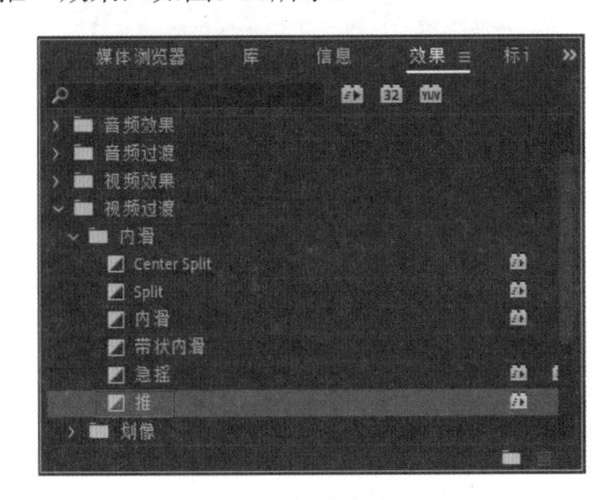

图6-10　选择过渡效果(一)

05 将选择的过渡效果拖到时间轴面板中前两个素材的相接处，此时过渡效果将被添加到轨道中的素材间，并会突出显示发生切换的区域，效果如图6-11所示。

06 在效果面板中选择另一个过渡效果，如“擦除”过渡类型中的“带状擦除”效果，如图6-12所示。

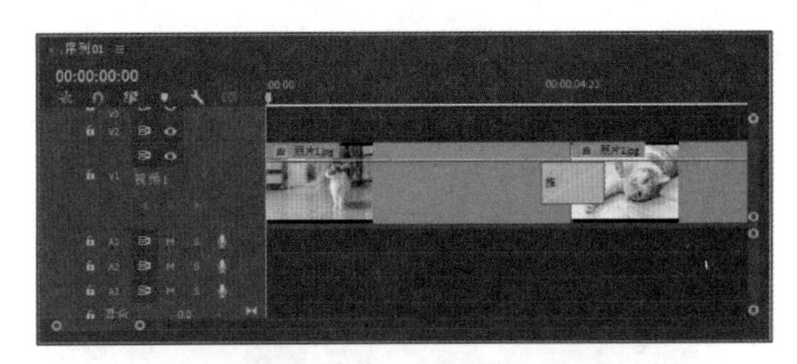

图6-11　添加过渡效果(一)

图6-12　选择过渡效果(二)

07 将“带状擦除”效果拖到时间轴面板中两个素材的交会处，如图6-13所示。

图6-13　添加过渡效果(二)

08 继续在效果面板中选择一个过渡效果，如“页面剥落”过渡类型中的“翻页”效果，如图6-14所示。

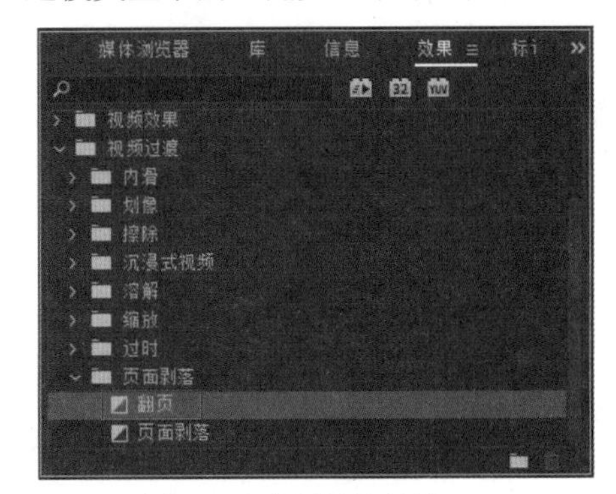

图6-14　选择过渡效果(三)

09 将“翻页”效果拖到时间轴面板中后面两个素材的交汇处，如图6-15所示。

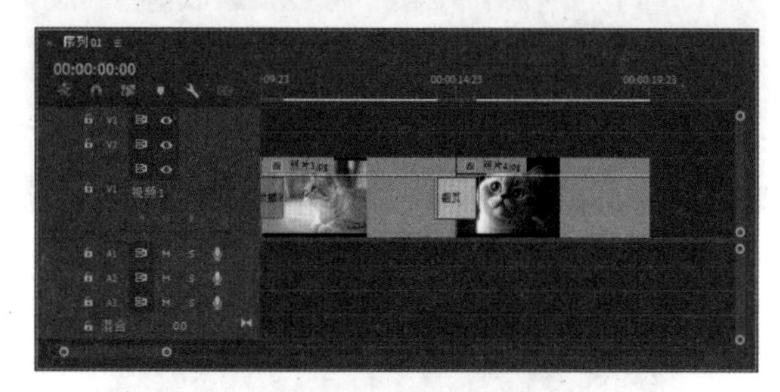

图6-15　添加过渡效果(三)

10 在节目监视器面板中单击“播放-停止切换”按钮▶播放影片，可以预览添加了过渡效果后的影片效果，如图6-16所示。

图6-16　预览影片的过渡效果

6.2.4　应用默认过渡效果

在视频编辑过程中，如果在整个项目中需要多次应用相同的过渡效果，那么可以将其设置为默认过渡效果，在指定默认过渡效果后，可以快速地将其应用到各个素材之间。

默认情况下，Premiere Pro 2024的默认过渡效果为“交叉溶解”，该效果的图标有一个蓝色的边框，如图6-17所示。要设置新的过渡效果作为默认过渡效果，可以先选择一个视频过渡效果，然后右击鼠标，在弹出的快捷菜单中选择“将所选过渡设置为默认过渡”命令，如图6-18所示。

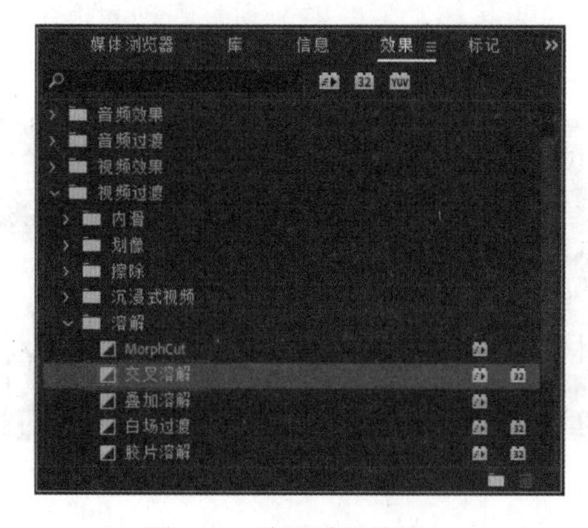

图6-17　默认过渡效果

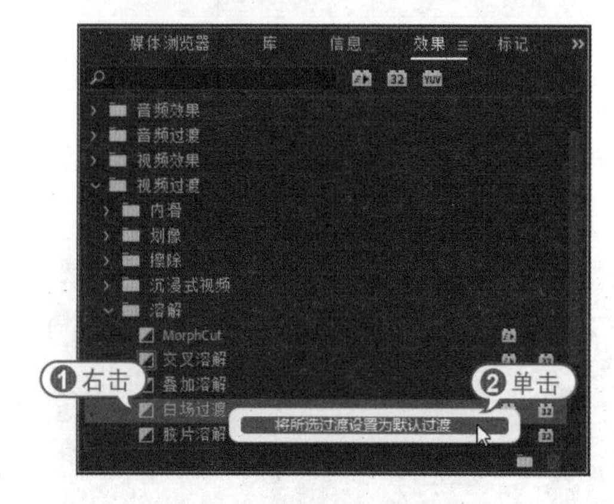

图6-18　设置为默认过渡效果

进阶技巧：

在时间轴面板中选择要添加默认过渡效果的素材，然后选择“序列”|“应用默认过渡到选择项”命令，或按Shift+D组合键，即可将默认的过渡效果应用到所选的素材上。

6.3　自定义视频过渡效果

对素材应用过渡效果后，在时间轴面板中选中添加的过渡效果，可以在时间轴面板或效果控件面板中对其进行编辑。

6.3.1 更改过渡效果的持续时间

在时间轴面板中通过拖动过渡效果的边缘，可以修改所应用过渡效果的持续时间，如图6-19所示。在信息面板中可以查看过渡效果的持续时间，如图6-20所示。

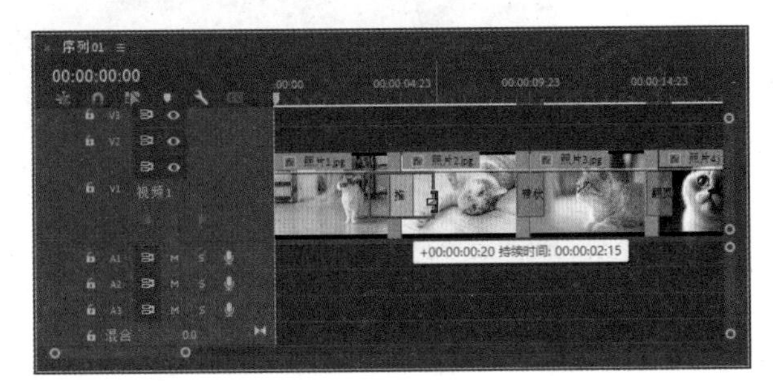

图6-19 拖动过渡效果的边缘

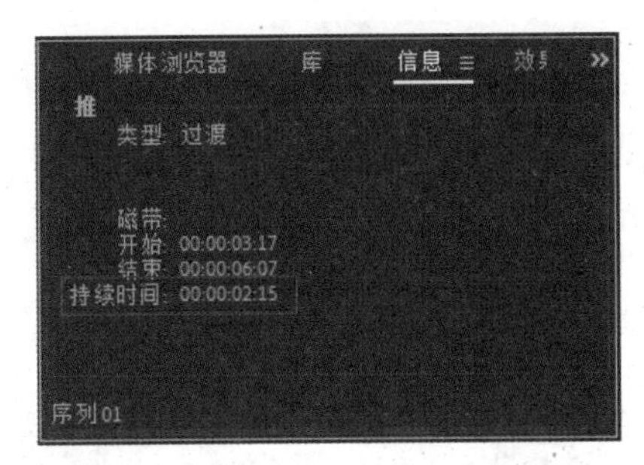

图6-20 查看过渡效果的持续时间

在效果控件面板中通过拖动过渡效果的左边缘或右边缘也可以调整过渡效果的持续时间，如图6-21所示，通过修改持续时间值，可以精确地修改过渡效果的持续时间，如图6-22所示。

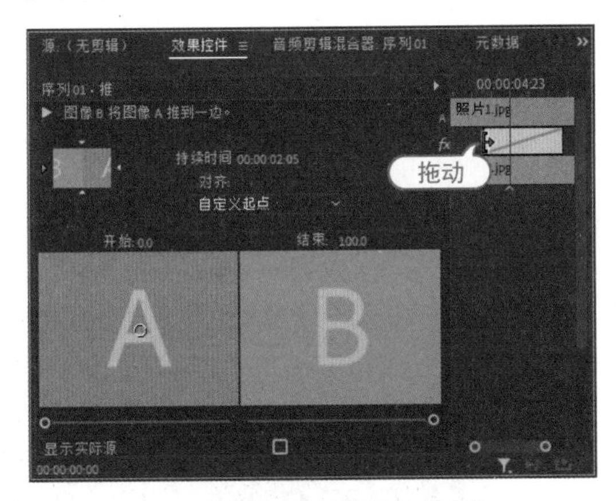

图6-21 手动调整持续时间值

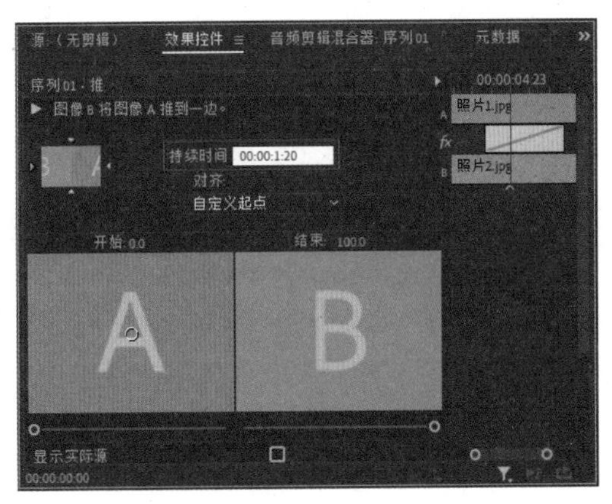

图6-22 修改持续时间值

6.3.2 修改过渡效果的对齐方式

在时间轴面板中将过渡效果向左或向右拖动，可以修改过渡效果的对齐方式。向左拖动过渡效果，可以将过渡效果与编辑点的结束处对齐，如图6-23所示。向右拖动过渡效果，可以将过渡效果与编辑点的开始处对齐，如图6-24所示。要让过渡效果居中，就需要将过渡效果放置在编辑点所在范围的中心位置。

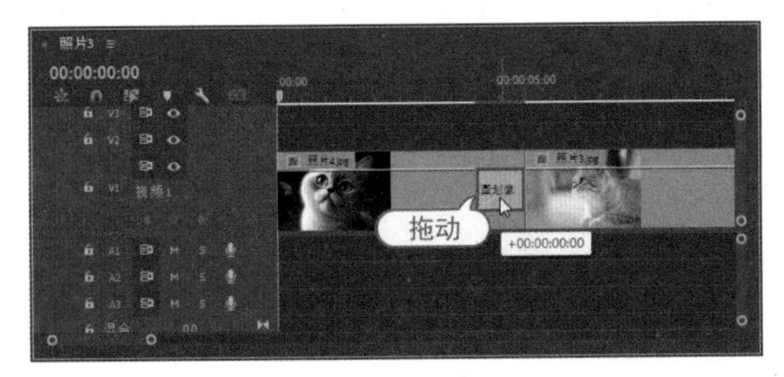

图6-23 向左拖动过渡效果

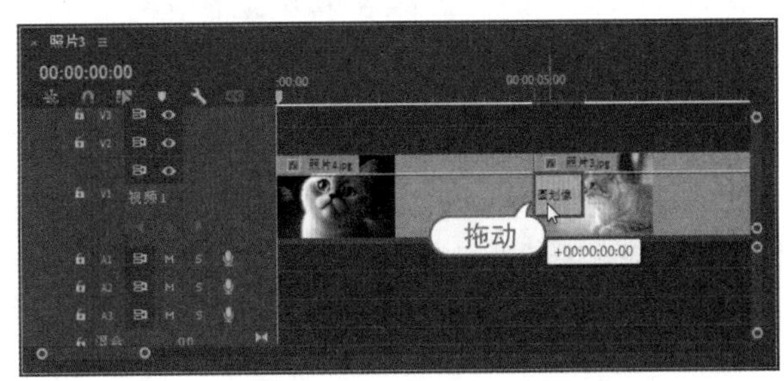

图6-24 向右拖动过渡效果

在效果控件面板中可以对过渡效果进行更多的编辑。双击时间轴面板中的过渡效果，打开效果控件面板，选中“显示实际源”复选框，可以显示素材及过渡效果，如图6-25所示。

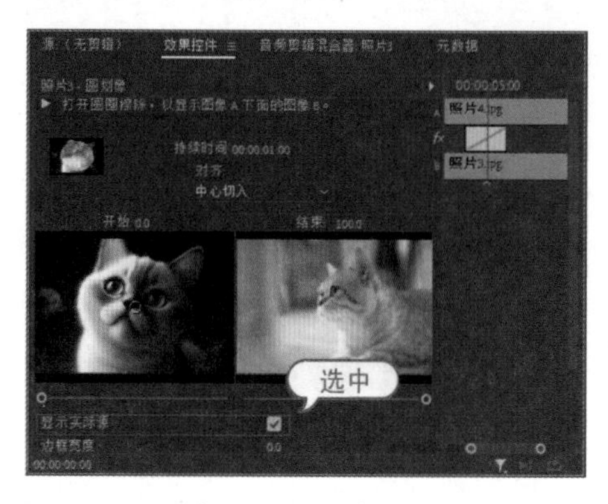

图6-25　显示实际源

在效果控件面板的“对齐”下拉列表中可以选择过渡效果的对齐方式，包括“中心切入”“起点切入”“终点切入”和“自定义起点”几种对齐方式，如图6-26所示。

图6-26　选择对齐方式

各种对齐方式的作用如下。

- 在将对齐方式设置为“中心切入”或“自定义起点”时，修改持续时间值对入点和出点都有影响。
- 在将对齐方式设置为“起点切入”时，更改持续时间值对出点有影响。
- 在将对齐方式设置为“终点切入”时，更改持续时间值对入点有影响。

6.3.3　反向过渡效果

在将过渡效果应用于素材后，默认情况下，素材切换是从第一个素材切换到第二个素材(A到B)。如果需要创建从场景B到场景A的过渡效果，也就是使场景A出现在场景B之后，可以选中效果控件面板中的“反向”复选框，对过渡效果进行反向设置，如图6-27所示。

图6-27　选中“反向”复选框

6.3.4　自定义过渡参数

在Premiere Pro 2024中，有些视频过渡效果还有“自定义”按钮，它提供了一些自定义参数，用户可以对过渡效果进行更多的设置。例如，在素材间添加“带状擦除”过渡效果后，在效果控件面板中就会出现“自定义”按钮。单击该按钮，可以打开“带状擦除设置”对话框，对带数量进行设置，如图6-28所示。

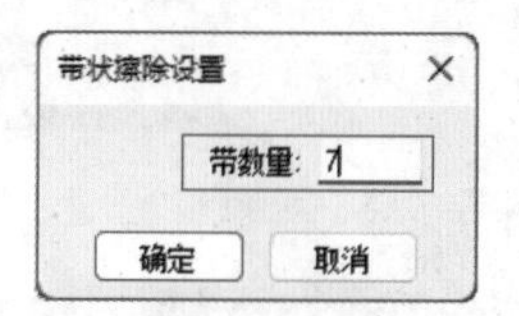

图6-28　设置参数

6.3.5 替换和删除过渡效果

如果在应用过渡效果后，没有达到原本想要的效果，可以对其进行替换或删除操作，具体操作如下。

- 替换过渡效果：在效果面板中选择需要的过渡效果，然后将其拖动到时间轴面板中需要替换的过渡效果上即可，新的过渡效果将替换原来的过渡效果。
- 删除过渡效果：在时间轴面板中选择需要删除的过渡效果，然后按Delete键即可将其删除。

6.4 Premiere 过渡效果详解

Premiere Pro 2024的“视频过渡”素材箱中包含8种不同的过渡类型，分别是“内滑”“划像”“擦除”“沉浸式视频”“溶解”“缩放”“过时”“页面剥落”，如图6-29所示。下面介绍常见过渡效果的作用。

6.4.1 内滑类过渡效果

内滑类过渡效果用于将素材滑入或滑出画面来提供过渡效果，单击该类过渡素材箱前面的展开按钮，可以查看其中所包括的过渡效果，如图6-30所示。

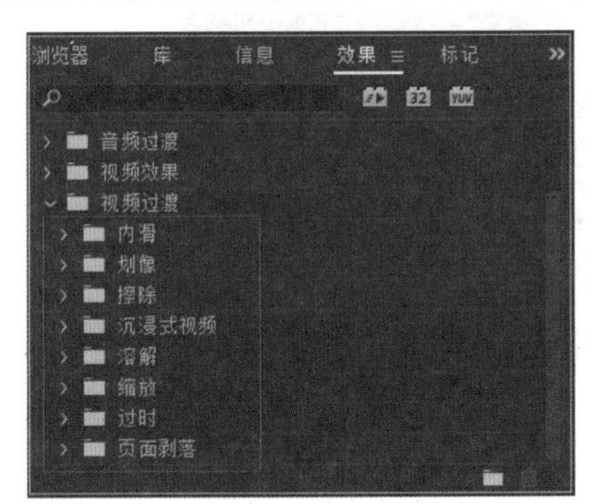

图6-29 “视频过渡”类型

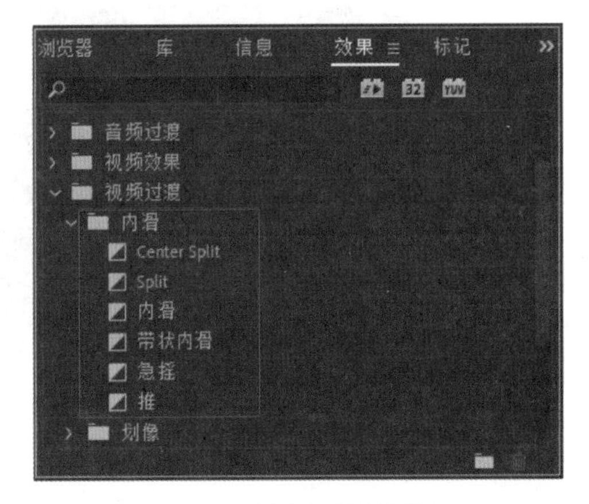

图6-30 内滑类过渡效果

下面以图6-31和图6-32所示的素材为例，介绍内滑类型中的各个过渡所产生的效果。

图6-31 素材图像一

图6-32 素材图像二

1. Center Split（中心拆分）

在此过渡效果中，素材A被切分成4个象限，并逐渐从中心向外移动，然后素材B将取代素材A。图6-33显示了Center Split(中心拆分)过渡的设置和预览效果。

图6-33　中心拆分过渡

2. Split（拆分）

在此过渡效果中，素材A从中间分裂并显示后面的素材B，该效果类似于打开两扇分开的门来显示房间内的东西。图6-34显示了Split (拆分)过渡的设置和预览效果。

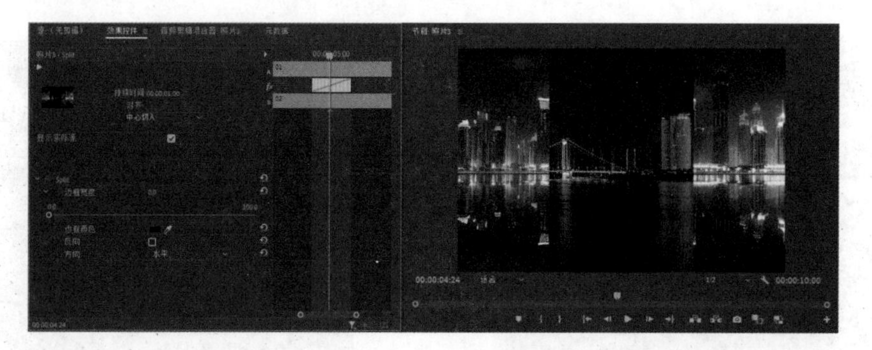

图6-34　拆分过渡

3. 内滑

在此过渡效果中，素材B逐渐滑动到素材A的上方。用户可以设置过渡效果的滑动方式，过渡效果的滑动方式可以是从西北向东南、从东南向西北、从东北向西南、从西南向东北、从西向东、从东向西、从北向南或从南向北，如图6-35所示。

图6-35　内滑过渡

4. 带状内滑

在此过渡效果中，矩形条带从屏幕右边和屏幕左边出现，逐渐用素材B替代素材A，如图6-36所示。在使用此过渡效果时，单击“自定义”按钮，打开“带状内滑设置”对话框，可以设置需要滑动的条带数。

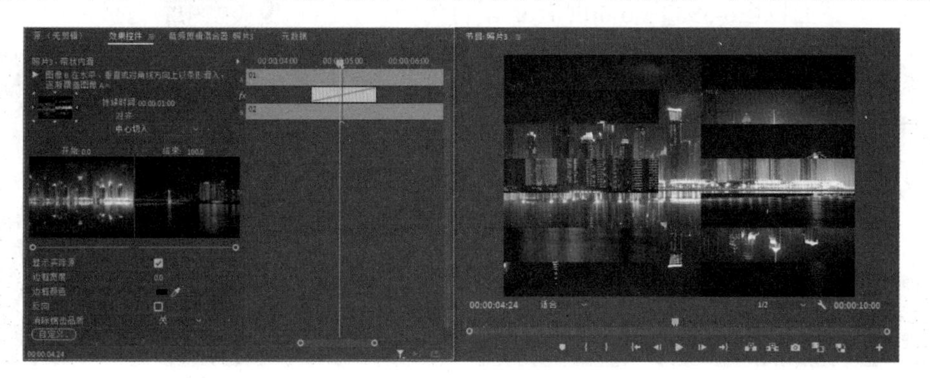

图6-36　带状内滑过渡

5. 急摇

此过渡效果采用摇动摄像机的方式，使画面产生从素材 A 过渡到素材 B 的效果，如图6-37所示。

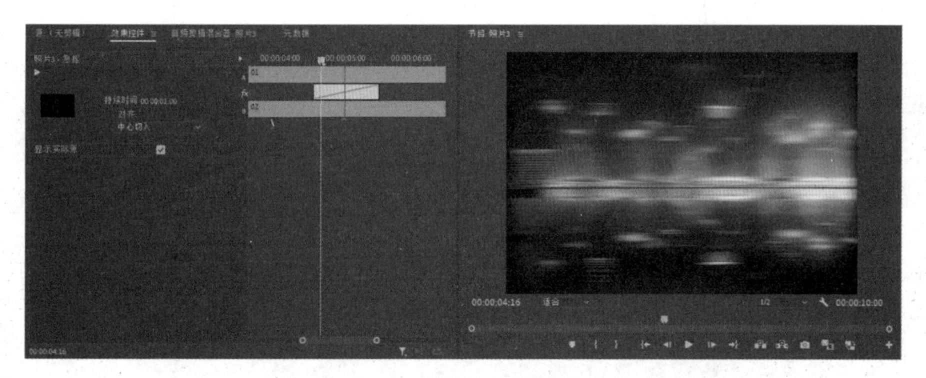

图6-37　急摇过渡

6. 推

在此过渡效果中，素材B将素材A推向一边。用户可以将此过渡效果的推挤方式设置为从西到东、从东到西、从北到南或从南到北，如图6-38所示。

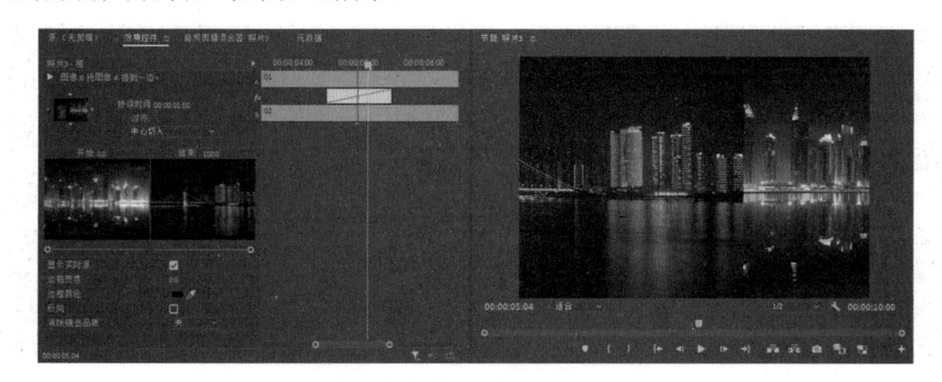

图6-38　推过渡

6.4.2 划像过渡效果

划像类过渡的开始和结束都在屏幕的中心进行。这类过渡效果包括“交叉划像”“圆划像”“盒形划像”“菱形划像”。下面以图6-39和图6-40所示的素材为例，介绍划像类型中各过渡所产生的效果。

图6-39 素材图像一

图6-40 素材图像二

1. 交叉划像

在此过渡效果中，素材B逐渐出现在一个十字形中，该十字形会越变越大，直到占据整个画面，如图6-41所示。

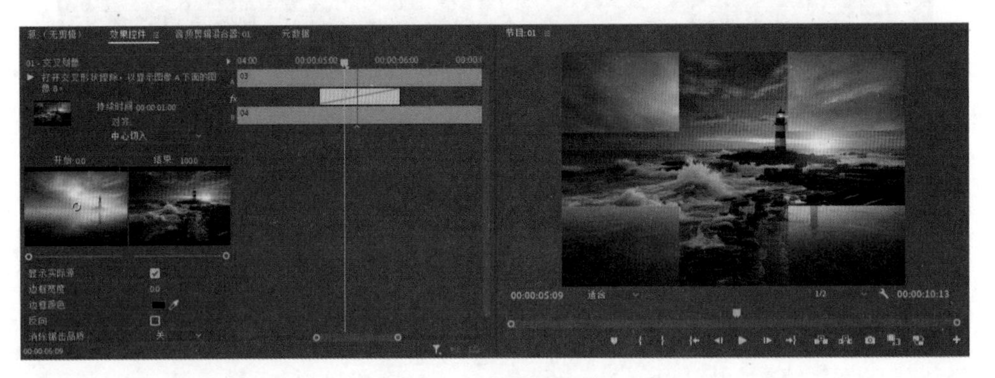

图6-41 交叉划像过渡

2. 圆划像

在此过渡效果中，素材B逐渐出现在慢慢变大的圆形中，该圆形将占据整个画面，如图6-42所示。

图6-42 圆划像过渡

3. 盒形划像

在此过渡效果中，素材B逐渐显示在一个慢慢变大的矩形中，该矩形会逐渐占据整个画面，如图6-43所示。

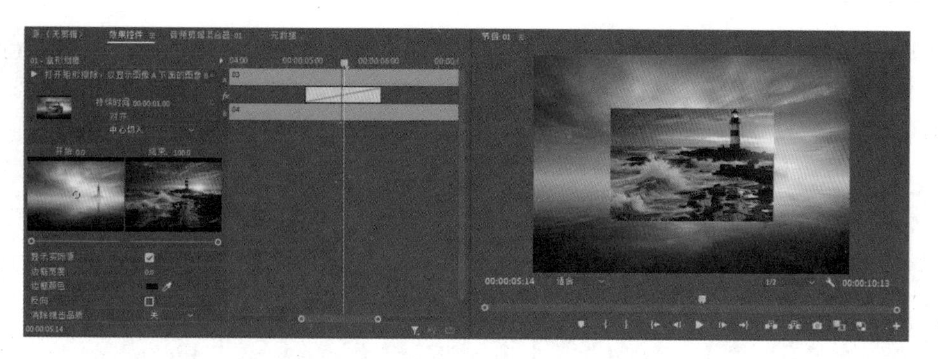

图6-43　盒形划像过渡

4. 菱形划像

在此过渡效果中，素材B逐渐出现在一个菱形中，该菱形将逐渐占据整个画面，如图6-44所示。

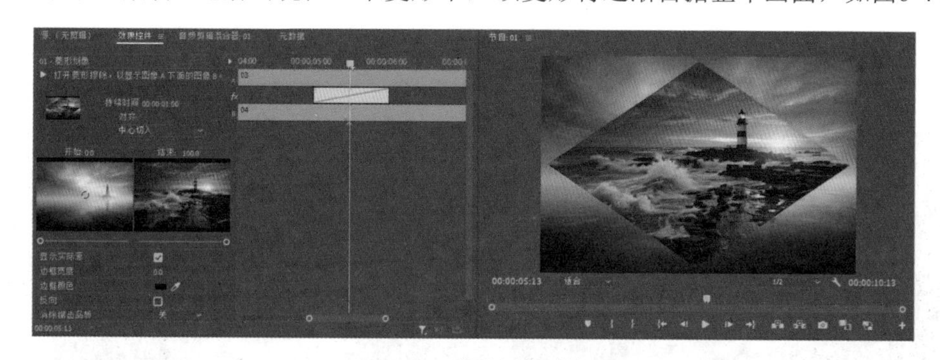

图6-44　菱形划像过渡

6.4.3　擦除过渡效果

擦除类过渡效果用于擦除素材 A 的不同部分来显示素材B。该类过渡包括“Inset(插入)”“划出”“带状擦除”“径向擦除”“风车”等16种效果。下面以图6-45和图6-46所示的素材为例，介绍擦除类型中常见过渡所产生的效果。

图6-45　素材图像一

图6-46　素材图像二

1. Inset（插入）

在此过渡效果中，素材B出现在画面左上角的一个小矩形框中。在擦除过程中，该矩形框逐渐变大，直到素材B替代素材A，如图6-47所示。

图6-47　Inset(插入)过渡

2. 划出

该效果像是滑动的门，在默认的过渡效果中，素材 B 向右推开素材 A，显示素材 B。在效果控件面板的预览图中可以设置划出的方向，图6-48 显示了“划出”过渡的设置和预览效果。

图6-48　划出过渡

练习实例：制作古诗朗诵效果。	
文件路径	第 6 章 \ 古诗朗诵 .prproj
技术掌握	应用划出过渡效果

01 新建一个项目文件，在项目面板中导入“画卷.jpg”素材和“诗句.psd”的各个图层，如图6-49所示。

02 选择“文件”|“新建”|“序列”命令，打开“新建序列”对话框，选择“轨道”选项卡，设置视频轨道数量为7，单击“确定”按钮，如图6-50所示。

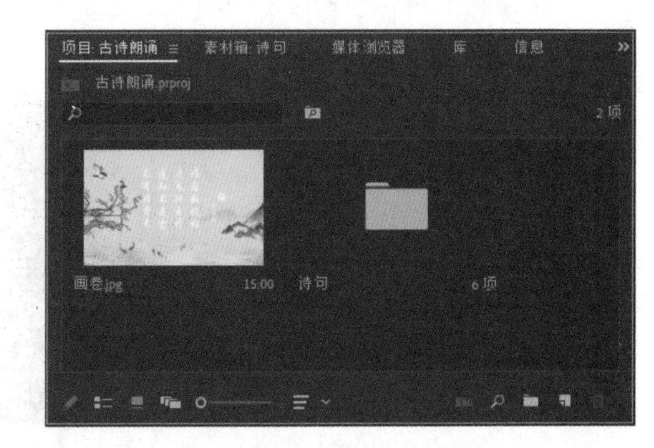

图6-49　导入素材

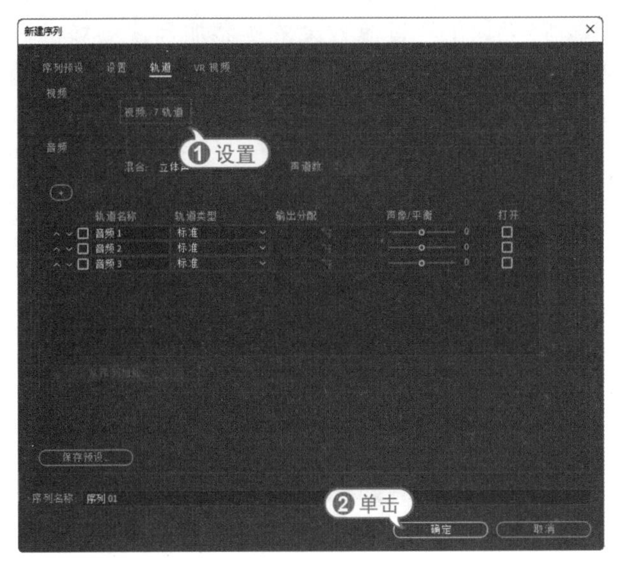

图6-50 “新建序列”对话框

03 在项目面板中选中“画卷.jpg”素材，然后选择“剪辑”|“速度/持续时间”命令，在打开的“剪辑速度/持续时间”对话框中将持续时间改为15秒并确定，如图6-51所示。

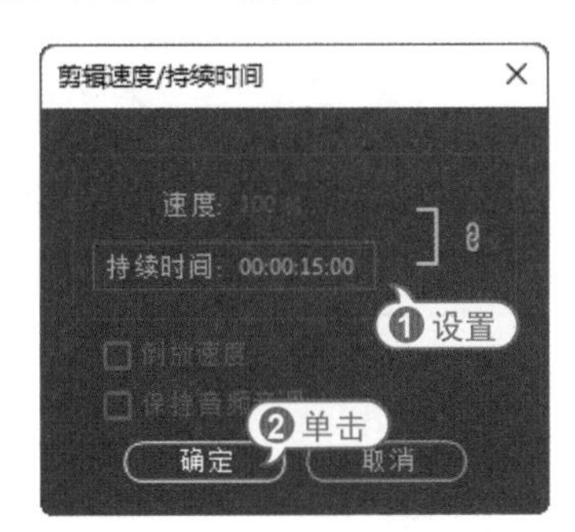

图6-51 修改持续时间

04 将“画卷.jpg”素材添加到时间轴面板的视频1轨道中，如图6-52所示。

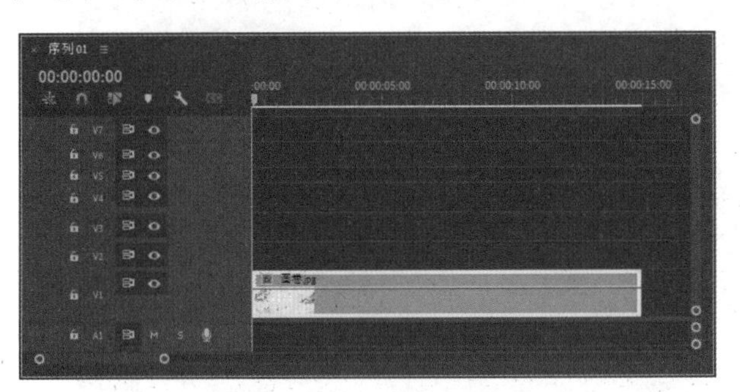

图6-52 添加素材

05 在项目面板中打开“诗句”素材箱，如图6-53所示。

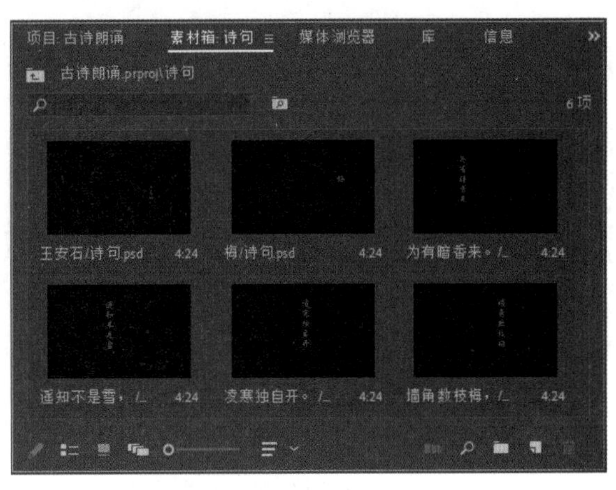

图6-53 打开“诗句”素材箱

06 分别在时间为第1秒、第2秒、第3秒、第5秒、第7秒、第9秒的位置，将“诗句”素材箱中的各个素材依次添加到时间轴面板的视频2~视频7轨道中，然后将各个出点与视频1轨道中素材的出点对齐，如图6-54所示。

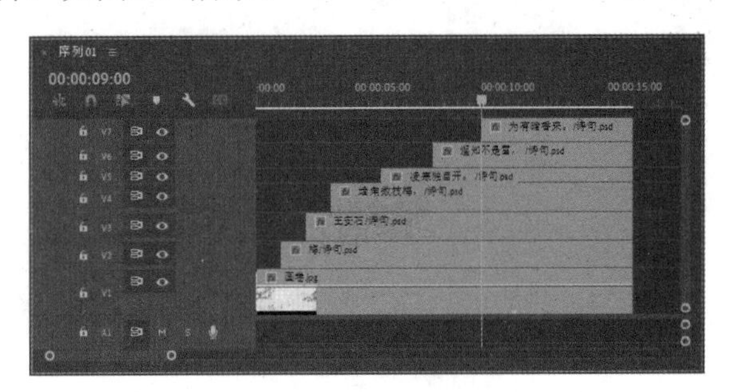

图6-54 添加诗句素材

07 打开效果面板，依次展开“视频过渡”和“擦除”素材箱，然后选择“划出”过渡效果，如图6-55所示。

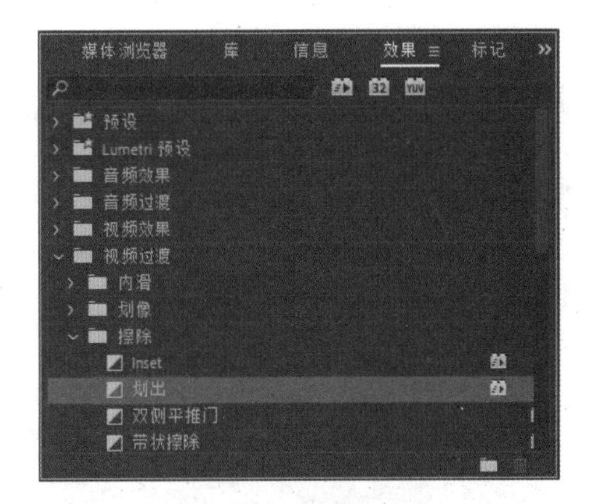

图6-55 选择过渡效果

08 将“划出”过渡效果依次添加到视频2轨道中素材的入点处，如图6-56所示。

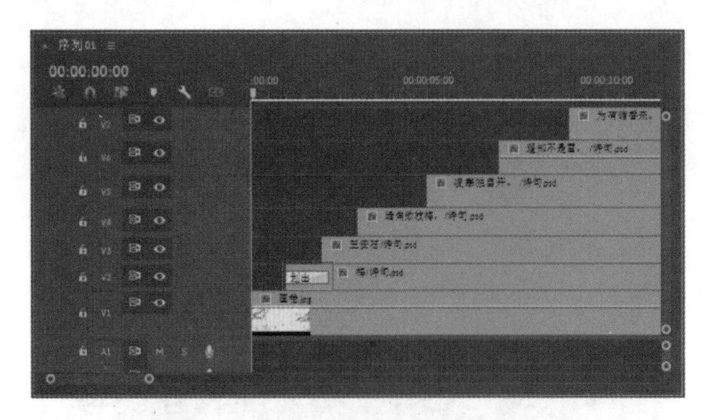

图6-56　添加过渡效果

09 单击视频2轨道中素材上的过渡图标，打开效果控件面板，设置过渡效果的持续时间为2秒，然后单击预览图上方的“自北向南”方向按钮，使划出的方向为从上到下过渡，如图6-57所示。

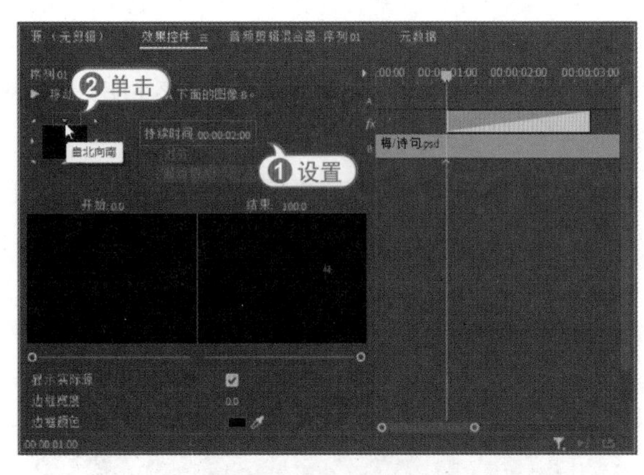

图6-57　设置过渡

10 将“划出”过渡效果依次添加到视频3轨道~视频7轨道中素材的入点处，同样设置持续时间为2秒，划出效果的过渡方向为“自北向南”，如图6-58所示。

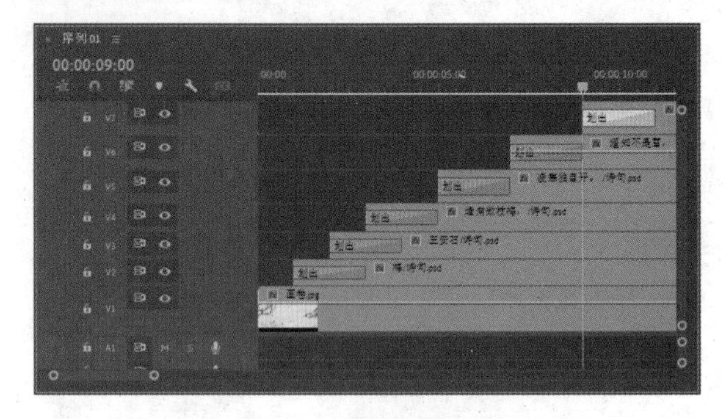

图6-58　添加过渡效果

11 在节目监视器面板中单击“播放-停止切换”按钮▶，对添加过渡效果后的影片进行预览，效果如图6-59所示。

图6-59　预览过渡效果

3. 双侧平推门

在此过渡效果中，素材A被打开，显示素材B。该效果像是两扇滑动的门，图6-60显示了双侧平推门过渡的设置和预览效果。

图6-60　双侧平推门过渡

4. 带状擦除

在此过渡效果中，矩形条带从屏幕左边和屏幕右边渐渐出现，素材B将替代素材A，如图6-61所示。在使用此过渡效果时，可以单击效果控件面板中的“自定义”按钮，打开“带状擦除设置”对话框，在其中设置需要的条带数。

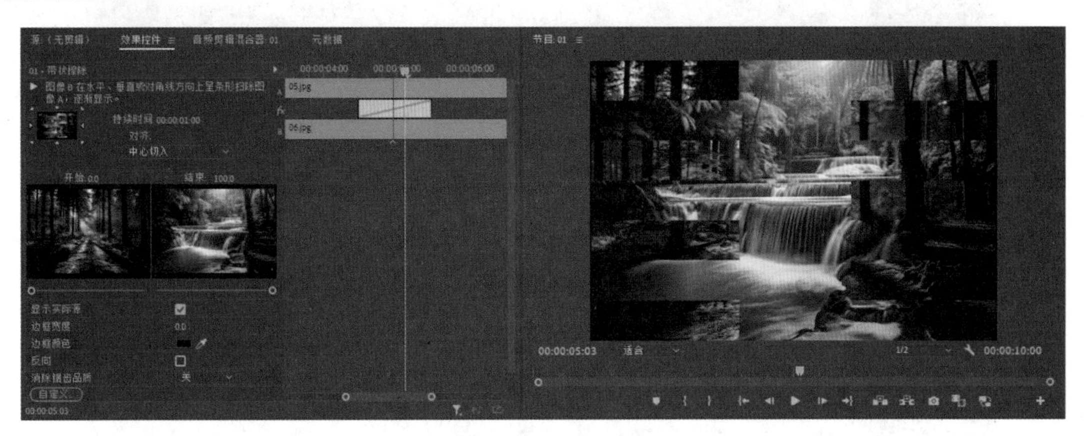

图6-61　带状擦除过渡

5. 径向擦除

在此过渡效果中，素材B是通过擦除显示的，先水平擦过画面的顶部，然后顺时针扫过一个弧度，逐渐覆盖素材A，如图6-62所示。

图6-62　径向擦除过渡

6. 时钟式擦除

在此过渡效果中，素材B逐渐出现在屏幕上，以圆周运动方式显示。该效果就像是时钟的旋转指针扫过素材屏幕，如图6-63所示。

7. 棋盘

在此过渡效果中，包含素材B的棋盘图案逐渐取代素材A，如图6-64所示。在使用此过渡效果时，可以单击效果控件面板中的“自定义”按钮，打开“棋盘设置”对话框，在其中可以设置水平切片和垂直切片的数量。

图6-63　时钟式擦除过渡

图6-64　棋盘过渡

进阶技巧：

“棋盘擦除”过渡效果类似“棋盘”过渡效果，此效果以素材B切片的棋盘方块图案逐渐延伸到整个屏幕。在使用此过渡效果时，可以单击效果控件面板底部的“自定义”按钮，打开“棋盘擦除设置”对话框，在其中设置水平切片和垂直切片的数量。

8. 油漆飞溅

在此过渡效果中，素材B逐渐以泼洒颜料的形式出现。图6-65显示了油漆飞溅过渡的设置和预览效果。

图6-65　油漆飞溅过渡

9. 百叶窗

在此过渡效果中，素材B看起来像是透过百叶窗出现的，百叶窗逐渐打开，从而显示素材B的完整画面，如图6-66所示。在使用此过渡效果时，单击效果控件面板中的“自定义”按钮，打开“百叶窗设置”对话框，在该对话框中可以设置要显示的条带数。

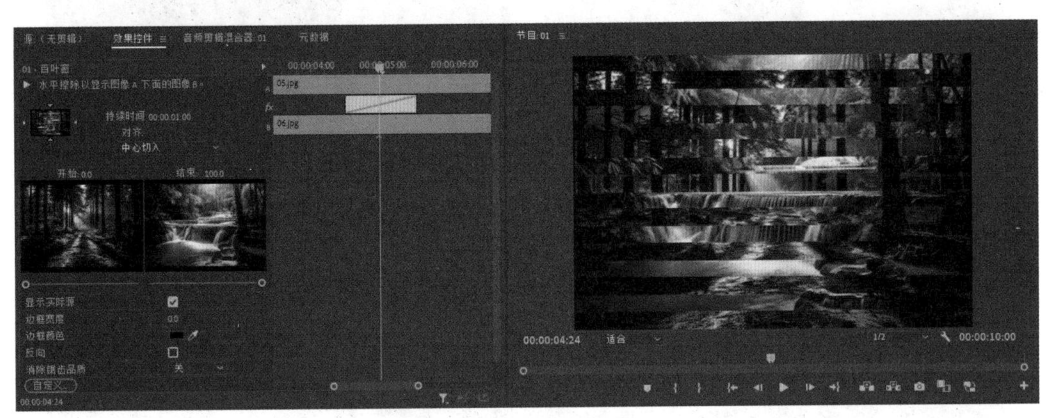

图6-66　百叶窗过渡

10. 风车

在此过渡效果中，素材B逐渐以不断变大的风车的形式出现，这个风车最终将占据整个画面，如图6-67所示。在使用此过渡效果时，单击效果控件面板中的“自定义”按钮，打开“风车设置”对话框，在该对话框中可以设置需要的楔形数量。

图6-67　风车过渡

6.4.4　沉浸式视频过渡效果

沉浸式视频过渡效果包括VR(虚拟现实)类型的过渡效果，这类过渡效果可以确保过渡画面不会出现失真现象，且接缝线周围不会出现伪影。VR一般指虚拟现实，虚拟现实技术是一种可以创建和体验虚拟世界的计算机仿真系统。

下面以图6-68和图6-69所示的素材为例，介绍各种沉浸式视频过渡所产生的效果。

图6-68　素材图像一

图6-69　素材图像二

1. VR 光圈擦除

在此过渡效果中，素材B逐渐出现在慢慢变大的光圈中，随后该光圈将占据整个画面，如图6-70所示。

图6-70　VR光圈擦除过渡

2. VR 光线

在此过渡效果中，素材A逐渐变亮为强光线，随后素材B在光线中逐渐淡入，如图6-71所示。

图6-71　VR光线过渡

3. VR 渐变擦除

在此过渡效果中，素材B的图像逐渐出现在整个屏幕中，素材A的图像逐渐从屏幕中消失，用户还可以设置渐变擦除的羽化值等参数，如图6-72所示。

图6-72 VR渐变擦除过渡

4. VR 漏光

在此过渡效果中，素材A逐渐变亮，随后素材B在亮光中逐渐淡入，如图6-73所示。

图6-73 VR漏光过渡

5. VR 球形模糊

在此过渡效果中，素材A以球形模糊的形式逐渐消失，随后素材B以球形模糊的形式逐渐淡入，如图6-74所示。

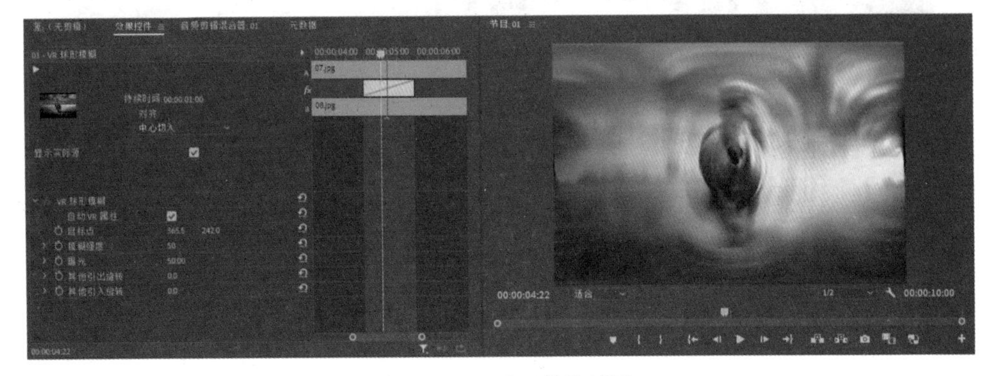

图6-74 VR球形模糊过渡

6. VR 色度泄漏

在此过渡效果中，素材A以色度泄漏的形式逐渐消失，随后素材B逐渐淡入在屏幕上，如图6-75所示。

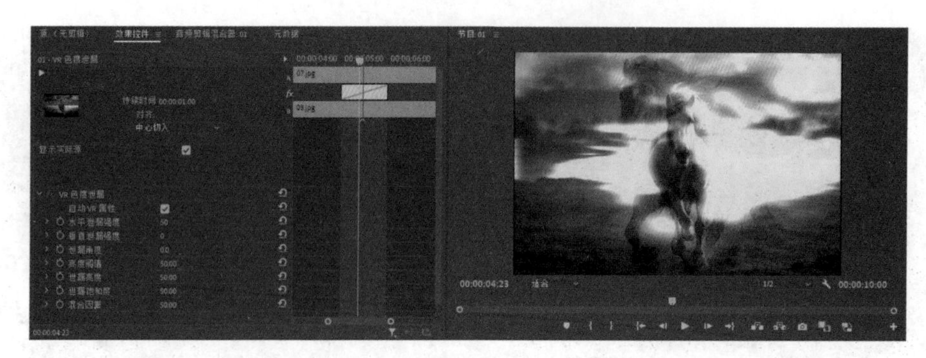

图6-75　VR色度泄漏过渡

7. VR 随机块

在此过渡效果中，素材B逐渐出现在屏幕上随机显示的小块中，用户可以设置块的宽度、高度和羽化值等参数，如图6-76所示。

图6-76　VR随机块过渡

8. VR 默比乌斯缩放

在此过渡效果中，素材B以默比乌斯缩放方式逐渐出现在屏幕上，如图6-77所示。

图6-77　VR默比乌斯缩放过渡

6.4.5　溶解过渡效果

溶解过渡效果就是将一个视频素材逐渐淡入另一个视频素材中。溶解过渡包括MorphCut、交叉溶解、叠加溶解、白场过渡、胶片溶解、非叠加溶解和黑场过渡7种过渡效果。

下面以图6-78和图6-79所示的素材为例，介绍各种溶解过渡所产生的效果。

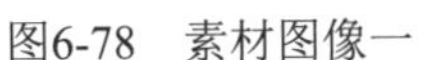

图6-78　素材图像一

图6-79　素材图像二

1. MorphCut

MorphCut通过在原声摘要之间平滑跳切，帮助用户创建更加完美的视频效果。若使用得当，MorphCut过渡可以实现无缝效果，以至于看起来就像拍摄视频一样自然，图6-80显示了MorphCut过渡的设置和预览效果。

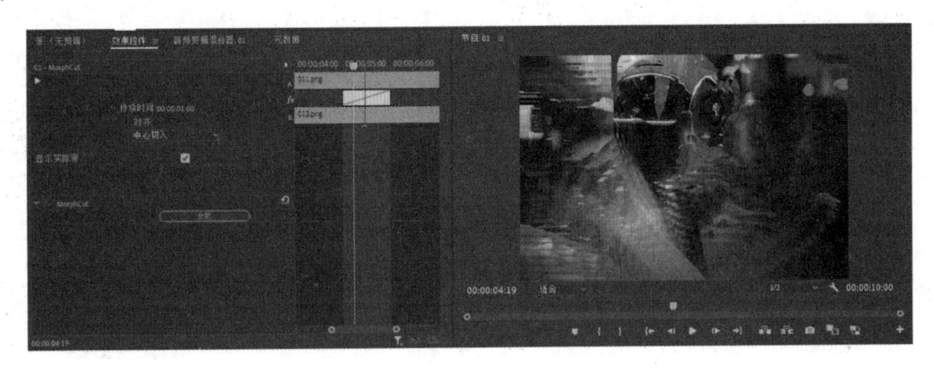

图6-80　MorphCut过渡效果

2. 交叉溶解

在此过渡效果中，素材B在素材A淡出之前淡入，图6-81显示了交叉溶解过渡的设置和预览效果。

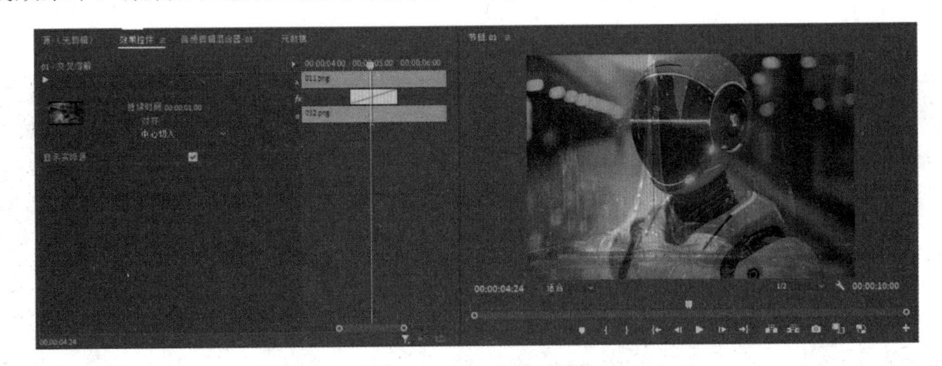

图6-81　交叉溶解过渡

3. 叠加溶解

此过渡效果可以创建从一个素材到下一个素材的淡化效果。图6-82显示了叠加溶解过渡的设置和预览效果。

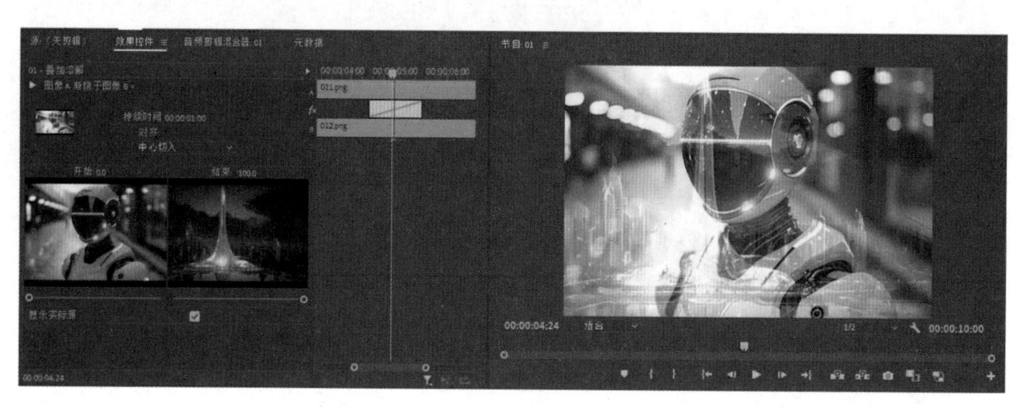

图6-82　叠加溶解过渡

4. 白场过渡

在此过渡效果中，素材A逐渐淡化为白色，然后淡化为素材B。图6-83显示了白场过渡的设置和预览效果。

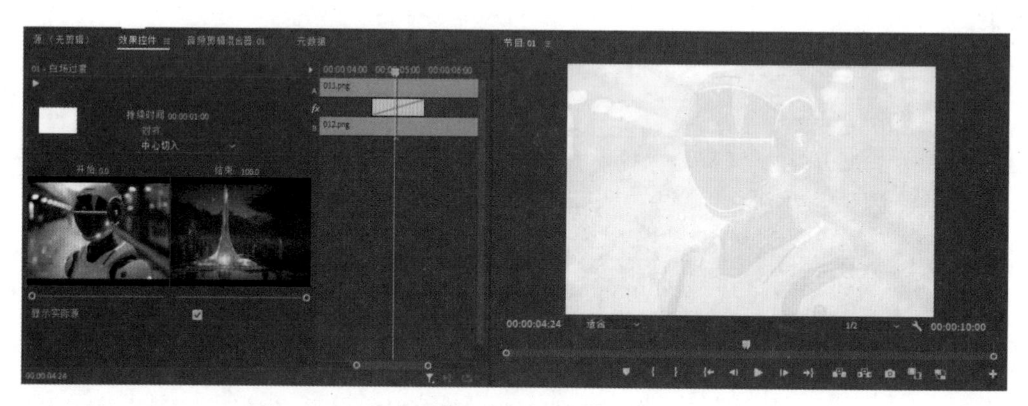

图6-83　白场过渡

5. 胶片溶解

此过渡效果与“叠加溶解”过渡效果相似，用于创建从一个素材到下一个素材的线性淡化效果。图6-84显示了胶片溶解过渡的设置和预览效果。

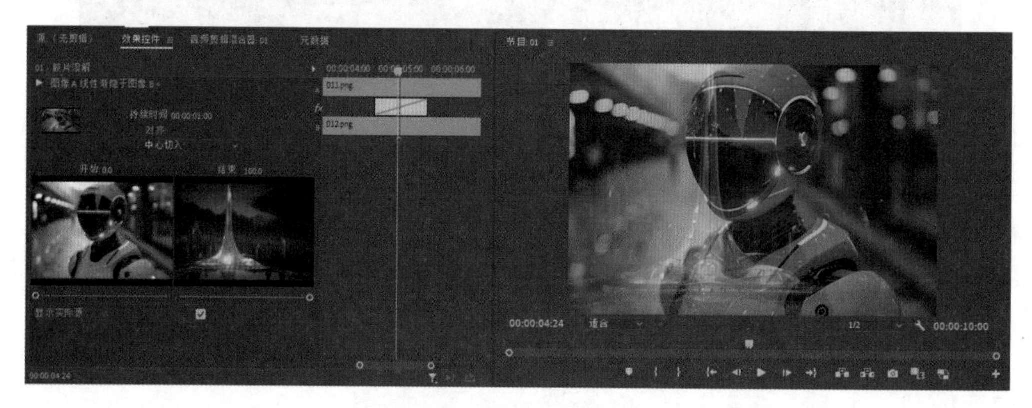

图6-84　胶片溶解过渡

6. 非叠加溶解

在此过渡效果中，素材B逐渐出现在素材A的彩色区域内。图6-85显示了非叠加溶解过渡的设置和预览效果。

图6-85　非叠加溶解过渡

7. 黑场过渡

在此过渡效果中，素材A逐渐淡化为黑色，然后淡化为素材B。图6-86显示了黑场过渡的设置和预览效果。

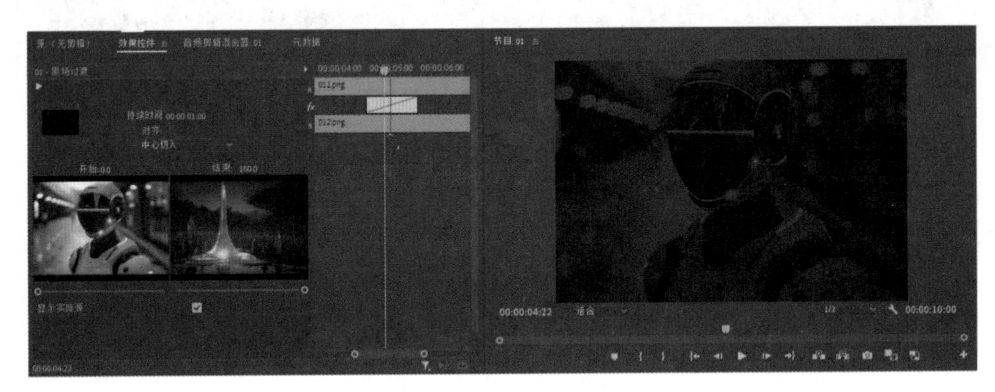

图6-86　黑场过渡

6.4.6　页面剥落过渡效果

页面剥落过渡效果模仿翻转显示下一页的书页，即素材A在第一页上，素材B在第二页上。页面剥落过渡效果包括翻页和页面剥落两种过渡效果。

1. 翻页

使用此过渡效果，页面将翻转，但不发生卷曲。在翻转显示素材B时，可以看见素材A颠倒出现在页面的背面。图6-87显示了翻页设置和预览效果。

2. 页面剥落

在此过渡效果中，素材A从页面左边滚动到页面右边(没有发生卷曲)来显示素材B。图6-88显示了页面剥落设置和预览效果。

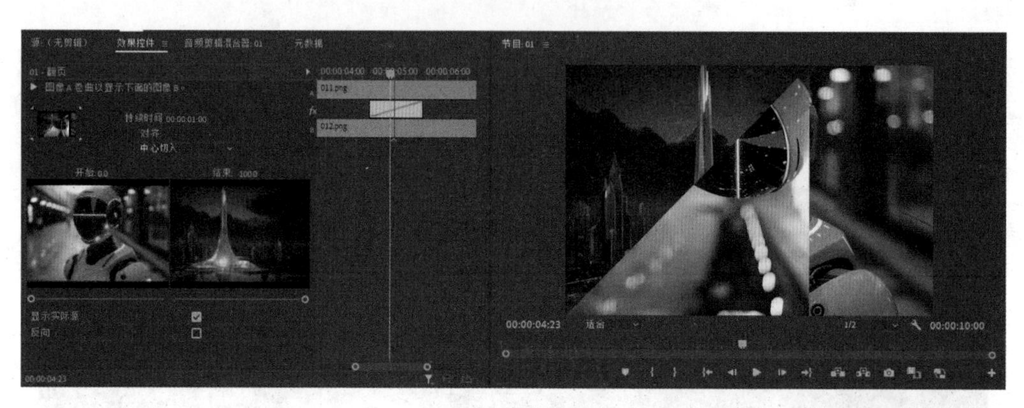

图6-87　翻页过渡

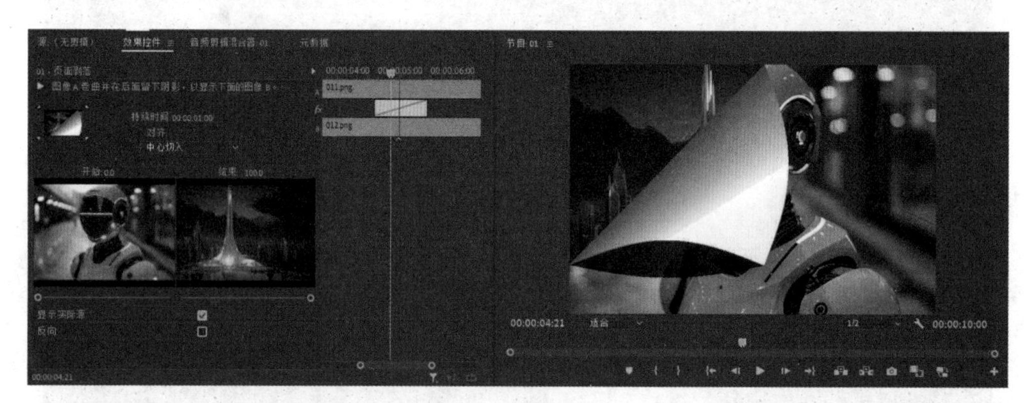

图6-88　页面剥落过渡

6.5　高手解答

问：在Premiere Pro 2024的效果面板中，有一个蓝色边框的过渡效果有什么特点？

答：在Premiere Pro 2024的效果面板中，有一个蓝色边框的过渡效果是默认过渡效果。在序列中选中要应用效果的素材，然后选择“序列”|“应用默认过渡到选择项”命令，或按Shift+D组合键，即可快速对所选中的所有素材应用默认的过渡效果。

问：过渡效果的持续时间是否可以进行修改，应该如何操作？

答：过渡效果的持续时间可以进行修改。对素材添加过渡效果后，用户可以在时间轴面板中通过拖动过渡效果的边缘，修改所应用过渡效果的持续时间，也可以在效果控件面板中修改过渡效果的持续时间。

问：在影片效果中，如何使用过渡效果制作逐个打字的效果？

答：首先将需要的文字添加到时间轴面板中，然后将效果面板中的“划出”过渡效果添加到文字的入点处，再切换到效果控件面板中设置“划出”过渡效果的划出方向即可。

问：要在两个素材间制作翻页的过渡效果，应该怎么操作？

答：首先在效果面板中找到“翻页”过渡效果，然后将其添加到时间轴面板中需要应用“翻页”过渡效果的素材间即可。

第7章 制作视频特效

在视频中添加视频效果，可以为素材添加视频特效，从而创建扭曲、模糊、镜头光晕、闪电等特殊效果，使视频画面更加绚丽多彩。本章将详细介绍 Premiere Pro 2024 中视频效果的操作、类型与应用。

练习实例：创建光照效果

练习实例：创建闪电效果

7.1 应用视频效果

视频效果是一些由Premiere封装好的程序，专门用于处理视频画面，并且按照指定的要求实现各种视觉效果。

7.1.1 视频效果概述

在Premiere中，视频效果是指对素材运用的视频特效。视频效果的处理过程就是将原有素材或已经处理过的素材，经过软件中内置的程序处理后，再按照用户的要求输出。运用视频效果，可以修补视频素材中的缺陷，也可以产生特殊的效果。

对视频素材添加视频效果后，可以使图像看起来更加绚丽多彩，使枯燥的视频变得生动起来，从而产生不同于现实的视频效果。选择“窗口”|“效果”命令，打开效果面板，然后单击“视频效果”素材箱前面的三角形按钮将其展开，会显示一个效果类型列表，如图7-1所示。展开一个效果类型素材箱，可以显示该类型包含的效果内容，如图7-2所示。

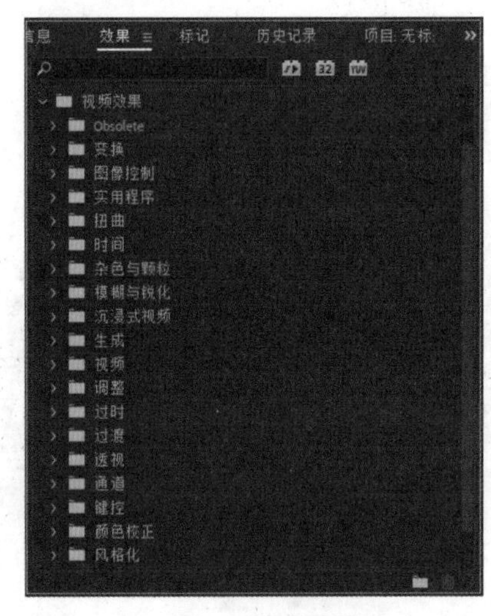

图7-1　效果类型列表

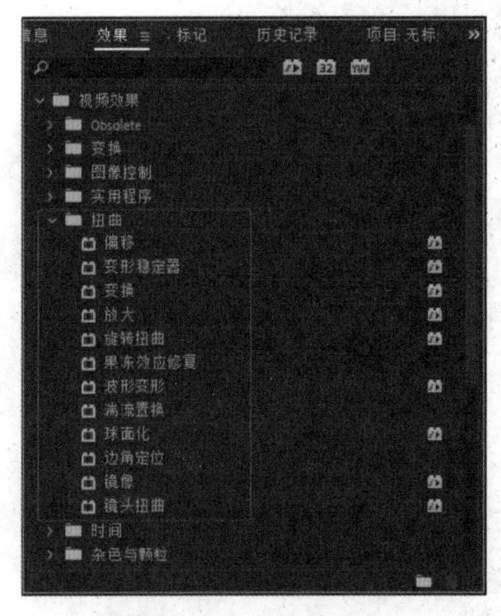

图7-2　显示效果内容

知识点滴：

同视频过渡效果一样，用户也可以对视频效果进行查找、通过新建素材箱对视频效果进行重新分类管理。

7.1.2 添加和编辑视频效果

为素材添加视频效果的操作方法与添加视频过渡的操作方法相似。在效果面板中选择一个视频效果，将其拖到时间轴面板中的素材上，就可以将该视频效果应用到素材上，或在选择时间轴面板中的素材后，将需要的视频效果拖到效果控件面板中，也可以将指定的视频效果应用到选择的素材上。

同编辑运动效果一样，为素材添加视频效果后，在效果控件面板中单击“切换动画”按钮⏱，将开启视频效果的动画设置功能，同时在当前时间位置创建一个关键帧。开启动画设置功能后，可以通过创建和编辑关键帧对视频效果进行动画设置。

练习实例：创建光照效果。

文件路径	第 7 章 \ 光照效果 .prproj
技术掌握	添加视频效果

01 新建一个项目文件，然后在项目面板中导入“飞鸟.jpg”素材，如图7-3所示。

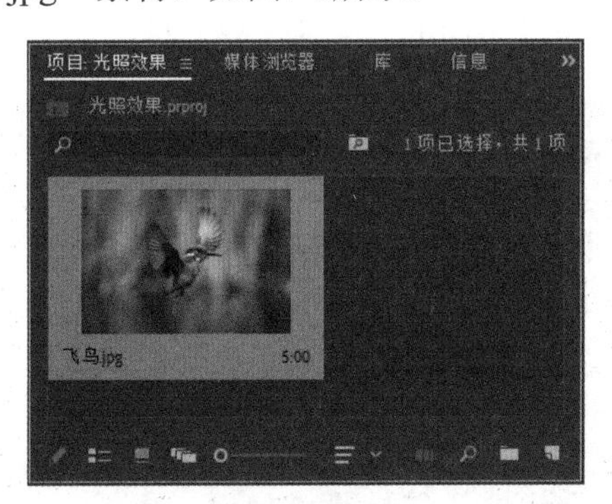

图7-3　导入素材

02 将项目面板中的素材添加到时间轴面板中，创建一个以素材画面为帧大小的序列，素材将自动添加到视频1轨道中，如图7-4所示。

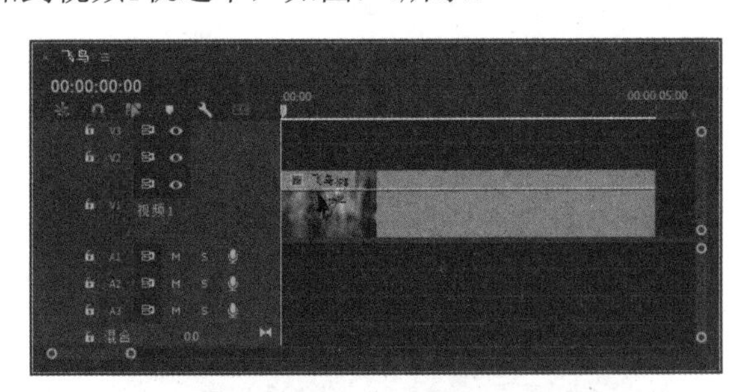

图7-4　添加素材

03 在节目监视器面板中对素材进行预览，效果如图7-5所示。

图7-5　预览素材效果

04 打开效果面板，选择“视频效果”|“变换”|“水平翻转”视频效果，如图7-6所示，然后将“水平翻转”视频效果拖动到时间轴面板中的素材上，即可在该素材上应用选择的效果。

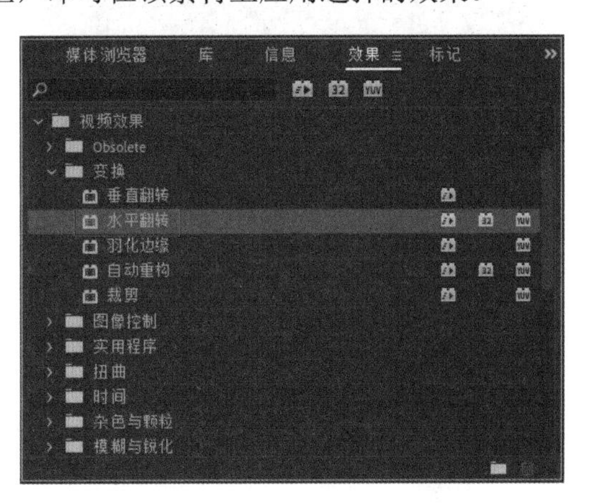

图7-6　选择“水平翻转”视频效果

05 打开效果控件面板，可以查看添加的视频效果，如图7-7所示。

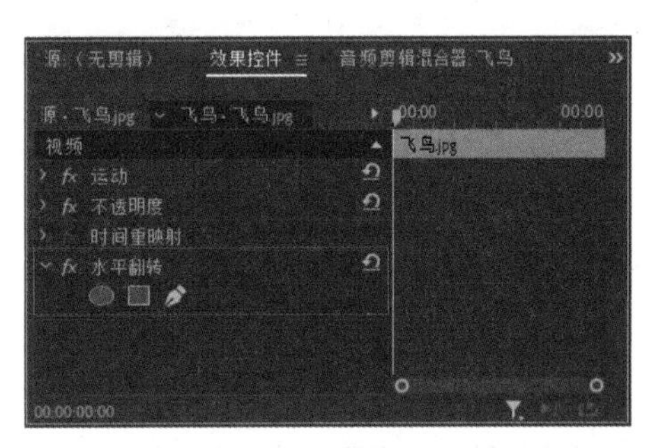

图7-7　添加的“水平翻转”视频效果

06 在节目监视器面板中对添加的“水平翻转”视频效果进行预览，效果如图7-8所示。

图7-8　水平翻转效果

07 在效果面板中选择“视频效果”|“调整”|“光照效果”视频效果，如图7-9所示，然后将“光照效果”视频效果添加到时间轴面板中的素材上。

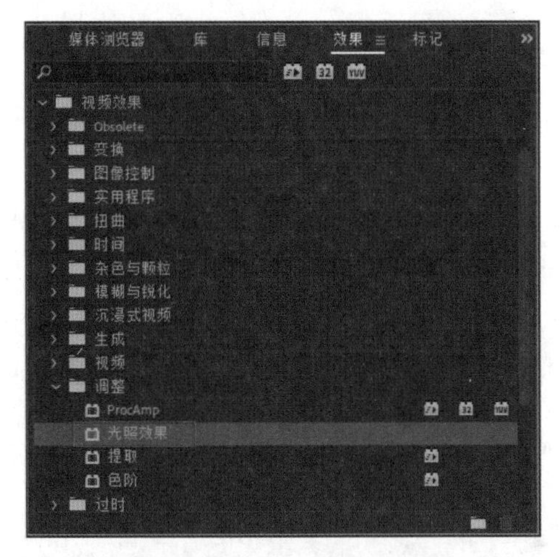

图7-9　选择“光照效果”

08 在效果控件面板中可以查看添加的视频效果及参数选项，如图7-10所示。

09 在节目监视器面板中对添加的光照效果进行预览，效果如图7-11所示。

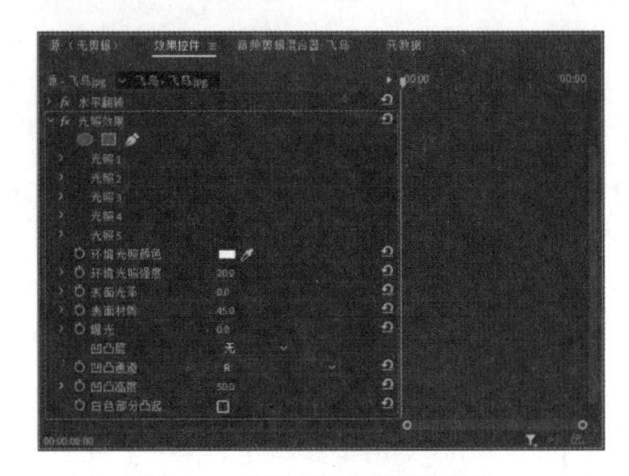

图7-10　添加的“光照效果”

图7-11　光照效果

7.1.3　禁用和删除视频效果

对素材添加某个视频效果后，用户可以暂时对添加的效果进行禁用，也可以将其删除，具体方法如下。

1. 禁用效果

对素材添加视频效果后，如果需要暂时禁用该效果，可以在效果控件面板中单击效果前面的“切换效果开关”按钮，如图7-12所示。此时，该效果前面的图标将变成禁用图标，即可禁用该效果，如图7-13所示。

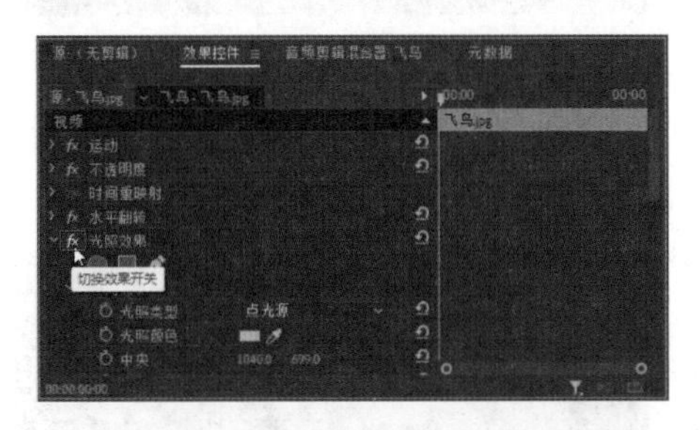

图7-12　单击“切换效果开关”按钮

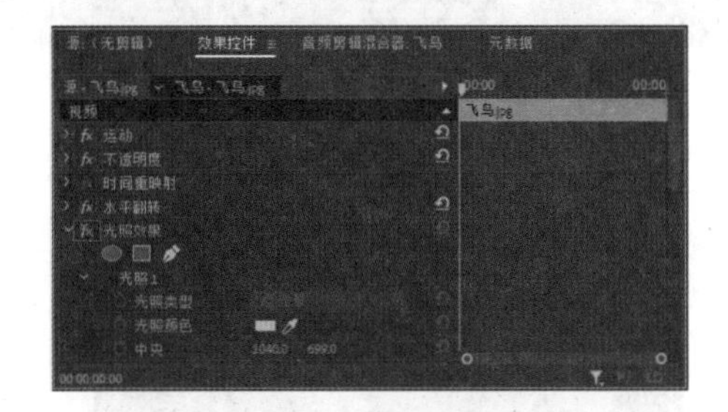

图7-13　禁用效果

知识点滴：

禁用效果后，再次单击效果前面的“切换效果开关”按钮，可以重新启用该效果。

2. 删除效果

对素材添加视频效果后，如果需要删除该效果，可以在效果控件面板中选中该效果，然后单击效果控件面板右上角的菜单按钮☰，在弹出的菜单中选择“移除所选效果”命令，即可将选中的效果删除，如图7-14所示。

如果对某个素材添加了多个视频效果，可以单击效果控件面板右上角的菜单按钮☰，在弹出的菜单中选择“移除效果”命令，打开“删除属性”对话框。在该对话框中可以选择多个要删除的视频效果，然后将其删除，如图7-15所示。

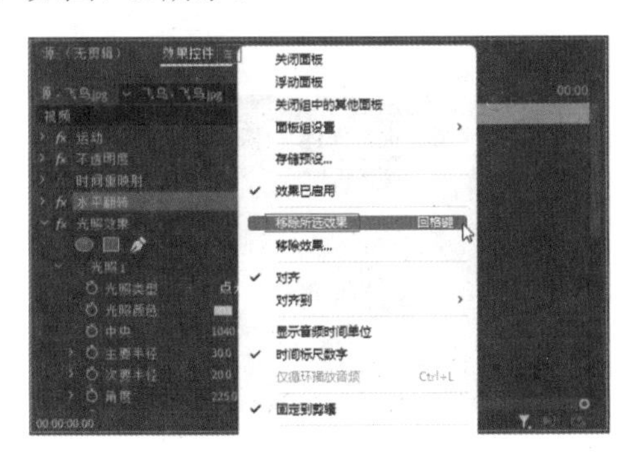

图7-14　选择“移除所选效果”命令

图7-15　选择要删除的效果

知识点滴：

对素材添加视频效果后，在效果控件面板中选中该效果后，按Delete键可以快速将其删除。

7.2　常用视频效果详解

在Premiere Pro 2024中提供了上百种视频效果，被分类保存在效果面板的“视频效果”素材箱中。由于Premiere Pro 2024的视频效果太多，这里仅对较为常用的视频效果进行介绍。

7.2.1　变换效果

“变换”素材箱的效果主要用于对图像画面进行变换操作，如图7-16所示。本节以图7-17所示的图像为例，对常用的变换效果进行介绍。

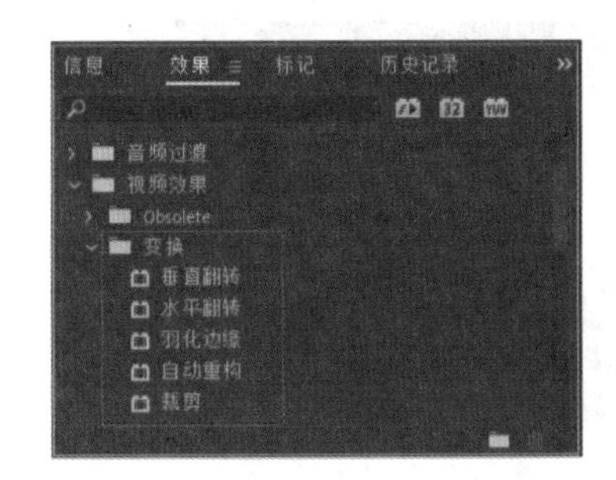

图7-16　“变换”效果类型

图7-17　原图像效果

1. 垂直翻转

在素材上运用该效果，可以将画面沿水平中心翻转180°，类似于倒影效果，所有的画面都是翻转的，如图7-18所示。该效果没有可设置的参数。

2. 水平翻转

在素材上运用该效果，可以将画面沿垂直中心翻转180°，效果与垂直翻转类似，只是方向不同而已，如图7-19所示。该效果没有可设置的参数。

图7-18　垂直翻转效果

图7-19　水平翻转效果

3. 羽化边缘

在素材上运用该效果，通过在效果控件面板中调节羽化边缘的数量(如图7-20所示)，可以在画面周围产生羽化效果，如图7-21所示。

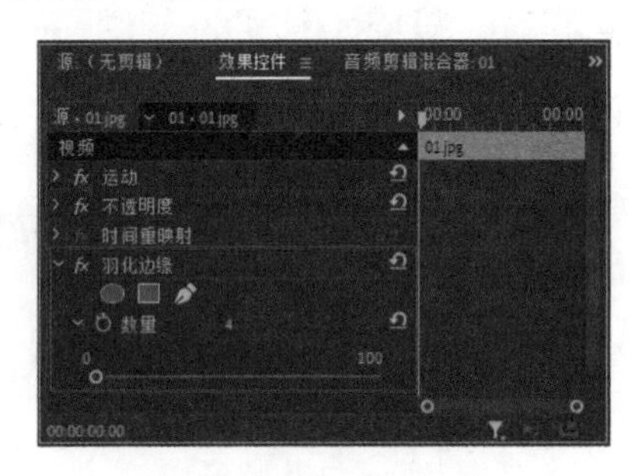

图7-20　羽化边缘设置

图7-21　羽化边缘效果

4. 裁剪

裁剪效果用于裁剪素材的画面，通过调节效果控件面板中的参数(如图7-22所示)，可以从上、下、左、右4个方向裁剪画面。图7-23所示是将画面左方和下方裁剪后的效果。

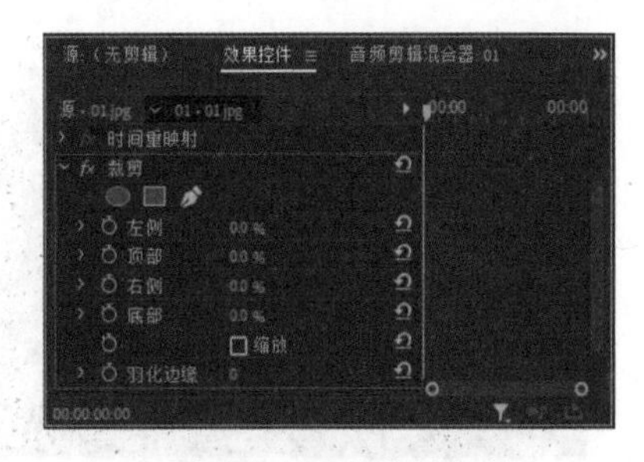

图7-22　调节裁剪参数

图7-23　裁剪左方和下方画面

7.2.2 扭曲效果

“扭曲”素材箱中包含12种视频效果，如图7-24所示，该类型效果主要用于对图像进行几何变形。

1. 偏移

在素材上运用该效果，可以对图像进行偏移，从而产生重影效果，并且可以设置偏移后的画面与原画面之间的距离，其参数如图7-25所示。

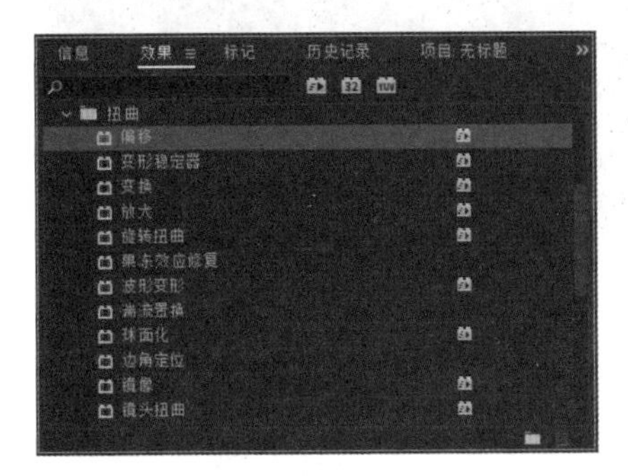

图7-24　“扭曲”效果类型

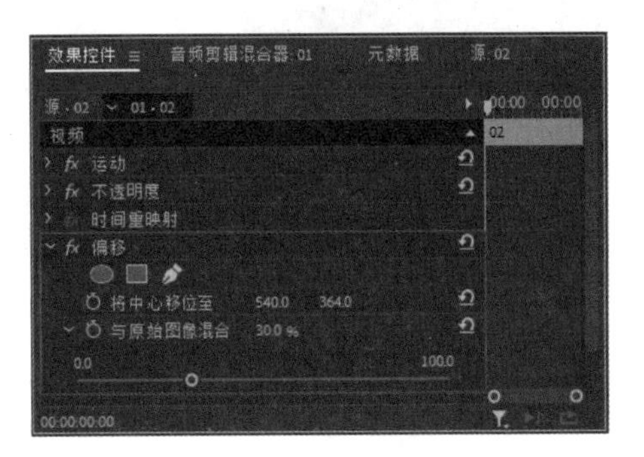

图7-25　偏移参数

图7-26和图7-27所示是对素材运用“偏移”效果前后的对比。

图7-26　原图像效果

图7-27　应用偏移效果后

2. 变换

在素材上运用该效果，可以对图像的位置、缩放、不透明度、倾斜、旋转等进行综合设置，其参数如图7-28所示。图7-29所示是对画面进行旋转处理后的效果。

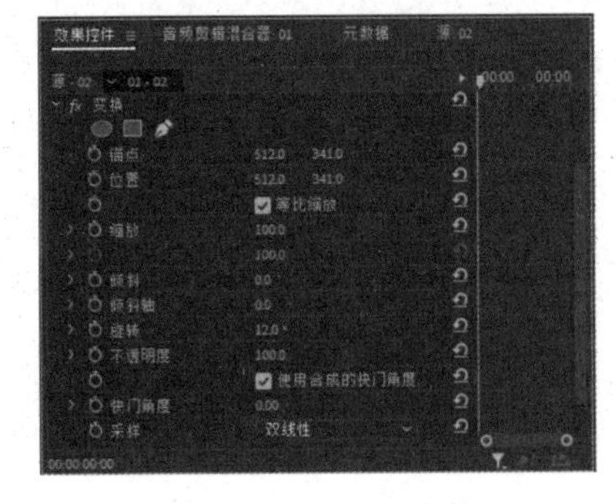

图7-28　变换效果参数

图7-29　旋转画面

3. 放大

在素材上运用该效果，可以对图像的局部进行放大处理，图7-30所示是对左下方的车灯进行圆形放大的效果。通过设置该效果的参数，可以选择圆形放大或正方形放大，如图7-31所示。

图7-30　圆形放大局部

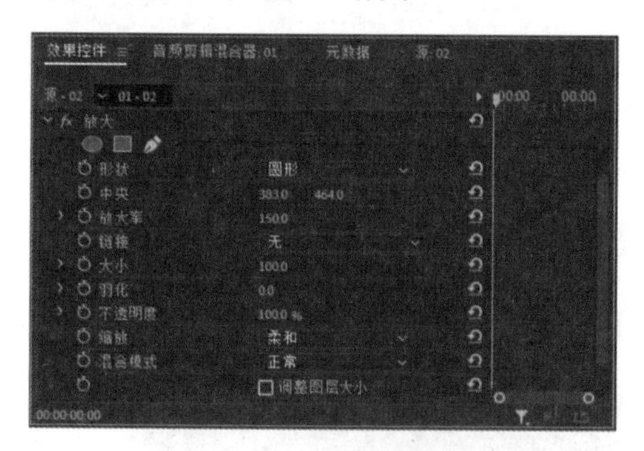

图7-31　放大效果参数

4. 旋转扭曲

在素材上运用该效果，可以制作出图像沿中心轴旋转扭曲的效果，如图7-32所示。通过设置效果中的参数，可以调整扭曲的角度和旋转扭曲半径等，如图7-33所示。

图7-32　旋转扭曲效果

图7-33　旋转扭曲效果参数

5. 波形变形

在素材上运用该效果，可以制作出水面的波浪效果，如图7-34所示。通过设置效果中的参数，可以调整波形的类型、方向和速度等，如图7-35所示。

图7-34　波形变形效果

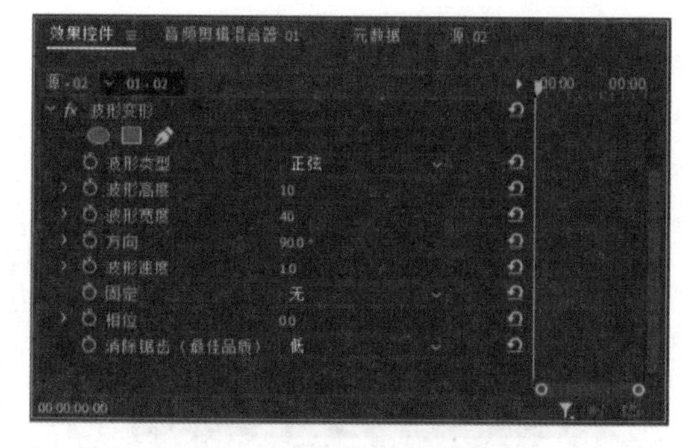

图7-35　设置波形变形参数

6. 湍流置换

在素材上运用该效果，可以使画面产生杂乱的变形效果，如图7-36所示。在效果参数中可以设置多种湍流置换模式，如图7-37所示。

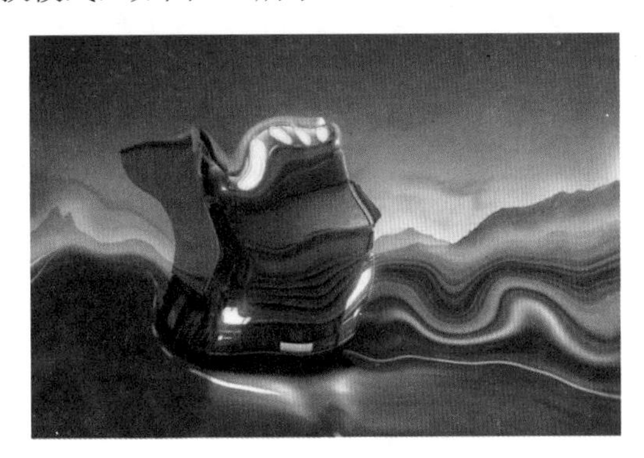

图7-36 湍流置换效果

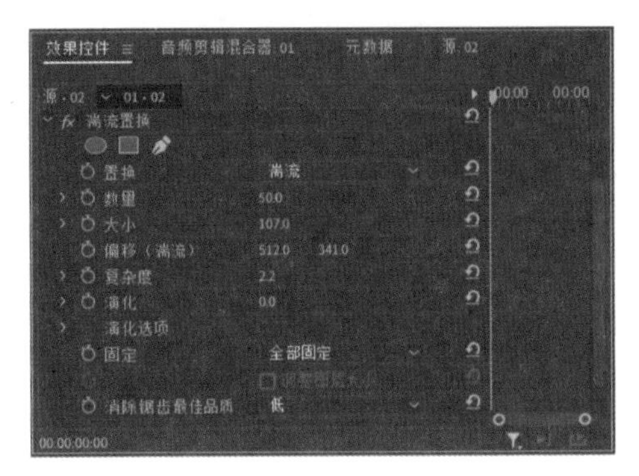

图7-37 设置湍流置换模式

7. 球面化

在素材上运用该效果，可以制作出球形的画面效果，如图7-38所示。该效果的参数如图7-39所示。

图7-38 球面化效果

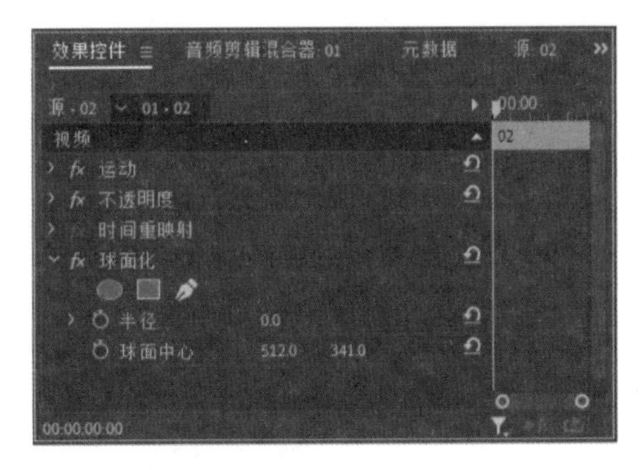

图7-39 球面化参数

8. 边角定位

在素材上运用该效果，可以使图像的4个顶点发生位移，以达到变形画面的效果，如图7-40所示。该效果中的4个参数分别代表图像4个顶点的坐标，如图7-41所示。

图7-40 移动左上角的效果

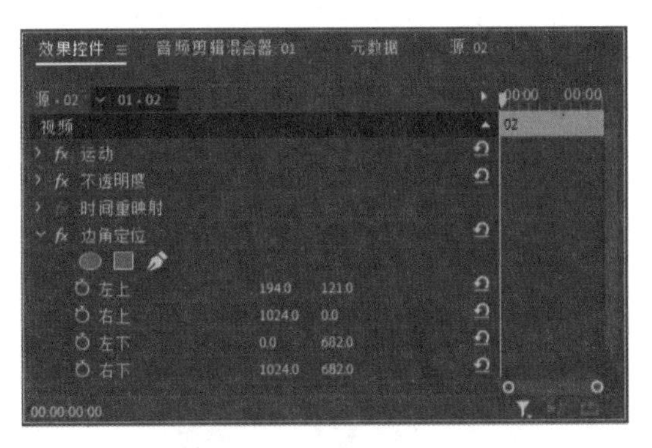

图7-41 边角定位参数

9. 镜像

在素材上运用该效果，设置效果的参数值(如图7-42所示)，可以将图像沿一条直线分割为两部分，并制作出镜像效果，如图7-43所示。

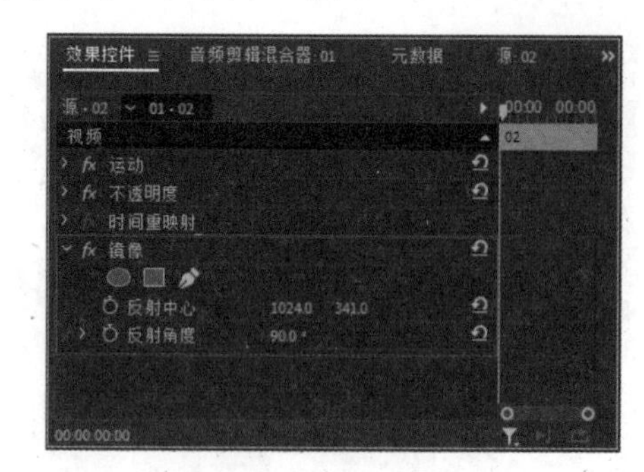

图7-42　设置参数

图7-43　镜像效果

10. 镜头扭曲

在素材上运用该效果，可以使画面沿垂直轴和水平轴扭曲，制作出用变形透视镜观察对象的效果。设置镜头的扭曲参数如图7-44所示，得到如图7-45所示的效果。

图7-44　镜头扭曲参数的设置

图7-45　镜头扭曲效果

7.2.3　杂色与颗粒效果

在“杂色与颗粒”素材箱中只有“杂色”视频效果，用于对图像添加杂色效果，设置“杂色”效果参数中的杂色数量可以调节杂色的多少，如图7-46所示，添加的杂色效果如图7-47所示。

图7-46　杂色参数

图7-47　杂色效果

7.2.4 模糊与锐化效果

在“模糊与锐化”素材箱中包含6种效果，如图7-48所示，主要用来调整画面的模糊和锐化效果。本节以图7-49所示的图像为例，对“模糊与锐化”类型的效果进行介绍。

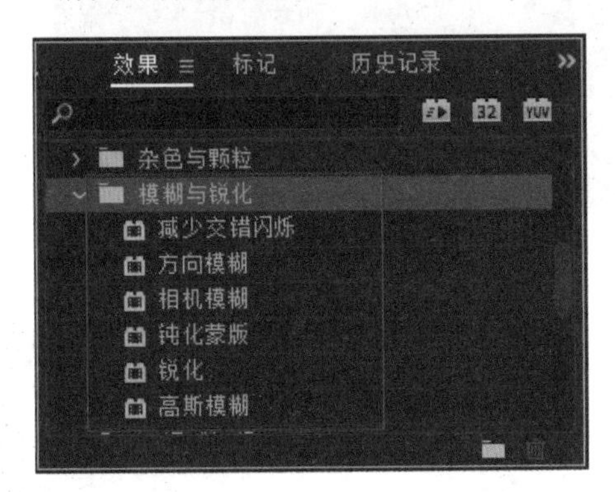

图7-48 “模糊与锐化”效果类型

图7-49 原图像效果

1. 减少交错闪烁

在素材上运用该效果，可以使视频素材产生上下交错的模糊效果，交错闪烁通常是由在交错素材中显现的条纹引起的。在处理交错素材时，“减少交错闪烁”效果非常有用，该效果可以减少纵向频率，以使图像更适合用于交错媒体(如 NTSC 视频)。

用户可以通过调整柔和度参数设置模糊的程度，其参数如图7-50所示，减少交错闪烁的模糊效果如图7-51所示。

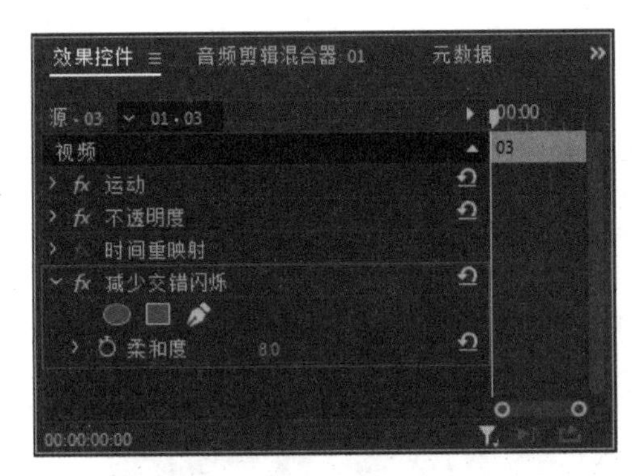

图7-50 减少交错闪烁参数

图7-51 减少交错闪烁效果

2. 方向模糊

在素材上运用该效果，可以在其效果参数中设置画面的模糊方向和模糊程度，如图7-52所示，使画面产生一种运动的效果，如图7-53所示。

3. 相机模糊

在素材上运用该效果，可以生成图像离开相机焦点范围时产生的“虚焦”效果。在其效果参数中可以设置模糊的百分比，如图7-54所示。应用该效果时，可以在效果控件面板中单击“设置”按钮，然后在打开的“相机模糊设置”对话框中对画面进行实时调节，如图7-55所示，相机模糊效果如图7-56所示。

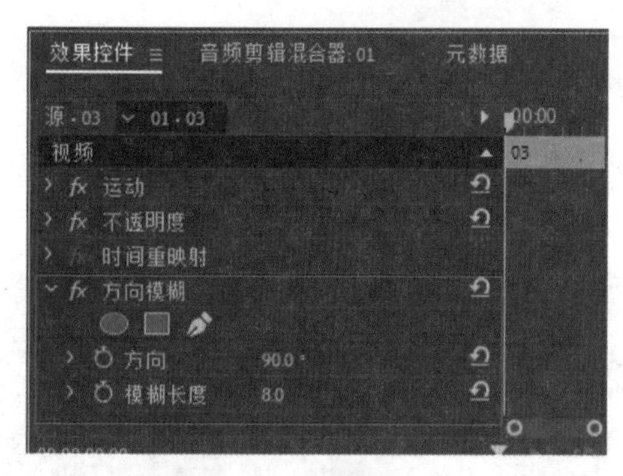

图7-52　方向模糊参数

图7-53　方向模糊效果

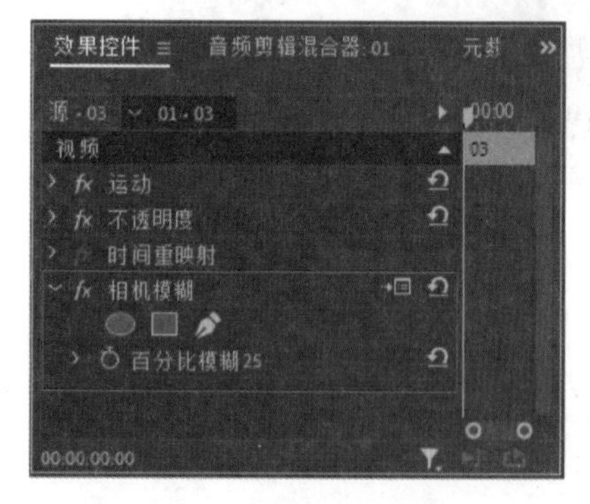

图7-54　相机模糊参数

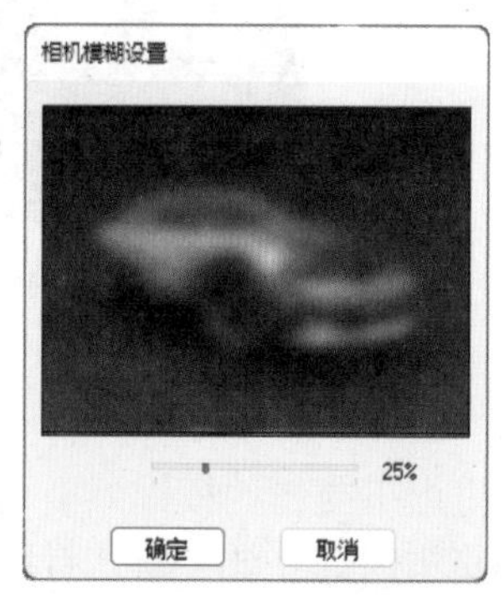

图7-55“相机模糊设置”对话框

图7-56　相机模糊效果

4. 钝化蒙版

该效果用于调整图像的色彩锐化程度，可以使相邻像素的边缘呈高亮显示，如图7-57所示，其参数如图7-58所示。

图7-57　钝化蒙版效果

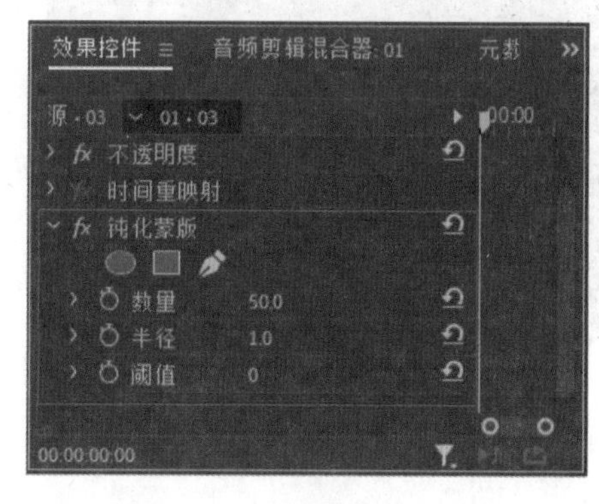

图7-58　钝化蒙版参数

- 数量：用于设置锐化的程度。
- 半径：用于设置锐化的区域。
- 阈值：用于调整颜色区域。

5. 锐化

在素材上运用该效果，可以通过调节其中的“锐化量”参数(如图7-59所示)，增加相邻像素间的对比度，使图像变得更清晰，如图7-60所示。

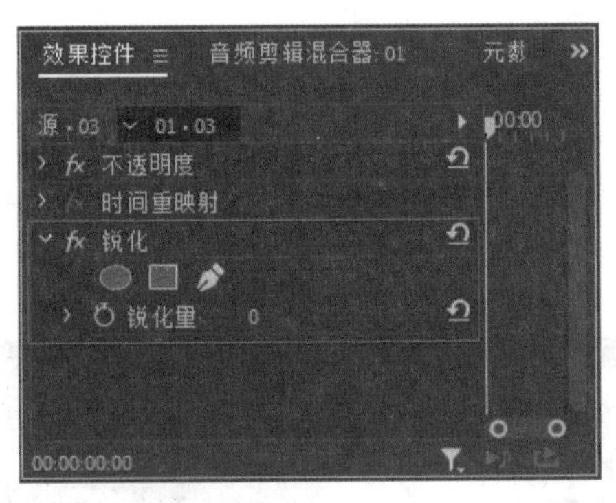

图7-59　锐化参数

图7-60　锐化效果

6. 高斯模糊

该效果可以大幅度地模糊图像，产生虚化效果，如图7-61所示，该效果的参数如图7-62所示。

图7-61　高斯模糊效果

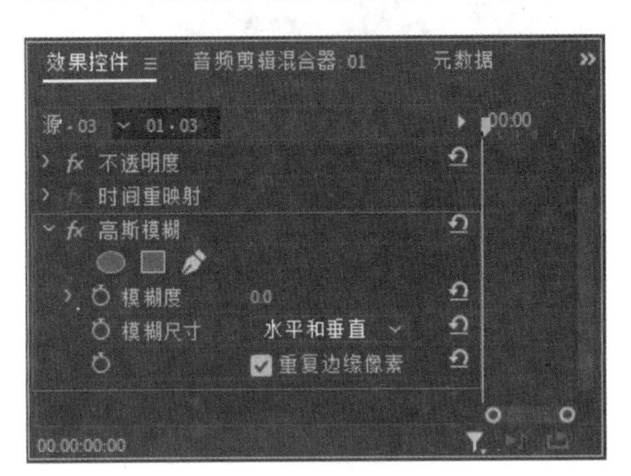

图7-62　高斯模糊参数

7.2.5　生成效果

在“生成”素材箱中包含了4种效果，如图7-63所示，主要用来创建一些特殊的画面效果。本节以图7-64所示的图像为例，对“生成”类型的效果进行介绍。

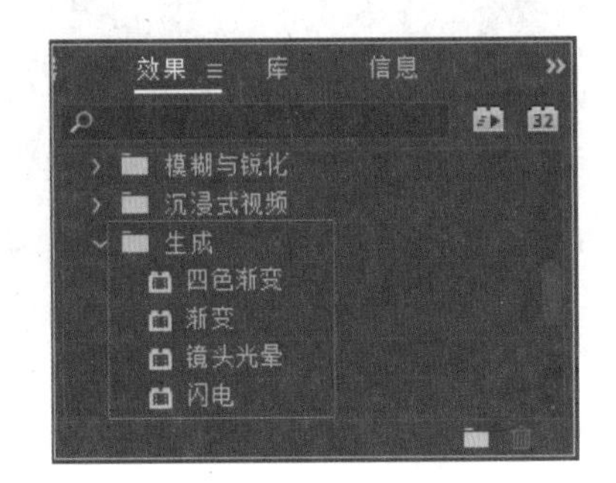

图7-63　“生成”效果类型

图7-64　原图像效果

1. 四色渐变

运用该效果可以产生四色渐变。通过选择4个效果点和颜色来定义渐变颜色。渐变包括混合在一起的4个纯色环，每个纯色环都有一个效果点作为中心，其参数如图7-65所示。例如，对素材使用“四色渐变”

效果时，设置混合模式为“叠加”，得到的对比效果如图7-66所示。

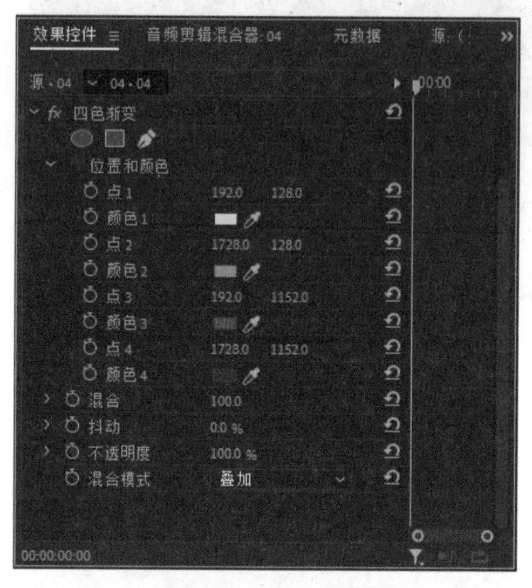

图7-65　四色渐变参数

图7-66　四色渐变效果

“四色渐变”效果的主要参数说明如下。

- 位置和颜色：颜色选项用于设置该点的颜色；设置点坐标可以改变对应颜色的位置。
- 混合：用于设置各个颜色的混合程度。
- 抖动：用于设置渐变颜色在视频画面的抖动效果。
- 不透明度：用于设置渐变颜色在视频画面的不透明度。
- 混合模式：用于设置渐变颜色与原视频画面的混合方式，包括“无”“正常”“相加”“叠加”等模式。

2. 渐变

该效果用于在画面中创建渐变效果，通过效果中的参数设置，可以控制渐变的颜色，并且可以设置渐变与原画面的混合程度，如图7-67所示。例如，设置渐变从黑色到白色，渐变与原始图像的混合比例为60%，效果如图7-68所示。

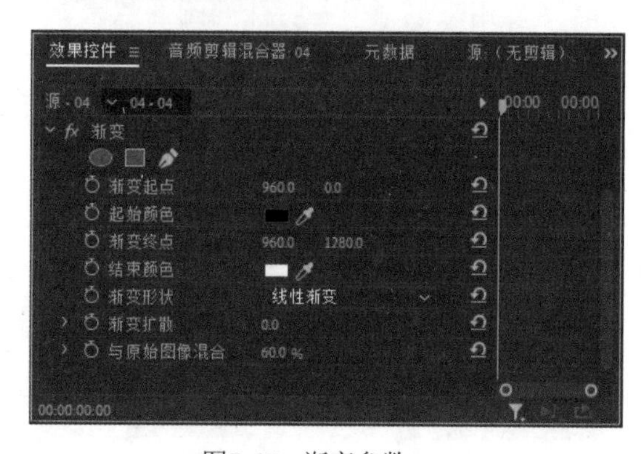

图7-67　渐变参数

图7-68　渐变效果

3. 镜头光晕

该效果用于在画面中创建镜头光晕，模拟强光折射进画面的效果，通过效果中的参数设置，可以调整镜头光晕的位置、亮度和镜头类型等，如图7-69所示。创建的镜头光晕效果如图7-70所示。

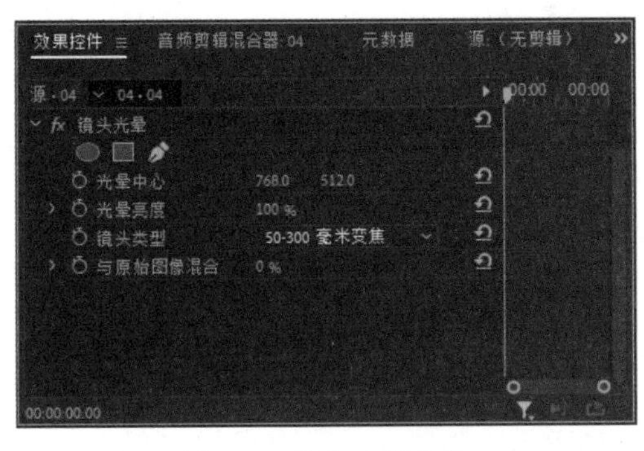

图7-69　镜头光晕参数

图7-70　镜头光晕效果

“镜头光晕”效果的具体参数说明如下。

- 光晕中心：用于调整光晕位置，也可以使用鼠标拖动十字光标来调整光晕位置。
- 光晕亮度：用于调整光晕的亮度。
- 镜头类型：在右侧的下拉列表中可以选择“50-300毫米变焦”“35毫米定焦”和“105毫米定焦”3种类型。选择“50-300毫米变焦”，产生光晕并模仿太阳光的效果；选择“35毫米定焦”，只产生强光，没有光晕；选择“105毫米定焦”，产生比前一种镜头更强的光。

4. 闪电

该效果用于在画面中创建闪电效果。通过效果控件面板，可以设置闪电的起始点和结束点，以及闪电的振幅等参数。

练习实例：创建闪电效果。	
文件路径	第 7 章 \ 闪电效果 .prproj
技术掌握	创建与设置闪电效果

01 新建一个项目文件，然后在项目面板中导入“夜景.mp4”素材，如图7-71所示。

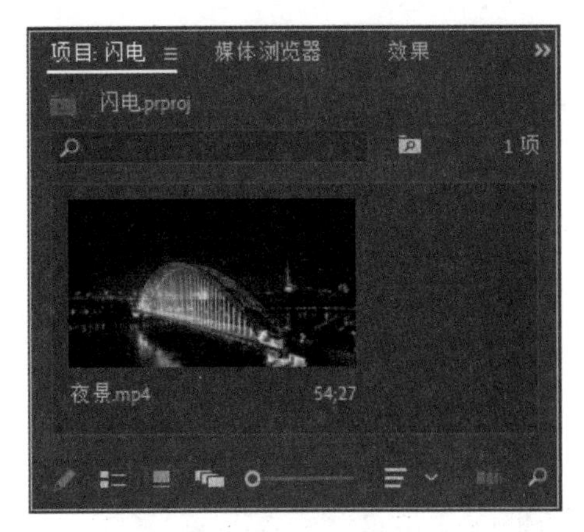

图7-71　导入素材

02 创建一个序列，将导入的素材添加到视频1轨道中，如图7-72所示。

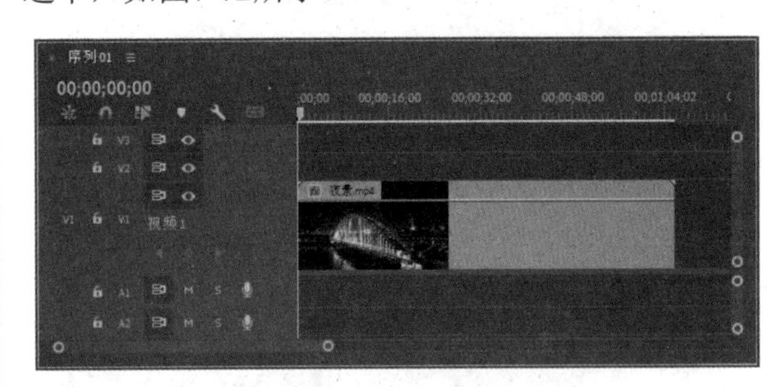

图7-72　在序列中添加素材

03 在第1秒、第1秒12帧的位置，对视频素材进行切割，将视频素材分为3段，如图7-73所示。

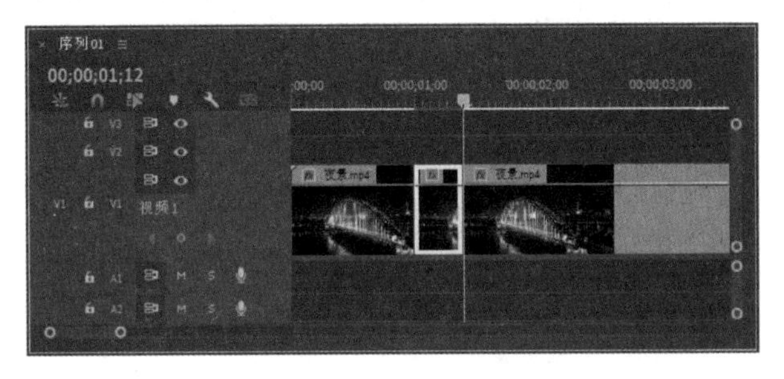

图7-73　切割素材

进阶技巧：

由于添加的闪电效果将随着素材的长度持续播放，因此这里将视频素材切割为3段，只在中间段的素材上添加闪电效果，这样，闪电的效果只会在中间那段时间出现，从而使闪电效果更真实、自然。

04 在效果面板中依次展开“视频效果”和“生成”素材箱，然后选择“闪电”效果，如图7-74所示。再将“闪电”效果添加到视频1轨道中的第二段视频素材上。

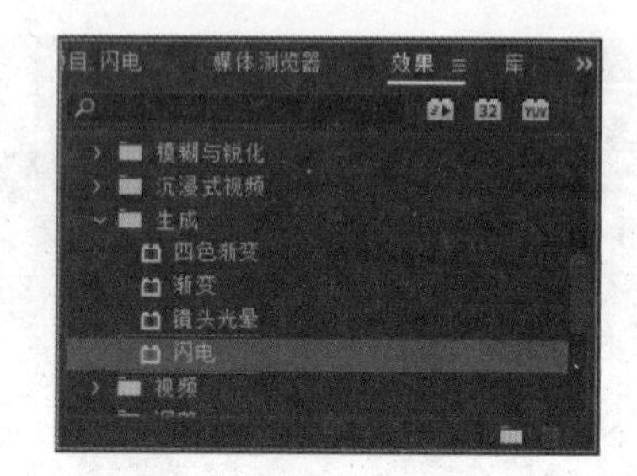

图7-74　选择“闪电”选项

05 选择视频1轨道中的第二段视频素材，然后在效果控件面板中展开“闪电”选项组，设置闪电的起始点、结束点、分段、振幅、宽度、核心宽度等主要参数，如图7-75所示。

06 在节目监视器面板中对创建的闪电进行预览，效果如图7-76所示。

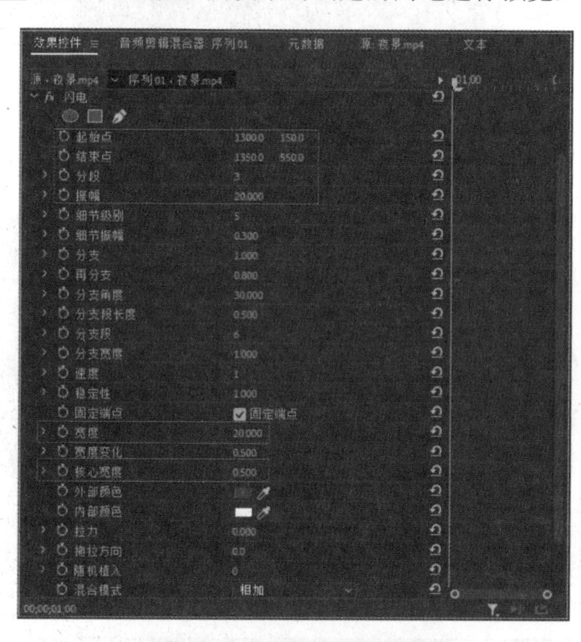

图7-75　设置闪电的主要参数

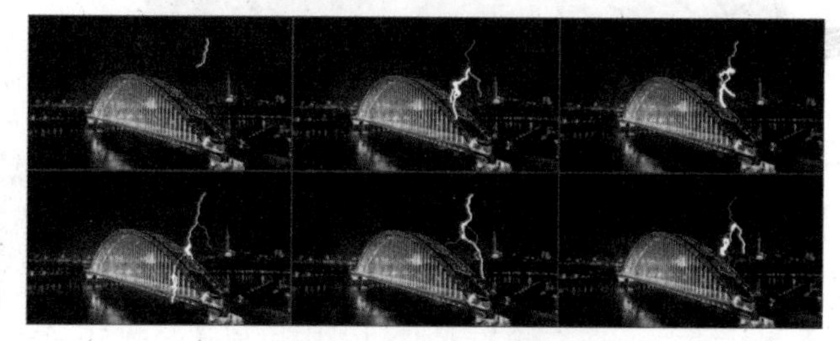

图7-76　预览闪电效果

7.2.6　调整类视频效果

在“调整”素材箱中包含4种效果，如图7-77所示，主要用于对素材进行明暗度调整，以及对素材添加光照效果。本节以图7-78所示的图像为例，对“调整”类型的效果进行介绍。

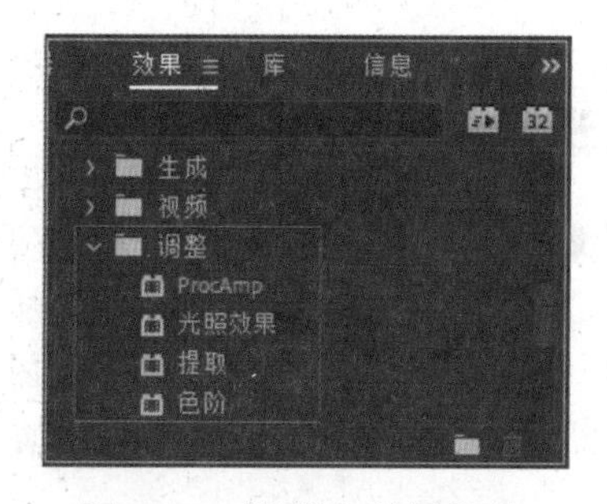

图7-77　“调整”效果类型

图7-78　原图像效果

1. ProcAmp（基本信号控制）

ProcAmp(基本信号控制)效果模仿标准电视设备上的处理放大器。此效果调整剪辑图像的亮度、对比度、色相、饱和度及拆分百分比，参数如图7-79所示。图7-80所示是设置“亮度”为15、“色相”为20的ProcAmp效果。

图7-79　ProcAmp效果参数

图7-80　ProcAmp效果

2. 光照效果

此效果可以在素材上应用光照效果，最多可采用五个光照来产生有创意的光照，其参数设置如图7-81所示。“光照效果”可用于控制光照属性，如光照类型、角度、强度、颜色、光照中心和光照传播。还有一个“凹凸层”控件可以使用其他素材中的纹理或图案产生特殊光照效果。图7-82所示是默认的光照效果。

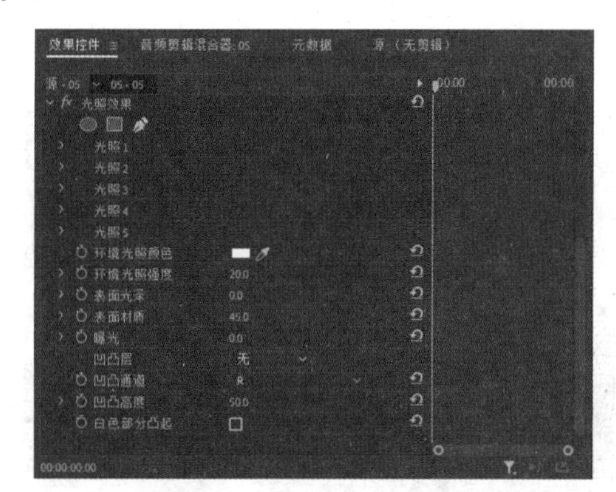

图7-81　光照效果参数

图7-82　光照效果

“光照效果”的主要参数说明如下。

- 光照1：同光照 2、3、4、5一样，用于添加灯光效果。
- 环境光照颜色：用于设置灯光的颜色。
- 环境光照强度：用于控制灯光的强烈程度。
- 表面光泽：用于控制表面的光泽强度。
- 表面材质：用于设置表面的材质效果。
- 曝光：用于控制灯光的曝光大小。
- 凹凸层、凹凸通道、凹凸高度、白色部分凸起：分别用于设置产生浮雕的轨道、通道、大小和反转浮雕的方向。

3. 提取

提取效果从视频剪辑中移除颜色，从而创建灰度图像。明亮度值小于输入黑色阶或大于输入白色阶的像素将变为黑色，该效果的参数设置如图7-83所示。图7-84所示为对素材应用提取效果后的效果。

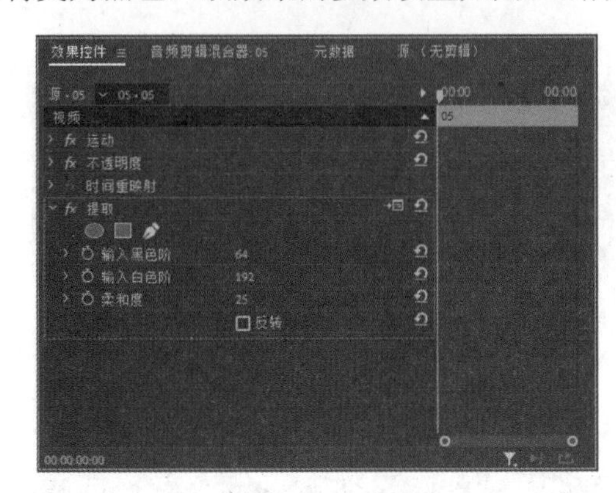

图7-83　提取参数

图7-84　提取效果

4. 色阶

色阶效果通过设置(RGB)色阶、(RGB)灰度系数、R(红色)色阶、R(红色)灰度系数、G(绿色)色阶、G(绿色)灰度系数、B(蓝色)色阶、B(蓝色)灰度系数参数，来调整素材的亮度和对比度，如图7-85所示。图7-86所示是设置“(RGB)灰度系数”为50的效果。

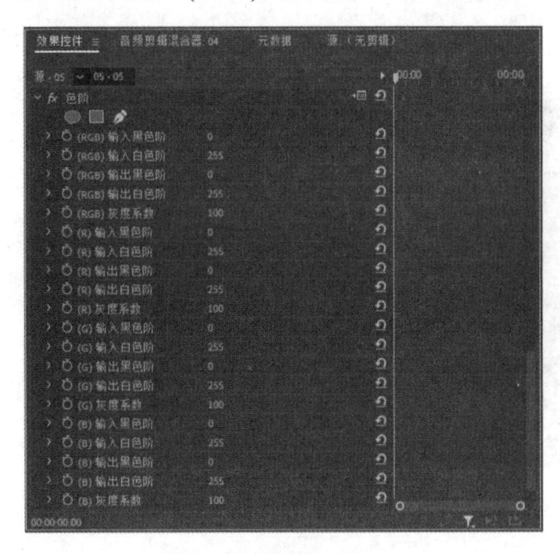

图7-85　色阶参数

图7-86　色阶效果

7.2.7　透视效果

在“透视”素材箱中包含基本3D和投影两种效果，主要用于对素材添加透视效果。

1. 基本 3D

运用该效果可以在一个虚拟的三维空间中操作图像。对素材运用“基本3D”效果，素材可以在虚拟空间中绕水平轴和垂直轴转动，还可以产生图像的运动效果。用户还可以在图像上增加反光，使图像产生更逼真的效果，图7-87所示是对文字进行3D旋转的效果，该效果的参数如图7-88所示。

图7-87　基本3D旋转效果

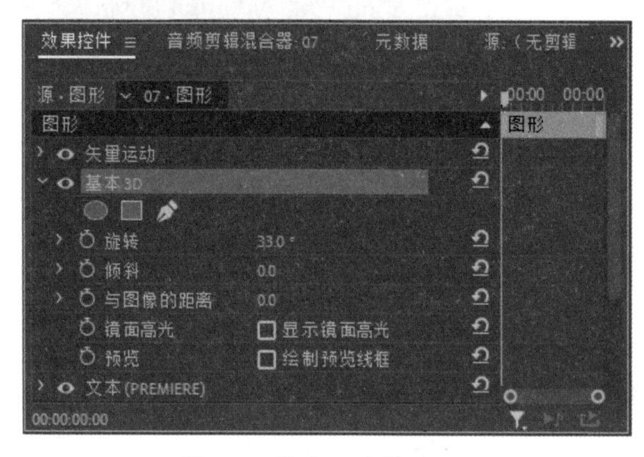

图7-88　基本3D参数

2. 投影

在素材上运用该效果，可以为画面添加投影效果，图7-89所示是对文字添加投影的效果，该效果的参数如图7-90所示。

图7-89　投影效果

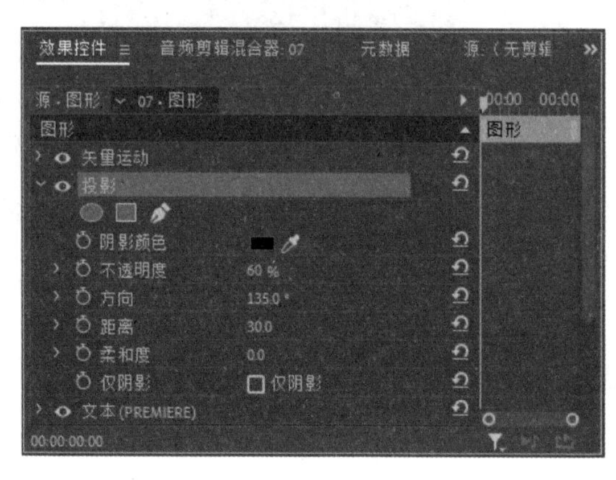

图7-90　投影参数

"投影"效果中各选项的作用如下。

- 阴影颜色：用于设置阴影的颜色。
- 不透明度：用于设置阴影的不透明度。
- 方向：用于设置阴影与画面的相对方向。
- 距离：用于设置阴影与画面的相对位置距离。
- 柔和度：用于设置阴影的柔和程度。
- 仅阴影：选中该选项后面的复选框，表示只显示阴影部分。

7.2.8　颜色校正类视频效果

在"颜色校正"效果素材箱中包含了6种效果，如图7-91所示，主要用来校正画面的色彩。下面以图7-92所示的图像为例，对"颜色校正"类型的常用效果进行介绍。

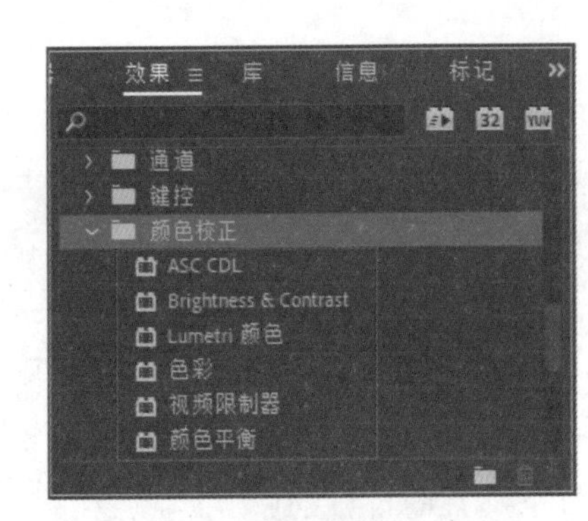

图7-91 “颜色校正”效果类型

图7-92 原图像效果

1. Brightness & Contrast（亮度与对比度）

该效果用于调整素材的亮度和对比度，并同时调节所有像素的亮部、暗部和中间色。对素材应用该效果后，其参数面板如图7-93所示，图7-94所示是设置亮度为-15、对比度为10的效果。

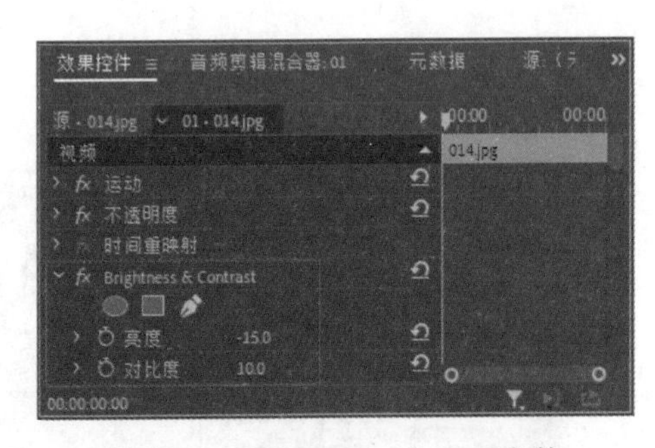

图7-93 Brightness & Contrast参数

图7-94 设置亮度和对比度后的效果

2. Lumetri 颜色（增强颜色）

Lumetri 颜色(增强颜色)提供专业质量的颜色分级和颜色校正工具。使用该效果，可以用全新的方式调整素材颜色、对比度和光照，其参数面板如图7-95所示，图7-96所示是增加色温和饱和度后的效果。

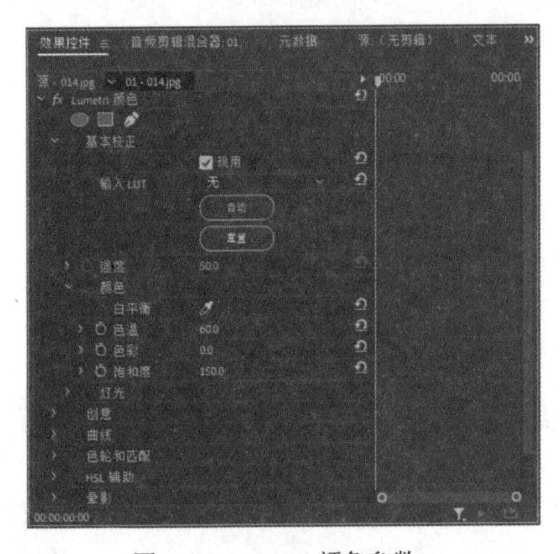

图7-95 Lumetri 颜色参数

图7-96 Lumetri 颜色效果

3. 色彩

该效果可以通过指定的颜色对图像进行颜色映射处理，其参数面板如图7-97所示，图7-98所示是设置“着色量”值为100的效果。

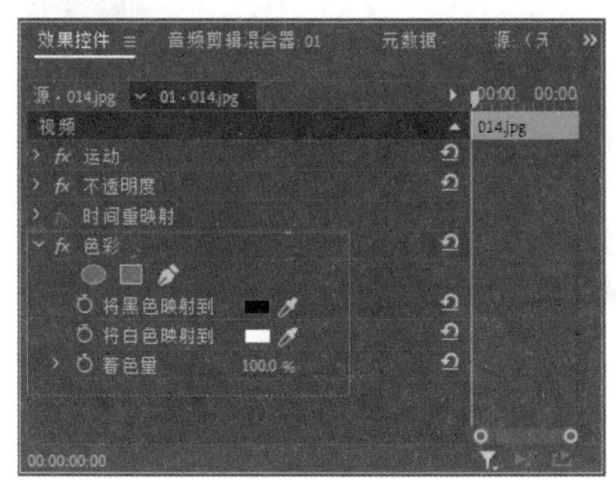

图7-97 “色彩”效果的参数

图7-98 “着色量”值为100的效果

“色彩”效果中各选项的作用如下。

- 将黑色映射到：用于设置图像中改变映射颜色的黑色和灰色。
- 将白色映射到：用于设置图像中改变映射颜色的白色。
- 着色量：用于设置色调映射时的映射程度。

4. 颜色平衡

该效果用于调整素材的颜色，其参数面板如图7-99所示，图7-100所示是增加画面蓝色平衡后的效果。

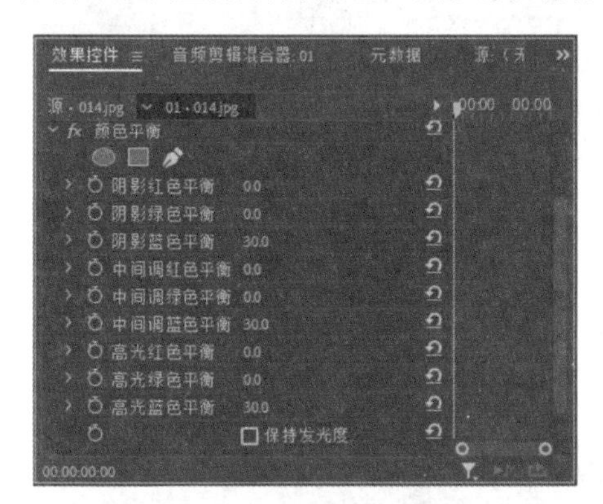

图7-99 颜色平衡参数

图7-100 增加蓝色平衡后的效果

“颜色平衡”效果中主要选项的作用如下。

- 阴影红色平衡、阴影绿色平衡、阴影蓝色平衡：用于调节阴影部分的(红、绿、蓝)色彩平衡。
- 中间调红色平衡、中间调绿色平衡、中间调蓝色平衡：用于调节中间调部分的(红、绿、蓝)色彩平衡。
- 高光红色平衡、高光绿色平衡、高光蓝色平衡：用于调节高光部分的(红、绿、蓝)色彩平衡。

7.2.9 风格化效果

在“风格化”素材箱中包含9种效果，如图7-101所示，主要用于在素材上制作彩色浮雕、画笔描边、马赛克等效果。下面以图7-102所示的图像为例，对“风格化”类型的常用效果进行介绍。

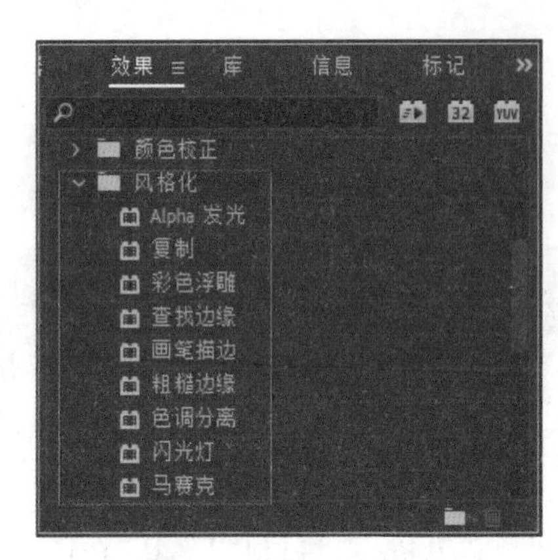

图7-101　“风格化”效果类型

图7-102　原图像效果

1. 复制

在素材上运用该效果，可将整个画面复制成若干区域画面，每个区域都将显示完整的画面效果，如图7-103所示。在该效果的参数中可以设置复制的数量，如图7-104所示。

图7-103　复制效果

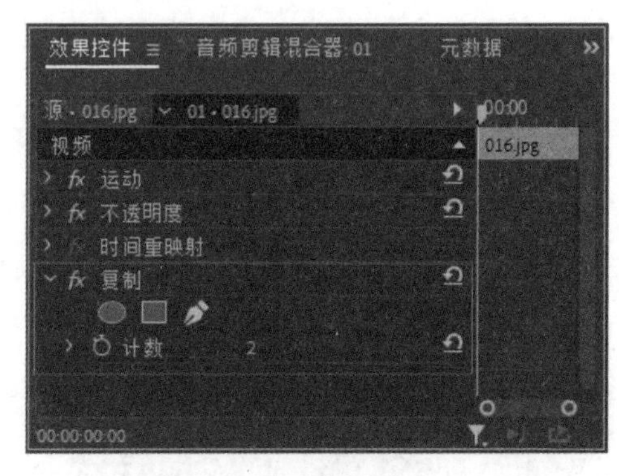

图7-104　复制参数

2. 彩色浮雕

在素材上运用该效果，可以将画面变成浮雕的效果，但并不影响画面的初始色彩，如图7-105所示。该效果的参数如图7-106所示。

图7-105　彩色浮雕效果

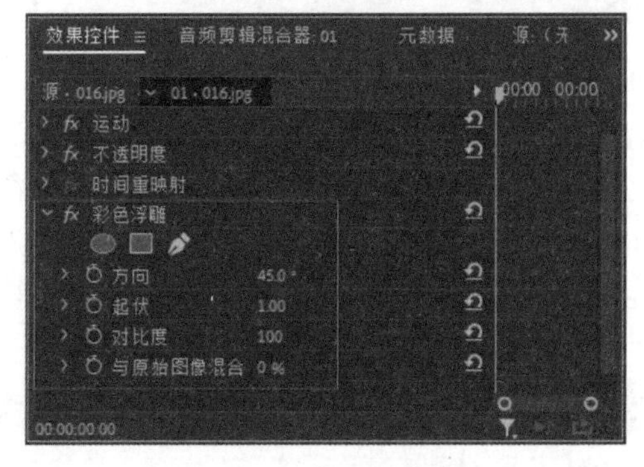

图7-106　彩色浮雕参数

3. 查找边缘

在素材上运用该效果，可以对图像的边缘进行勾勒，并用线条表示，如图7-107所示。该效果的参数如图7-108所示。

图7-107　查找边缘效果

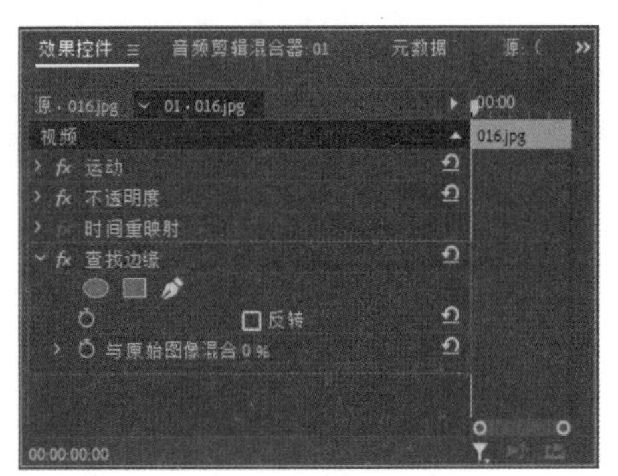

图7-108　查找边缘参数

4. 画笔描边

在素材上运用该效果，可以对图像应用粗糙的绘画外观，也可以使用此效果实现点彩画样式，如图7-109所示。该效果的参数如图7-110所示。

图7-109　画笔描边效果

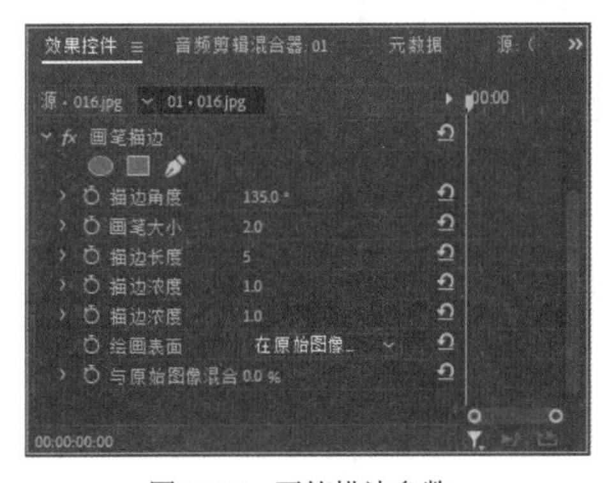

图7-110　画笔描边参数

5. 马赛克

在素材上运用该效果，可以在画面上产生马赛克效果。该效果将画面分成若干网格，每一格都用本格内所有颜色的平均色进行填充，如图7-111所示。该效果的参数如图7-112所示。

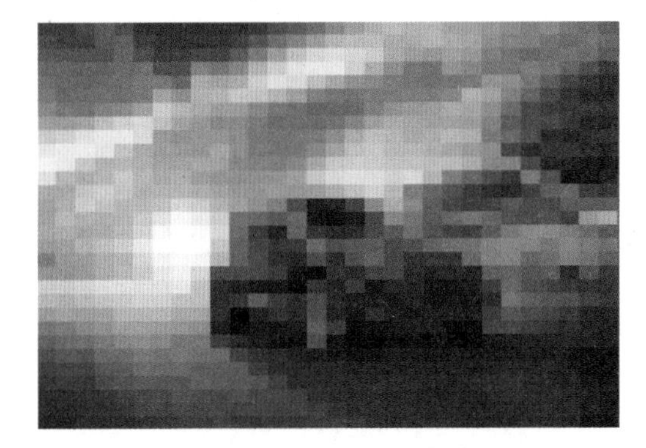

图7-111　马赛克效果

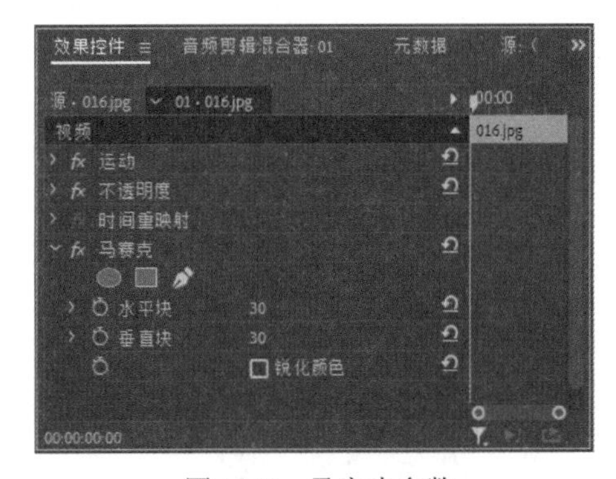

图7-112　马赛克参数

“马赛克”效果中各选项的作用如下。

- 水平块：用于设置水平方向上分割格子的数目。
- 垂直块：用于设置垂直方向上分割格子的数目。
- 锐化颜色：用于对颜色进行锐化。

7.3 高手解答

问：对素材添加视频效果后，如何禁用该效果？

答：对素材添加视频效果后，如果需要暂时禁用该效果，可以在效果控件面板中单击效果前面的“切换效果开关”按钮，此时，该效果前面的图标将变成禁用图标，即可禁用该效果。

问：对素材添加视频效果后，如何删除该效果？

答：对素材添加视频效果后，如果需要删除该效果，可以在效果控件面板中选中该效果，然后单击效果控件面板右上角的菜单按钮，在弹出的菜单中选择“移除所选效果”命令，即可将选中的效果删除。

问：“视频效果”中的“过渡”效果与“视频过渡”中对应的“过渡”效果有何不同？

答：“视频效果”中的“过渡”效果与“视频过渡”中对应的“过渡”效果在效果表现上相似。不同的是前者在自身图像上进行溶解过渡，后者是在前后两个素材间进行溶解过渡。

第8章 抠像与合成

如果在视频 2 轨道上放置一段视频影像或一张静态图片，在视频 1 轨道上放置另一段视频影像或另一张静态图片，那么在节目窗口中只能看到上面视频 2 轨道上的图像。如果要想看到两个轨道上的图像，就需要渐隐或叠加视频 2 轨道。本章将介绍两种创建素材合成效果的方法：运用 Premiere 的“不透明度”选项和效果面板中的“键控”效果。

练习实例：创建星光闪烁的夜空
练习实例：制作魔镜效果
练习实例：创建自由形状蒙版
练习实例：制作消失的云烟
练习实例：更换人物背景
练习实例：创建蒙版跟踪效果

8.1 视频抠像与合成基础

在学习视频合成技术之前，首先要了解视频合成与抠像的基础知识。下面就介绍视频合成的方法和抠像的相关知识。

8.1.1 视频抠像的应用

抠像原理非常简单，就是将背景的颜色抠除，只保留主体对象，这样就可以进行视频合成等处理。在电视、电影行业中，非常重要的一个技术就是抠像。通过抠像技术可以任意更换背景，这就是影视中经常看到的奇幻背景或惊险镜头的制作方法，如图8-1～图8-3所示。

图8-1 素材一

图8-2 素材二

图8-3 应用抠像技术后

8.1.2 视频合成的方法

影片合成的主要方法是将不同轨道的素材进行叠加，一种是对其不透明度进行调整，如图8-4所示；另一种则是通过键控(即抠像)合成，如图8-5所示。

图8-4 使用不透明度合成

图8-5 使用键控合成

8.2 设置画面的不透明度

在影视后期制作过程中，可以通过调整素材的不透明度，在各个视频轨道间进行素材的混合。用户可以在效果控件面板或时间轴面板中设置素材的不透明度。

8.2.1 在效果控件面板中设置不透明度

在效果控件面板中展开“不透明度”选项组，可以设置所选素材的不透明度。通过添加并设置不透明度的关键帧，可以创建视频画面的渐隐渐现效果。

练习实例：创建星光闪烁的夜空。

文件路径	第 8 章 \ 闪烁的星空.prproj
技术掌握	设置关键帧、设置不透明度

01 新建一个项目和一个序列，并在项目面板中导入“星空.jpg”素材。

02 将导入的素材添加到时间轴面板中的视频1轨道上，如图8-6所示。

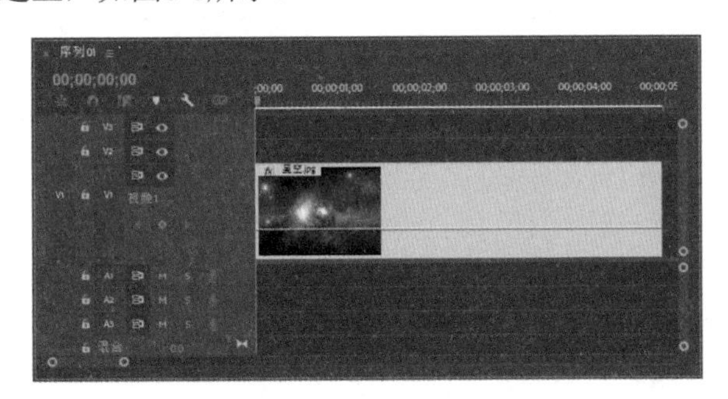

图8-6 在视频轨道中添加素材

03 选中视频1轨道中的素材，在效果控件面板中展开“不透明度”选项组，在第0秒的时间位置为“不透明度”选项添加一个关键帧，如图8-7所示。

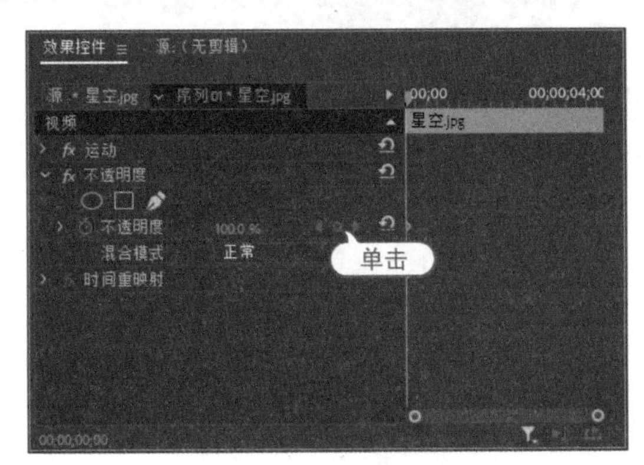

图8-7 添加不透明度关键帧

04 将时间轴移到第1秒的位置，为“不透明度”选项添加一个关键帧，并设置不透明度为30%，如图8-8所示。

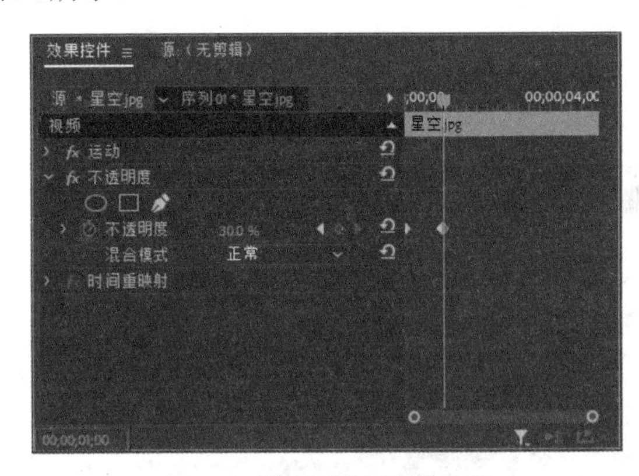

图8-8 设置不透明度关键帧

05 选择创建好的两个关键帧，按Ctrl+C组合键对关键帧进行复制，然后将时间轴移到第2秒的位置，再按Ctrl+V组合键对关键帧进行粘贴，如图8-9所示。

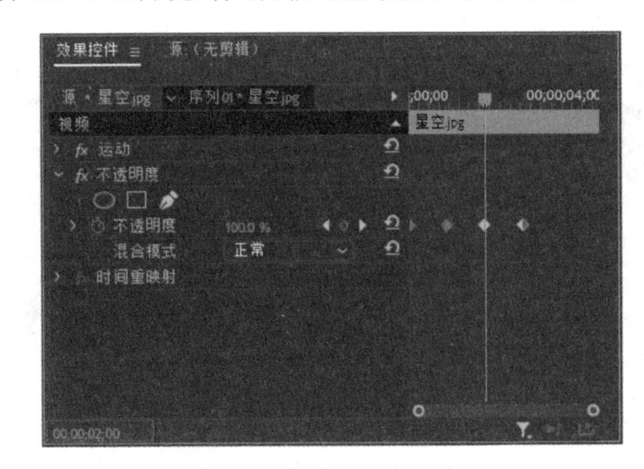

图8-9 复制并粘贴关键帧

06 将时间轴移到第4秒的位置，然后按Ctrl+V组合键对刚才复制的两个关键帧进行粘贴，如图8-10所示。

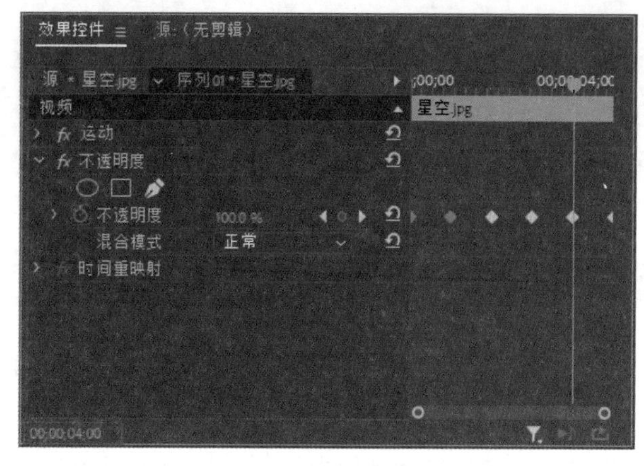

图8-10　粘贴关键帧

07 在节目监视器面板中单击“播放-停止切换”按钮▶播放影片，预览设置不透明度后的影片效果，如图8-11所示。

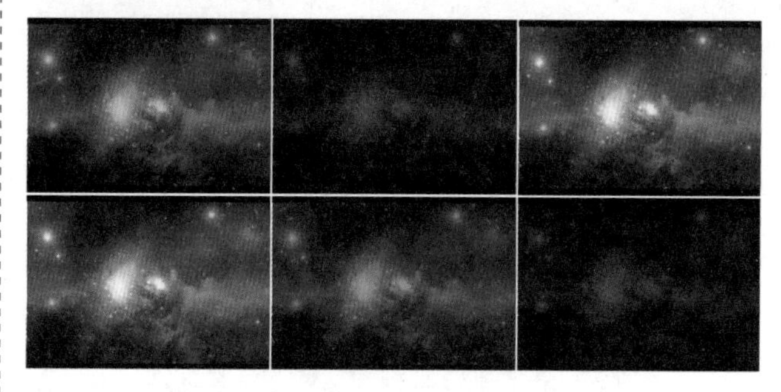

图8-11　预览影片的不透明度变化效果

8.2.2　在时间轴面板中设置不透明度

将素材添加到时间轴面板的视频轨道中，然后拖动轨道上边缘展开该轨道，可以在素材上看到一条横线，这条横线用于控制素材的不透明度，如图8-12所示。上下拖动横线，可以调整该素材的不透明度，如图8-13所示。

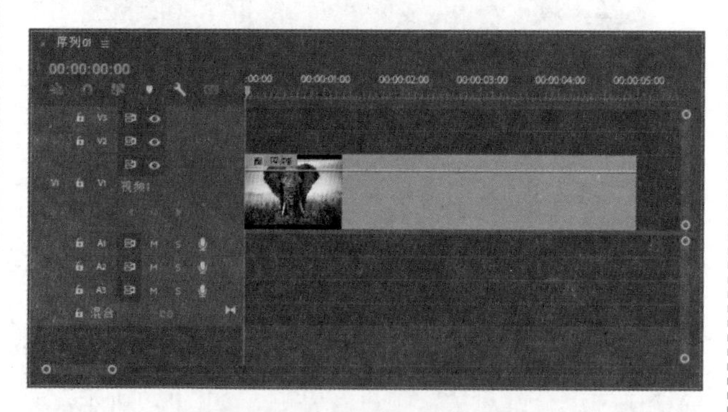

图8-12　显示不透明度控制线

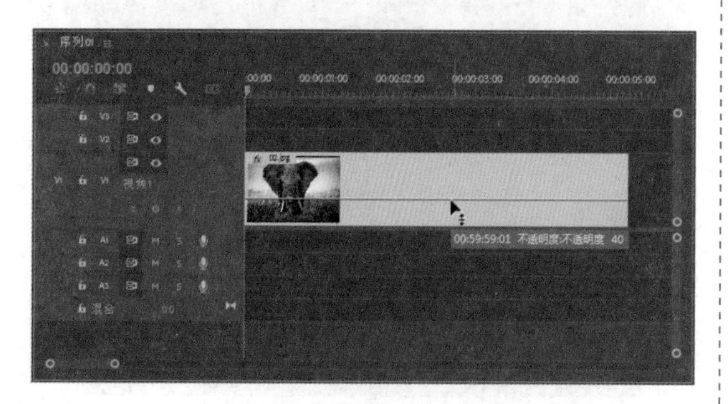

图8-13　调整不透明度

练习实例：制作消失的云烟。	
文件路径	第 8 章 \ 消失的云烟 .prproj
技术掌握	调整关键帧的不透明度

01 新建一个项目，然后在项目面板中导入“风景.jpg”和“云烟.jpg”素材对象。

02 新建一个序列，然后将“风景.jpg”和“云烟.jpg”素材分别添加到序列的视频1和视频2轨道中，如图8-14所示。

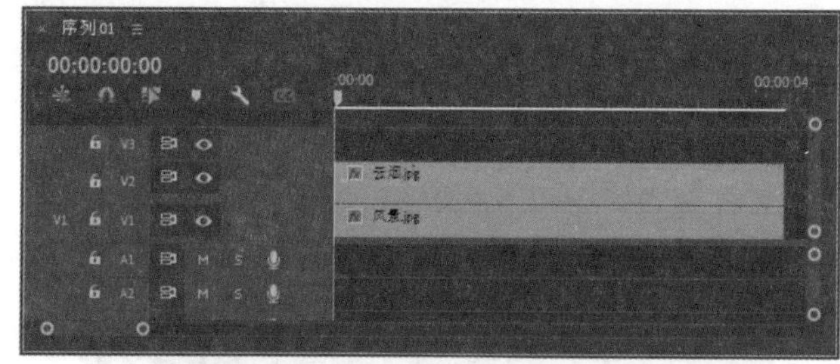

图8-14　添加素材

03 将光标移到时间轴面板视频2轨道上方的边缘处，当光标呈现![]图标时向上拖动轨道上边界，展开轨道关键帧控件区域，如图8-15所示。

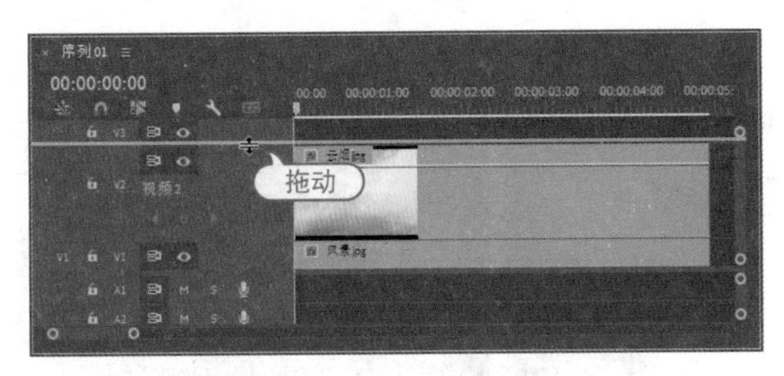

图8-15 展开轨道关键帧控件区域

04 在视频2轨道中的素材上右击，在弹出的快捷菜单中选择“显示剪辑关键帧”|“不透明度”|“不透明度”命令，如图8-16所示。

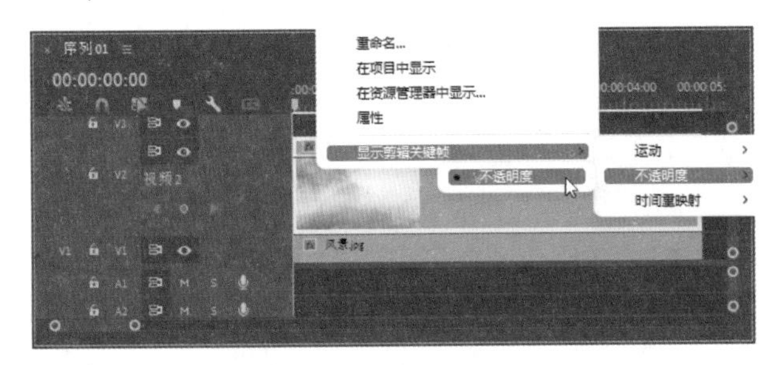

图8-16 设置关键帧类型

05 将时间指示器移到素材的入点处，然后单击“添加-移除关键帧”按钮◇，即可在轨道中的素材上添加一个关键帧，如图8-17所示。

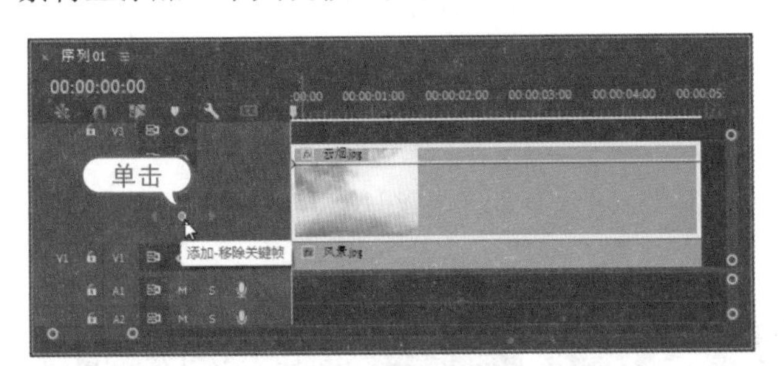

图8-17 添加关键帧

06 将时间指示器依次移动到第1秒和素材的出点处，在这两个时间位置分别单击“添加-移除关键帧”按钮◇，各添加一个关键帧，如图8-18所示。

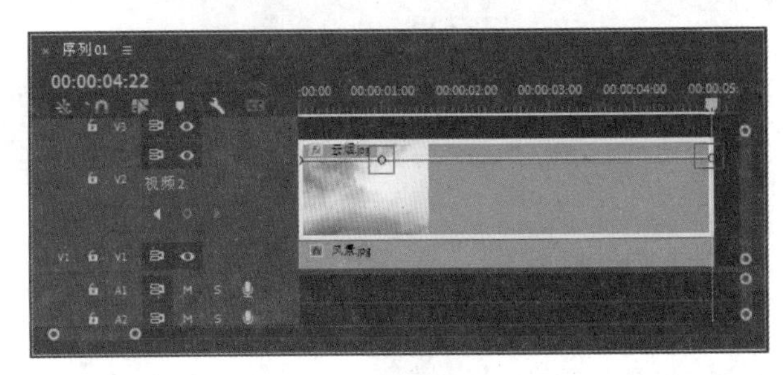

图8-18 添加其他关键帧

07 将光标移到最后的关键帧上，然后按住鼠标左键，将该关键帧向下拖动，可以调整该关键帧的位置(可以改变素材在该帧的不透明度)，如图8-19所示。

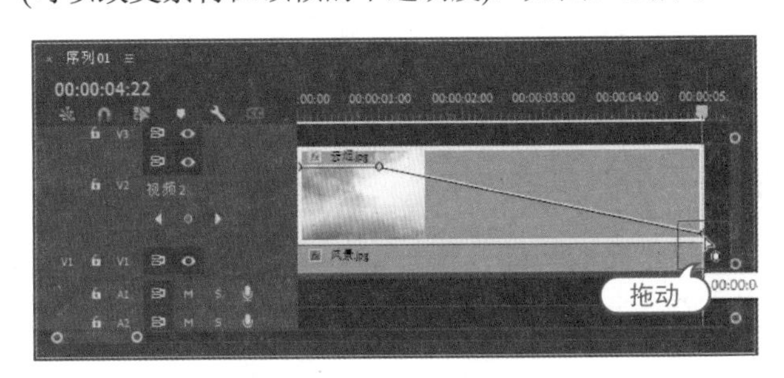

图8-19 调整关键帧

08 在节目监视器面板中播放素材，可以预览到在不同的帧位置，云烟素材的不透明度发生了变化，实现慢慢消失的效果，如图8-20所示。

图8-20 预览影片效果

8.2.3 不透明度混合模式

在Premiere Pro 2024的“不透明度”选项的“混合模式”下拉列表中有27种混合模式，主要用来设置轨道中的图像与下面轨道中的图像进行色彩混合的方法，如图8-21所示。设置不同的混合模式，所产生的效果也不同。下面将如图8-22所示的素材放在视频1轨道中，将如图8-23所示的素材放在视频2轨道中，然后通过设置视频2轨道中素材的不透明度混合模式，对各种混合模式进行详细介绍。

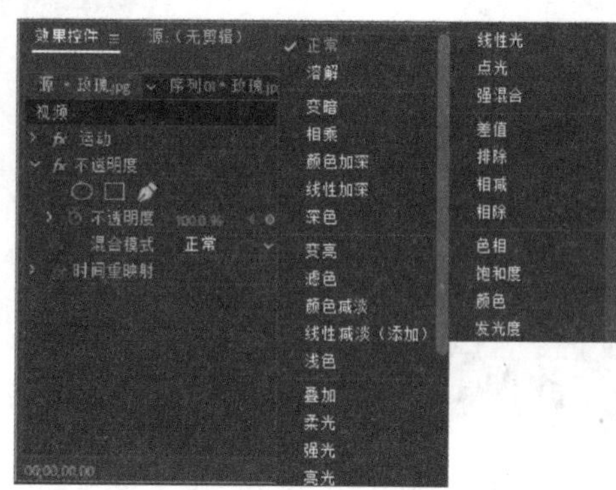

图8-21 不透明度混合模式

图8-22 素材1

图8-23 素材2

1. 正常模式

该模式为系统默认的不透明度混合模式，应用该模式在节目监视器面板中将显示最上方轨道中素材的原始效果。

2. 溶解模式

该模式会随机消失部分图像的像素，消失的部分可以显示下一轨道中的图像，从而形成两个轨道中的图像交融的效果。使用该模式可以配合不透明度使溶解效果更加明显。例如，设置火焰文字轨道的不透明度为60%，得到的效果如图8-24所示。

3. 变暗模式

该模式将查看每个通道中的颜色信息，并将当前图像中较暗的色彩调整得更暗，较亮的色彩变得透明，效果如图8-25所示。

4. 相乘模式

该模式可以显示当前图像和下方轨道中图像颜色较暗的颜色，效果如图8-26所示。任何颜色与黑色混合将产生黑色，与白色混合将保持不变。

图8-24 溶解模式

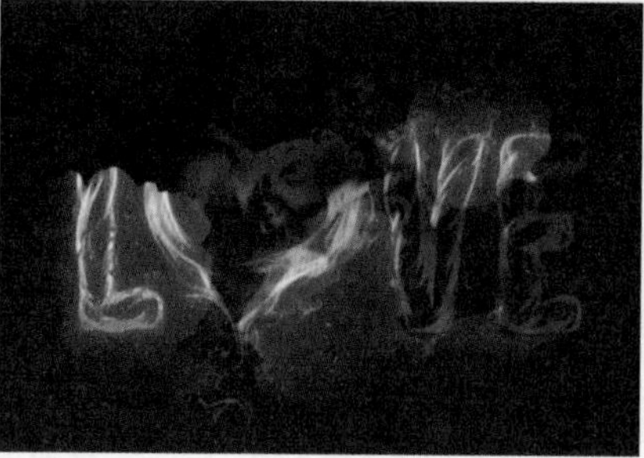

图8-25 变暗模式

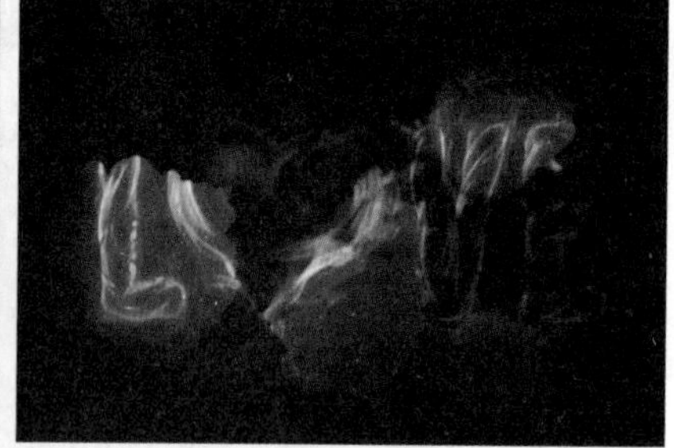

图8-26 相乘模式

5. 颜色加深模式

该模式将增强当前图像与下面轨道中图像之间的对比度，使图像的亮度降低、色彩加深，与白色混合后不产生变化，效果如图8-27所示。

6. 线性加深模式

该模式可以查看每个通道中的颜色信息，并通过减小亮度使基色变暗以反映混合色，与白色混合后不产生变化，效果如图8-28所示。

7. 深色模式

该模式将当前图像和下方轨道中的图像颜色进行比较，并将两个轨道中相对较暗的像素创建为结果色，效果如图8-29所示。

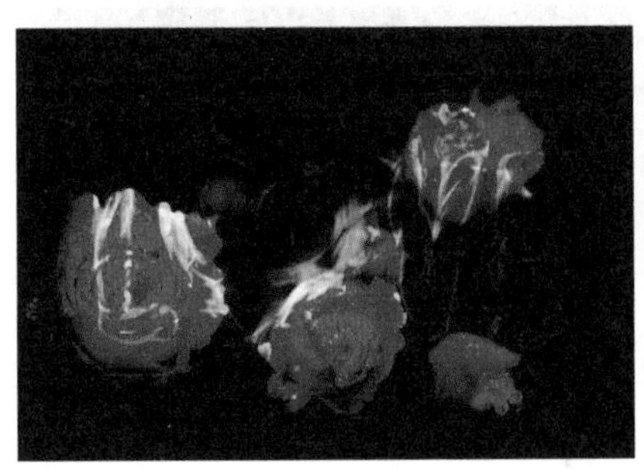

图8-27　颜色加深模式

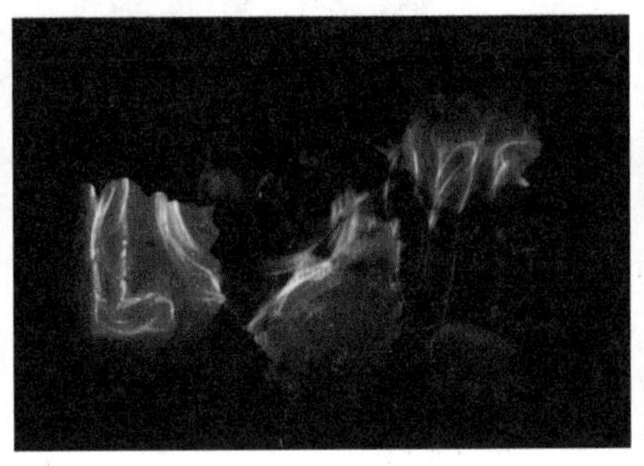

图8-28　线性加深模式

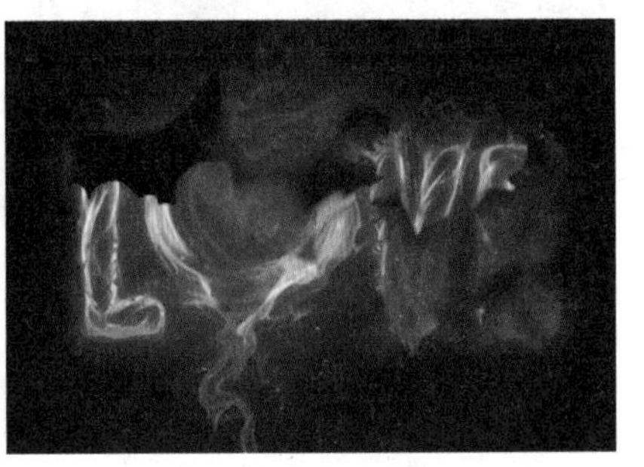

图8-29　深色模式

8. 变亮模式

该模式与变暗模式的效果相反，选择基色或混合色中较亮的颜色作为结果色。比混合色暗的像素被替换，比混合色亮的像素保持不变，效果如图8-30所示。

9. 滤色模式

该模式和相乘模式正好相反，结果色总是较亮的颜色，并具有漂白的效果，如图8-31所示。

10. 颜色减淡模式

该模式通过减小对比度来提高混合后图像的亮度，与黑色混合不发生变化，效果如图8-32所示。

图8-30　变亮模式

图8-31　滤色模式

图8-32　颜色减淡模式

11. 线性减淡（添加）模式

该模式可以查看每个通道中的颜色信息，并通过增加亮度使基色变亮以反映混合色。与黑色混合则不发生变化，效果如图8-33所示。

12. 浅色模式

该模式与深色模式相反，将当前图像和下方轨道中的图像颜色相比较，将两个轨道中相对较亮的像素创建为结果色，效果如图8-34所示。

13. 叠加模式

该模式用于混合或过滤颜色，最终效果取决于基色。图案或颜色在现有像素上叠加，同时保留基色的明暗对比。不替换基色，但基色与混合色相混合以反映原色的亮度或暗度，效果如图8-35所示。

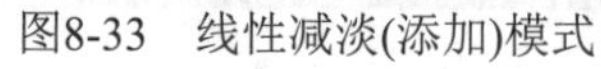

图8-33　线性减淡(添加)模式

图8-34　浅色模式

图8-35　叠加模式

14. 柔光模式

该模式将产生一种柔和光线照射的效果，使高亮度的区域更亮，暗调区域更暗，从而加大反差，效果如图8-36所示。

15. 强光模式

该模式将产生一种强烈光线照射的效果，它是根据当前图像的颜色亮度使下方轨道中图像的颜色更为浓重，效果如图8-37所示。

16. 亮光模式

该模式根据混合色增加或减小对比度来加深或减淡颜色。如果混合色(光源)比50%灰色亮，则通过减小对比度使图像变亮。如果混合色比50%灰色暗，则通过增加对比度使图像变暗，效果如图8-38所示。

图8-36　柔光模式

图8-37　强光模式

图8-38　亮光模式

17. 线性光模式

该模式根据当前图像的颜色增加或减小底层的亮度来加深或减淡颜色。如果当前图像的颜色比50%灰色亮，则通过增加亮度使图像变亮。如果当前图像的颜色比50%灰色暗，则通过减小亮度使图像变暗，效果如图8-39所示。

18. 点光模式

该模式根据当前图像与下方图像的混合色来替换部分较暗或较亮像素的颜色，效果如图8-40所示。

19. 强混合模式

该模式取消了中间色的效果，混合的结果由下方图像颜色与当前图像亮度决定，效果如图8-41所示。

图8-39　线性光模式

图8-40　点光模式

图8-41　强混合模式

20. 差值模式

该模式用颜色较亮的输入值减去颜色较暗的输入值，用白色绘画可反转背景颜色；用黑色绘画不会发生变化，效果如图8-42所示。

21. 排除模式

该模式将创建一种与差值模式相似但对比度更低的效果，与白色混合会使下方图像的颜色产生相反的效果，与黑色混合不产生变化，效果如图8-43所示。

22. 相减模式

该模式从基色中减去混合色。在8位和16位图像中，任何生成的负片值都会相减为零，效果如图8-44所示。

图8-42　差值模式

图8-43　排除模式

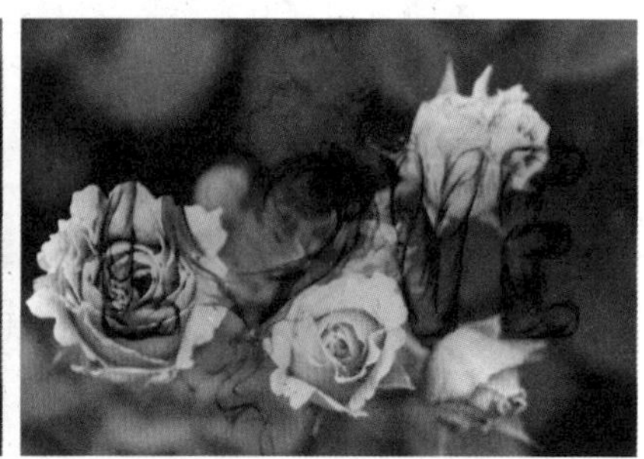

图8-44　相减模式

23. 相除模式

该模式通过查看每个通道中的颜色信息，从基色中分割出混合色，效果如图8-45所示。

24. 色相模式

该模式用基色的亮度和饱和度以及混合色的色相创建结果色，效果如图8-46所示。

25. 饱和度模式

该模式用下方图像颜色的亮度和色相以及当前图像颜色的饱和度创建结果色，效果如图8-47所示。在饱和度为0时，使用此模式不会产生变化。

图8-45　相除模式

图8-46　色相模式

图8-47　饱和度模式

26. 颜色模式

该模式将使用当前图像的亮度与下方图像的色相和饱和度进行混合，效果如图8-48所示。

27. 发光度模式

该模式将使用当前图像的色相和饱和度与下方图像的亮度进行混合，其产生的效果与颜色模式相反，效果如图8-49所示。

图8-48　颜色模式

图8-49　发光度模式

8.3　“键控”合成技术

在效果面板中展开“视频效果”|“键控”素材箱，可以显示其中包含的5种效果，如图8-50所示，下面介绍在两个重叠的素材上运用各种“键控”特效得到合成效果的方法。

图8-50　“键控”类型效果

8.3.1 Alpha 调整

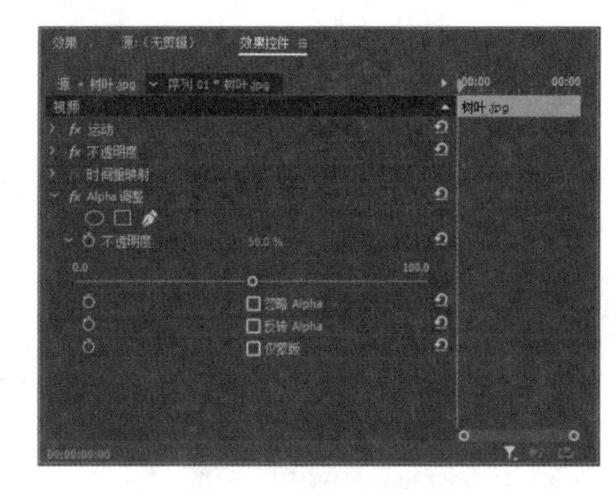

图8-51 Alpha调整参数

对素材运用该效果，可以按前面画面的灰度等级来决定叠加的效果，效果控件面板中的参数如图8-51所示。

- 不透明度：用于调整画面的不透明度。
- 忽略Alpha：选中该复选框后，将忽略Alpha通道效果。
- 反转Alpha：选中该复选框后，将对Alpha通道进行反向处理。
- 仅蒙版：选中该复选框后，前景素材仅作为蒙版使用。

在素材上运用该效果后，通过调整效果控件面板中的不透明度，可以修改叠加的效果，如图8-52～图8-54所示。

图8-52 轨道1素材

图8-53 轨道2素材

图8-54 Alpha调整效果

8.3.2 亮度键

该效果在对明暗对比十分强烈的图像进行画面叠加时非常有用。在素材上运用该效果，可以将被叠加图像的灰度值设为透明，而且保持色度不变，效果如图8-55所示。该效果的参数如图8-56所示。

图8-55 亮度键效果

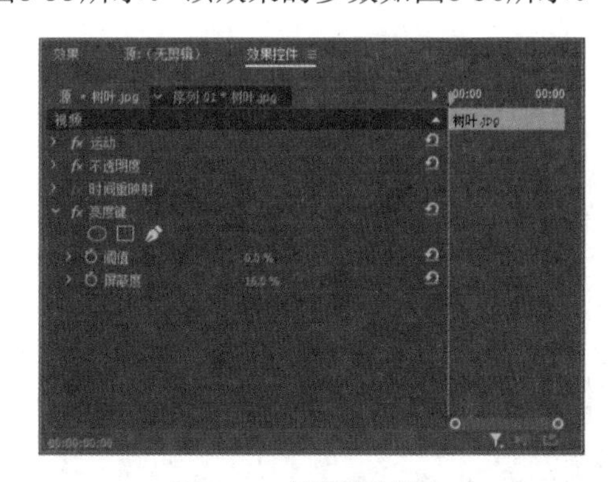

图8-56 亮度键参数

- 阈值：用于指定不透明度的临界值。较高的值会增大不透明度的范围。
- 屏蔽度：用于设置由“阈值”滑块指定的不透明区域的不透明度。较高的值会增加不透明度。

8.3.3 超级键

在素材上应用“超级键”效果，可以将素材的某种颜色及相似的颜色范围设置为透明。该效果通过“主要颜色”参数在两个素材间进行叠加，如图8-57～图8-59所示。

图8-57　轨道1素材

图8-58　轨道2素材

图8-59　超级键合成效果

“超级键”效果的参数介绍如下。

- 输出：用于设置输出的类型，包括“合成”“Alpha通道”和“颜色通道”选项，如图8-60所示。
- 设置：用于设置抠像类型，包括“默认”“弱效”“强效”和“自定义”选项，如图8-61所示。
- 主要颜色：用于设置透明的颜色值。

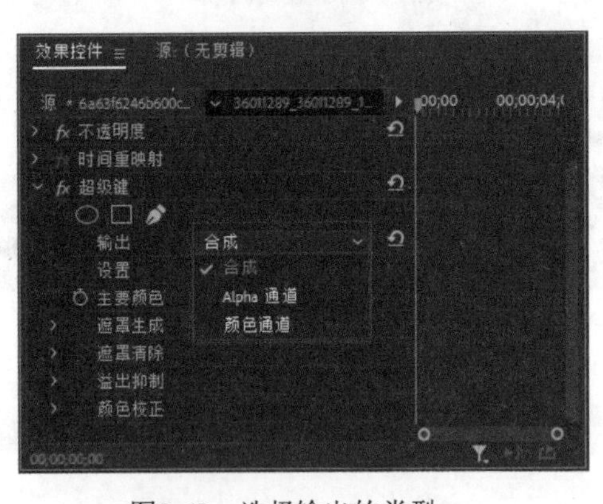

图8-60　选择输出的类型

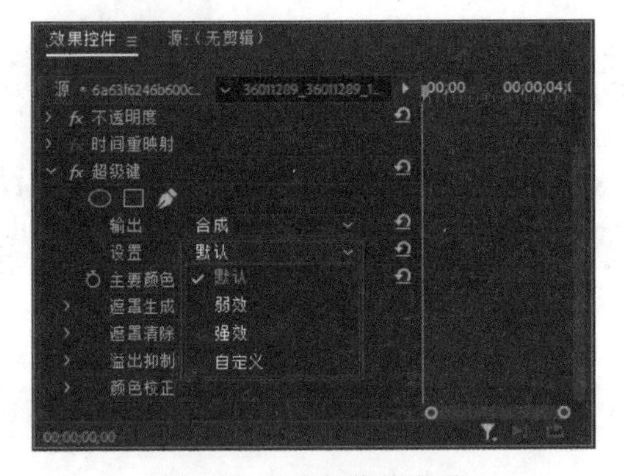

图8-61　选择抠像的类型

- 遮罩生成：调整遮罩产生的属性，包括“透明度”“高光”“阴影”“容差”和“基值”选项，如图8-62所示。
- 遮罩清除：调整抑制遮罩的属性，包括“抑制”“柔化”“对比度”和“中间点”选项，如图8-63所示。

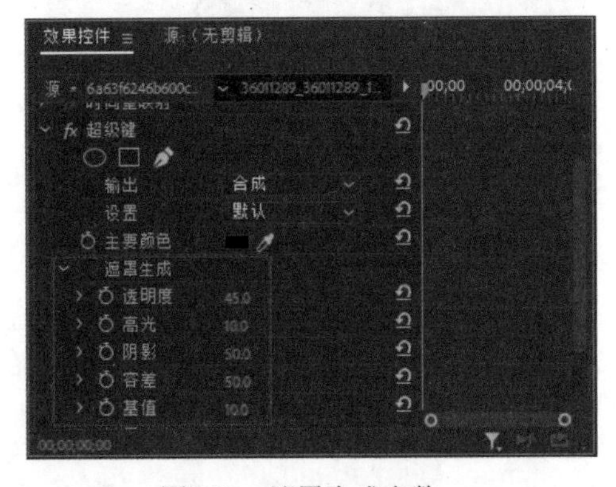

图8-62　遮罩生成参数

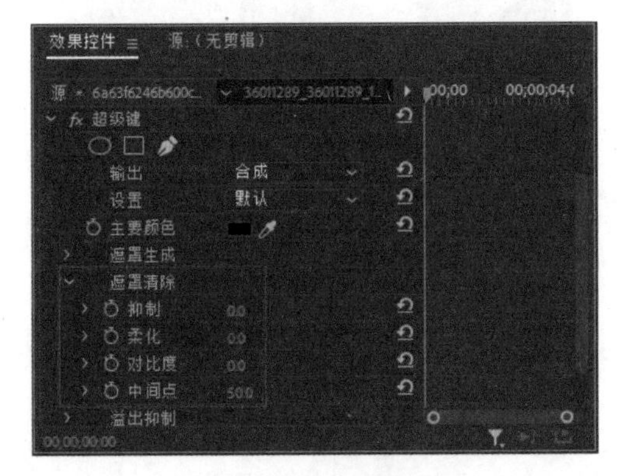

图8-63　遮罩清除参数

- 溢出抑制：调整对溢出色彩的抑制，包括“降低饱和度”“范围”“溢出”和“亮度”选项，如图8-64所示。
- 颜色校正：调整图像的色彩，包括“饱和度”“色相”和“明亮度”选项，如图8-65所示。

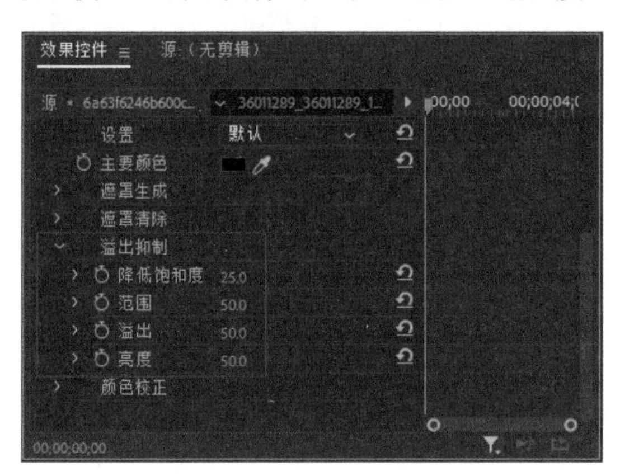

图8-64　溢出抑制参数

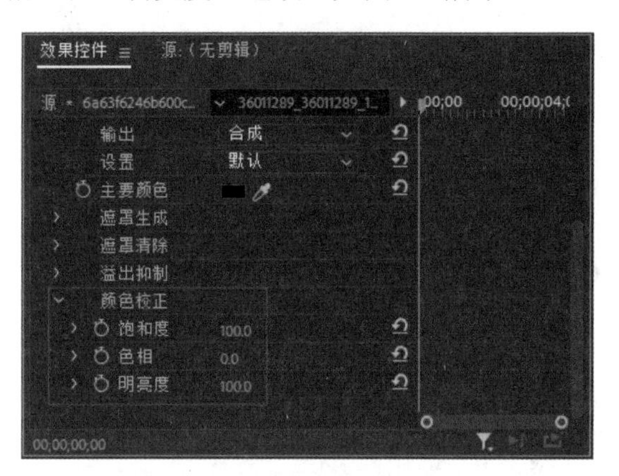

图8-65　颜色校正参数

8.3.4　轨道遮罩键

该效果通过一个素材(叠加的素材)显示另一个素材(背景素材)，此过程使用第三个图像作为遮罩，在叠加的素材中创建透明区域。此效果需要两个素材和一个遮罩，每个素材位于自身的轨道上。遮罩中的白色区域在叠加的素材中是不透明的，防止底层素材显示出来。遮罩中的黑色区域是透明的，而灰色区域是部分透明的。

包含运动素材的遮罩被称为移动遮罩或运动遮罩。此遮罩包括运动素材(如绿屏轮廓)或已做动画处理的静止图像遮罩。用户可以通过将运动效果应用于遮罩来对静止图像创建动画效果。

练习实例：制作魔镜效果。	
文件路径	第 8 章 \ 魔镜效果.prproj
技术掌握	轨道遮罩键的应用

01 新建一个项目和一个序列，然后将素材导入项目面板中，如图8-66所示。

02 将“梦幻城堡.jpg”素材添加到时间轴面板的视频1轨道中，如图8-67所示。

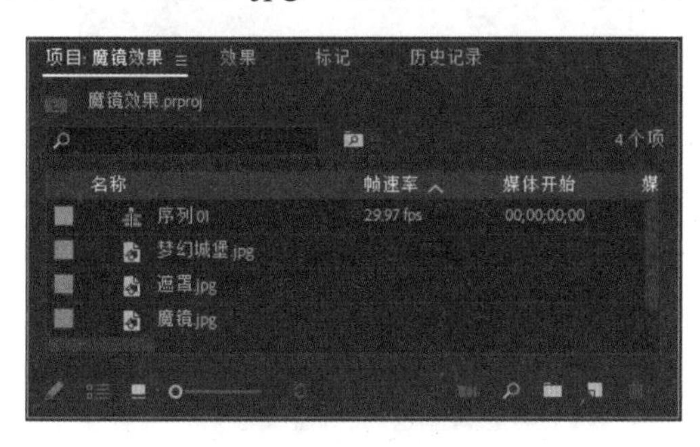

图8-66　导入素材

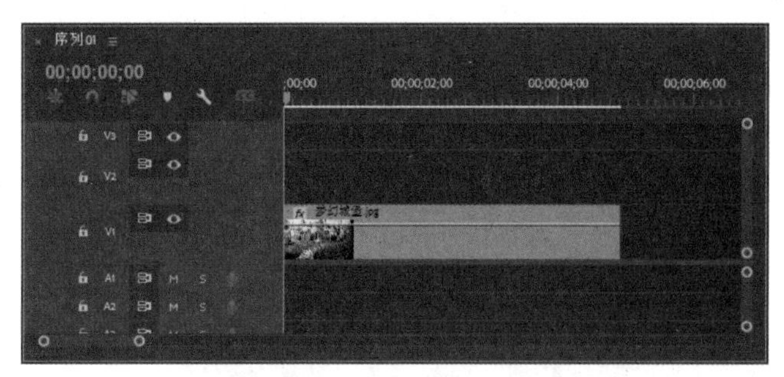

图8-67　添加素材(一)

03 在节目监视器面板中对影片进行预览，效果如图8-68所示。

04 将“魔镜.jpg”素材添加到时间轴面板的视频2轨道中，如图8-69所示。

图8-68　影片效果(一)

图8-69　添加素材(二)

05 在节目监视器面板中对影片进行预览，效果如图8-70所示。

图8-70　影片效果(二)

06 将“遮罩.jpg”素材添加到时间轴面板的视频3轨道中，如图8-71所示。

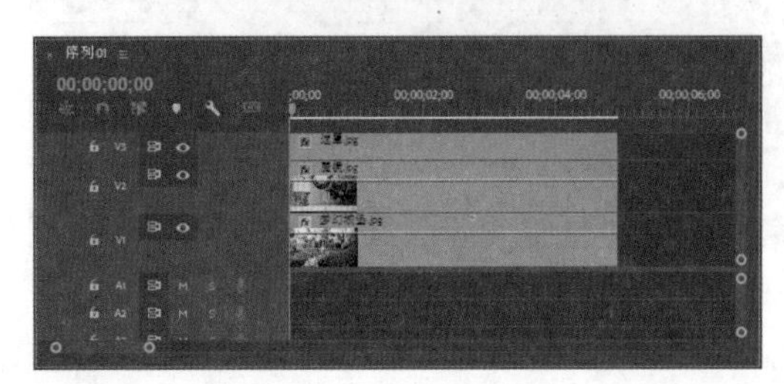

图8-71　添加素材(三)

07 在节目监视器面板中对影片进行预览，效果如图8-72所示。

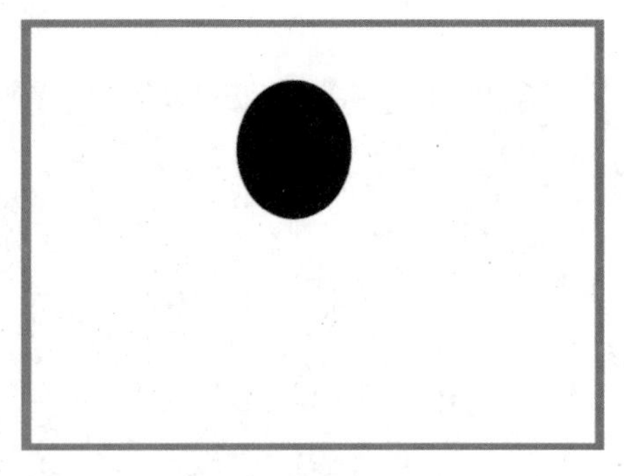

图8-72　影片效果(三)

08 在效果面板中选择“视频效果”|“键控”|“轨道遮罩键”效果，如图8-73所示。

图8-73　选择“轨道遮罩键”效果

09 将“轨道遮罩键”效果拖动到视频2轨道中的“魔镜.jpg”素材上，然后在效果控件面板中设置“遮罩”的轨道为“视频3”，“合成方式”为“亮度遮罩”，如图8-74所示。

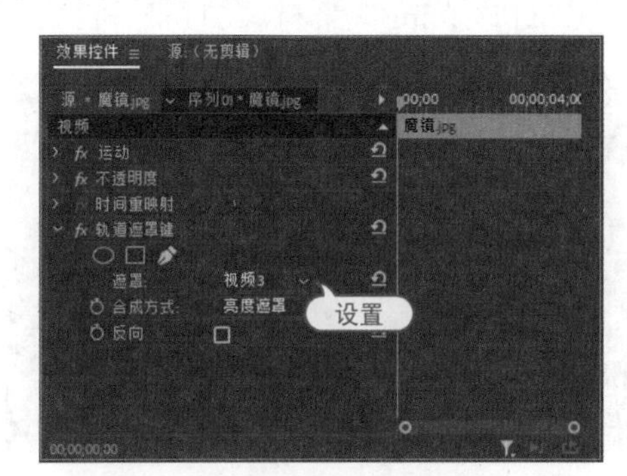

图8-74　设置轨道遮罩键参数

10 在节目监视器面板中预览“轨道遮罩键”的视频效果，如图8-75所示。

图8-75　轨道遮罩键效果

11 在时间轴面板中选择视频1轨道中的“梦幻城堡.jpg”素材，然后切换到效果控件面板中，在第0秒时为“位置”和“缩放”选项各添加一个关键帧，设置“位置”坐标为360、80，设置“缩放”为185，如图8-76所示。

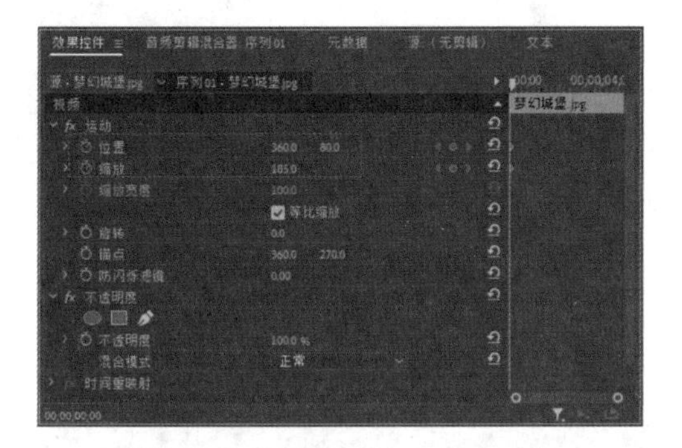

图8-76　设置位置和缩放参数

12 将时间指示器移到“梦幻城堡.jpg”素材的出点位置，然后为“位置”和“缩放”选项各添加一个关键帧，设置“位置”坐标为360、155，设置“缩放”为30，如图8-77所示。

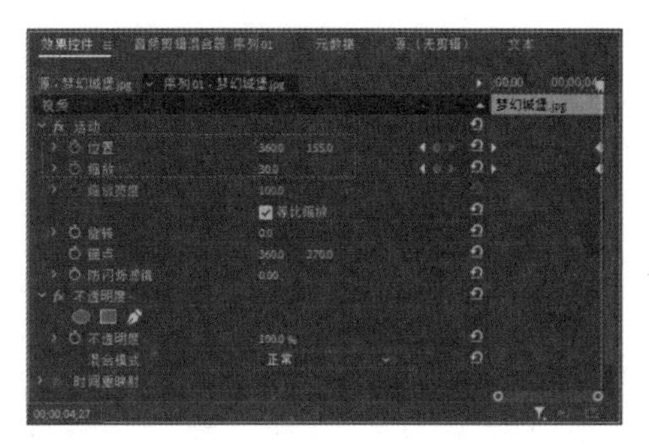

图8-77　设置缩放关键帧

13 在节目监视器面板中对节目进行播放，预览轨道遮罩键的效果，如图8-78所示。

图8-78　预览影片效果

8.3.5　颜色键

该效果用于抠出所有类似于指定的主要颜色的图像像素，抠出素材中的颜色时，该颜色或颜色范围将变得对整个素材透明。此效果仅修改素材的 Alpha 通道。在该效果的参数设置中，可以通过调整容差级别来控制透明颜色的范围，也可以对透明区域的边缘进行羽化，以便创建透明和不透明区域之间的平滑过渡，该效果的参数如图8-79所示。在效果控件面板中单击“颜色键”效果的“主要颜色”选项右侧的颜色图标，可以打开“拾色器”对话框，在该对话框中对需要指定的颜色进行设置，如图8-80所示。

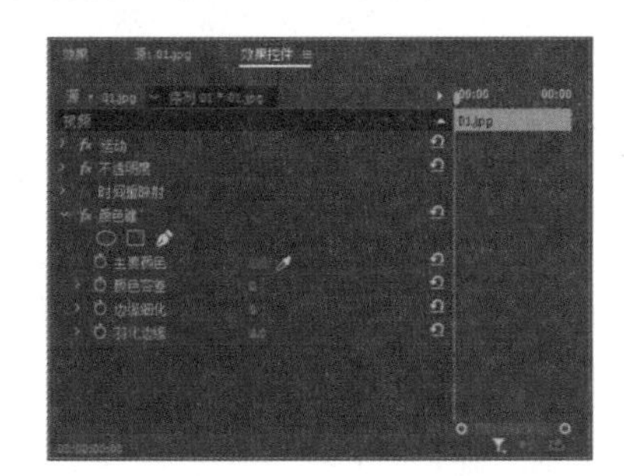

图8-79　颜色键参数

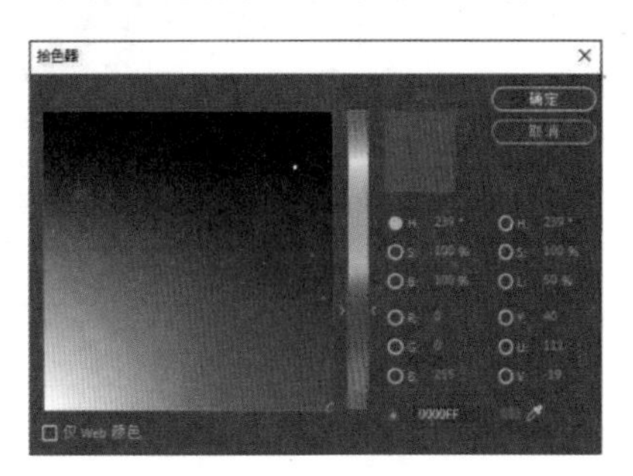

图8-80　设置颜色

练习实例：更换人物背景。	
文件路径	第 8 章 \ 更换人物背景.prproj
技术掌握	颜色键的应用

01 新建一个项目和一个序列，然后将素材导入项目面板中，如图8-81所示。

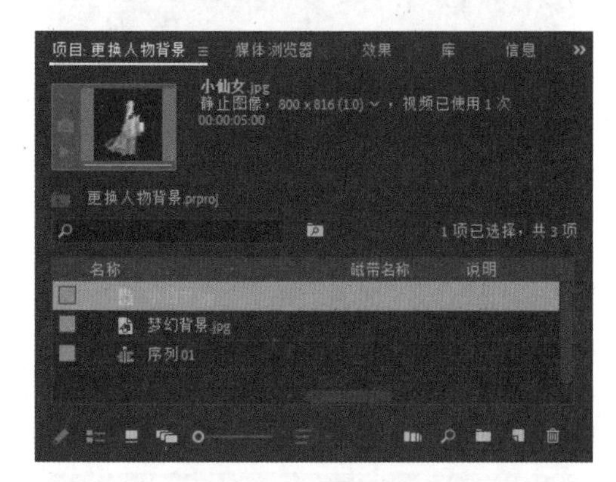

图8-81　导入素材

02 将“梦幻背景.jpg”素材添加到时间轴面板的视频1轨道中，如图8-82所示。

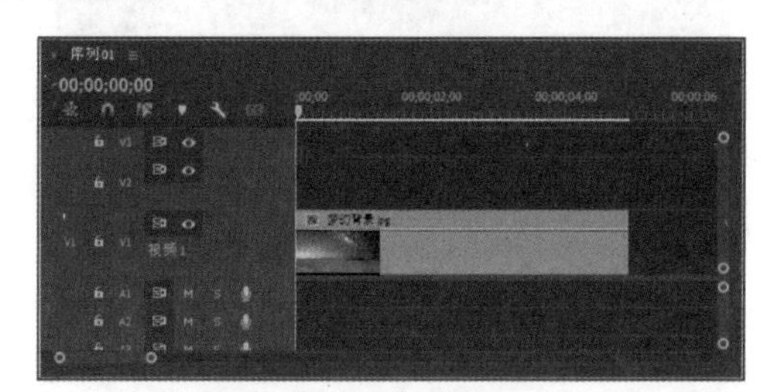

图8-82　添加素材(一)

03 在节目监视器面板中对影片进行预览，效果如图8-83所示。

图8-83　影片效果(一)

04 将人物素材添加到时间轴面板的视频2轨道中，如图8-84所示。

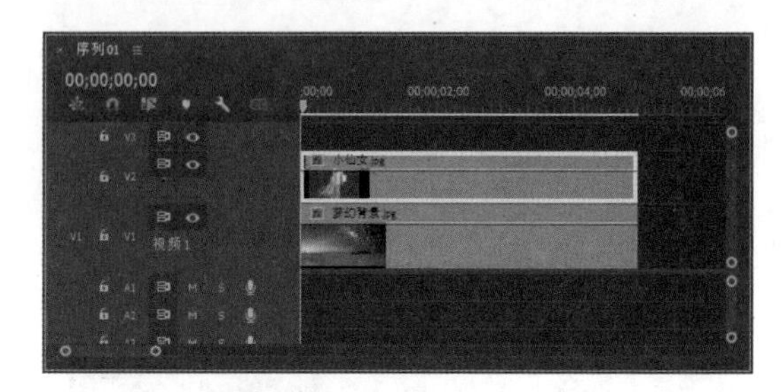

图8-84　添加素材(二)

05 在节目监视器面板中对影片进行预览，效果如图8-85所示。

图8-85　影片效果(二)

06 在效果面板中选择“视频效果”|“键控”|“颜色键”效果，如图8-86所示。

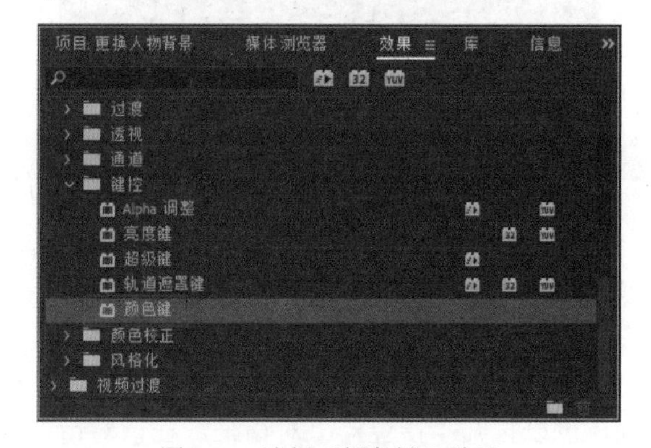

图8-86　选择“颜色键”效果

07 将“颜色键”效果拖动到视频2轨道中的人物素材上。

08 打开效果控件面板，然后设置“主要颜色”为人物背景的颜色(即墨绿色)，设置“颜色容差”为10、“边缘细化”为1、“羽化边缘”为1.5，如图8-87所示。

09 在节目监视器面板中预览应用颜色键更换人物背景后的效果，如图8-88所示。

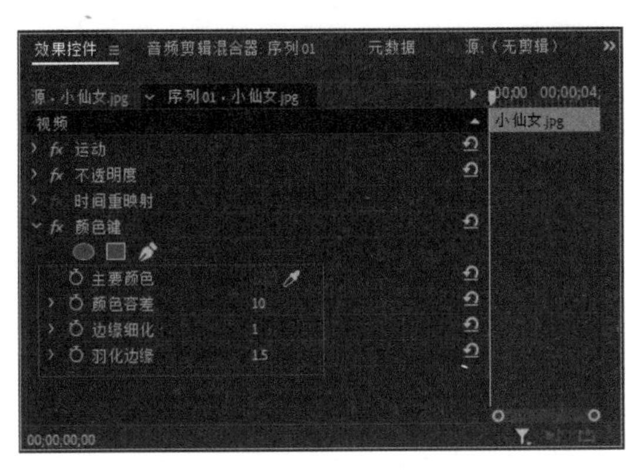

图8-87　设置颜色键参数

图8-88　更换人物背景后的效果

8.4　“过时”键控效果

除了上述介绍的几种常用键控效果，在“过时”素材箱中还有“差值遮罩”“图像遮罩键”“移除遮罩”和“非红色键”等多种键控效果。

8.4.1　差值遮罩

使用该效果创建不透明度的方法是将源素材和差值素材进行比较，然后在源图像中抠出与差值图像中的位置和颜色均匹配的像素，如图8-89~图8-92所示。

图8-89　原始图像

图8-90　背景图像

图8-91　上方轨道的图像

图8-92　合成图像

为素材添加“差值遮罩”效果后，效果控件面板中的参数如图8-93所示。

知识点滴：

“差值遮罩”效果通常用于抠出移动物体后面的静态背景，然后放在不同的背景上。差值素材通常仅仅是背景素材的帧(在移动物体进入场景之前)。因此，差值遮罩效果最适合用于固定摄像机和静止背景拍摄的场景。

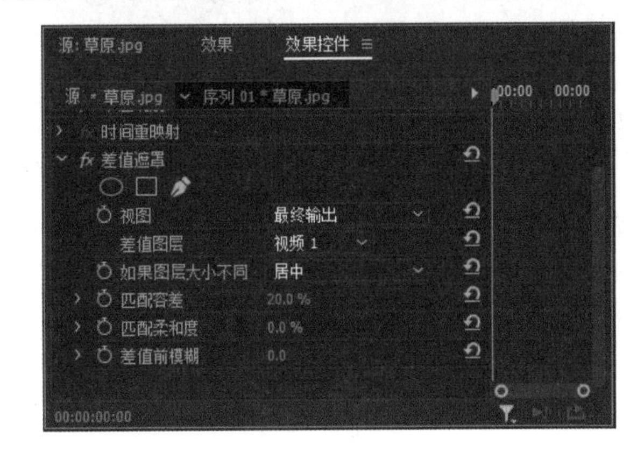

图8-93　差值遮罩参数

- 视图：用于指定节目监视器显示“最终输出”“仅限源”还是“仅限遮罩”。
- 差值图层：用于指定要用作遮罩的轨道。
- 如果图层大小不同：用于指定将前景图像居中还是对其进行拉伸。
- 匹配容差：用于指定遮罩必须在多大程度上匹配前景色才能被抠像。
- 匹配柔和度：用于指定遮罩边缘的柔和程度。
- 差值前模糊：用于模糊差异像素，清除合成图像中的杂点。

8.4.2 图像遮罩键

该效果根据静止图像素材(充当遮罩)的明亮度值抠出素材图像的区域。透明区域显示下方视频轨道中的素材产生的图像。用户可以指定项目中的任何静止图像素材来充当遮罩图像。图像遮罩键可根据遮罩图像的Alpha通道或亮度值来确定透明区域，如图8-94、图8-95和图8-96所示。

图8-94　叠加素材

图8-95　遮罩素材

图8-96　遮罩显示背景效果

8.4.3 移除遮罩

“移除遮罩”效果用于从某种颜色的素材中移除颜色底纹，可以将应用蒙版的图像产生的白色区域或黑色区域移除。将Alpha通道与独立文件中的填充纹理相结合时，此效果很有用。该效果的参数如图8-97所示，在该效果参数中可以设置“遮罩类型”为白色或黑色，如图8-98所示。

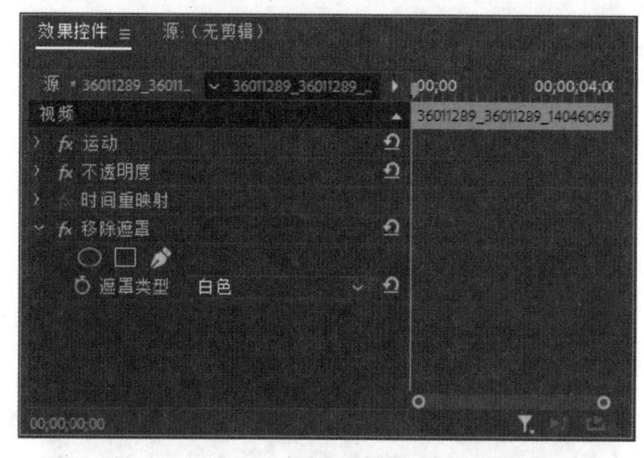

图8-97　“移除遮罩”效果参数

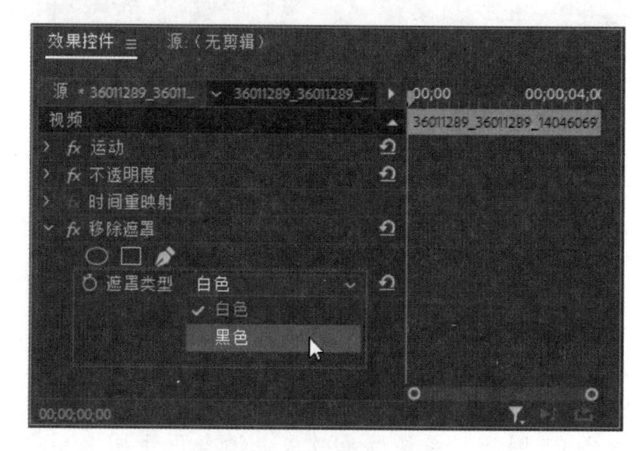

图8-98　选择遮罩类型

8.4.4 非红色键

“非红色键”效果基于绿色或蓝色背景创建不透明度，此键可以控制两个素材的混合效果。在该效果的参数中，可以设置阈值、屏蔽度、去边、平滑等参数，如图8-99所示。

- 阈值：用于调整素材背景的不透明度。
- 屏蔽度：用于设置图像被键控的中止位置。
- 去边：通过选择其中的选项去除绿色或蓝色边缘，如图8-100所示。

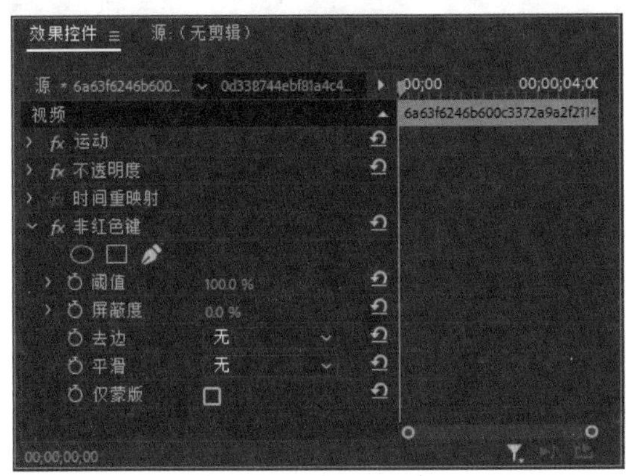

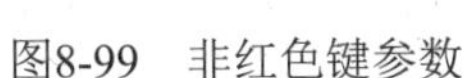
图8-99 非红色键参数

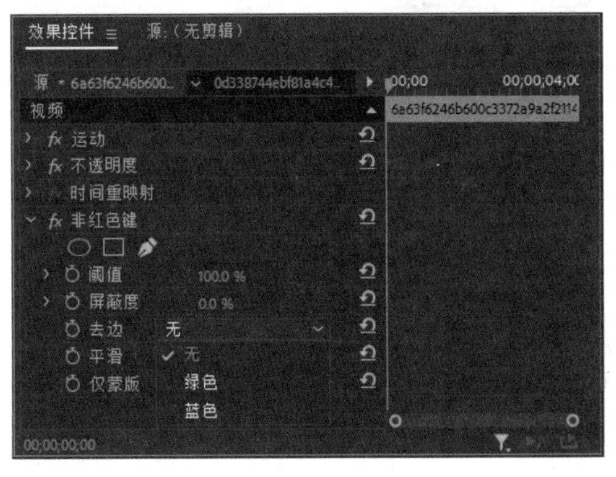

图8-100 选择去边类型

- 平滑：用于设置锯齿消除，通过混合像素颜色来平滑边缘，包括“无”“低”和“高”选项。
- 仅蒙版：用于控制是否显示素材的Alpha通道。

8.5 蒙版与跟踪

Premiere Pro 2024拥有与After Effects相似的蒙版与跟踪工具。下面介绍Premiere Pro 2024中的蒙版和跟踪的应用。

8.5.1 Premiere Pro 2024 中的蒙版

使用蒙版能够在剪辑中定义要模糊、覆盖、高光显示、应用效果或校正颜色的特定区域。使用蒙版还可以在不同的图像中做出多种效果，也可以制作出高品质的合成影像。

在Premiere Pro 2024中，用户可以使用形状工具创建不同形状的蒙版，如椭圆形或矩形，还可以使用钢笔工具绘制自由形状的蒙版。将应用于蒙版区域的效果添加到时间轴面板中的素材上，即可在效果控件面板中选择形状工具或钢笔工具创建所需蒙版。

1. 使用形状工具创建蒙版

Premiere Pro 2024提供了两种形状工具：创建椭圆形蒙版工具和创建4点多边形蒙版工具。例如，展开效果控件面板中的“不透明度”选项，如图8-101所示，使用创建椭圆形蒙版工具和创建4点多边形蒙版工具分别可以创建如图8-102和图8-103所示的蒙版效果。

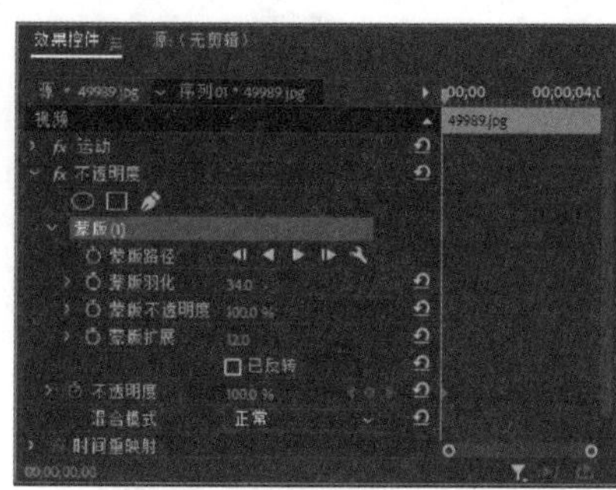

图8-101　展开“不透明度”选项

图8-102　创建椭圆形蒙版

图8-103　创建多边形蒙版

2. 使用钢笔工具创建蒙版

在Premiere Pro 2024中，使用钢笔工具可以创建自由形状的蒙版。单击钢笔工具，可以通过绘制直线和曲线段来创建不同形状的蒙版。

知识点滴：

在效果控件面板中选择要删除的蒙版，然后按键盘上的Delete键可以将选择的蒙版删除。

练习实例：创建自由形状蒙版。	
文件路径	第 8 章 \ 蒙版.prproj
技术掌握	使用钢笔工具创建蒙版

01 新建一个项目和一个序列，然后将“落日.jpg”和“汽车.jpg”素材导入项目面板中。

02 将“落日.jpg”素材添加到时间轴面板的视频1轨道中，在节目监视器面板中对影片进行预览，效果如图8-104所示。

图8-104　影片效果(一)

03 将“汽车.jpg”素材添加到时间轴面板的视频2轨道中，在节目监视器面板中对影片进行预览，效果如图8-105所示。

图8-105　影片效果(二)

04 在效果控件面板中展开“不透明度”选项，单击该选项中的钢笔工具，在节目监视器面板中绘制汽车区域蒙版，效果如图8-106所示。

图8-106　绘制汽车区域蒙版

05 在效果控件面板中展开“蒙版”选项组，设置“蒙版羽化”为2。然后展开“运动”选项组，设置“位置”坐标为233、240，设置“缩放”为65，如图8-107所示。

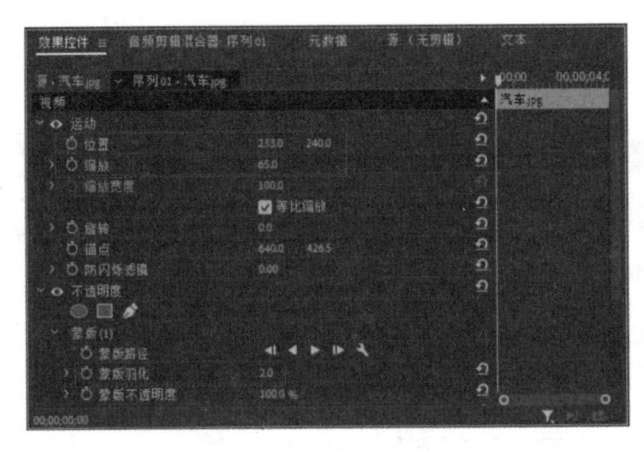

图8-107 设置蒙版和运动参数

06 在节目监视器面板中对影片进行预览，效果如图8-108所示。

图8-108 修改后的蒙版效果

8.5.2 跟踪蒙版

使用跟踪蒙版功能，可以对影片中某个特殊对象进行跟踪遮挡。在效果控件面板中创建一个蒙版，展开“蒙版”选项组，即可使用“蒙版路径”选项中的工具对蒙版进行跟踪设置，如图8-109所示，单击“跟踪方法”按钮🔧，可以在弹出的快捷菜单中选择跟踪蒙版的方法，如图8-110所示。

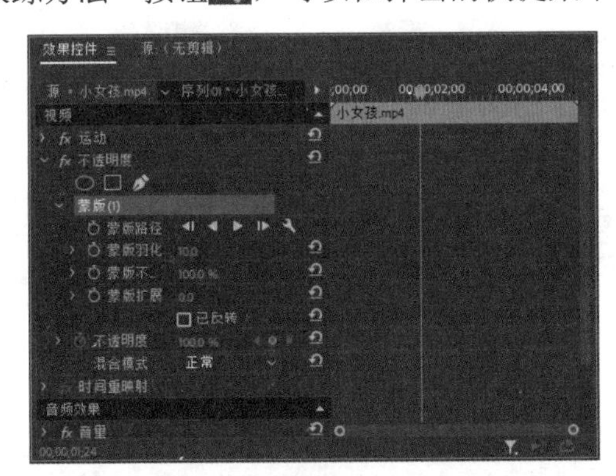

图8-109 展开“蒙版”选项组

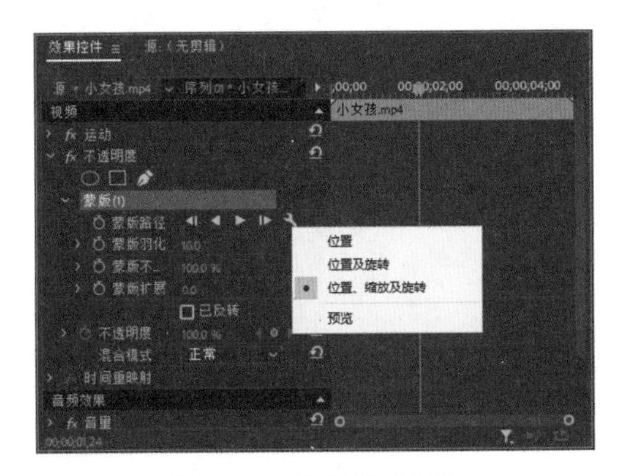

图8-110 选择跟踪方法

练习实例：创建蒙版跟踪效果。	
文件路径	第 8 章 \ 跟踪蒙版.prproj
技术掌握	应用蒙版跟踪功能

01 新建一个项目和一个序列，将“影片.mp4”素材导入项目面板中，再将其添加到时间轴面板的视频1轨道中。

02 在效果面板中选择“视频效果”|“风格化”|“马赛克”效果，如图8-111所示。

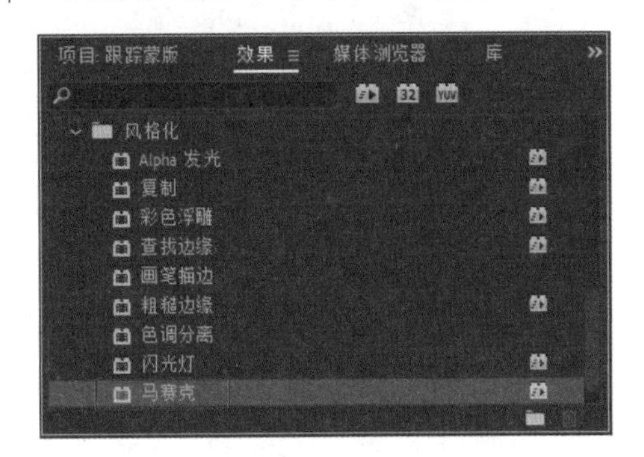

图8-111 选择“马赛克”效果

03 将“马赛克”效果添加到视频1轨道中的“影片.mp4”素材上，预览效果如图8-112所示。

图8-112　马赛克影片效果

04 在效果控件面板中展开“马赛克”效果选项，单击“创建椭圆形蒙版”按钮，如图8-113所示。

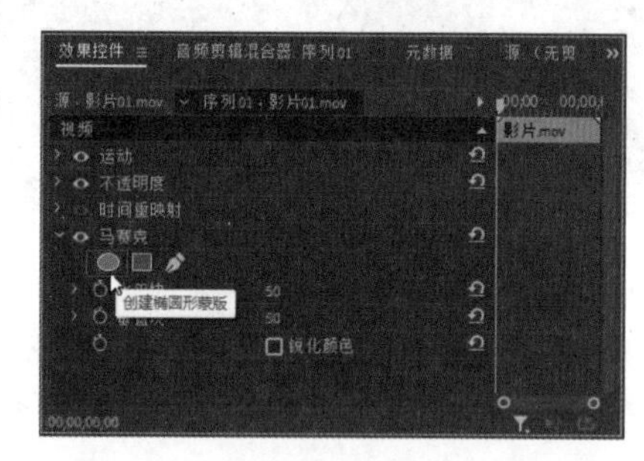

图8-113　单击“创建椭圆形蒙版”按钮

05 在节目监视器面板中创建一个椭圆形蒙版，遮挡住汽车，如图8-114所示。

图8-114　创建椭圆形蒙版

06 切换到效果控件面板中，单击“蒙版路径”选项中的“向前跟踪所选蒙版”按钮，即可对创建的蒙版进行跟踪，在效果控件面板中将显示进行蒙版跟踪时自动创建的关键帧，如图8-115所示。用户也可以对蒙版的关键帧进行调整，以达到期望的效果。

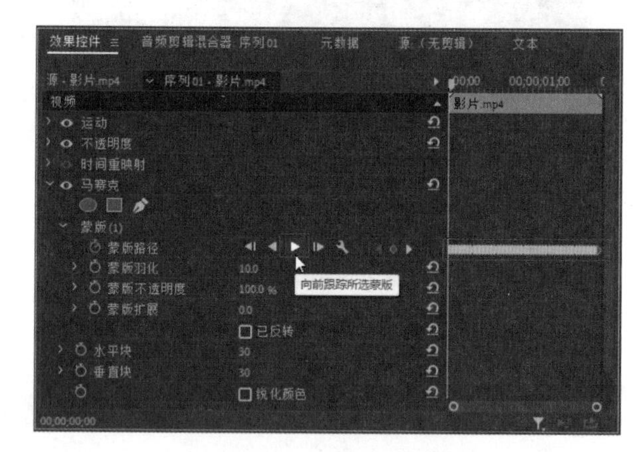

图8-115　向前跟踪所选蒙版

07 在节目监视器面板中对影片进行播放，可以预览跟踪蒙版的效果，如图8-116所示。

图8-116　跟踪蒙版效果

8.6　高手解答

问：如何创建视频画面的渐隐渐现效果？

答：通过对视频画面添加并设置不透明度的关键帧可以创建渐隐渐现效果。将不透明度从0设置到100%，可以创建视频画面渐现效果；将不透明度从100%设置到0，可以创建视频画面渐隐效果。

问：在抠像中常用的背景颜色有哪些？

答：在抠像中常用的背景颜色为蓝色和绿色，主要是因为人体的自然颜色中不包含这两种颜色，这样就不会与人物混合在一起，而在欧美地区拍摄人物时常使用绿色背景，这是因为欧美人的眼睛通常为蓝色。

问：使用什么键控效果可以抠出所有类似于指定的主要颜色的图像像素？

答：使用“颜色键”效果可以抠出所有类似于指定的主要颜色的图像像素。

第9章 创建文字与图形

文字与图形是视频编辑中常用的对象，字幕是影视制作中信息表现的重要元素，纯画面信息不能完全取代文字信息的功能，很多影视的片头和片尾都会用到精彩的字幕，以使影片显得更为完整。使用文字工具可以在影视制作中创建字幕和演职员表，也可以创建动画合成。本章将针对文字和图形的创建与设置方法进行详细的讲解。

练习实例：创建文字

练习实例：制作片尾字幕

练习实例：绘制时钟图形

9.1 创建文本

文本不仅可以直接表述画面中所表达的内容，还可以丰富画面的效果。在Premiere 中创建文本时将生成一个文本图层，用户可以将文本生成为素材，还可以对文本图层进行分组。

9.1.1 新建文本图层

在Premiere Pro 2024中，可以通过菜单命令和文字工具两种方式来创建文本图层。

1. 使用菜单命令

在时间轴面板中选择要创建文本的序列，然后选择“图形和标题”|“新建图层”|“文本”或“直排文本”命令，如图9-1所示，即可创建一个文本对象，并生成在视频轨道中，如图9-2所示。默认情况下，新建文本对象的持续时间为5秒，在时间轴面板中拖动文本的出点可以增加或缩短其持续时间。

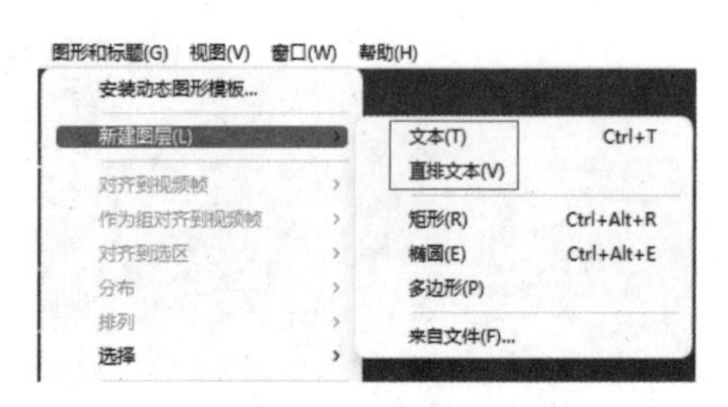

图9-1 选择命令

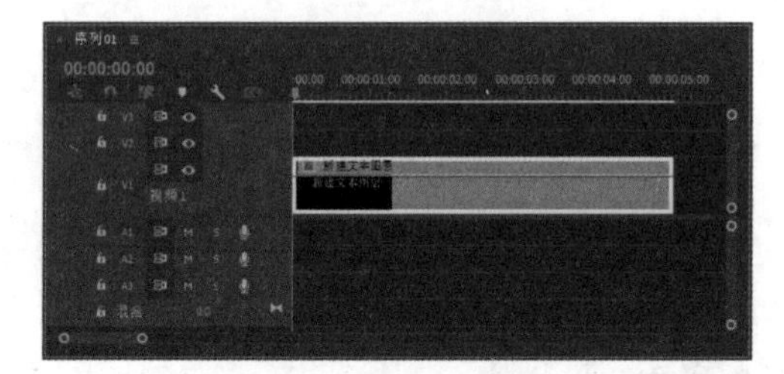

图9-2 创建文本对象

在节目监视器面板中可以预览创建的文本效果，如图9-3所示，在文本处于激活的状态下，可以重新输入文字，修改文本的内容，如图9-4所示。

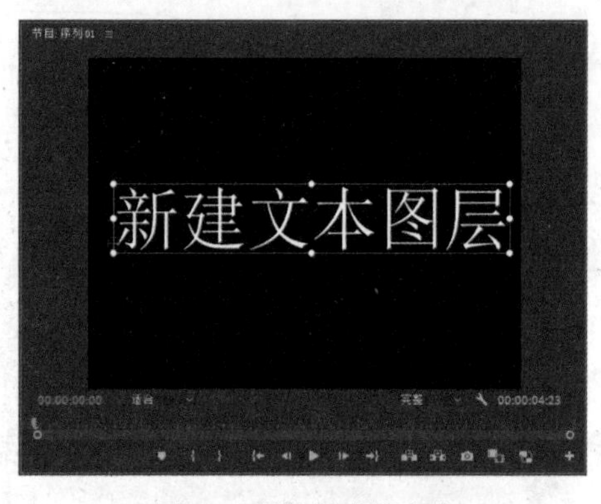

图9-3 预览创建的文本

图9-4 修改文本内容

进阶技巧：

创建好文本对象后，在序列中取消选择该文本对象，再次创建新的文本对象，可以重新创建一个文本对象，如图9-5所示；如果处于选择当前文本对象的状态下，再次创建新的文本对象，创建的文本将作为当前文本对象中的一个子图层，如图9-6所示。

图9-5　创建新的文本图层

图9-6　创建文本子对象

2. 使用文字工具

新建一个序列，在工具面板中选择“文字工具”T，然后在节目监视器面板中单击，指定输入文本的位置，如图9-7所示。在指定输入文本的位置后，用户直接在节目监视器面板中输入文本内容，即可创建一个文本对象，如图9-8所示。

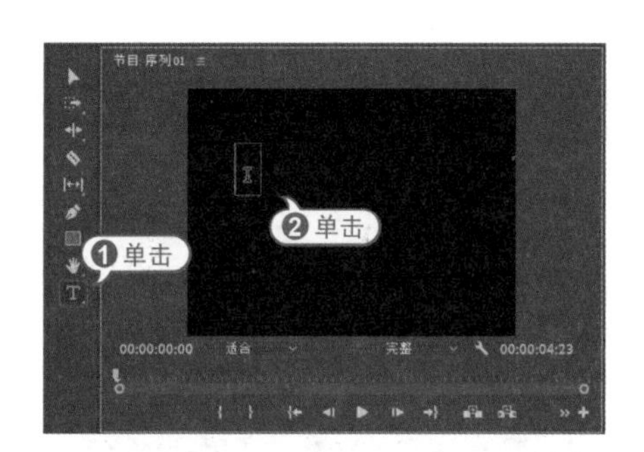

图9-7　指定输入文本的位置

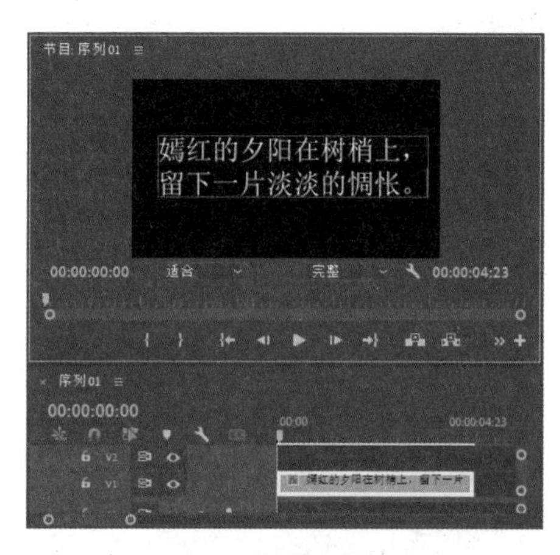

图9-8　创建文本对象

进阶技巧：

选择“图形和标题”|“新建图层”|“垂直文本”命令，或在工具面板中按住“文字工具”，在弹出的工具列表中选择“垂直文字工具”选项，如图9-9所示，可以在节目监视器面板中创建垂直文本对象，如图9-10所示。

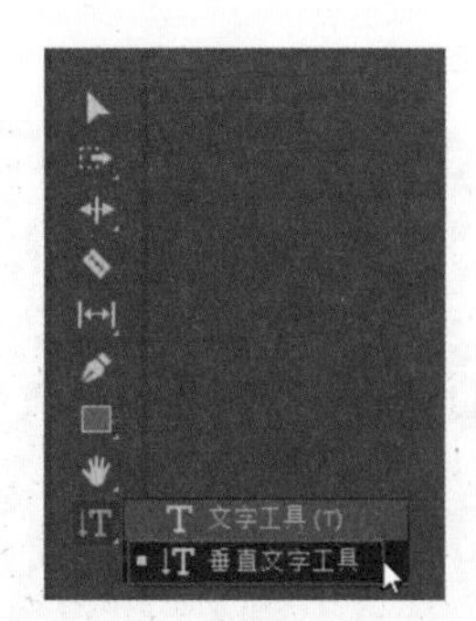

图9-9　选择“垂直文字工具”

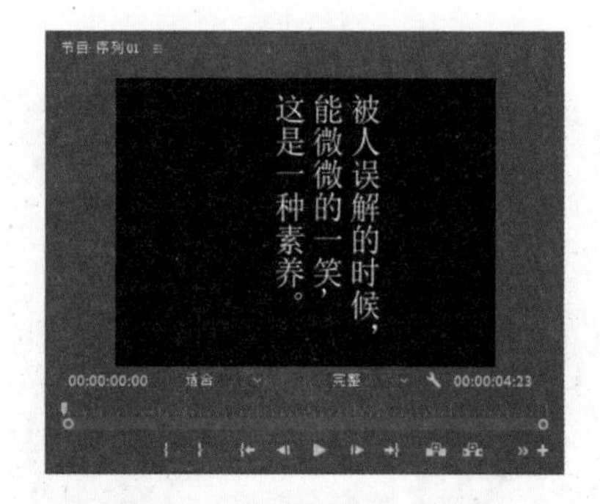

图9-10　创建垂直文本对象

9.1.2 升级文本为素材

在 Premiere Pro 2024 中创建的文本只是存在于序列对象的视频轨道中，并没有作为素材存放在项目面板中，这种情况可以节省项目面板的空间，但不利于对创建的文本进行反复利用。如果要创建一些需要反复运用的文本，用户可以将这些文本升级为素材对象，保存在项目面板中。

在序列中选中文本对象，然后选择“图形和标题”|“升级为源图”命令(如图9-11所示)，即可将文本对象升级为素材，并以“图形”命名保存在项目面板中，如图9-12所示。

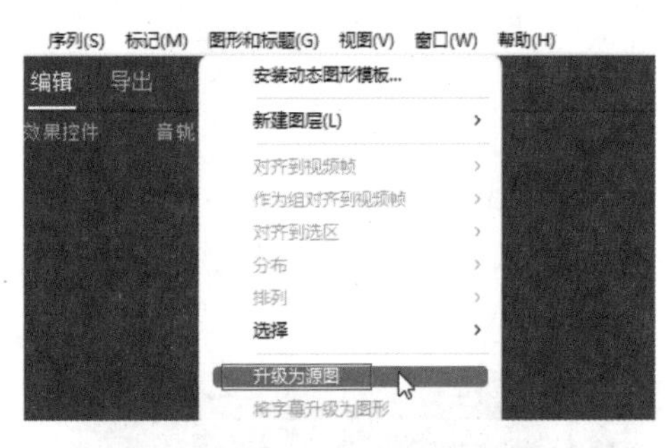

图9-11 选择“升级为源图”命令

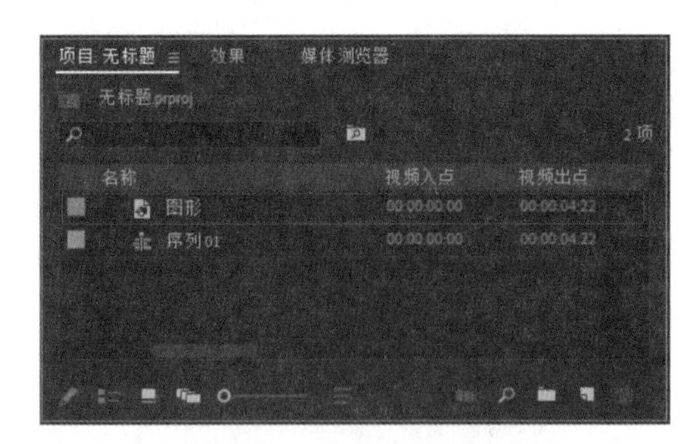

图9-12 将文本升级为素材

9.1.3 文本图层分组

图层分组可以使基本图形面板中的“编辑”选项卡变得整洁。在编辑复杂的文本和图形元素时，对图层进行分组将非常有用。对图层进行分组有如下两种方法。

- 在基本图形面板中选择多个图层，然后单击“创建组”按钮(如图9-13所示)，即可将所选图层创建为一个组，如图9-14所示。

图9-13 单击“创建组”按钮

图9-14 创建组对象一

- 在基本图形面板中选择多个图层，然后右击选定的图层，在弹出的快捷菜单中选择“创建组”命令(如图9-15所示)，即可将所选图层创建为一个组，如图9-16所示。

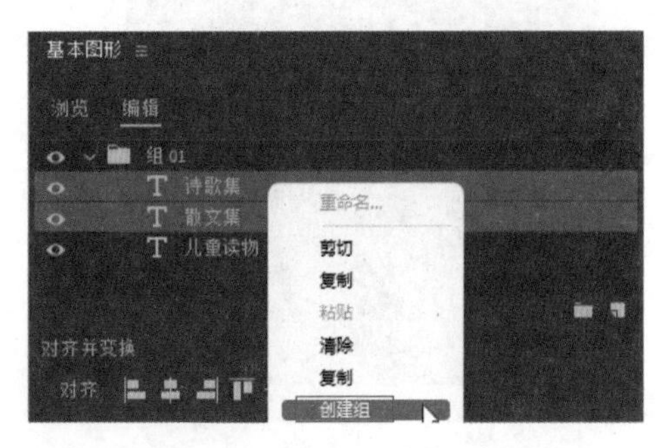

图9-15 选择“创建组”命令

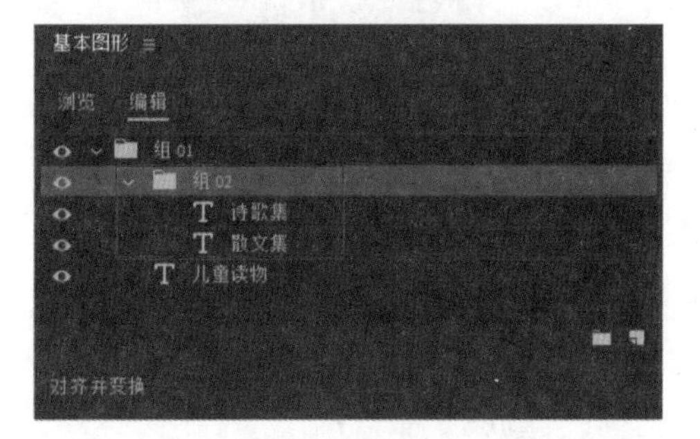

图9-16 创建组对象二

知识点滴：

将图层拖到组文件夹中，可以将图层添加到该组中；将组文件夹拖到另一个组文件夹中，该组及其所有图层都将发生移动；将图层从组中拖出，可以取消该图层分组。

9.2 设置文本格式

创建好文本后，可以在基本图形面板的“编辑”选项卡中对文本的格式进行设置，如字体、字体样式、文字大小、对齐、字距、字形等基本属性。

9.2.1 设置文本字体和大小

在基本图形面板中选择“编辑”选项卡，然后在“文本”选项组中可以设置文本的字体，单击“字体”下拉列表框，在弹出的列表中可以选择所需字体，如图9-17所示；在“字体大小”文本框中输入字号，或者拖动右方的滑块，可以设置被选文字的大小，如图9-18所示。

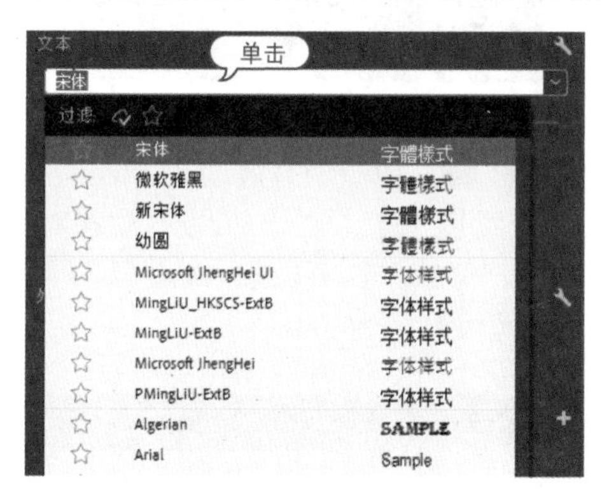

图9-17 设置文字字体

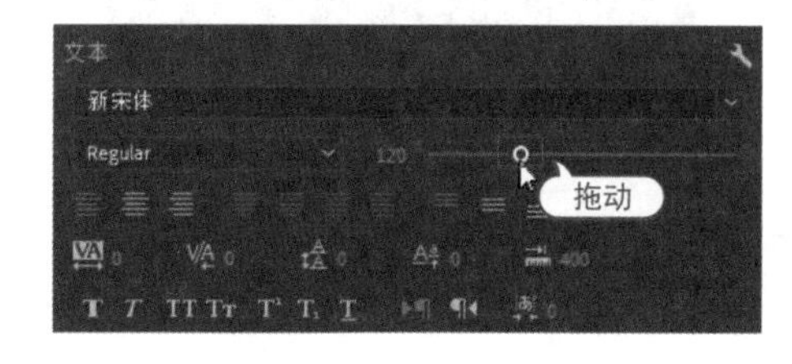

图9-18 设置文字大小

9.2.2 设置文本对齐方式

使用“文本”选项组中的对齐工具(如图9-19所示)，可以设置文本内容在文本框中的对齐方式，如左对齐、居中对齐、右对齐等。

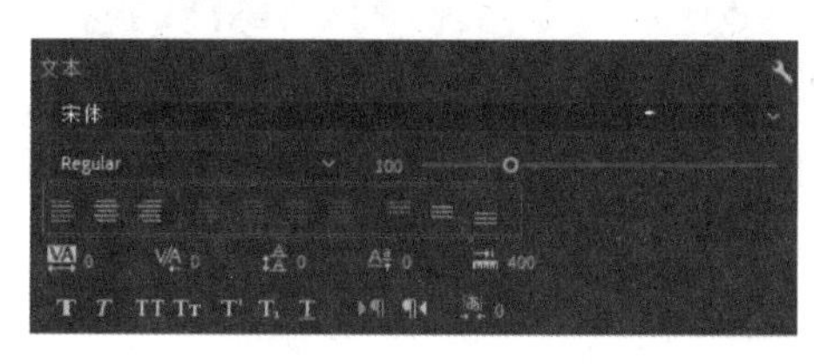

图9-19 文本对齐工具

- 左对齐文本 ▤：使文本内容在文本框中靠左端对齐。
- 居中对齐文本 ▤：使文本内容在文本框中居中对齐。
- 右对齐文本 ▤：使文本内容在文本框中靠右端对齐。
- 最后一行左对齐 ▤：使文本最后一行在文本框中靠左端对齐。
- 最后一行居中对齐 ▤：使文本最后一行在文本框中居中对齐。
- 对齐▤：使文本最后一行在文本框中两端对齐。
- 最后一行右对齐 ▤：使文本最后一行在文本

框中靠右端对齐。

- 顶对齐文本 ：使文本内容在文本框中靠顶端对齐。
- 居中对齐文本垂直 ：使文本内容在文本框中垂直居中对齐。
- 底对齐文本 ：使文本内容在文本框中靠底端对齐。

9.2.3 设置文本间距

使用“文本”选项组中的间距工具(如图9-20所示)，可以设置文本之间的距离，如字符间距、字符行距、基线位移等。

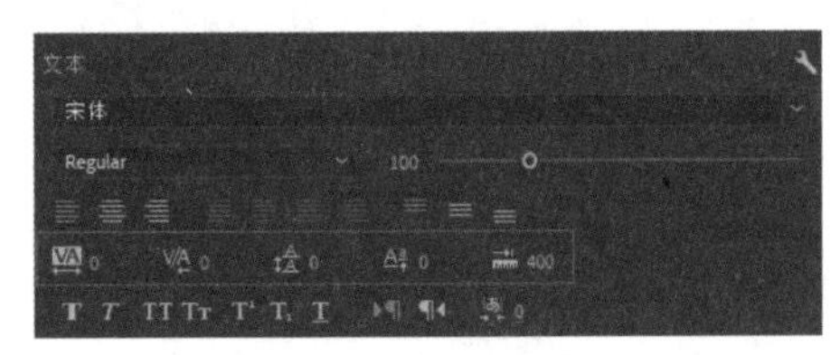

图9-20 文本间距工具

- 字距调整 ：用于设置被选文字的字符间距，图9-21所示是设置字距为400的效果。

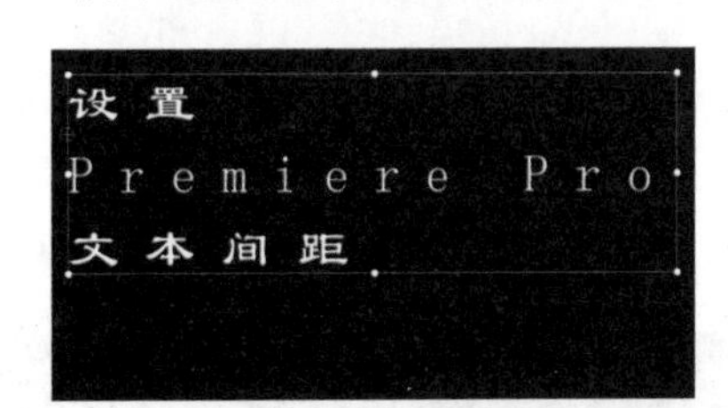

图9-21 字距调整

- 字偶间距 ：根据相邻字符的形状调整它们之间的距离，适用于罗马字形中。
- 行距 ：用于调整被选文字的行间距，图9-22所示是设置行距为100的效果。

图9-22 行距调整

- 基线位移 ：用于调整被选文字的基线。
- 制表符宽度 ：制表符用于设置对齐文本的位置。每按一次Tab键，就会插入一个制表符，其宽度默认为400。

9.2.4 设置文本字形

使用“文本”选项组中的字形工具，可以设置文本的字形，如加粗、斜体等。

- 仿粗体 ：用于设置被选文字是否加粗，如图9-23所示。
- 仿斜体 ：用于设置被选文字的倾斜度，如图9-24所示。
- 全部大写字母 ：将被选的英文都改为大写，如图9-25所示。

图9-23 仿粗体

图9-24 仿斜体

图9-25 全部大写字母

- 小型大写字母 ：配合“全部大写字母”选项使用，调整转换后的大写字母的大小，如图9-26所示。
- 上标 /下标 ：将被选文字设置为上标/下标形式，如图9-27所示。

- 下画线 ：为被选文字添加下画线，如图9-28所示。

图9-26　小型大写字母

图9-27　设置上标 / 下标

图9-28　设置下画线

9.3　设置文本外观

在基本图形面板的“外观”选项组中可以设置文本的填充颜色、描边效果、背景效果和阴影效果等属性，如图9-29所示。

图9-29　“外观”选项组

9.3.1　设置文本填充颜色

单击“填充”选项的色块，打开“拾色器”对话框，可以设置所选文本的填充颜色，如图9-30所示。

在“拾色器”对话框的左上角单击“填充选项”下拉列表框，可以在弹出的列表中选择填充文本的方式，包括“实底”“线性渐变”和“径向渐变”3种方式，如图9-31所示。图9-32所示是对文本进行填充的各种效果。

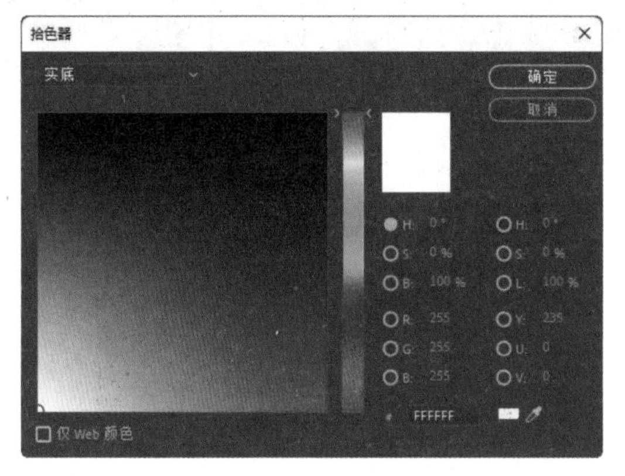

图9-30　设置文本的填充颜色

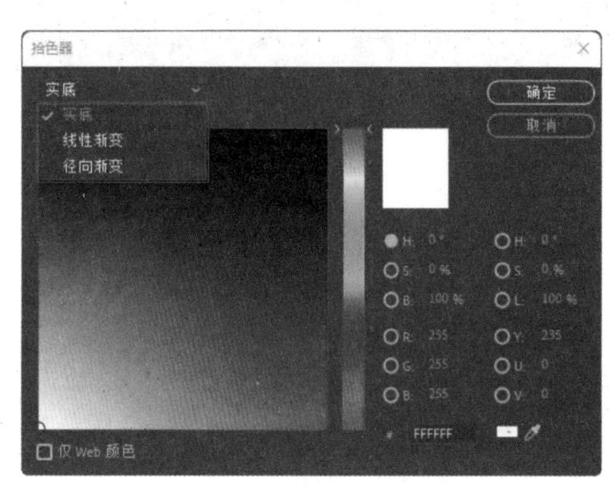

图9-31　选择文本的填充方式

图9-32　文本填充的各种效果

知识点滴：

在填充文本时，一定要选中“填充”选项组中的复选框，否则将无法填充文本；在填充文本时，也可以单击“填充”选项组中的“吸管”工具，然后在屏幕中拾取所需颜色作为文本的填充颜色。

9.3.2　设置文本描边颜色

“描边”选项组用于对文字添加轮廓线，可以设置文字的内轮廓线和外轮廓线。选中“描边”选项组中的复选框，即可进行文本的描边设置。

进行文本的描边设置可以执行以下操作。

- 单击色块或“吸管”工具，可以设置描边的颜色。
- 单击“描边宽度”数值，可以在激活的数值框中设置描边的宽度，如图9-33所示。
- 单击右侧的“描边方式”下拉列表框，可以在弹出的列表中选择描边方式，Premiere 提供了外侧、内侧和中心 3 种描边方式，如图9-34所示。

图9-33　设置描边的宽度

图9-34　选择描边方式

- 单击右上方的加号按钮，可以为文本图层增加一个描边，如图9-35所示。图9-36所示是为文本添加两次描边(白色和黄色描边)的效果。

图9-35　增加一个描边

图9-36　两次描边的效果

知识点滴：

为文本多次添加描边后，在“描边”选项组的右方将出现一个减号按钮 ▬，单击该按钮，可以删除最后添加的描边。

9.3.3 设置文本背景颜色

选中“背景”选项组中的复选框，可以在出现的选项中对文本的背景进行设置，包括背景的不透明度、背景的大小和背景的角半径，如图9-37所示。图9-38所示是为文本添加圆角背景后的效果。

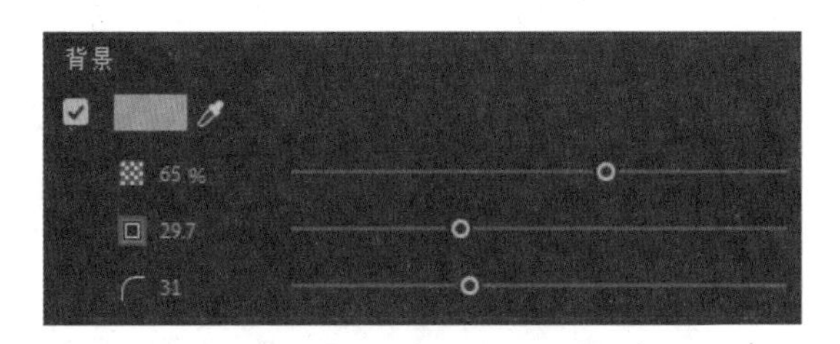

图9-37 设置文本背景

图9-38 圆角背景效果

9.3.4 设置文本阴影效果

选中“阴影”选项组中的复选框，可以在出现的选项中对文本的阴影进行设置，包括阴影的不透明度、角度、距离、大小和模糊等参数，如图9-39所示。图9-40所示是为文本添加阴影后的效果。

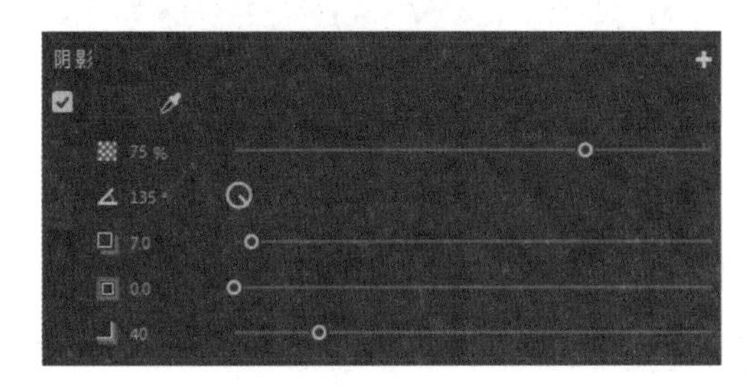

图9-39 设置文本阴影

图9-40 阴影效果

练习实例：创建文字。	
文件路径	第 9 章 \ 创建文字 .prproj
技术掌握	创建与设置文字

01 新建一个项目，并在项目面板中导入“背景.jpg”素材，如图9-41所示。

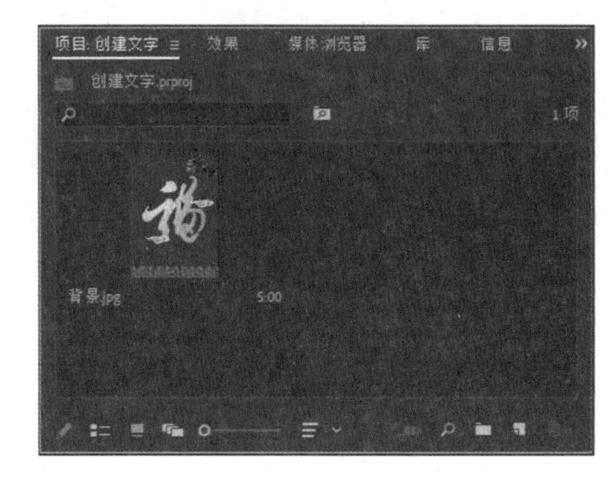

图9-41 导入素材

02 将导入的背景素材直接拖动到时间轴面板中，新建一个以背景画面为基础的序列，如图9-42所示。

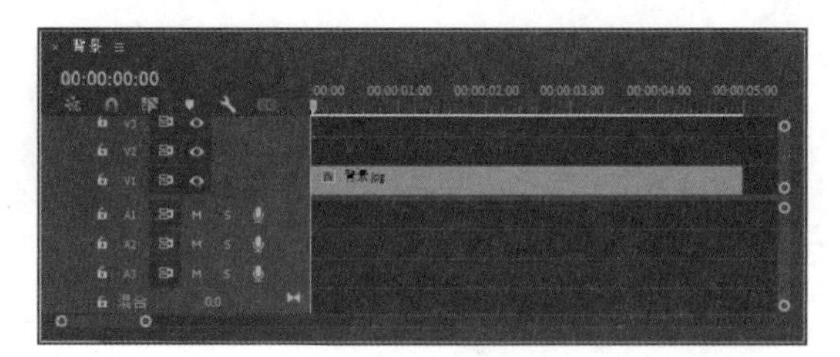

图9-42　创建序列

03 在工具面板中选择“垂直文字工具”，然后在节目监视器面板的左上方单击，指定创建文字的位置，再输入文字“贺岁”，如图9-43所示，在视频2轨道中将生成创建的文字图形，如图9-44所示。

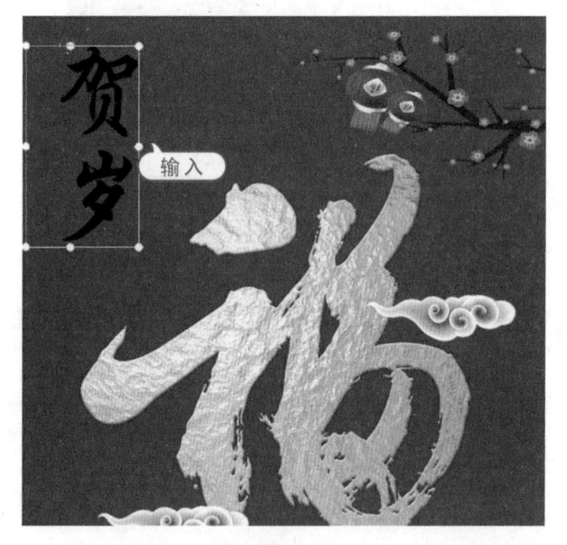

图9-43　输入文字

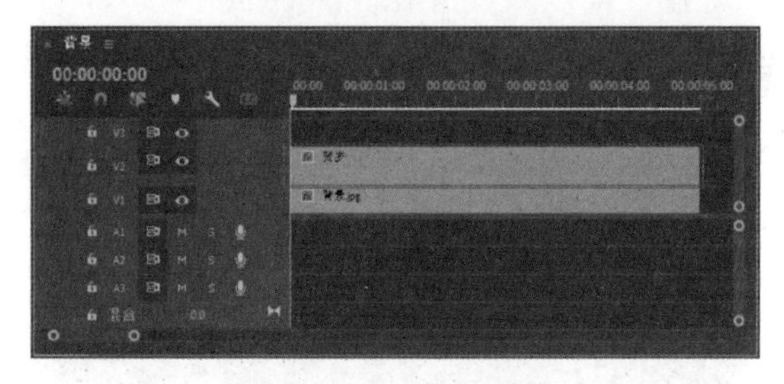

图9-44　生成文字图形

04 选中视频2轨道中的文字图形，然后打开基本图形面板，选择“编辑”选项卡，在文字列表中选中创建的文字，在“文本”选项组中设置文本的字体和大小，如图9-45所示。

05 在“外观”选项组中单击“填充”选项的色块(如图9-46所示)，然后在打开的“拾色器”对话框中设置文本的填充颜色为红色(R216,G0,B0)，如图9-47所示。

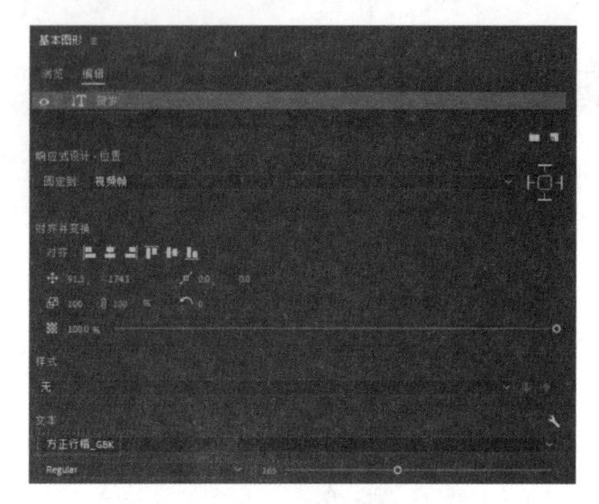

图9-45　设置字体和大小

图9-46　单击填充色块

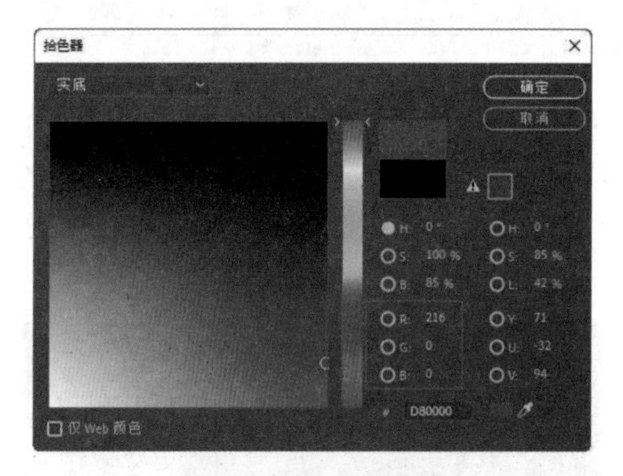

图9-47　设置填充颜色

06 在“外观”选项组中选中“描边”复选框，然后设置描边宽度为1，描边位置为“外侧”，如图9-48所示。

图9-48　设置描边参数

07 单击“描边”选项的色块，在打开的“拾色器”对话框中设置描边的颜色为黄色(R255,G255,B0)，如图9-49所示。

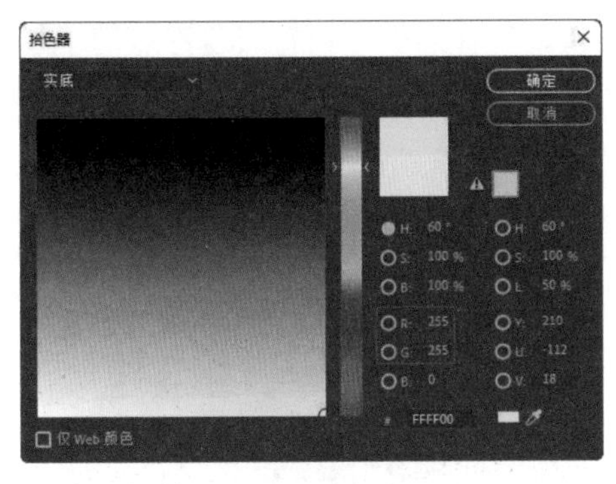

图9-49 设置描边颜色

08 在“外观”选项组中选中“阴影”复选框，然后修改阴影的不透明度为85%、距离为5、模糊为20，如图9-50所示，此时的文本效果如图9-51所示。

图9-50 设置文本的阴影参数

图9-51 文本阴影效果

09 参照图9-52所示的效果，使用“文字工具” T 在节目监视器面板中分别创建英文字、中文字和数字，文字颜色均为黑色，设置英文字体为Britannic Bold、字体大小为22、字距为60；中文字体为“华文仿宋”、字号大小为25、字距为-50；数字字体为“华文仿宋”、字号大小为45、字距为-20。

10 在时间轴面板中取消选择文本图形，再次使用“文字工具” T 分别创建数字、英文字和中文字，将生成新的文本图层，如图9-53所示。在基本图形面板的文字列表中可以查看创建的文字对象，如图9-54所示。

图9-52 创建上方的中英文和数字

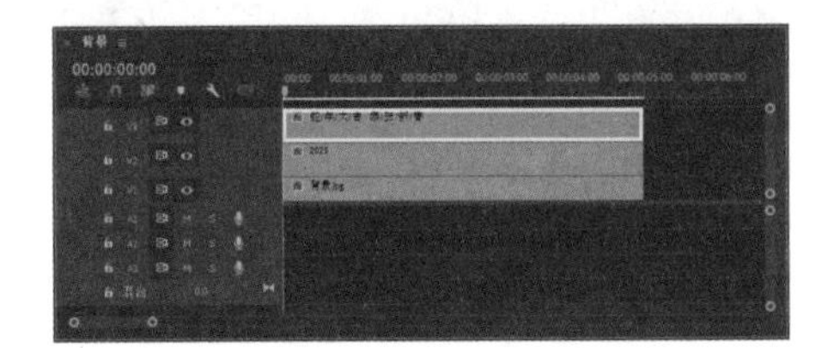

图9-53 创建新的文本图层

图9-54 查看创建的文字对象

11 参照图9-55所示的效果，设置数字字体为“华文彩云”、字号大小为100；英文字体为“方正康体_GBK”、字号大小为70、字距为-80；中文字体为“方正仿宋简体”、字号大小为40、字形为加粗。

图9-55 创建下方的中英文和数字

12 设置下方文字的颜色为黄色(R255,G220,B0)，选中“阴影”复选框，然后修改阴影的距离为6、大小为2、模糊为25，如图9-56所示，此时的文本效果如图9-57所示。

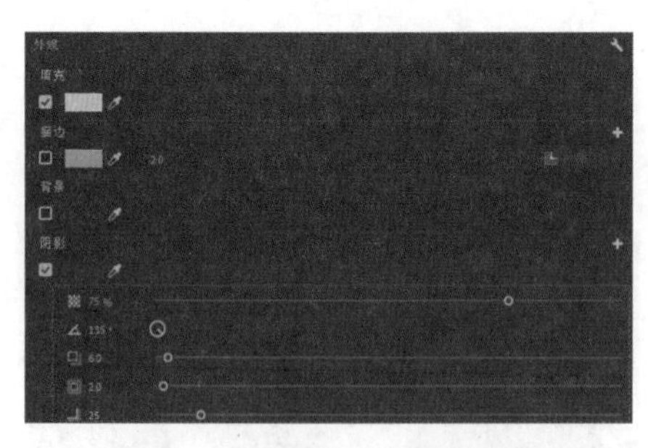

图9-56　设置文字的颜色和阴影

图9-57　下方文字效果

13 在效果面板中依次展开“视频效果”和“风格化”素材箱，然后将“彩色浮雕”视频效果(如图9-58所示)添加到下方的文字对象上。

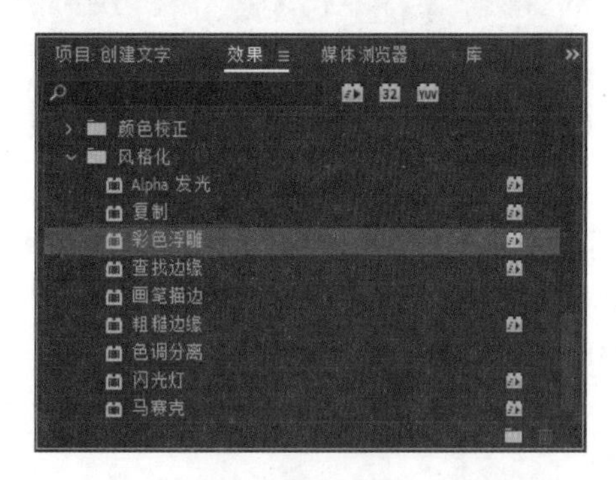

图9-58　添加“彩色浮雕”视频效果

14 在效果控件面板中设置彩色浮雕的“起伏”选项值为2，如图9-59所示，得到的最终效果如图9-60所示。

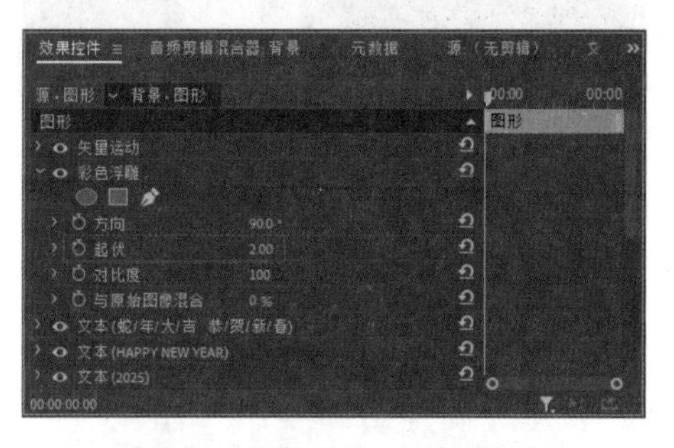

图9-59　设置彩色浮雕的起伏

图9-60　最终效果

9.4　文本对齐与变换效果

在基本图形面板的“对齐并变换”选项组中可以设置文本的对齐和变换效果。

9.4.1　文本对齐

在“对齐”选项右侧列出了“左对齐”“水平居中对齐”“右对齐”“顶对齐”“垂直居中对齐”“底对齐”6种对齐方式(如图9-61所示)。用户可以将文本图层对齐到帧画面相应的位置。在基本图形面板中选择多个图层时，将出现 3 种对齐模式：对齐到视频帧、作为组对齐到视频帧和对齐到选区，如图9-62所示。

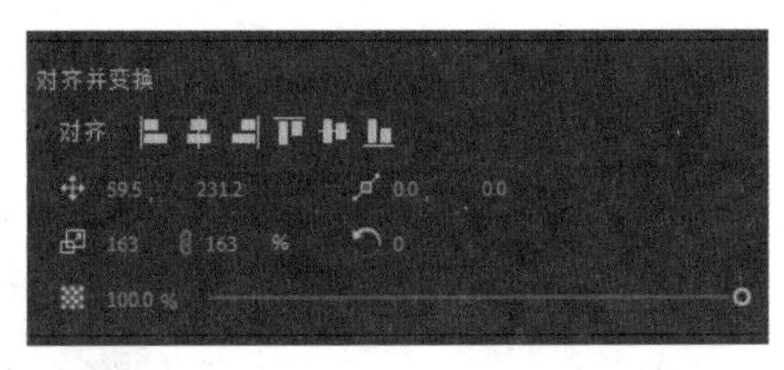

图9-61 “对齐并变换”选项组

图9-62 3 种对齐模式

- 对齐到视频帧：将每个对象分别对齐到节目监视器画面中。
- 作为组对齐到视频帧：将多个选择作为一个组对象，对齐到节目监视器画面中。
- 对齐到选区：对齐到选择内容中某个特定的主要对象，例如，靠左对齐的主要对象是最左侧的对象，底部对齐的主要对象是最底部的对象。

知识点滴：

“对齐并变换”选项组中的对齐功能与“文本”选项组中的对齐功能有所不同，前者是文本在整个视频画面中的对齐效果，后者是文本在文本框中的对齐效果。

9.4.2 文本变换效果

在“对齐并变换”选项组中可以通过相应选项设置切换动画的位置、锚点、旋转、比例和不透明度，如图9-63所示。

图9-63 效果变换设置区域

- 切换动画的位置 ：用于开启文本的位置动画功能。
- 切换动画的锚点 ：用于开启文本的锚点动画功能，锚点属性通常配合旋转操作进行设置。
- 切换动画的比例 ：用于开启文本的缩放动画功能，关闭“设置缩放锁定”功能后，可以对文本的高度或宽度进行单独缩放。
- 切换动画的旋转 ：用于开启文本的旋转动画功能。
- 切换动画的不透明度 ：用于开启文本的不透明度动画功能。

练习实例：制作片尾字幕。	
文件路径	第 9 章 \ 片尾字幕 .prproj
技术掌握	制作滚动字幕

01 新建一个项目，然后导入影片素材，如图9-64所示。

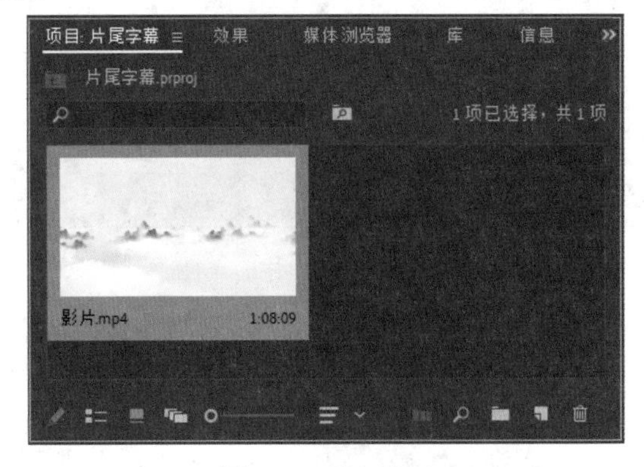

图9-64 导入素材

02 新建一个序列，在“新建序列”对话框的“设置”选项卡中设置帧大小，如图9-65所示。

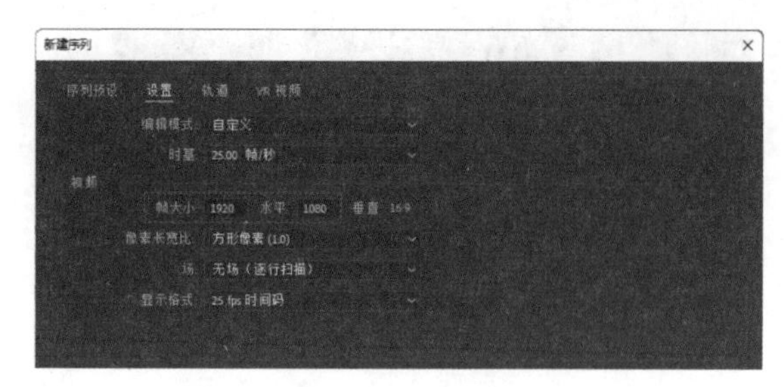

图9-65　新建序列

03 将项目面板中的素材添加到视频1轨道中，如图9-66所示。

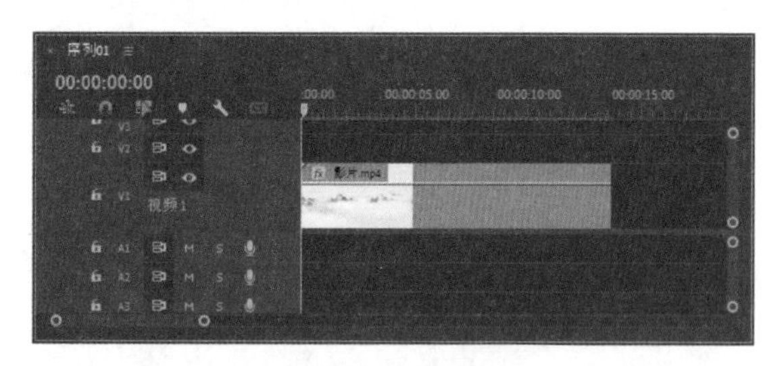

图9-66　添加素材

04 选择视频1轨道中的影片素材，打开效果控件面板，适当调整影片的“位置”坐标，如图9-67所示，在节目监视器面板中的预览效果如图9-68所示。

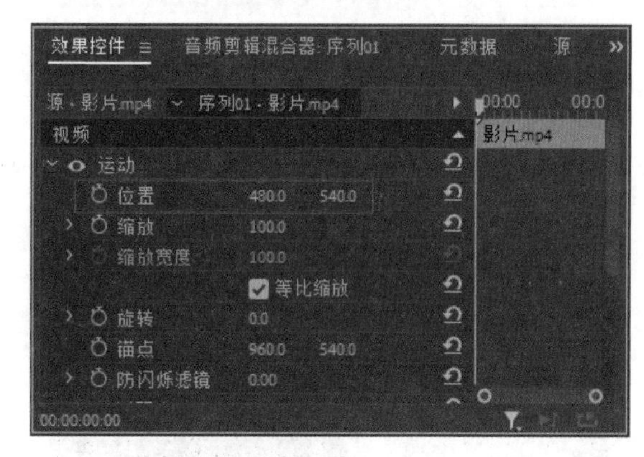

图9-67　修改影片的属性

图9-68　影片效果

05 在工具面板中单击“文字工具”按钮，然后在节目监视器面板中单击指定创建文字的位置，再输入文字，如图9-69所示。

图9-69　创建文字

06 打开基本图形面板，在“编辑”选项卡中设置文字的字体和大小，然后设置填充颜色为白色，如图9-70所示。

图9-70　设置文字属性

07 使用“选择工具”在时间轴面板中拖动文字图形的出点，使文字图形的出点与影片素材的出点对齐，如图9-71所示。

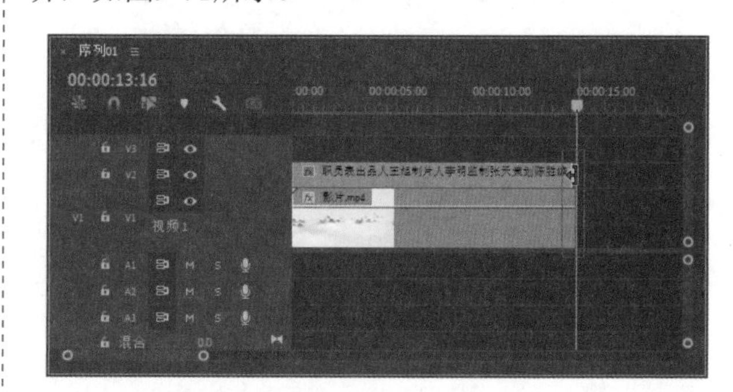

图9-71　修改文字图形的出点

08 在时间轴面板中将时间指示器移到第0秒的位置，在基本图形面板中单击“切换动画的位置”图标，开启位置变换效果，然后设置位置坐标为1600、1200(如图9-72所示)，将文字图形移出画面下方。

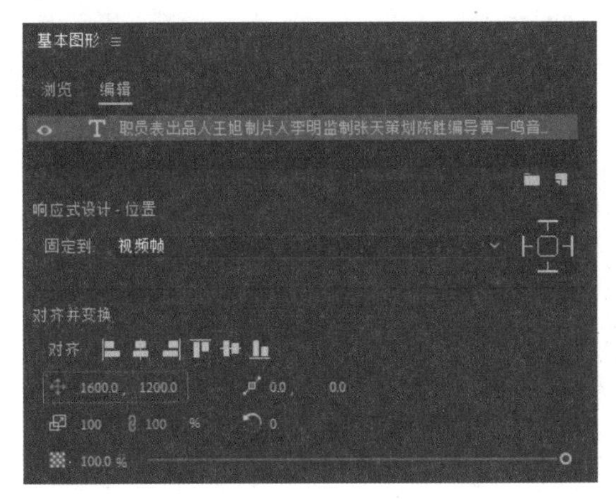

图9-72 设置文字起点坐标

09 将时间指示器移到影片的出点位置，然后设置文字图形的位置坐标为1600、-1600(如图9-73所示)，将文字图形移出画面上方。

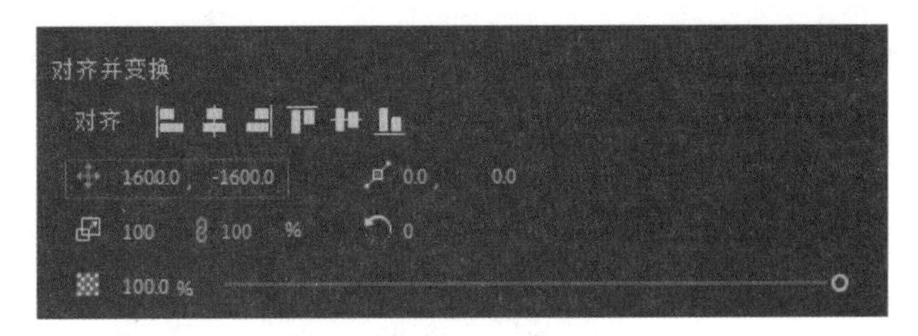

图9-73 设置文字终点坐标

10 在节目监视器面板中单击“播放-停止切换”按钮 ，可以预览创建的片尾滚动字幕效果，如图9-74所示。

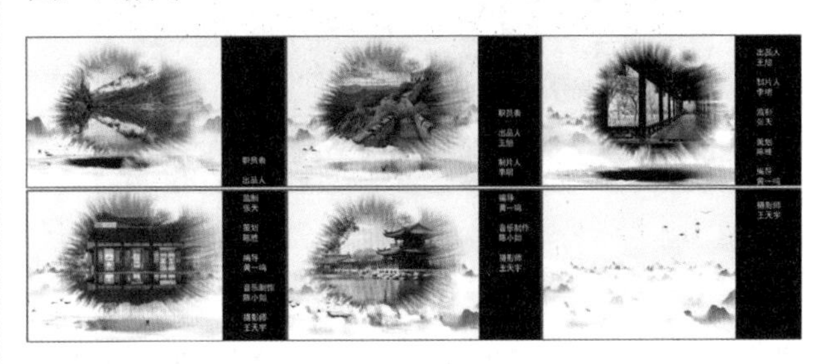

图9-74 滚动字幕效果

9.5 设置文本样式

在 Premiere中设置好文本格式后，还可以根据需要创建文本样式和应用样式。

9.5.1 创建样式

创建文本样式后，可以对项目中的其他文本图层和图形素材应用此样式，创建文本样式的操作如下。

在基本图形面板中选中设置好属性的文本。然后在“样式”选项组的“样式”下拉列表中选择“创建样式”选项(如图9-75所示)，在打开的“新建文本样式”对话框中对文本样式进行命名并确定，如图9-76所示，即可创建指定的文本样式。

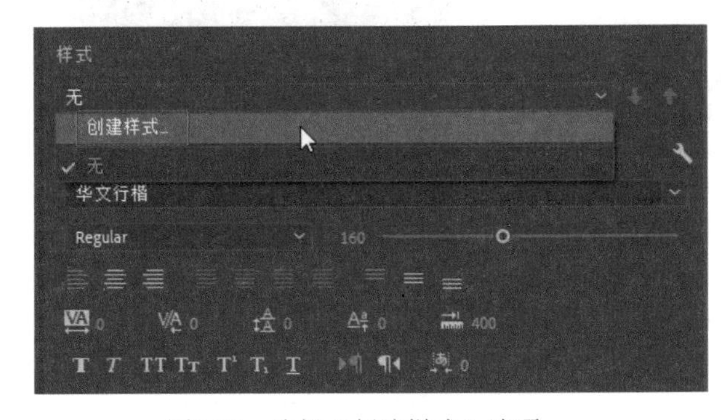

图9-75 选择“创建样式”选项

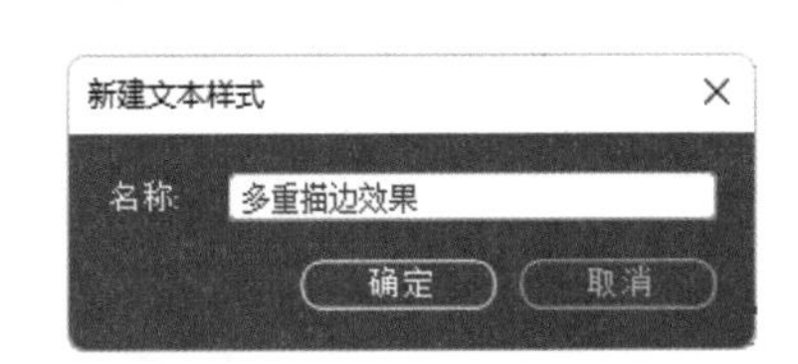

图9-76 命名样式并确定

9.5.2 应用样式

创建文本样式后，新建的样式将显示在项目面板中(如图9-77所示)，用户可以对项目中的其他文本图层或图形应用此样式。在基本图形面板中选择要应用样式的文本图层，然后在“样式”下拉列表中选择所需的样式(如图9-78所示)，即可将该样式应用到指定的文本图层。

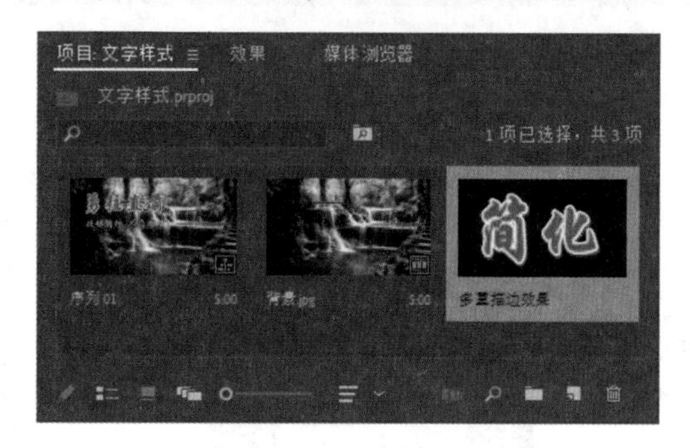

图9-77　新建的样式

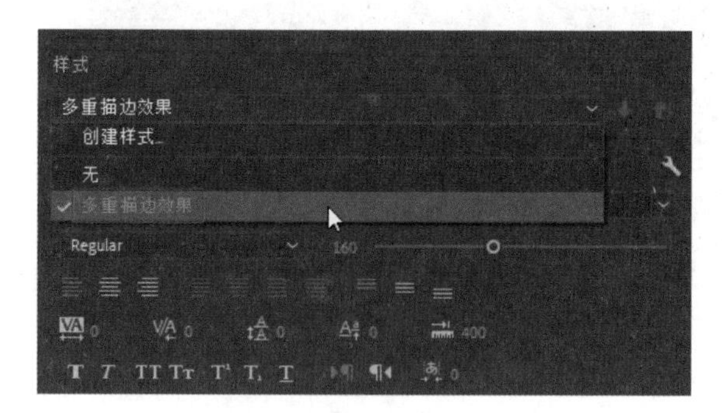

图9-78　选择样式

9.6 创建与编辑图形

在 Premiere 中可以使用绘图工具创建和编辑一些简单的图形，以供视频编辑人员使用。

9.6.1 创建图形

在 Premiere中可以绘制一些常见的规则图形和不规则图形。

1. 绘制规则图形

使用Premiere Pro 2024 提供的“矩形工具”、“椭圆工具”和“多边形工具”，可以绘制矩形、椭圆和多边形图形，如图9-79所示。单击并按住工具面板中的“矩形工具”按钮，可以在弹出的工具列表中选择所需要的工具，如图9-80所示。

图9-79　绘制规则图形

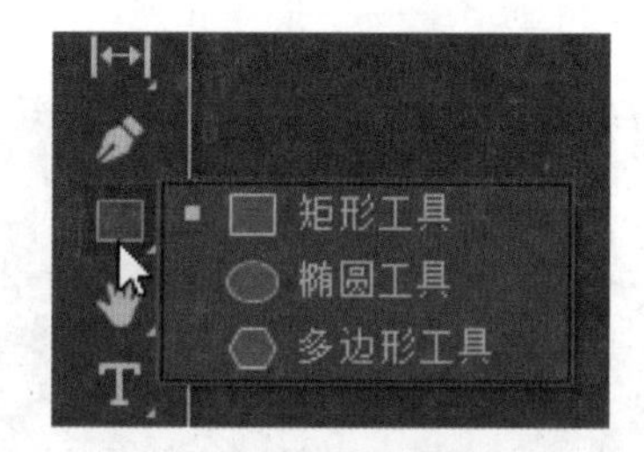

图9-80　选择绘图工具

2. 绘制不规则图形

在Premiere Pro 2024 中，除可以绘制常见的规则图形外，还可以使用工具面板中的“钢笔工具”绘制不规则图形，如图9-81所示。绘制的图形自动生成在新的视图轨道中，如图9-82所示。

图9-81 绘制不规则图形

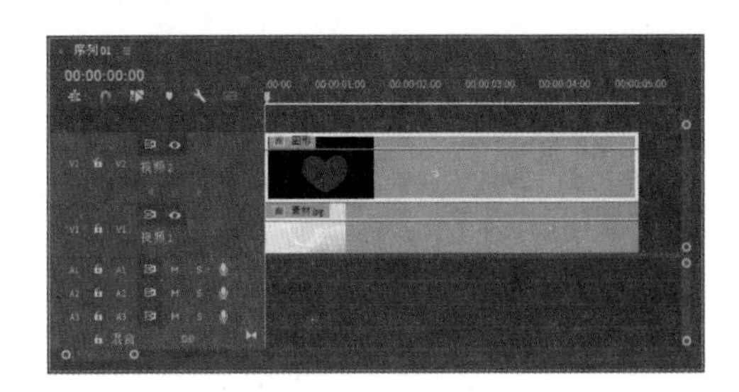

图9-82 生成图形轨道

9.6.2 调整图形状态

创建好图形后，可以在基本图形面板的“对齐并变换”选项组中调整图形的位置、角度、比例、不透明度等。例如，绘制一个矩形，设置矩形的角度为45°、不透明度为60%(如图9-83所示)，得到的效果如图9-84所示。

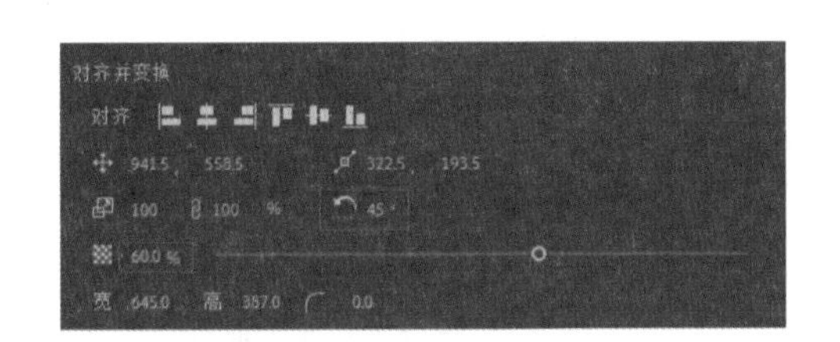

图9-83 “对齐并变换”选项组

图9-84 调整矩形的状态

9.6.3 设置图形效果

在基本图形面板的“外观”选项组中可以设置图形的填充颜色、描边和阴影效果，如图9-85所示。图9-86所示的椭圆便是添加了描边和阴影后的效果。

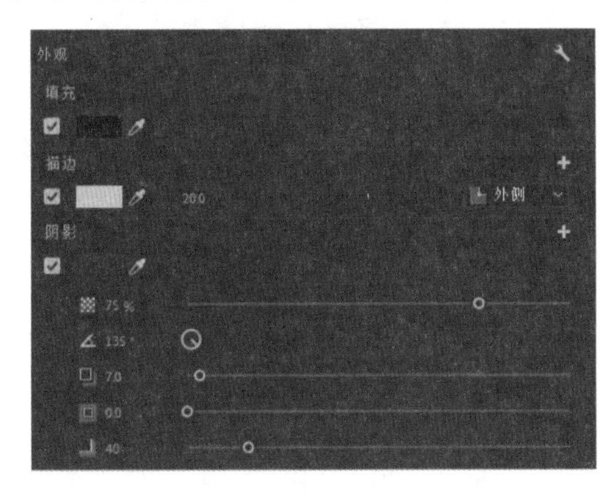

图9-85 “外观”选项组

图9-86 设置图形效果

9.6.4 编辑图形形状

在绘制图形时，通常需要修改图形形状，来达到最终的绘图效果。在编辑图形时，可以使用“钢笔工具”调整图形的节点，从而修改图形的形状。

1. 添加图形节点

首先选中要添加节点的图形对象，再选择工具面板中的“钢笔工具”，然后将光标移到要添加节点的位置，光标将显示为带加号的钢笔形式，如图9-87所示，单击鼠标即可在当前位置添加一个节点，如图9-88所示。

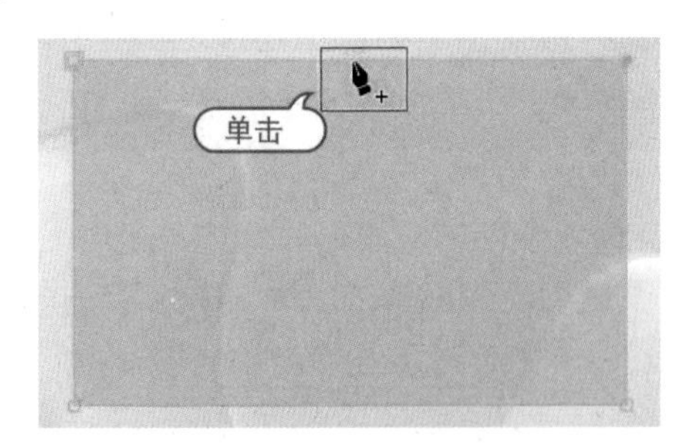

图9-87 在添加节点的位置单击

图9-88 添加节点

2. 删除图形节点

选中要删除节点的图形对象，再选择工具面板中的“钢笔工具”，然后按住Ctrl键，同时单击要删除的节点，如图9-89所示，即可删除当前位置的节点，如图9-90所示。

图9-89 按住Ctrl键单击节点

图9-90 删除节点

3. 编辑图形节点

使用“钢笔工具”拖动图形的节点可以修改图形的形状，如图9-91所示，也可以在按住Alt 键的同时拖动节点，这样可以将图形转换为贝塞尔曲线，拖动贝塞尔手柄，即可调整图形的形状，如图9-92所示。

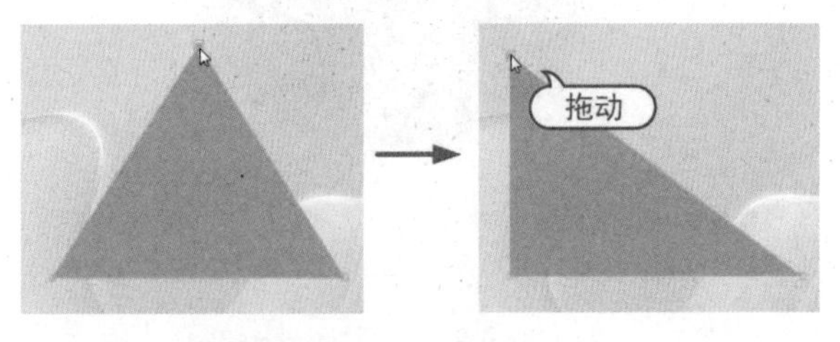

图9-91 拖动图形节点

图9-92 拖动贝塞尔手柄

练习实例：绘制时钟图形。	
文件路径	第 9 章 \ 绘制时钟 .prproj
技术掌握	绘制和编辑图形

01 新建一个项目，导入“背景.jpg”素材，然后将素材添加到时间轴面板中，如图9-93所示。

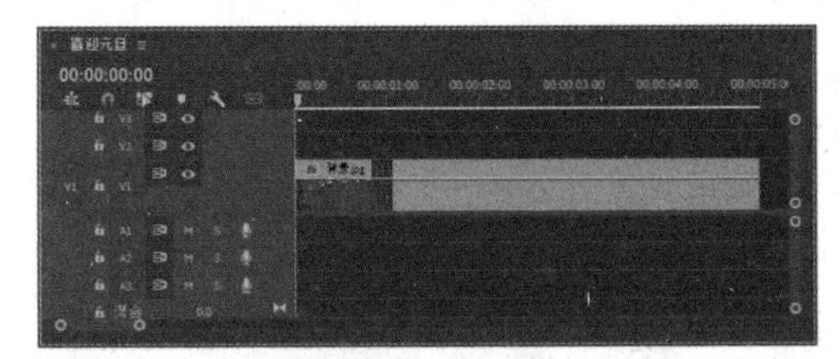

图9-93　添加素材

02 使用“椭圆工具”绘制一个椭圆，放在图形下方，如图9-94所示，在基本图形面板的“外观”选项组中取消椭圆的填充颜色，设置描边颜色为淡黄色(R255,G231,B186)、描边宽度为16、描边位置为“内侧”，选中“阴影”复选框，适当调整阴影的参数，如图9-95所示。

图9-94　绘制椭圆

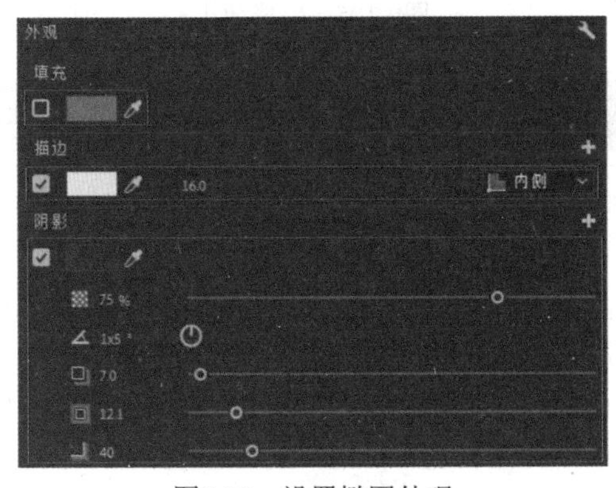

图9-95　设置椭圆外观

03 使用“钢笔工具”在椭圆中绘制一个箭头图形，如图9-96所示，设置填充颜色为淡黄色(R255,G231,B186)，取消描边颜色，选中“阴影”复选框，适当调整阴影的参数，如图9-97所示。

图9-96　绘制箭头

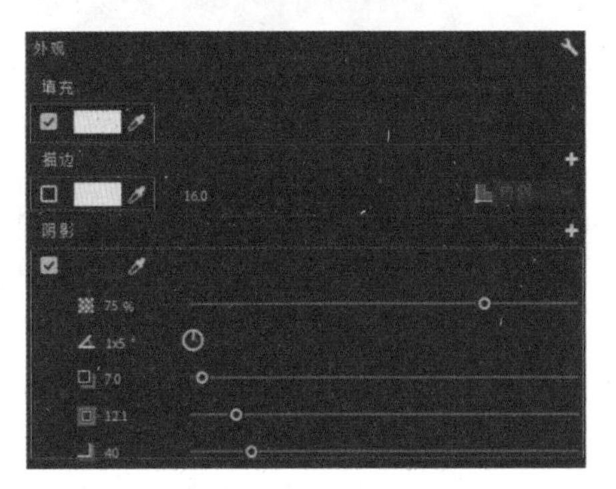

图9-97　设置箭头外观

04 按住Alt 键的同时，拖动箭头右方的节点，调整图形的形状，如图9-98所示，然后继续调整箭头左方的节点，效果如图9-99所示。

图9-98　按住Alt 键拖动节点

图9-99　调整节点后的箭头效果

05 复制一次箭头图形，然后取消图形的填充颜色，设置描边颜色为淡黄色(R255,G231,B186)，然后将图形的锚点移到最下端，在“对齐并变换”选项组中设置旋转的角度为–45°，如图9-100所示，然后通过拖动图形的节点，适当调整图形的形状，效果如图9-101所示。

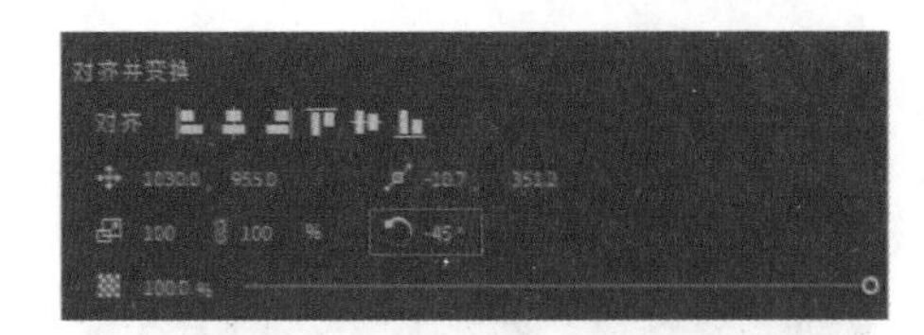

图9-100　设置图形旋转角度

图9-101　复制并修改图形

06 使用“矩形工具”在椭圆左方绘制一个矩形，设置外观属性与箭头一样，如图9-102所示，然后将矩形复制4次，并适当调整矩形的位置和角度，效果如图9-103所示。

07 使用“钢笔工具”绘制一条短线，设置外观属性与椭圆一样，然后对短线进行多次复制，并适当调整短线的位置和角度，效果如图9-104所示。

图9-102　绘制矩形

图9-103　复制并调整矩形

图9-104　绘制短线

08 使用“文字工具”创建2024和2025数字，适当调整文字的大小，设置字体为Stencil，填充颜色为淡黄色(R255,G231,B186)，并添加阴影效果，完成本例的制作，最终效果如图9-105所示。

图9-105　完成效果

9.7　高手解答

问：在视频中创建长篇幅的文字时，视频画面通常只能显示一部分文字，这时可以采用什么方式显示其他文字？

答：在视频中创建长篇幅的文字时，如果视频画面只能显示一部分文字内容时，可以通过在基本图形面板中设置文字的起点位置坐标和终点位置坐标，从而创建滚动字幕的方式来解决这个问题。

问：在创建多个文字图形时，如果要将多个文字图形设置为相同的文字效果，使用什么方法比较方便？

答：在创建多个文字图形时，如果要将多个文字图形设置为相同的文字效果，可以先设置好其中一个字幕的文字样式，然后将该文字的样式保存好，在创建其他文字图形时，再将保存的文字样式直接应用到其他文字图形上。

第10章 音频编辑

在完成视频编辑后，通常还需要为影片添加音频效果，音频与影片画面相结合可以产生更加丰富的效果。音频效果作为影视作品中不可缺少的一部分，可以突出影片主题，烘托影片气氛。本章将讲解音频编辑的相关知识，包括音频的基础知识、音频素材的编辑方法、添加音频特效和应用音轨混合器等内容。

练习实例：添加音频素材
练习实例：制作淡入淡出的声音效果
练习实例：为素材添加音频效果
练习实例：调整素材的音频增益
练习实例：制作摇摆旋律
练习实例：在音轨混合器中应用效果

10.1 初识音频

在Premiere中进行音频编辑之前，需要对声音及描述声音的术语有所了解，这有助于了解正在使用的声音是什么类型，以及声音的品质如何。

10.1.1 音频采样

在数字声音中，数字波形的频率由采样率决定。许多摄像机使用32000Hz的采样率录制声音，每秒录制32000个样本。采样率越高，声音可以再现的频率范围也就越广。要再现特定频率，通常应该使用双倍于频率的采样率对声音进行采样。因此，要再现人们可以听到的20000Hz的最高频率，所需的采样率至少是每秒40000个样本(CD是以44100Hz的采样率进行录音的)。

将音频素材导入项目面板后，会显示声音的采样率和声音位等相关参数。图10-1所示的音频是44100Hz采样率和16位声音位。

图10-1　声音的相关参数

10.1.2 声音位

在数字化声音时，由数千个数字表示振幅或波形的高度和深度。在这期间，需要对声音进行采样，以数字方式重新创建一系列的1和0。如果使用Premiere的音轨混合器对旁白进行录音，那么先由麦克风处理来自人们的声音声波，然后通过声卡将其数字化。在播放旁白时，声卡将这些1和0转换回模拟声波。

高品质的数字录音使用的位也更多。CD品质的立体声最少使用16位(较早的多媒体软件有时使用8位的声音，如图10-2所示，这会提供音质较差的声音，但生成的数字声音文件较小)。因此，可以将CD品质声音的样本数字化为一系列16位的1和0(如1011011011101010)。

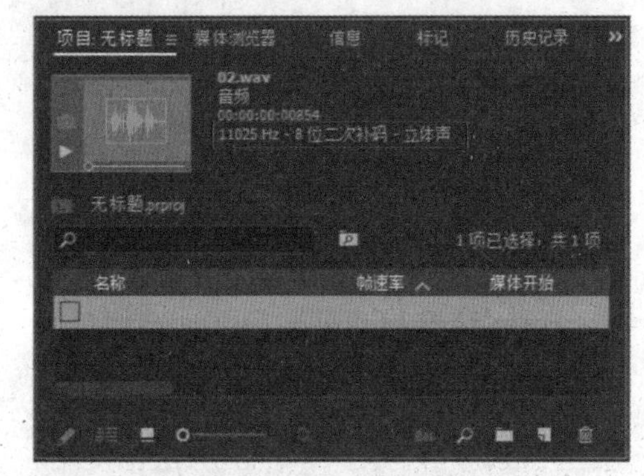

图10-2　8位的声音

10.1.3 比特率

比特率是指每秒传送的比特数，单位为 bps(bit per second)。比特率越高，传送数据的速度越快。声音中的比特率是指将模拟声音信号转换成数字声音信号后，单位时间内的二进制数据量，是间接衡量音频质量的一个指标。

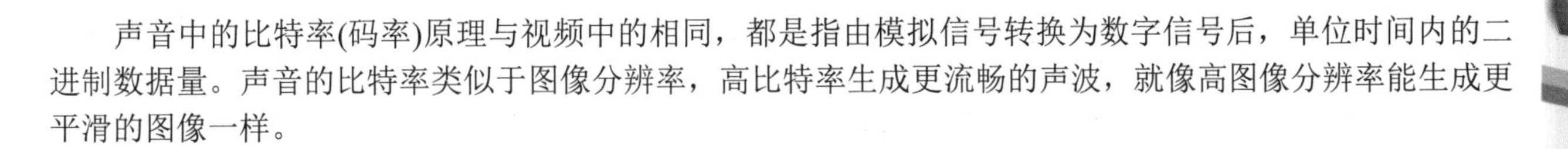

声音中的比特率(码率)原理与视频中的相同，都是指由模拟信号转换为数字信号后，单位时间内的二进制数据量。声音的比特率类似于图像分辨率，高比特率生成更流畅的声波，就像高图像分辨率能生成更平滑的图像一样。

10.1.4 声音文件的大小

由于声音文件可能会比较大，因此在进行影片编辑时需要估算声音文件的大小。用户可以通过位深乘以采样率来估算声音文件的大小。声音的位深越大，采样率就越高，声音文件也会越大。

10.2 音频的基本操作

在Premiere中可以进行音频参数的设置，还可以进行音频声道格式的设置。当需要使用多个音频素材时，还可以添加音频轨道。

10.2.1 设置音频参数

选择“编辑”|“首选项”|“音频”命令，在打开的“首选项”对话框中，可以对音频参数进行一些初始设置，如图10-3所示。在“首选项”对话框左侧的列表中选择“音频硬件”选项，可以对默认输入和输出的音频硬件进行选择，如图10-4所示。

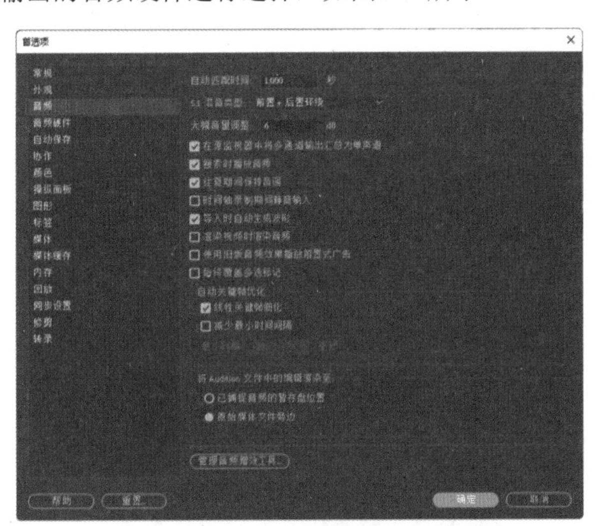

图10-3 音频参数设置

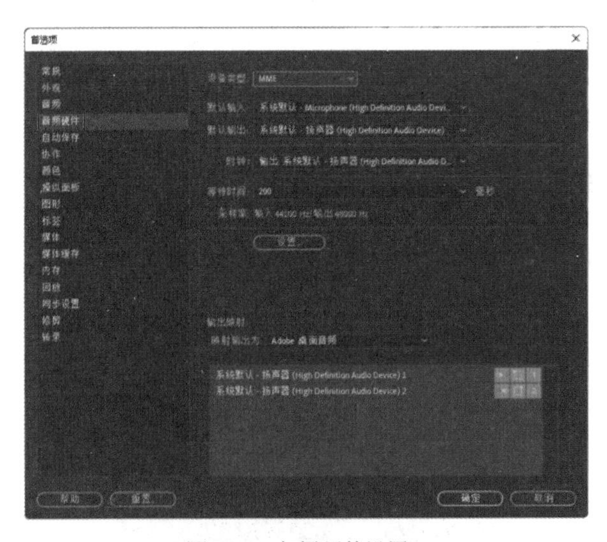

图10-4 音频硬件设置

10.2.2 选择音频声道

Premiere中包含3种音频声道：单声道、立体声和5.1声道，各种声道的特点如下。

- 单声道：只包含一个声道，是比较原始的声音复制形式。当通过两个扬声器回放单声道信息时，可以明显感觉到声音是从两个音箱中间传递到听众耳朵里的。

- 立体声：包含左右两个声道，立体声技术彻底改变了单声道缺乏对声音位置的定位这一状况。这种技术可以使听众清晰地分辨出各种乐器来自何方。
- 5.1声道：5.1声音系统来源于4.1环绕，不同之处在于它增加了一个中置单元。中置单元负责传送低于80Hz的声音信号，在欣赏影片时有利于加强人声，把对话集中在整个声场的中部，以增强整体效果。

如果要更改素材的音频声道，可以先选中该素材，然后选择“剪辑”|“修改”|“音频声道”命令。在打开的“修改剪辑”对话框中打开“剪辑声道格式”下拉列表，在其中选择一种声道格式，如图10-5所示，即可将音频素材修改为对应的声道，如图10-6所示。

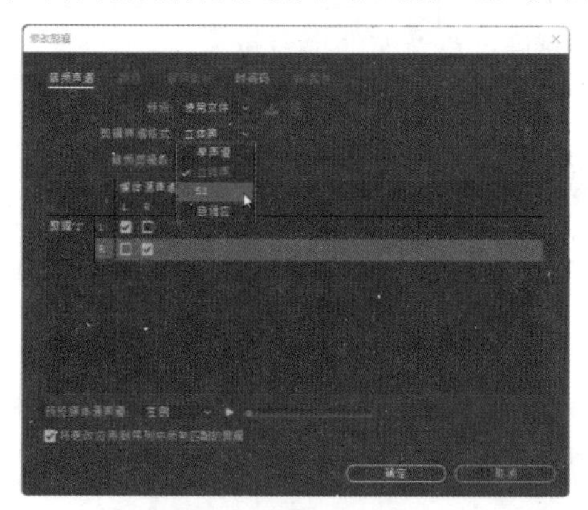

图10-5　选择音频声道

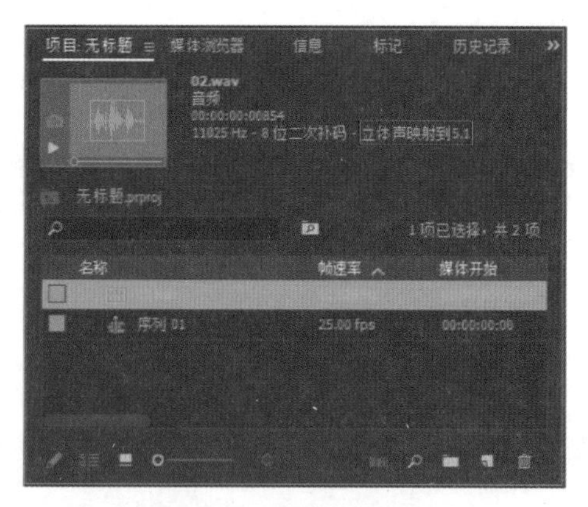

图10-6　修改音频声道

10.2.3　添加和删除音频轨道

选择“序列”|“添加轨道”命令，在打开的“添加轨道”对话框中可以设置添加音频轨道的数量。在该对话框中打开“轨道类型”下拉列表，在其中可以选择添加的音频轨道类型，如图10-7所示。

选择“序列”|“删除轨道”命令，在打开的“删除轨道”对话框中可以删除音频轨道。在该对话框中打开“所有空轨道”下拉列表，在其中可以选择要删除的音频轨道，如图10-8所示。

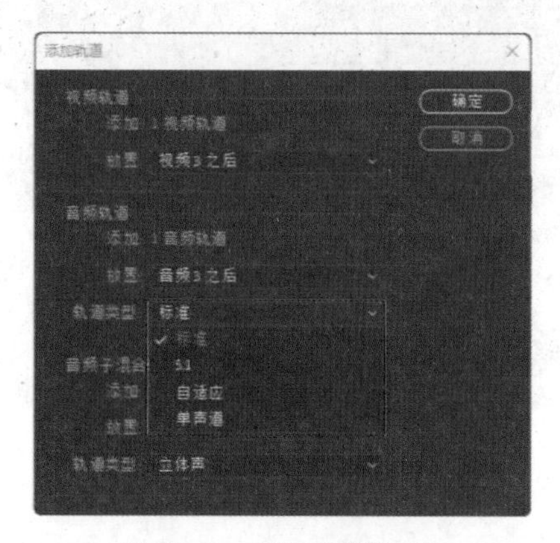

图10-7　添加音频轨道

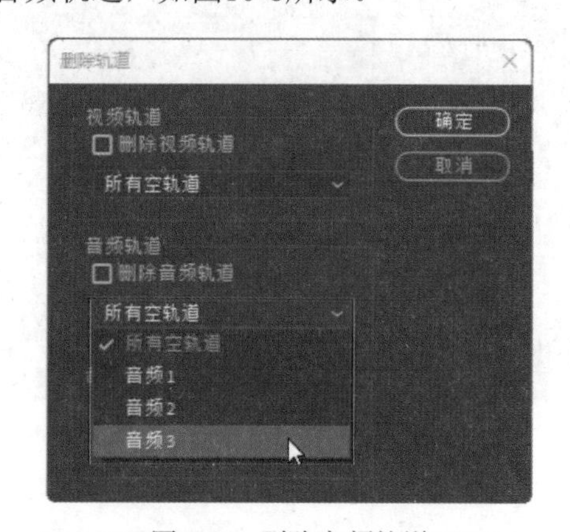

图10-8　删除音频轨道

在Premiere Pro 2024中，各种音频轨道的特点如下。

- 标准音轨：可以同时容纳单声道和立体声音频剪辑。
- 单声道音轨：包含一条音频声道。如果将立体声音频素材添加到单声道轨道中，立体声音频素材通道将由单声道轨道汇总为单声道。
- 5.1声道音轨：包含了3条前置音频声道(左声道、中置声道和右声道)、两条后置或环绕音频声道(左声道和右声道)和一条超重低音音频声道。在5.1 声道音轨中只能包含5.1音频素材。

- 自适应音轨：只能包含单声道、立体声和自适应素材。对于自适应音轨，可通过对工作流程效果最佳的方式将源音频映射至输出音频声道。处理可录制多个音轨的摄像机录制的音频时，这种音轨类型非常有用。处理合并后的素材或多机位序列时，也可使用这种音轨。

10.2.4 添加音频

在编辑影视作品时，将音频素材添加到时间轴面板的音频轨道上，即可将音频效果添加到影片中。

练习实例：添加音频素材。	
文件路径	第 10 章 \ 添加音频.prproj
技术掌握	为影片添加音频

01 新建一个项目，将视频素材“01.mp4”和音频素材“01.mp3” 导入项目面板中，如图10-9所示。

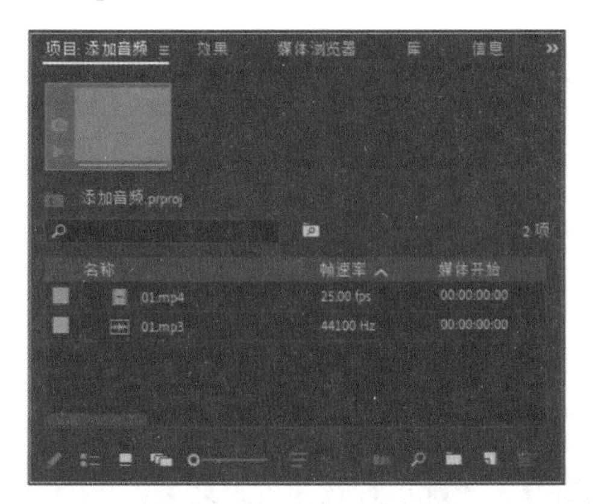

图10-9 导入视频和音频素材

02 在项目面板中选择视频素材，然后右击，在弹出的快捷菜单中选择“速度/持续时间”命令，如图10-10所示。

图10-10 选择命令

03 在打开的“剪辑速度/持续时间”对话框中设置持续时间为6秒，单击“确定”按钮，如图10-11所示。

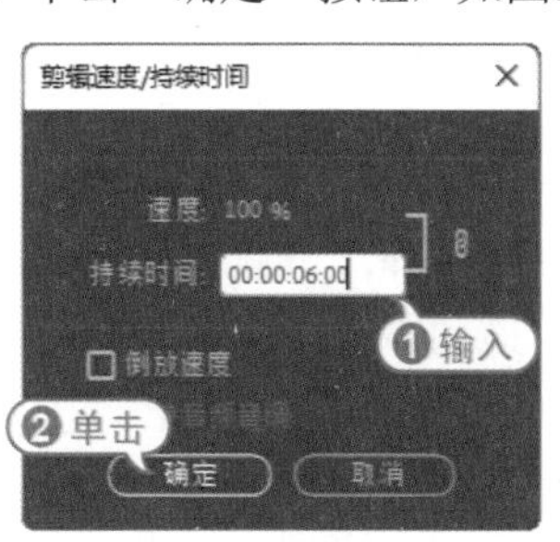

图10-11 设置持续时间

04 新建一个序列，然后将项目面板中的视频素材“01.mp4”添加到时间轴面板的视频1轨道中，如图10-12所示。

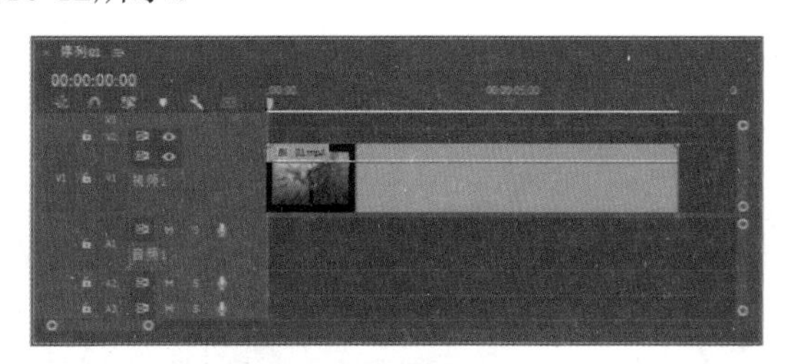

图10-12 添加视频素材

05 将项目面板中的音频素材“01.mp3”拖动到时间轴面板的音频1轨道中，并使其入点与视频轨道中视频素材的入点对齐，如图10-13所示。

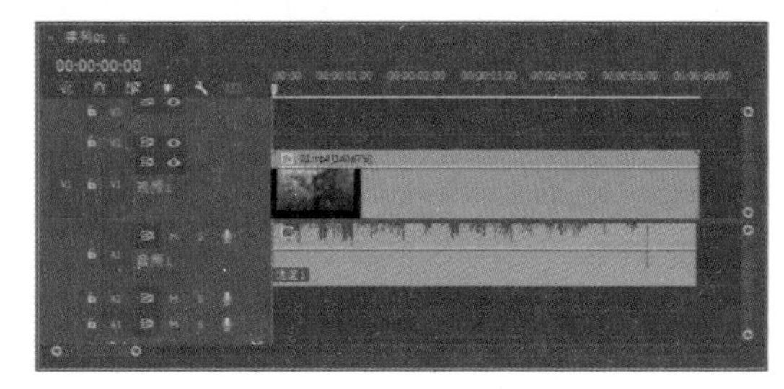

图10-13 添加音频素材

06 单击节目监视器面板下方的“播放-停止切换”按钮▶，可以预览视频效果，并试听添加的音频效果。

10.3 音频编辑

在Premiere的时间轴面板中可以进行一些简单的音频编辑。例如，用户可以解除音频与视频的链接，以便单独修改音频对象；也可以在时间轴面板中缩放音频素材波形，还可以使用剃刀工具分割音频。

10.3.1 控制音频轨道

为了使时间轴面板更好地适用于音频编辑，用户可以进行音频轨道的折叠/展开、显示音频时间单位、缩放显示音频素材等操作。

1. 折叠 / 展开轨道

同视频轨道一样，可以通过拖动音频轨道的下边缘，展开或折叠该轨道。展开音频轨道后，会显示轨道中素材的声道和声音波形。

2. 显示音频时间单位

默认情况下，时间轴面板中的时间单位是视频帧单位，用户可以通过设置，将其修改为音频时间单位。单击时间轴面板上方的菜单按钮，在弹出的菜单中选择“显示音频时间单位”命令，如图10-14所示，可以将单位更改为音频时间单位。

3. 缩放显示音频素材

在时间轴面板中，音频显示过长或过短，都不利于对其进行编辑。同编辑视频素材一样，用户可以通过单击并拖动时间轴缩放滑块来缩放显示音频素材，如图10-15所示。

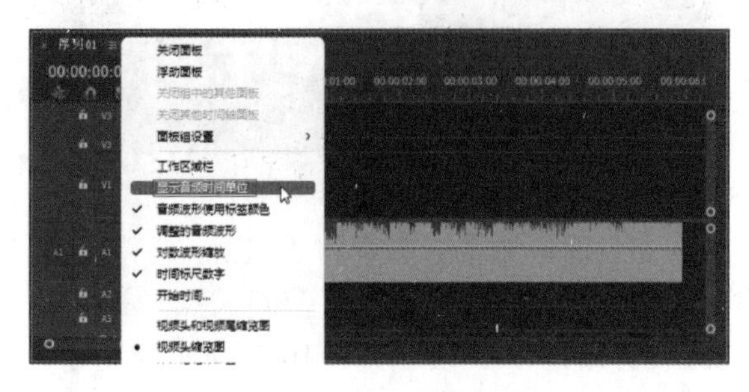

图10-14 选择命令

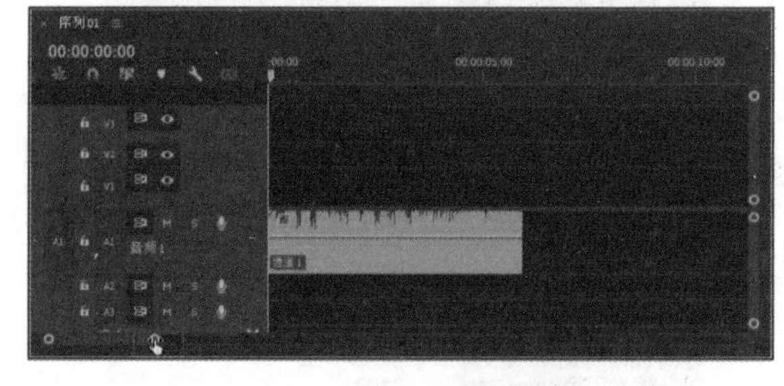

图10-15 拖动时间轴缩放滑块

10.3.2 设置音频单位格式

在节目监视器面板中进行编辑时，标准测量单位是视频帧。对于可以逐帧精确设置入点和出点的视频编辑而言，这种测量单位已经很完美。但是，对于音频的编辑还可以更为精确。例如，如果想编辑一段长度小于一帧的声音，Premiere就可以使用与帧对应的音频“单位”来显示音频时间。用户可以用毫秒或可能是最小的增量——音频采样来查看音频单位。

选择“文件”|“项目设置”|“常规”命令，打开“项目设置”对话框，在音频“显示格式”下拉列表中可以设置音频单位的格式为“毫秒”或“音频采样”，如图10-16所示。

10.3.3 设置音频速度和持续时间

在Premiere中，用户不仅可以修剪音频素材的长度，还可以通过修改音频素材的速度或持续时间来增加或减小音频素材的长度。

在时间轴面板中选中要调整的音频素材，然后选择“剪辑”|“速度/持续时间”命令，打开“剪辑速度/持续时间”对话框。在该对话框的“持续时间”文本框中可以对音频的长度进行调整，如图10-17所示。

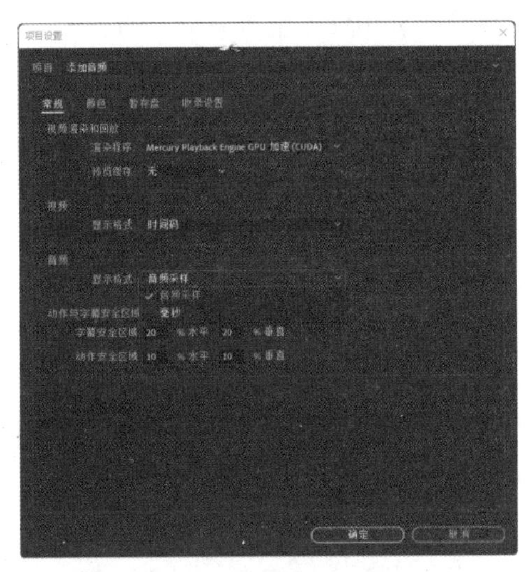

图10-16 设置音频单位格式

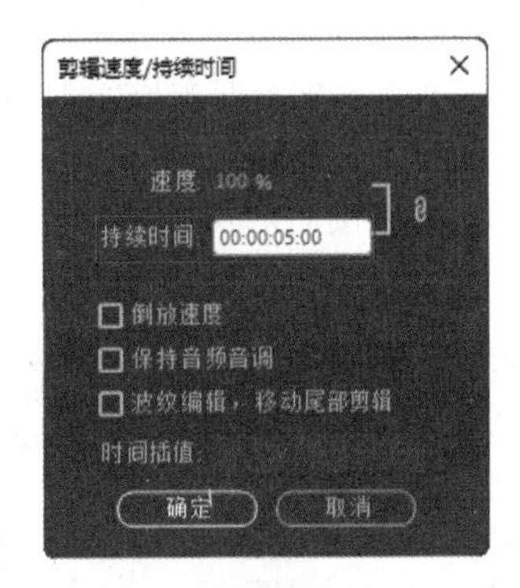

图10-17 调整持续时间

知识点滴：

当改变“剪辑速度/持续时间”对话框中的速度值时，音频的播放速度会发生改变，从而可以使音频的持续时间发生改变，改变后的音频素材的节奏也随之改变。

10.3.4 修剪音频素材的长度

由于修改音频素材的持续时间会改变音频素材的播放速度，当音频素材过长时，为了不影响音频素材的播放速度，可以在时间轴面板中向左拖动音频的边缘，以减小音频素材的长度；或者使用剃刀工具对音频素材进行切割，再将多余部分的音频删除，从而改变音频轨道上音频素材的长度。

10.3.5 音频和视频链接

默认情况下，音视频素材的视频和音频为链接状态，将音视频素材放入时间轴面板中，会同时选中视频和音频对象。在移动、删除其中一个对象时，另一个对象也将发生相应的操作。在编辑音频素材之前，用户可以根据实际需要，解除视频和音频的链接。

1. 解除音频和视频的链接

将音视频素材添加到时间轴面板中并将其选中，然后选择“剪辑”|“取消链接”命令，或者在时间轴面板中右击音频或视频，然后选择“取消链接”命令，即可解除音频和视频的链接。解除链接后，就可以单独选择音频或视频来对其进行编辑。

2. 重新链接音频和视频

在时间轴面板中选中要链接的音频和视频素材，然后选择“剪辑”|“链接”命令，或者在时间轴面板中右击音频或视频素材，然后选择“链接”命令，即可链接音频和视频素材。

进阶技巧：

在时间轴面板中先选择一个视频或音频素材，然后按住Shift键，单击其他素材，即可同时选择多个素材，也可以通过框选的方式同时选择多个素材。

3. 暂时解除音频与视频的链接

Premiere 提供了一种暂时解除音频与视频链接的方法。用户可以先按住Alt键，然后单击素材的音频或视频部分将其选中，再松开Alt键，通过这种方式可以暂时解除音频与视频的链接，如图10-18所示。暂时解除音频与视频的链接后，可以直接拖动选中的音频或视频，在释放鼠标之前，素材的音频和视频仍然处于链接状态，但是音频和视频不再处于同步状态，如图10-19所示。

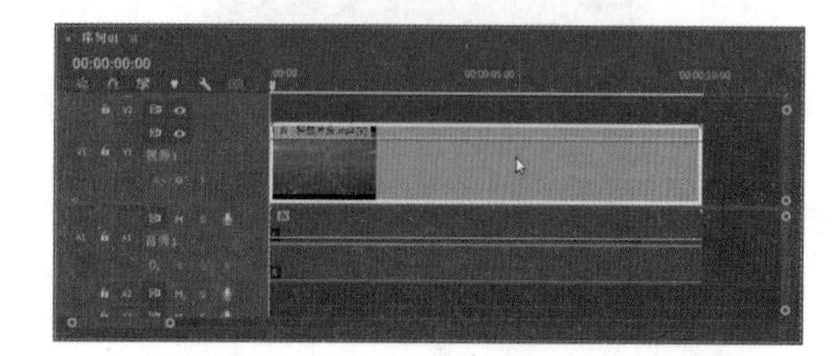

图10-18　按住Alt键选中音频或视频素材

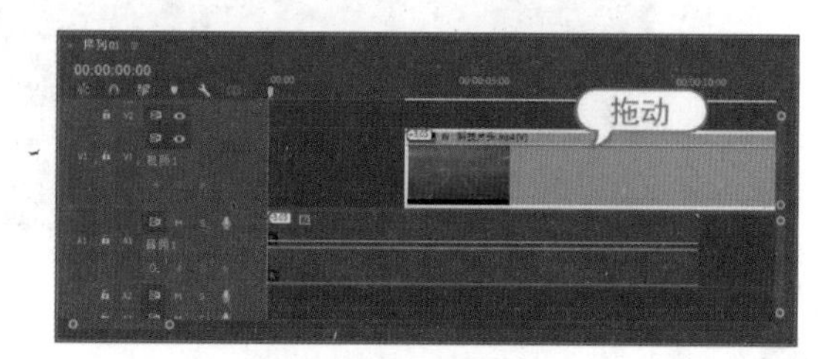

图10-19　拖动素材

进阶技巧：

如果在按住Alt键的同时直接拖动素材的音频或视频，则是对选中的部分进行复制。

4. 设置音频与视频同步

如果暂时解除了音频与视频的链接，素材的音频和视频将处于不同步状态，这时用户可以通过解除音频与视频链接的操作，重新调整音频与视频素材，使其处于同步状态。或者先解除音频与视频的链接，然后在时间轴面板中选中要同步的音频和视频，再选择“剪辑”|“同步”命令，打开“同步剪辑”对话框，在该对话框中可以设置素材同步的方式，如图10-20所示。图10-21所示是音频与视频出点同步的效果。

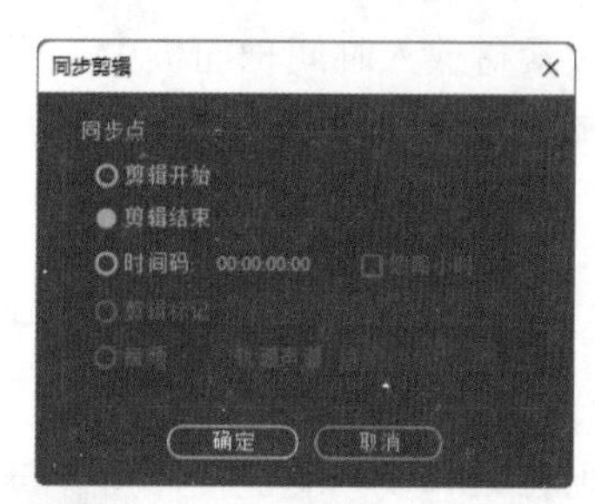

图10-20　“同步剪辑”对话框

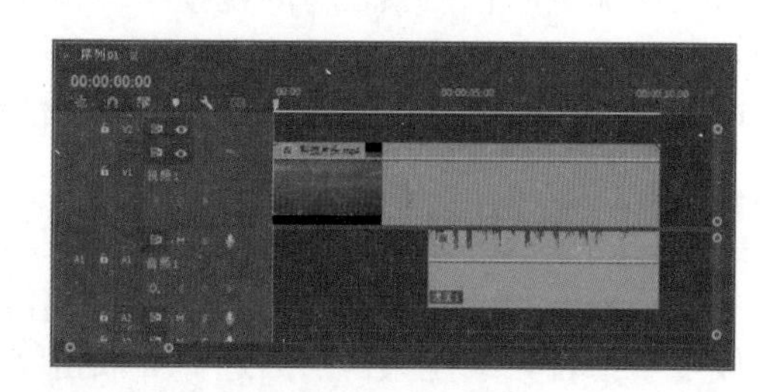

图10-21　出点同步

10.3.6 调整音频增益

音频增益指的是音频的声调高低。当一个视频片段同时拥有几个音频素材时，需要平衡这几个素材的增益。如果一个素材的音频信号或高或低，会严重影响播放时的音频效果。

练习实例：调整素材的音频增益。	
文件路径	第 10 章 \ 音频增益.prproj
技术掌握	调整音频增益

01 在项目面板中导入音频素材，然后双击音频素材，在源监视器面板中查看素材的音频波形，效果如图10-22所示。

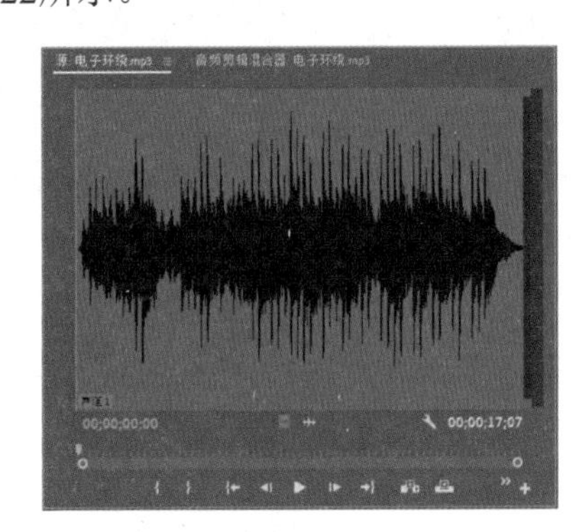

图10-22 修改前的音频波形

02 将音频素材添加到时间轴面板中，在时间轴面板中选中需要调整的音频素材，然后选择“剪辑”|“音频选项”|“音频增益”命令，打开“音频增益”对话框，如图10-23所示。

03 单击“调整增益值”选项的数值，然后输入新的数值，修改音频的增益值，单击“确定”按钮，如图10-24所示。

04 完成设置后，播放修改后的音频素材，可以试听音频效果，也可以打开源监视器面板，查看处理后的音频波形，如图10-25所示。

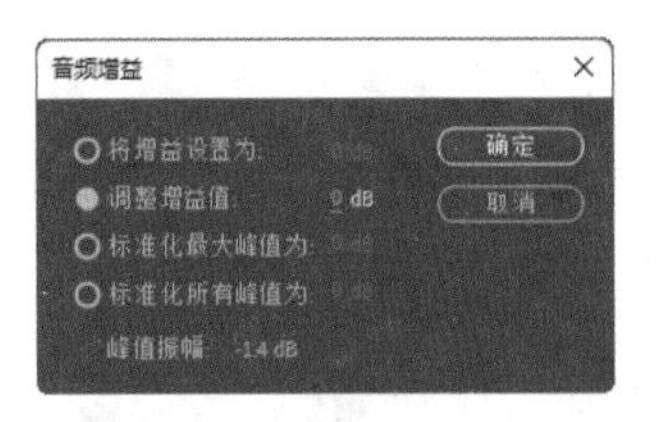

图10-23 “音频增益”对话框

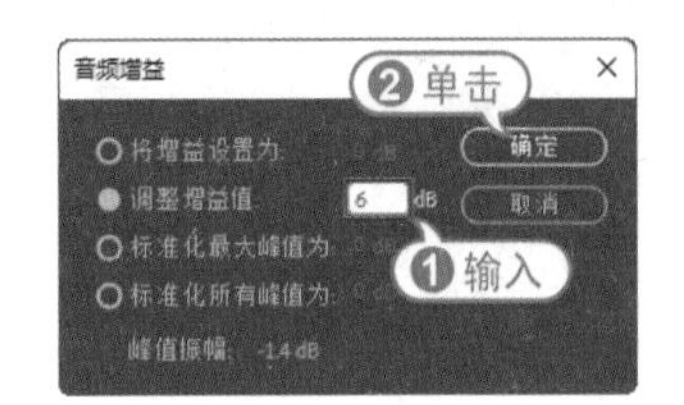

图10-24 修改增益值

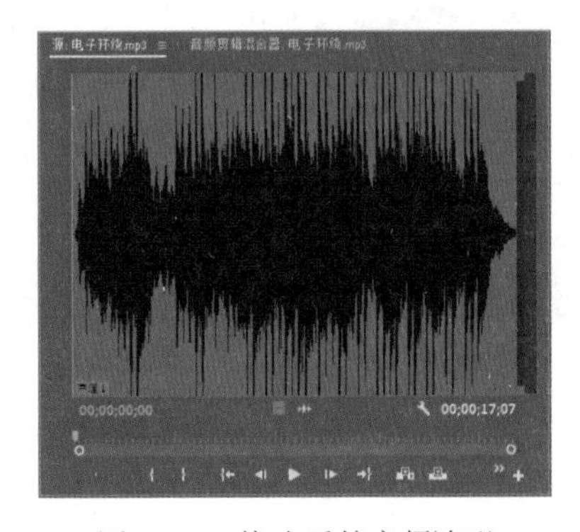

图10-25 修改后的音频波形

10.4 应用音频特效

在Premiere影视编辑中，可以对音频对象添加特殊效果，如淡入淡出、摇摆效果和系统自带的音频效果，从而使音频效果更加和谐、美妙。

10.4.1 制作淡入淡出的音效

在许多影视片段的开始和结束处，都使用了声音的淡入淡出变化，使场景内容的展示更加自然和谐。在Premiere中可以通过编辑关键帧，为加入时间轴面板中的音频素材制作淡入淡出的效果。

练习实例：制作淡入淡出的声音效果。	
文件路径	第 10 章 \ 淡入淡出.prproj
技术掌握	设置音频关键帧

01 新建一个项目和一个序列，然后将视频和音频素材导入项目面板中，如图10-26所示。

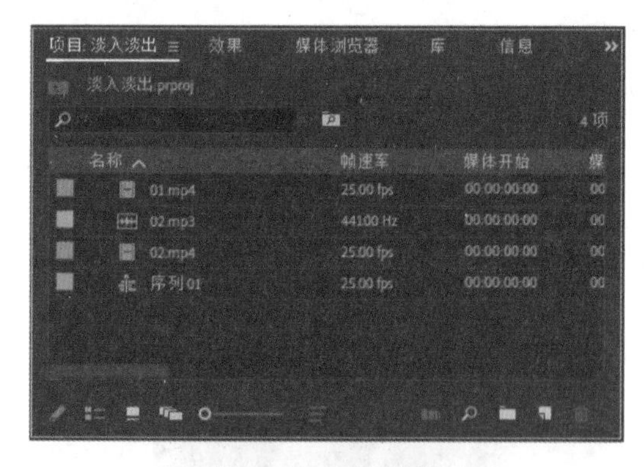

图10-26　导入素材

02 将视频和音频素材分别添加到时间轴面板的视频和音频轨道中，如图10-27所示。

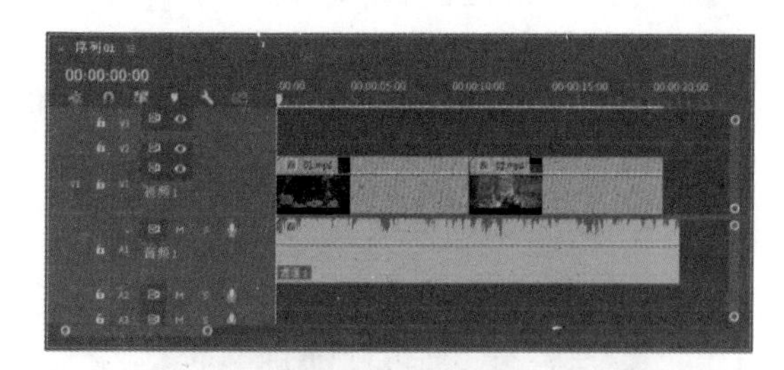

图10-27　添加素材

03 在时间轴面板中向左拖动音频素材的出点，使音频素材与视频素材的出点对齐，如图10-28所示。

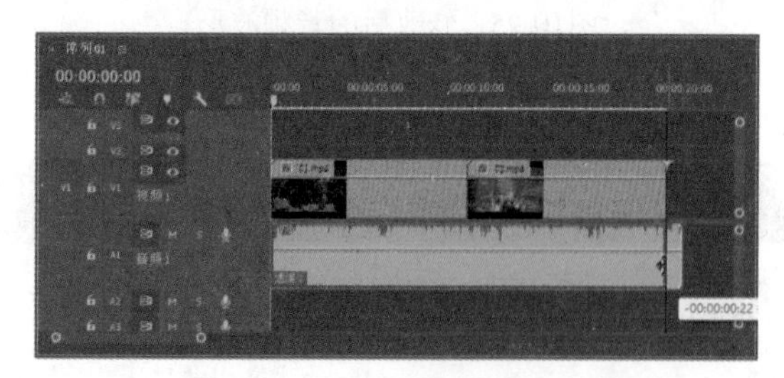

图10-28　拖动素材出点

04 展开音频1轨道，在音频1轨道中单击“显示关键帧”按钮，然后选择“轨道关键帧”|“音量”命令，如图10-29所示。

05 选择音频轨道中的音频素材，然后将时间指示器移到第0秒的位置，再单击音频1轨道上的“添加-移除关键帧”按钮，在此添加一个关键帧，如图10-30所示。

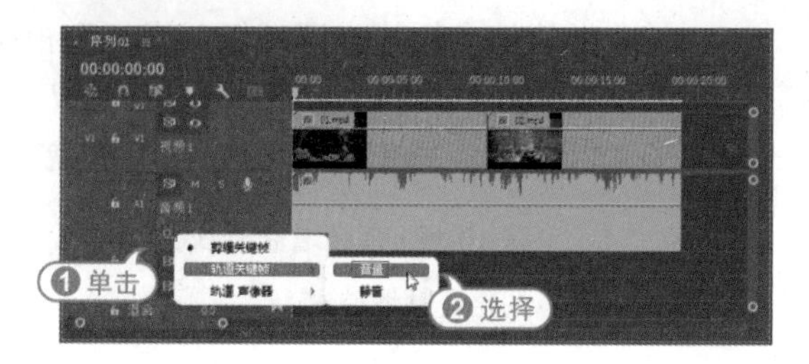

图10-29　设置关键帧类型

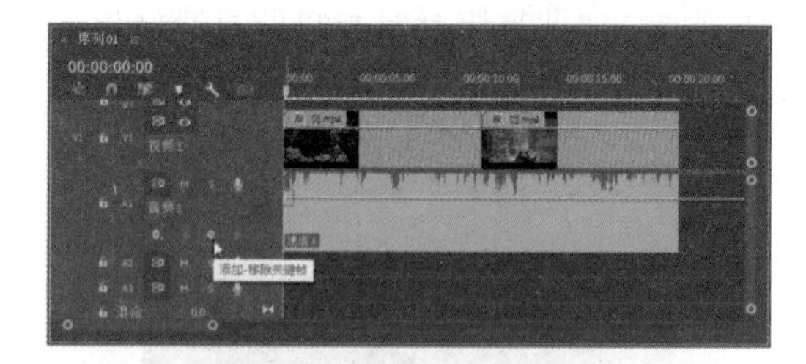

图10-30　添加关键帧(一)

06 将时间指示器移到第2秒的位置，继续在音频1轨道中为音频素材添加一个关键帧，如图10-31所示。

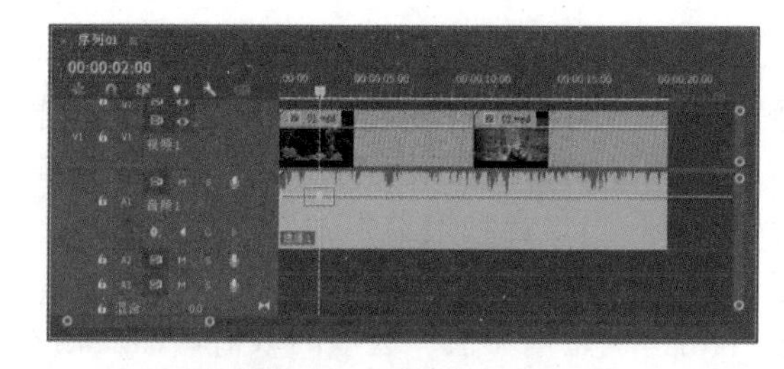

图10-31　添加关键帧(二)

07 将第0秒位置的关键帧向下拖动到最下端，使该帧的声音大小为0，制作声音的淡入效果，如图10-32所示。

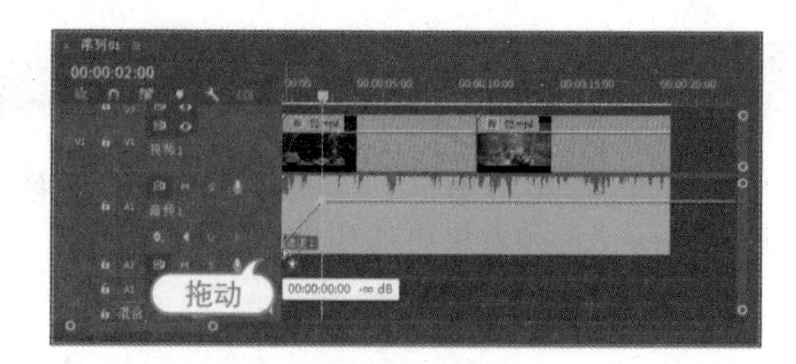

图10-32　制作声音的淡入效果

08 在第16秒和素材出点的位置，分别为音频1轨道中的音频素材各添加一个关键帧，如图10-33所示。

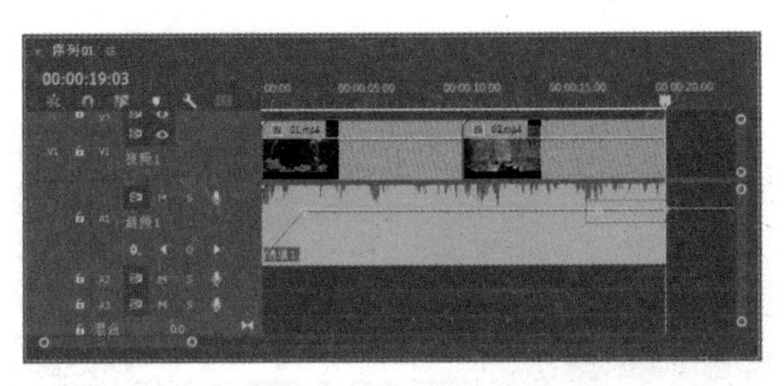

图10-33 添加关键帧(三)

09 将素材出点位置的关键帧向下拖动到最下端，使该帧的声音大小为0，制作声音的淡出效果，如图10-34所示。

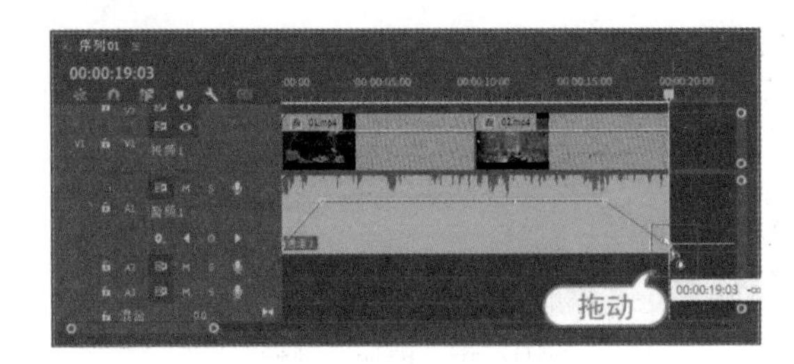

图10-34 制作声音的淡出效果

10 单击节目监视器面板下方的“播放-停止切换”按钮，可以试听音频的淡入淡出效果。

进阶技巧：

在效果控件面板中设置和修改音频素材的音量级别关键帧，也可以制作声音的淡入淡出效果。

10.4.2 制作声音的摇摆效果

在时间轴面板中进行音频素材的编辑时，右击音频素材上的图标，在弹出的快捷菜单中选择“声像器”|“平衡”命令，可以通过添加控制点来设置音频素材声音的摇摆效果，将立体声道的声音改为在左右声道间来回切换播放的效果。

练习实例：制作摇摆旋律。	
文件路径	第 10 章 \ 摇摆旋律.prproj
技术掌握	声音平衡控制

01 创建一个项目和一个序列，然后将音频素材导入项目面板中，如图10-35所示。

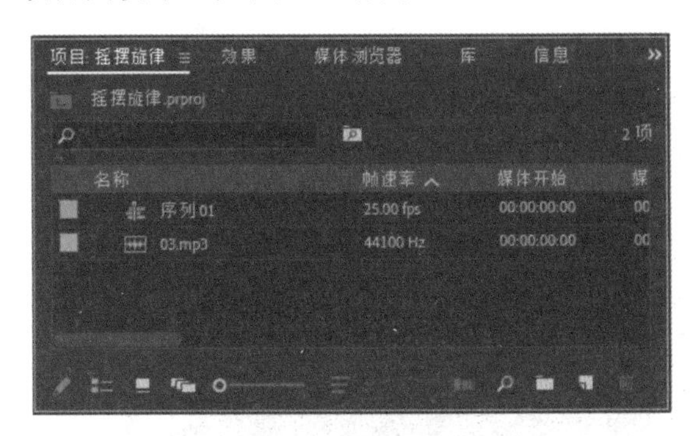

图10-35 导入素材

02 将音频素材添加到时间轴面板的音频1轨道中，如图10-36所示。

03 在音频1轨道中右击音频素材上的图标，在弹出的快捷菜单中选择“声像器”|“平衡”命令，如图10-37所示。

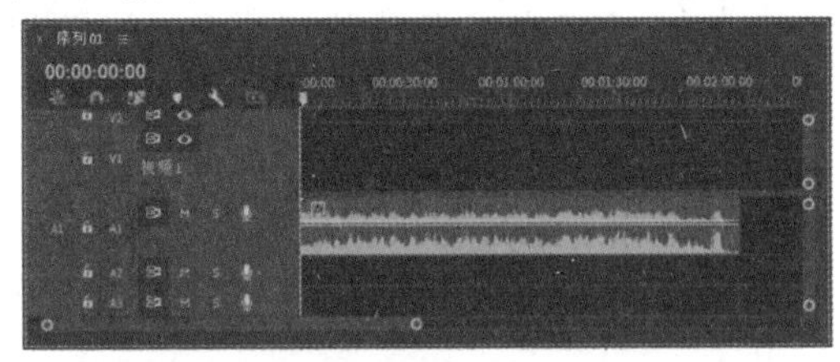

图10-36 添加素材

图10-37 选择“平衡”命令

04 展开音频1轨道，当时间指示器处于第0秒的位置时，单击音频1轨道中的“添加-移除关键帧”按钮，在音频1轨道中添加一个关键帧，如图10-38所示。

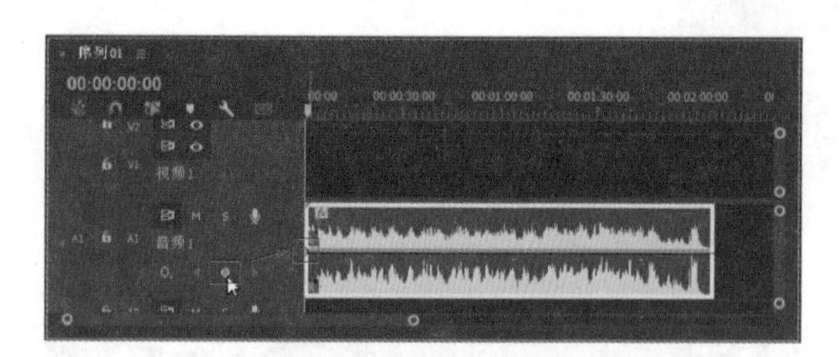

图10-38　添加关键帧

05 将时间指示器移到第15秒的位置，单击音频1轨道中的“添加-移除关键帧”按钮添加一个关键帧，然后将添加的关键帧向下拖动到最下端，如图10-39所示。

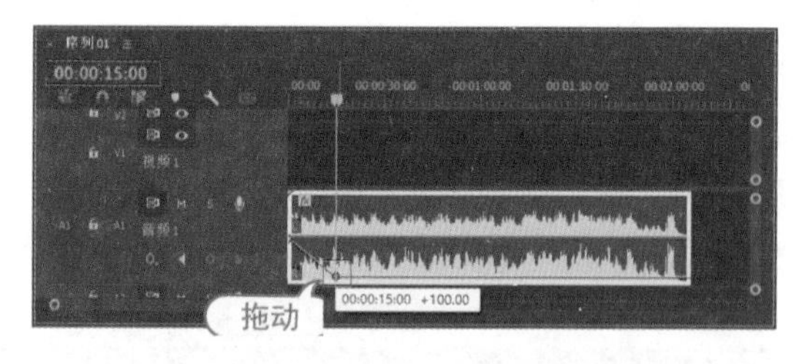

图10-39　添加并调整关键帧(一)

06 将时间指示器移到第30秒的位置，单击音频1轨道中的“添加-移除关键帧”按钮添加一个关键帧，然后将添加的关键帧向上拖动到最上端，如图10-40所示。

图10-40　添加并调整关键帧(二)

07 使用同样的方法，在每隔15秒的位置，分别为音频素材添加一个关键帧，并调整各个关键帧的位置，如图10-41所示。

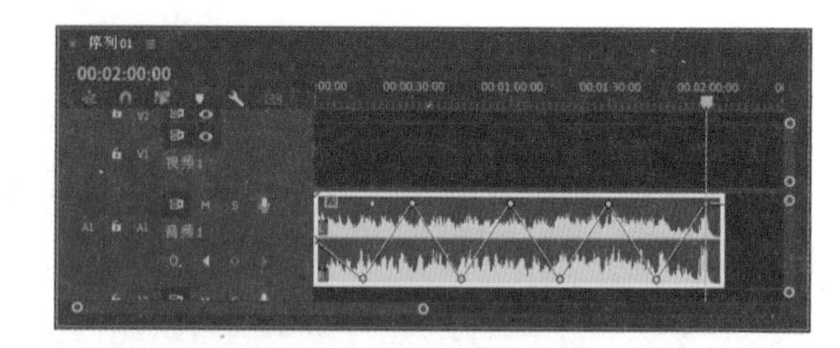

图10-41　添加并调整其他关键帧

08 单击节目监视器面板下方的“播放-停止切换”按钮，试听音乐的摇摆效果。

10.4.3　应用音频效果

在Premiere的效果面板中集成了音频过渡和音频效果。在“音频过渡”素材箱中提供了3种交叉淡化过渡，如图10-42所示。在使用音频过渡效果时，只需要将其拖动到音频素材的入点或出点位置，然后在效果控件面板中进行具体设置即可。

“音频效果”素材箱中存放着数十种声音特效，如图10-43所示。将这些特效直接拖放到时间轴面板中的音频素材上，即可对该音频素材应用相应的特效。

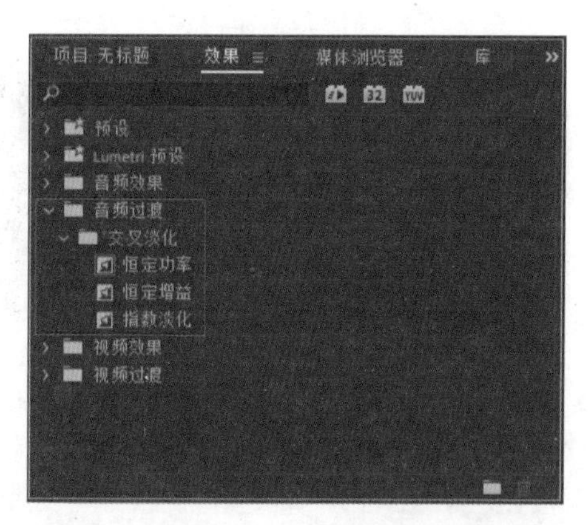

图10-42　音频过渡

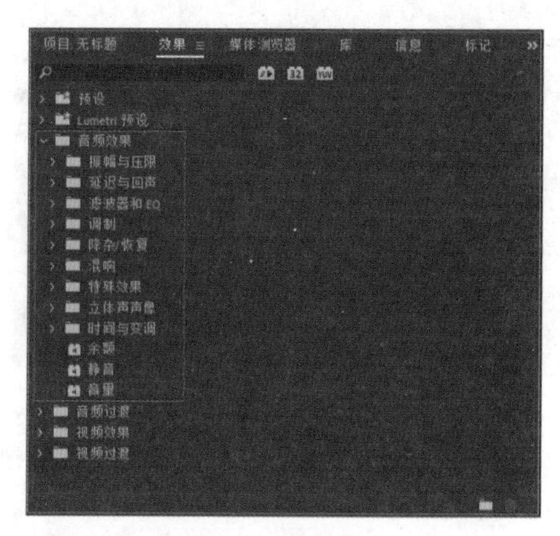

图10-43　音频效果

“音频效果”素材箱中常用音频效果的作用如下。

- 多功能延迟：一种多重延迟效果，可以对素材中的原始音频添加多达四次回声。
- 多频段压缩器：它是一个可以分波段控制的三波段压缩器。当需要柔和的声音压缩器时，使用这个效果。
- 低音：允许增加或减少较低的频率(等于或低于200Hz)。
- 平衡：允许控制左右声道的相对音量，正值可增大右声道的音量，负值可增大左声道的音量。
- 声道音量：允许单独控制素材或轨道的立体声或5.1声道中每一个声道的音量。每一个声道的电平单位为分贝。
- 室内混响：通过模拟室内音频播放的声音，为音频素材添加气氛和温馨感。
- 消除嗡嗡声：一种滤波效果，可以删除超出指定范围或波段的频率。
- 反转：将所有声道的相位颠倒。
- 高通：删除低于指定频率界限的频率。
- 低通：删除高于指定频率界限的频率。
- 延迟：可以添加音频素材的回声。
- 参数均衡器：可以增大或减小与指定中心频率接近的频率。
- 互换声道：可以交换左右声道信息的布置。只能应用于立体声素材。
- 高音：允许增大或减小高频(4000Hz或更高)。Boost控制项指定调整的量，单位为分贝。
- 音量：音量效果可以提高音频电平而不被修剪，只有当信号超过硬件允许的动态范围时才会出现修剪，这时往往导致音频失真。

练习实例：为素材添加音频效果。	
文件路径	第 10 章 \ 添加音频效果.prproj
技术掌握	添加音频效果

01 新建一个项目和一个序列，然后在项目面板中导入视频和音频素材，如图10-44所示。

02 将视频和音频素材分别添加到时间轴面板中的视频轨道和音频轨道中，并调整视频素材和音频素材的出点，如图10-45所示。

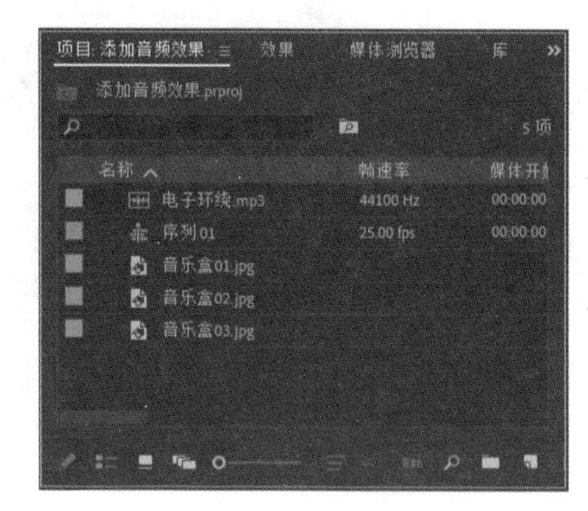

图10-44　导入素材

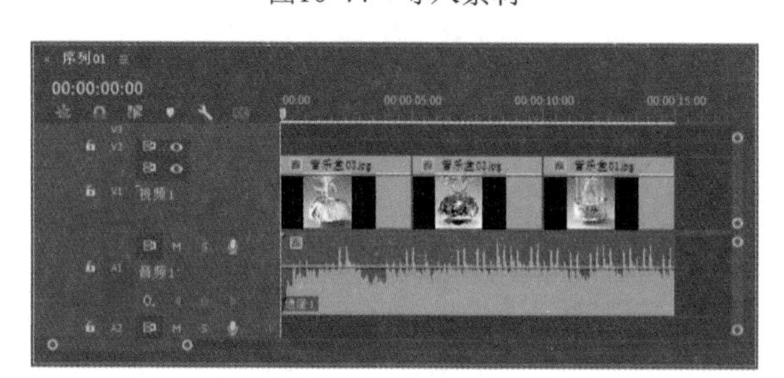

图10-45　添加素材

03 在效果面板中选择“音频效果”|“混响”|“室内混响” 效果，如图10-46所示，然后将其拖动到时间轴面板的音频素材“电子环绕.mp3”上，为音频素材添加室内混响效果。

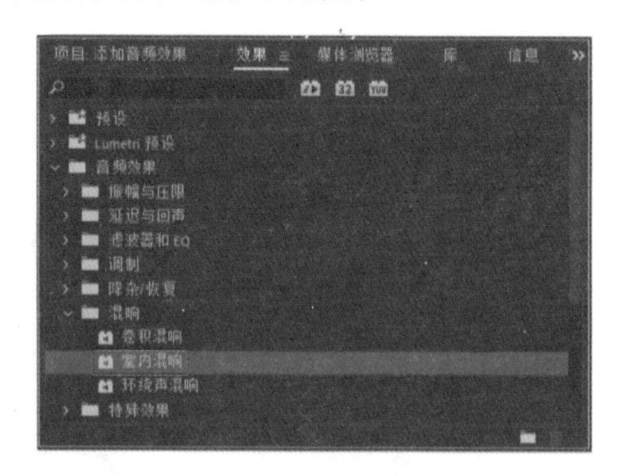

图10-46　选择“室内混响”效果

04 选择“窗口”|“效果控件”命令，在打开的效果控件面板中可以设置室内混响音频效果的参数，如图10-47所示。

05 在控件面板中单击“编辑…”按钮，可以打开“剪辑效果编辑器”对话框进行音频编辑，如图10-48所示。

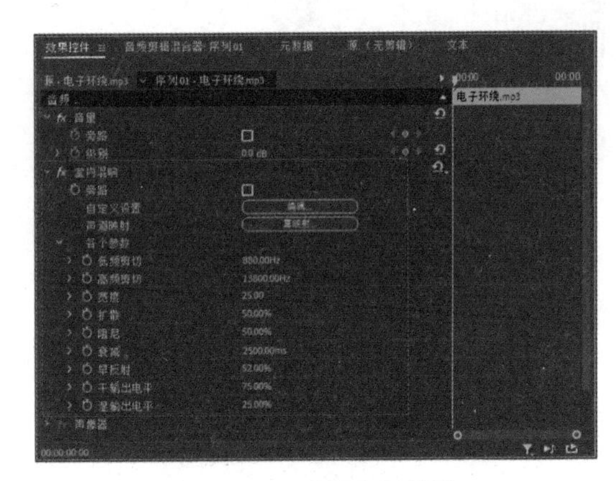

图10-47　设置音频效果

06 单击节目监视器面板下方的“播放-停止切换”按钮▶，可以试听添加特效后的音频效果。

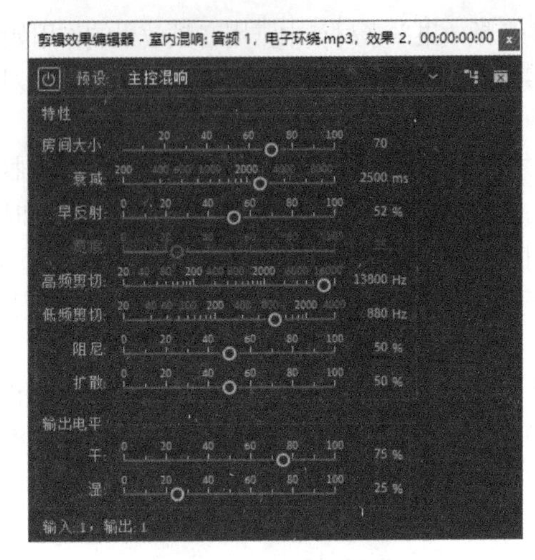

图10-48　编辑音频效果

10.5　应用音轨混合器

Premiere的音轨混合器是音频编辑中最强大的工具之一，在有效地运用该工具之前，用户应熟悉其控件和功能。

10.5.1　认识音轨混合器面板

选择“窗口”|“音轨混合器”命令，可以打开音轨混合器面板，如图10-49所示。在Premiere的音轨混合器面板中可以对音轨素材的播放效果进行编辑和实时控制。音轨混合器面板为每一条音轨都提供了一套控制方法，每条音轨也根据时间轴面板中的相应音频轨道进行编号。使用该面板，可以设置每条轨道的音量大小、静音等。

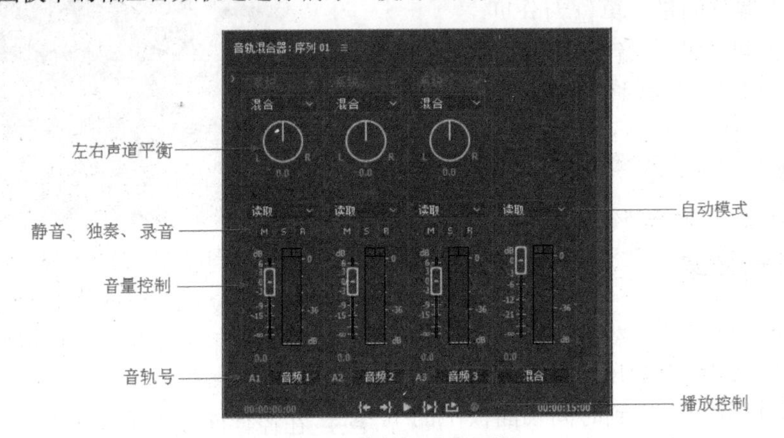

图10-49　音轨混合器面板

- 左右声道平衡：将该旋钮向左转用于控制左声道，向右转用于控制右声道，也可以单击旋钮下面的数值栏，然后通过输入数值来控制左右声道，如图10-50所示。
- 静音、独奏、录音：M(静音轨道)按钮控制静音效果；S(独奏轨道)按钮可以使其他音轨上的片段变成静音效果，只播放该音轨片段；R(启用轨道以进行录制)按钮用于录音控制，如图10-51所示。

图10-50　左右声道平衡

图10-51　静音、独奏、录音控制

- 音量控制：将滑块向上下拖动，可以调节音量的大小，旁边的刻度用来显示音量值，单位是dB(分贝)，如图10-52所示。
- 音轨号：对应着时间轴面板中的各个音频轨道，如图10-53所示，如果在时间轴面板中增加了一条音频轨道，则在音轨混合器面板中也会显示相应的音轨号。

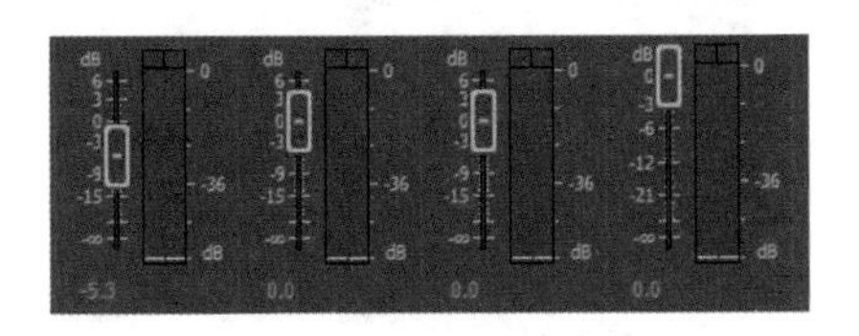

图10-52　音量控制

图10-53　音轨号

- 自动模式：在该下拉列表中可以选择一种音频控制模式，如图10-54所示。
- 播放控制：这些按钮包括转到入点、转到出点、播放-停止切换、从入点到播放出点、循环和录制按钮，如图10-55所示。

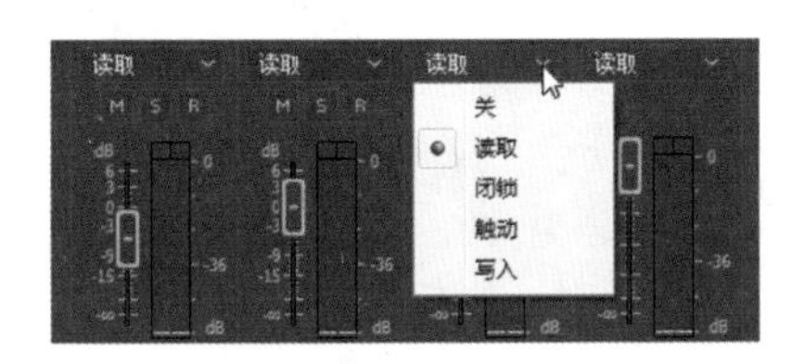

图10-54　自动模式

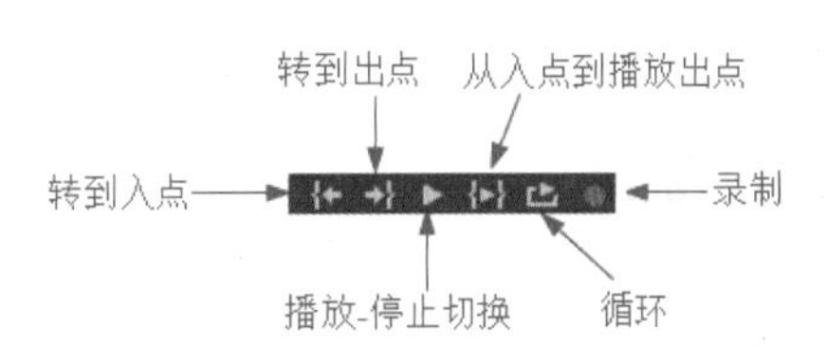

图10-55　播放控制按钮

10.5.2　声像调节和平衡控件

在输出到立体声轨道或5.1轨道时，“左/右平衡”旋钮用于控制单声道轨道的级别。因此，通过声像平衡调节，可以增强声音效果(比如随着鸟儿从视频监视器的右边进入视野，右声道中发出鸟儿的鸣叫声)。

平衡用于重新分配立体声轨道和5.1轨道中的输出。在一条声道中增加声音级别的同时，另一条声道的声音级别将减少，反之亦然。可以根据正在处理的轨道类型，使用“左/右平衡”旋钮控制平衡和声像调节。在使用声像调节或平衡时，单击并拖动“左/右平衡”旋钮上的指示器，或拖动旋钮下方的数字读数，也可以单击数字读数并输入一个数值，如图10-56、图10-57和图10-58所示。

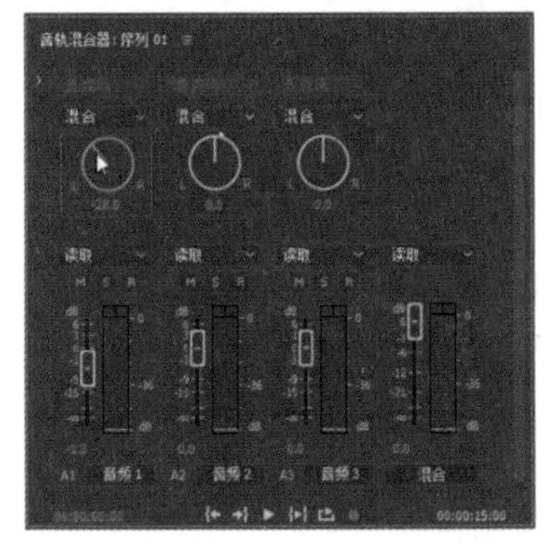

图10-56　拖动指示器

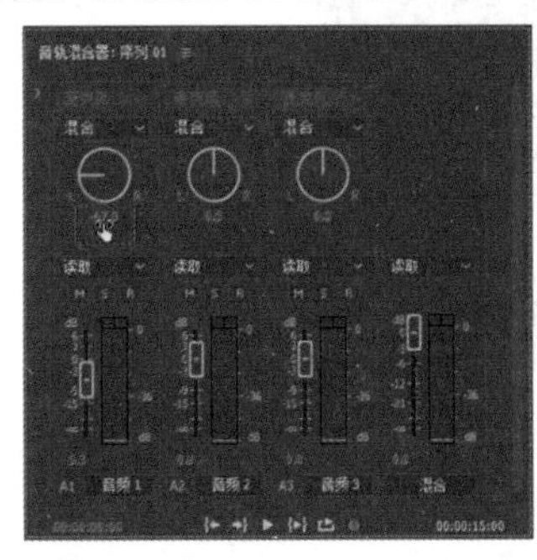

图10-57　拖动数字

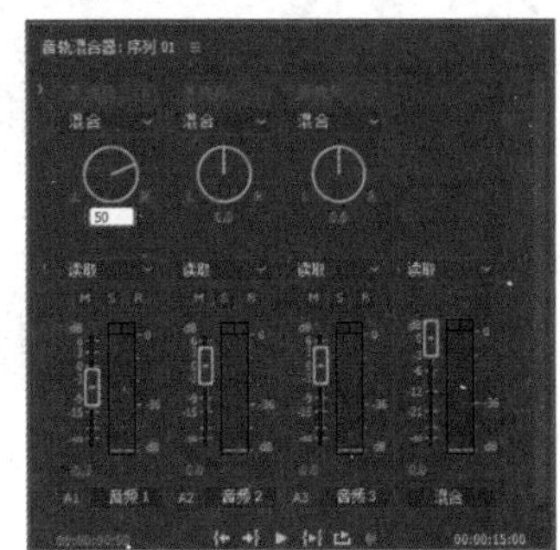

图10-58　输入数值

10.5.3 添加效果

在进行音频编辑的操作中，可以将效果添加到音轨混合器中，先单击音轨混合器面板左上角的“显示/隐藏效果和发送”按钮▶，如图10-59所示，展开效果区域，然后将效果加载到音轨混合器的效果区域，再调整效果的个别控件，如图10-60所示。

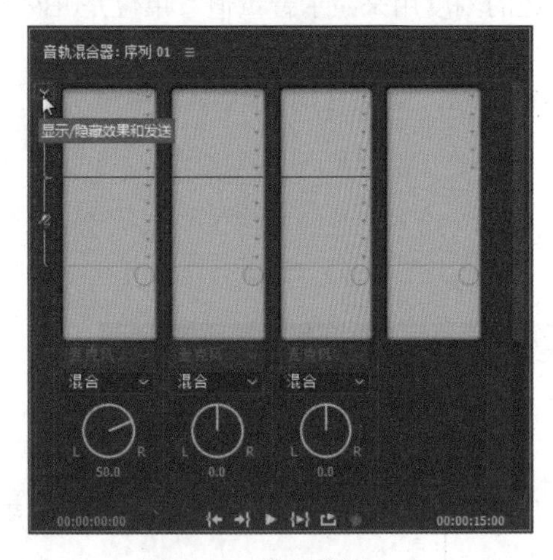

图10-59　单击按钮

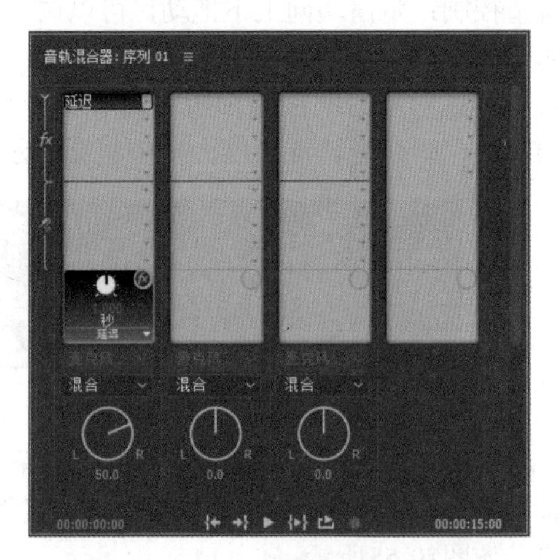

图10-60　加载效果

知识点滴：

在音轨混合器面板中，一个效果控件显示为一个旋钮。一条音频轨道可以同时添加1~5种效果。

练习实例：在音轨混合器中应用效果。	
文件路径	第 10 章 \ 音轨混合器.prproj
技术掌握	应用音轨混合器

01 新建一个项目和一个序列，然后导入音频素材，并将其添加到时间轴面板的音频1轨道中，如图10-61所示。

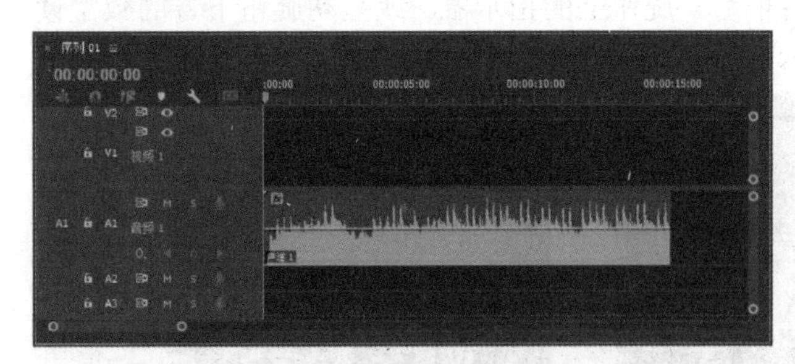

图10-61　添加音频素材

02 展开音频1轨道，在音频1轨道中单击“显示关键帧”按钮◎，然后选择“轨道关键帧”|“音量”命令，如图10-62所示。

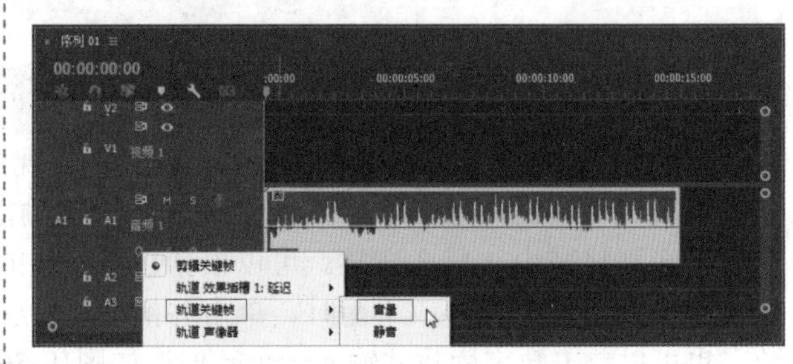

图10-62　选择“音量”命令

03 选择“窗口”|“音轨混合器”命令，打开音轨混合器面板。单击音轨混合器面板左上角的“显示/隐藏效果和发送”按钮▶，展开效果区域。

04 在要应用效果的轨道中，单击效果区域的“效果选择”下拉按钮，打开音频效果列表，从效果列表中选择想要应用的效果，如图10-63所示。在音轨混合器面板的效果区域就会显示该效果，如图10-64所示。

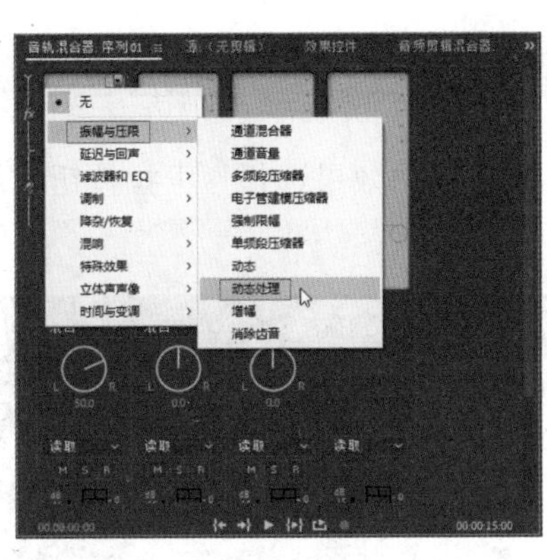

图10-63　选择要应用的效果

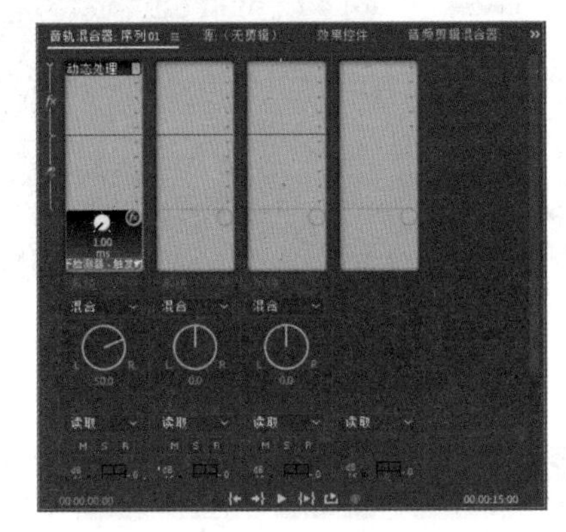

图10-64　显示应用的效果

05 如果要切换到效果的另一个控件，可以单击控件名称右侧的下拉按钮，并在弹出的列表中选择另一个控件，如图10-65所示。

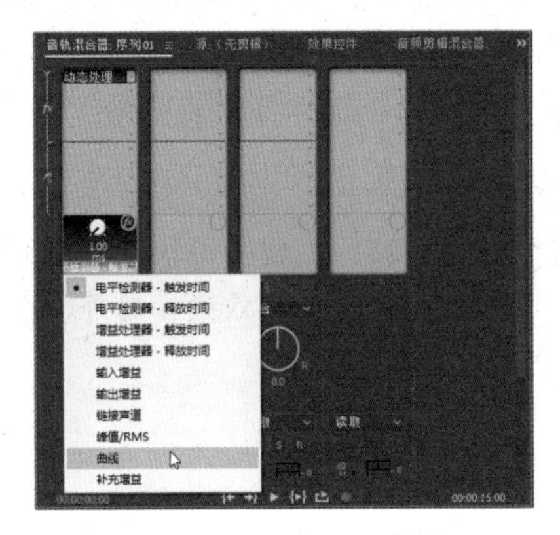

图10-65　选择另一个控件

06 单击音频1中的“自动模式”下拉按钮，然后在下拉列表中选择“触动”模式，如图10-66所示。

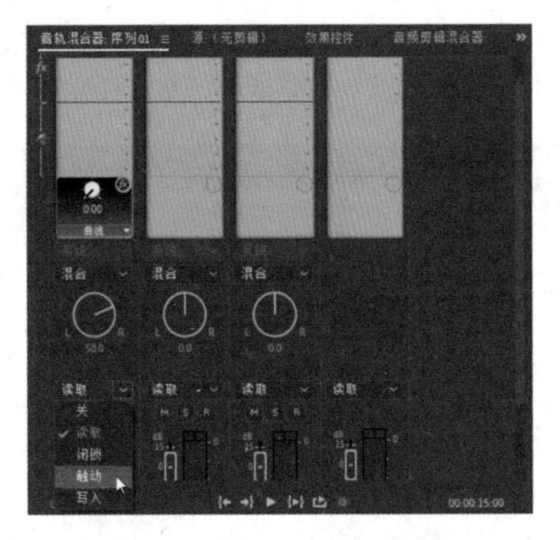

图10-66　选择“触动”模式

07 单击音轨混合器面板中的“播放-停止切换”按钮▶，同时根据需要调整效果音量，如图10-67所示。

图10-67　根据需要调整效果音量

08 在时间轴面板中可以显示调整效果后的轨道关键帧发生的变化，效果如图10-68所示。

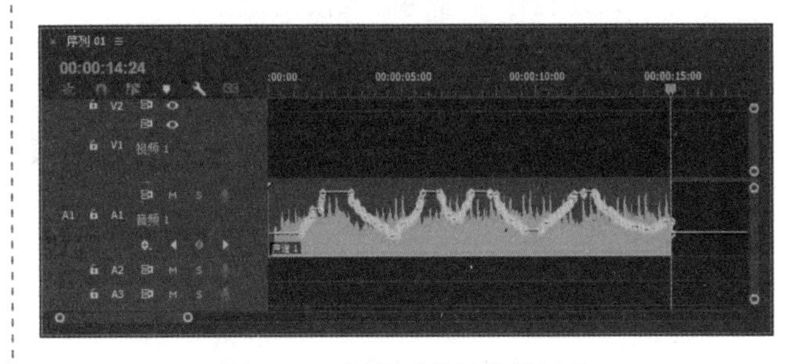

图10-68　调整后的轨道关键帧

10.5.4　关闭效果

在音轨混合器面板中单击效果控件旋钮右边的旁路开关按钮，在该图标上会出现一条斜线，此时可以关闭相应的效果，如图10-69所示。如果要重新启动该效果，只需要再次单击旁路开关按钮即可。

10.5.5 移除效果

如果要移除音轨混合器面板中的音频效果，单击该效果名称右边的“效果选择”下拉按钮，然后在下拉列表中选择“无”选项即可，如图10-70所示。

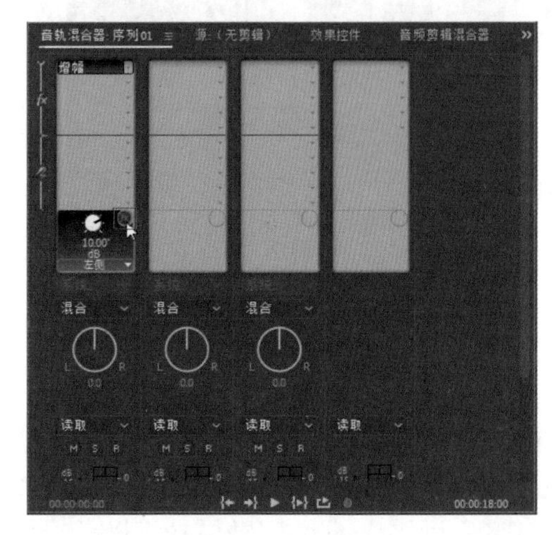

图10-69　关闭效果

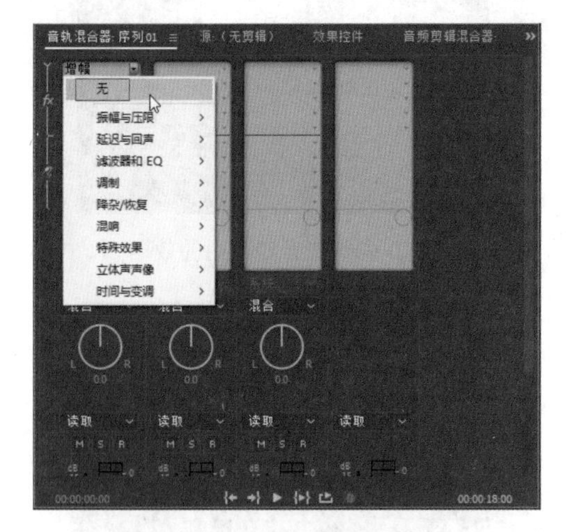

图10-70　移除音频效果

10.6 高手解答

问：音频采样是指什么？

答：音频采样是指将模拟音频转成数字音频的过程。

问：音轨混合器面板的作用是什么？

答：在音轨混合器面板中可以对音轨素材的播放效果进行编辑和实时控制。音轨混合器面板为每一条音轨都提供了一套控制方法，每条音轨也根据时间轴面板中的相应音频轨道进行编号，使用该面板，可以设置每条轨道的音量大小、静音等。

问：如何制作声音的淡入淡出效果？

答：调整声音效果时，可以在效果控件面板中制作声音的淡入淡出效果。将时间指示器移到相应的位置，在效果控件面板中设置音量的级别数值，即可添加音量的关键帧，设置音量级别关键帧从低到高，可得到声音的淡入效果；设置音量级别关键帧从高到低，可得到声音的淡出效果。另外，在时间轴面板中通过对声音素材进行关键帧设置，也可以制作声音的淡入淡出效果。

第11章 输出文件

完成项目的创作后，最后还需要将项目输出为影片，以便传输和观看最终的影片效果。本章将介绍项目作品的输出方法，包括对项目作品进行影片的导出与设置、图片的导出与设置，以及音频的导出与设置等。

练习实例：导出影片文件

练习实例：导出单帧图片

练习实例：导出序列图片

练习实例：导出音频文件

11.1 影片的导出与设置

在Premiere Pro 2024中，将项目文件作为影片导出的格式通常包括Windows Media、AVI、QuickTime和MPEG4等，用户可以在计算机中直接双击这些格式的视频对象进行观看。

11.1.1 影片导出的常用设置

选择“文件”|“导出”|“媒体”命令，或在窗口左上方单击“导出”标签，可以进入导出面板进行导出设置，包括导出的文件名、位置、格式、视频设置、音频设置、导出的范围等，如图11-1所示。

图11-1　导出面板

1. 设置导出文件名

在导出面板的“文件名”文本框中可以输入导出的文件名称，也可以在“另存为”对话框中设置导出文件的名称。

2. 设置导出位置

在导出面板中单击“位置”链接，如图11-2所示，可以打开“另存为”对话框，在该对话框中可以设置导出文件的位置、名称和保存类型，如图11-3所示。

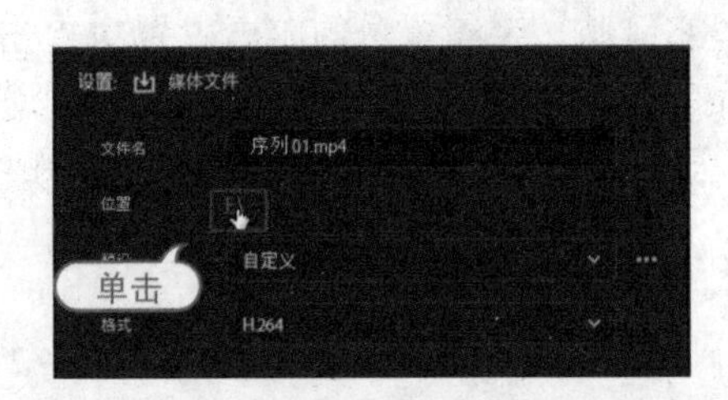

图11-2　单击“位置”链接

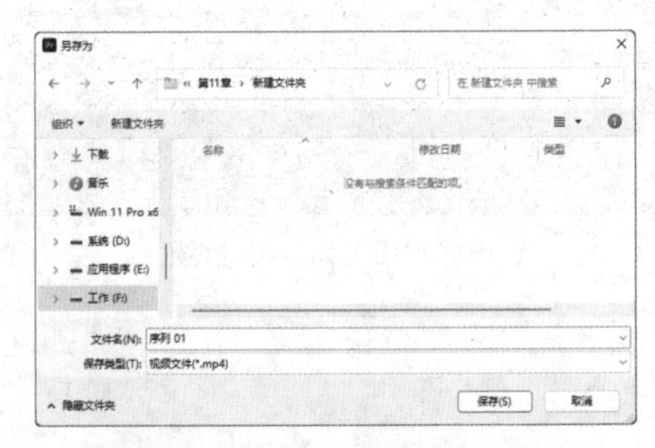

图11-3　设置导出位置和名称

3. 选择预设效果

在导出面板中单击“预设”下拉按钮，在弹出的下拉列表中选择一种预设的效果，可以快速完成导出的设置，如图11-4所示。

4. 设置导出格式

如果在“预设”下拉列表中没有想要的效果，可以在导出面板中单击“格式”下拉按钮，在弹出的下拉列表中选择需要导出项目的格式，其中包括各种图片、视频格式和音频格式，如图11-5所示。

图11-4 选择预设效果

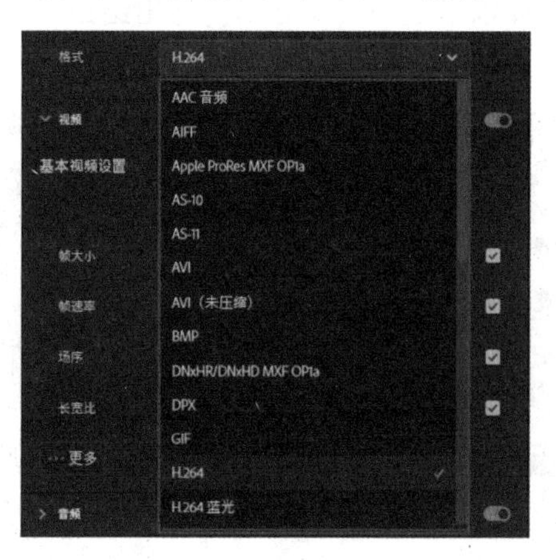

图11-5 选择导出的格式

5. 基本视频设置

在导出面板中展开“视频”选项组，可以对视频的基本属性进行设置，如视频的帧大小、帧速率、场序、长宽比等，如图11-6所示。

单击“视频”选项组中的“匹配源”按钮（默认情况下，基本视频设置为“匹配源”状态），将自动设定视频设置以匹配源视频的属性，某些属性值会受输出格式的约束。如果要修改视频的帧大小、帧速率、场序、长宽比等参数，可以取消对应选项后面的复选框，使其成为可编辑状态，即可对其进行修改，如图11-7所示。

6. 设置导出内容

在导出面板下方单击“范围”下拉按钮，在弹出的下拉列表中可以选择要导出的内容是整个序列还是工作区域，或者其他内容，如图11-8所示。

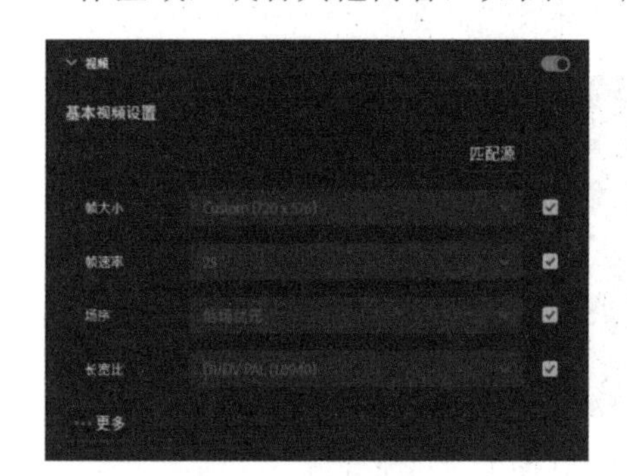

图11-6 基本视频设置

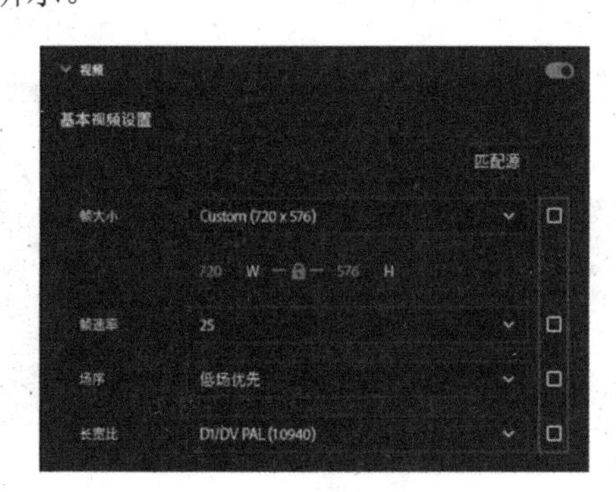

图11-7 取消选项复选框

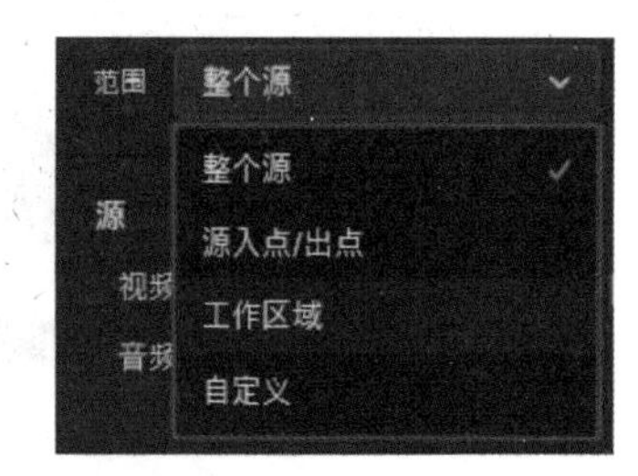

图11-8 选择要导出的内容

11.1.2 导出影片

编辑好项目后，可以通过以下两种方式将项目对象导出为影片文件。

1. 在导出面板中进行导出

在导出面板中设置好影片的导出参数后，单击导出面板右下角的“导出”按钮，如图11-9所示，即可将影片以指定的效果导出，导出结束后，系统将在窗口右下方给出相应的提示，如图11-10所示。

图11-9 单击“导出”按钮

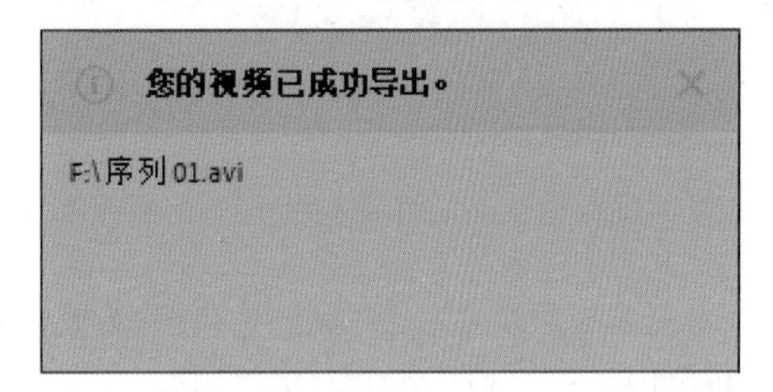

图11-10 导出成功提示

2. 快速导出影片

在编辑窗口右上角单击“快速导出”按钮(如图11-11所示)，将打开快速导出面板，然后单击“导出”按钮，可以将项目以默认的参数快速导出，如图11-12所示。

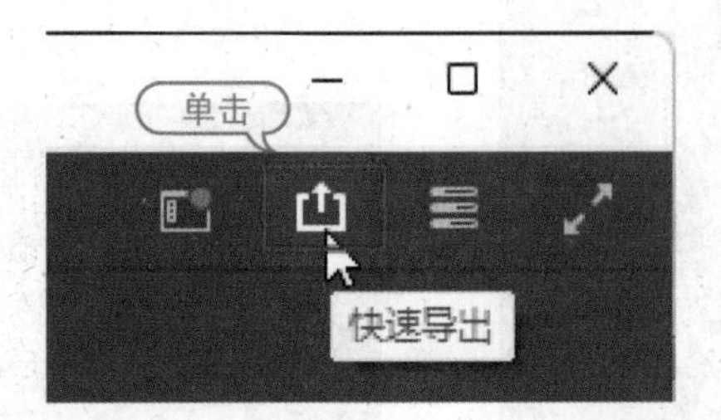

图11-11 单击“快速导出”按钮

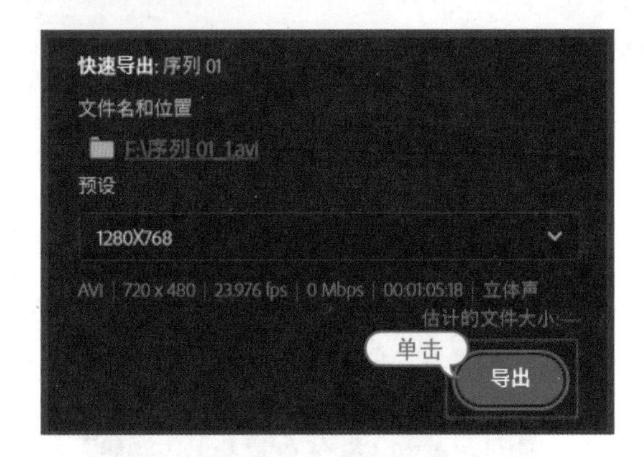

图11-12 快速导出面板

练习实例：导出影片文件。	
文件路径	第 11 章 \ 影片文件 \ 汽车 .mp4
技术掌握	导出影片文件

01 打开“汽车.prproj”文件，单击时间轴面板中的“序列01”将其选中，如图11-13所示。

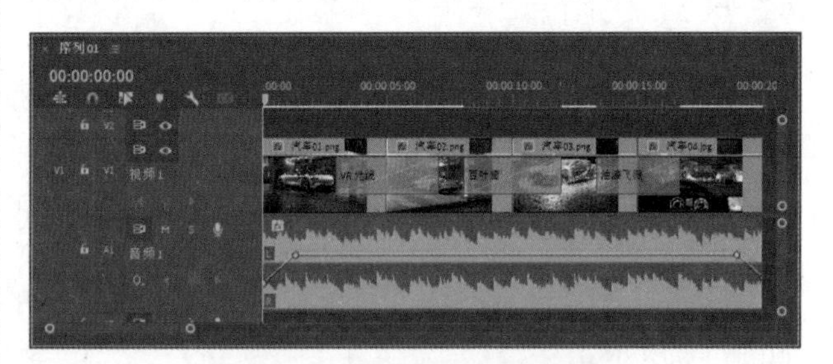

图11-13 选中要导出的序列

02 选择“文件”|“导出”|“媒体”命令，切换到导出面板中。单击面板下方的“范围”下拉按钮，在下拉列表中选择要导出的内容为“整个源”，如图11-14所示。

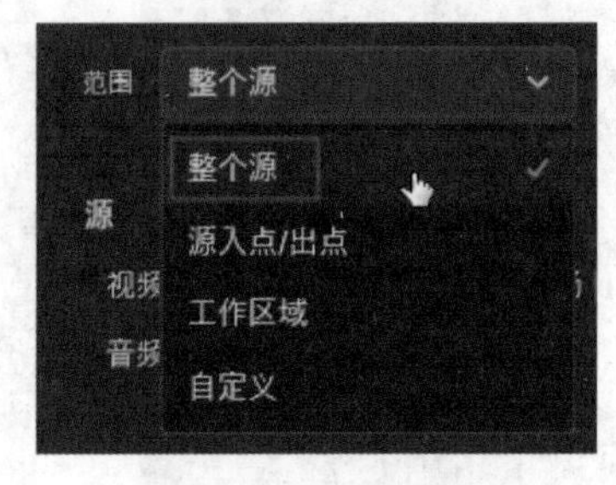

图11-14 导出整个源

03 在“设置”选项组中单击“格式”下拉按钮，在弹出的下拉列表中选择导出项目的影片格式为H.264，如图11-15所示。

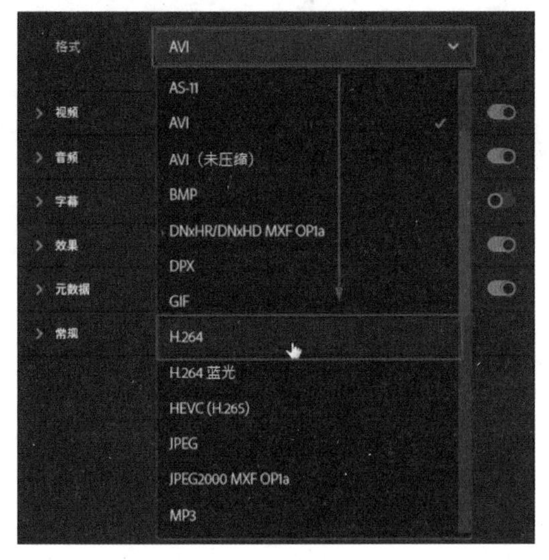

图11-15　选择导出的影片格式

04 展开“视频”选项组，可以修改视频的大小、帧速率、长宽比等设置。取消“帧大小”选项后面的复选框，然后可以在“帧大小”下拉列表框中选择帧大小(如“高清”)，如图11-16所示。

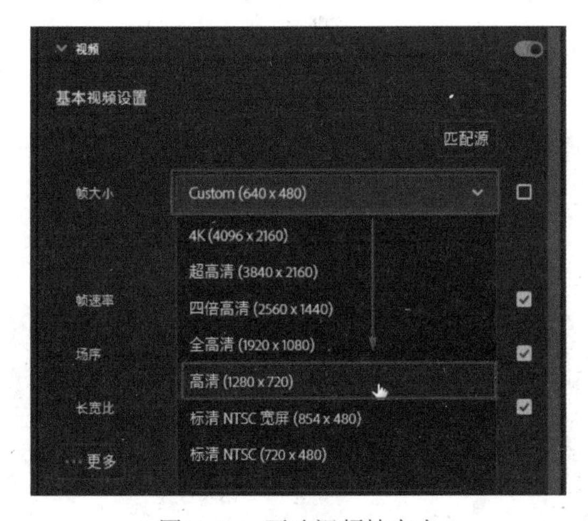

图11-16　更改视频帧大小

05 在“设置”选项组中单击“位置”选项的位置链接(如图11-17所示)，然后在打开的“另存为”对话框中设置导出文件的路径和文件名，如图11-18所示，单击“保存”按钮。

06 根据需要设置导出的类型，如果不想导出音频，可以关闭“音频”选项右方的开关按钮，如图11-19所示。

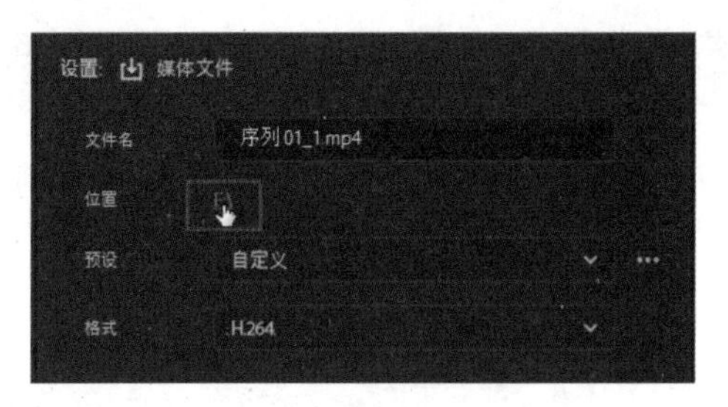

图11-17　单击位置链接

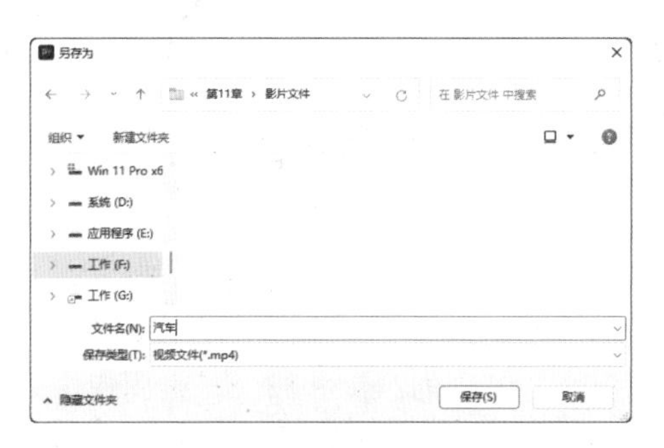

图11-18　设置路径和文件名

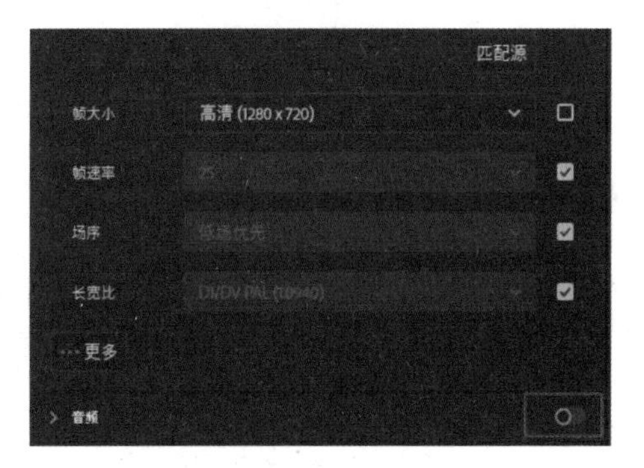

图11-19　关闭“音频”选项

07 单击面板右下角的“导出”按钮，即可将项目序列导出为指定的视频文件。然后使用播放软件即可播放导出的影片文件，如图11-20所示。

图11-20　播放影片内容

11.2 图片的导出与设置

在Premiere 中，不仅可以将编辑好的项目文件导出为影片格式，还可以将其导出为序列图片或单帧图片。

11.2.1 图片的导出格式

在Premiere Pro 2024中可以将编辑好的项目文件导出为图片格式，其中包括BMP、GIF、JPG、PNG、TAG和TIF格式。

- BMP(Windows Bitmap)：这是一种由Microsoft公司开发的位图文件格式。几乎所有的常用图像软件都支持这种格式。该格式对图像大小无限制，并支持RLE压缩，缺点是占用空间大。
- GIF：流行于Internet上的图像格式，是一种较为特殊的格式。
- TAG(Targa)：这是国际上的图形图像工业标准，是一种常用于数字化图像等高质量图像的格式。一般情况下，文件为24位和32位，是图像由计算机向电视转换的首选格式。
- TIF(TIFF)：这是一种由Aldus公司开发的位图文件格式，支持大部分操作系统，支持24位颜色，对图像大小无限制，支持RLE、LZW、CCITT及JPEG压缩。
- JPG(JPEG)：JPG 图片以24位颜色存储单个光栅图像。JPG 是与平台无关的格式，支持最高级别的压缩，不过这种压缩是有损耗的。
- PNG：是一种于20世纪90年代中期开始开发的图像文件存储格式，其目的是试图替代GIF和TIFF文件格式，同时增加一些GIF文件格式所不具备的特性。

11.2.2 导出序列图片

编辑好项目文件后，可以将项目文件中的序列导出为序列图片，即以序列图片的形式显示序列中指定帧数的图片效果。

练习实例：导出序列图片。	
文件路径	第 11 章 \ 序列图片 \ 汽车 .jpg
技术掌握	导出序列图片

01 打开“汽车.prproj”项目文件，在时间轴面板中选择要导出的序列。

02 选择“文件”|“导出”|“媒体”命令，切换到导出面板中。然后单击“格式”下拉按钮，在弹出的下拉列表中选择导出的图片格式为 JPEG，如图11-21所示。

03 在“视频”选项组中选中“导出为序列”复选框，取消“帧速率”选项后面的复选框，然后设置帧速率为5，如图11-22所示。

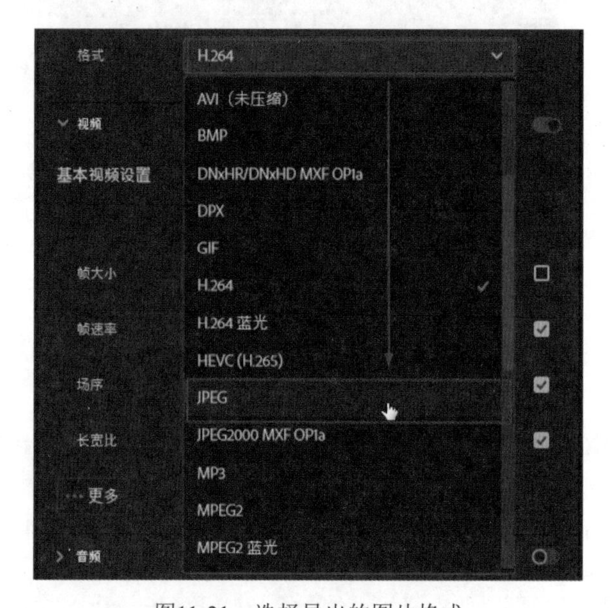

图11-21 选择导出的图片格式

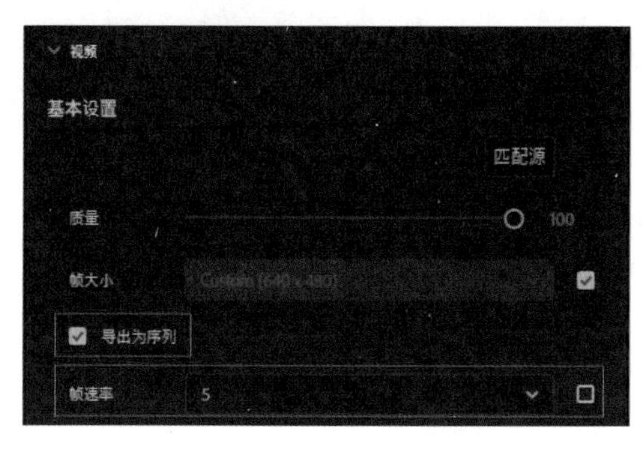

图11-22 设置序列参数

04 在“设置”选项组中单击“位置”选项的位置链接，在打开的“另存为”对话框中设置导出文件的路径和文件名，如图11-23所示，单击“保存”按钮。

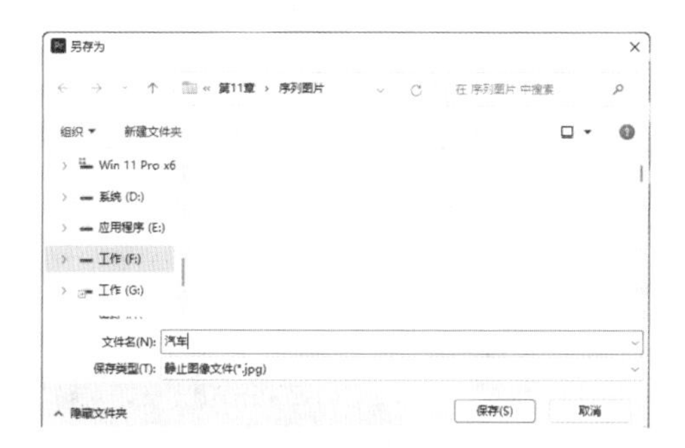

图11-23 设置路径和文件名

进阶技巧：

要修改导出图片的宽度、高度、帧速率和长宽比，首先要取消选中各选项后面的匹配源复选框。

05 单击“导出”按钮导出项目序列，会导出静止图像的序列，本例中每5帧将导出一个序列图片，如图11-24所示。

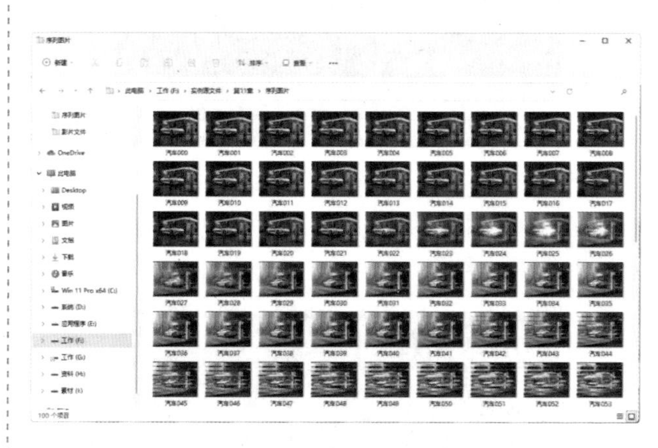

图11-24 导出的序列图像

11.2.3 导出单帧图片

完成项目文件的创建时，有时需要将项目中的某一帧画面导出为静态图片文件。例如，对影片项目中制作的视频特效画面进行取样操作等。

练习实例：导出单帧图片	
文件路径	第 11 章 \ 单帧图片 \ 汽车 .tif
技术掌握	导出单帧图片

01 打开“汽车.prproj”项目文件，然后在时间轴面板中将时间指示器拖动到需要导出帧的位置，如图11-25所示。

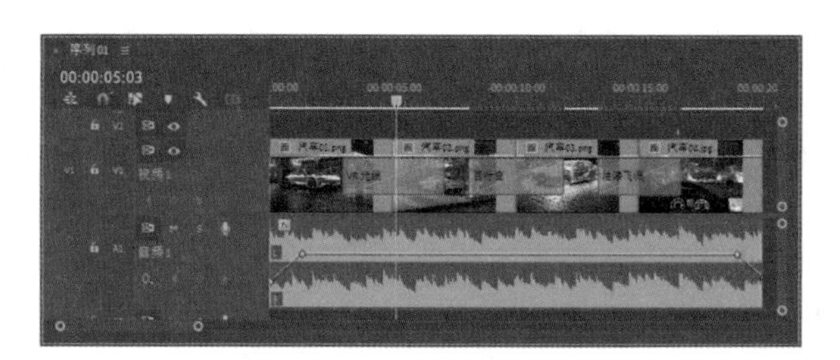

图11-25 定位时间指示器

02 在节目监视器面板中可以预览当前帧的画面，确定需要导出内容的画面，如图11-26所示。

图11-26 预览画面

03 选择“文件”|“导出”|“媒体”命令，切换到导出面板中。单击“格式”下拉按钮，在弹出的下拉列表中选择图片格式为TIFF，如图11-27所示。

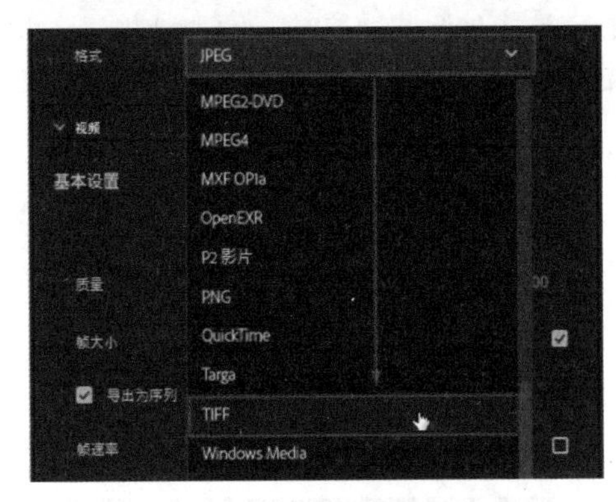

图11-27 选择导出的图片格式

04 在“视频”选项组中取消“导出为序列”复选框，并设置帧大小(即图片大小)，如图11-28所示。

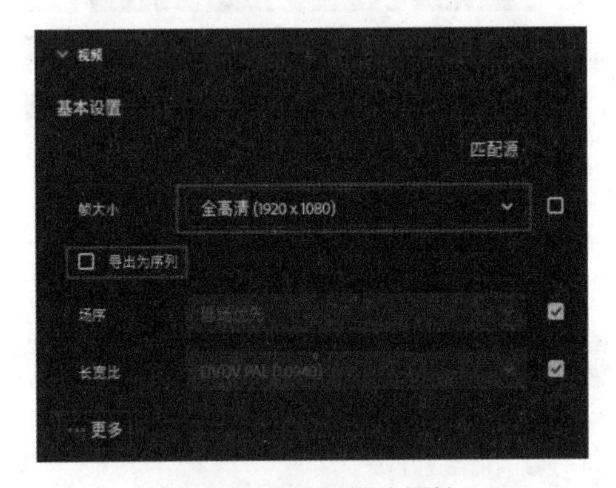

图11-28 设置图片属性

05 在“设置”选项组中单击“位置”选项的位置链接，在打开的“另存为”对话框中设置导出文件的路径和文件名，如图11-29所示，单击“保存”按钮。

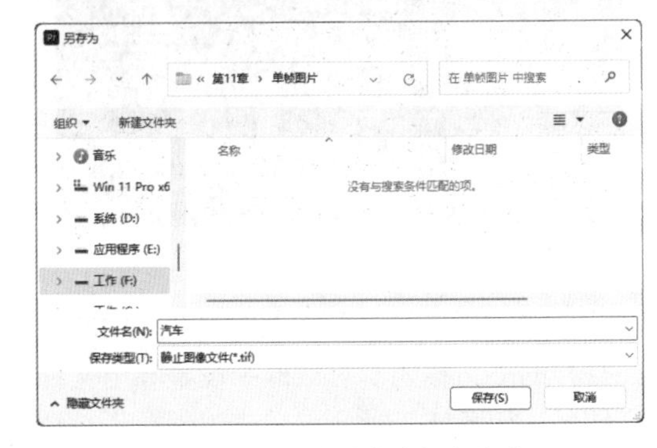

图11-29 设置图片路径和名称

06 单击“导出”按钮即可导出单帧图片，在保存的位置可以查看导出的单帧图片效果，如图11-30所示。

图11-30 预览图片效果

11.3 音频的导出与设置

在Premiere中，除了可以将编辑好的项目导出为图片文件和影音文件，还可以将项目文件导出为纯音频文件。Premiere Pro 2024可以导出的音频文件包括WAV、MP3、ACC等格式。

练习实例：导出音频文件。	
文件路径	第 11 章 \ 音乐.wav
技术掌握	导出音频文件

01 打开“汽车.prproj”项目文件，然后选择“文件”|“导出”|“媒体”命令，切换到导出面板中，在“格式”下拉列表中选择一种音频格式(如“波形音频”)，如图11-31所示。

02 展开“音频”选项组，在“采样率”下拉列表中选择需要的音频采样率，在“声道”下拉列表中选择一种声道模式，如图11-32所示。

03 在“设置”选项组中单击“位置”选项的位置链接，在打开的“另存为”对话框中设置导出文件的路径和文件名，如图11-33所示，单击“保存”按钮。

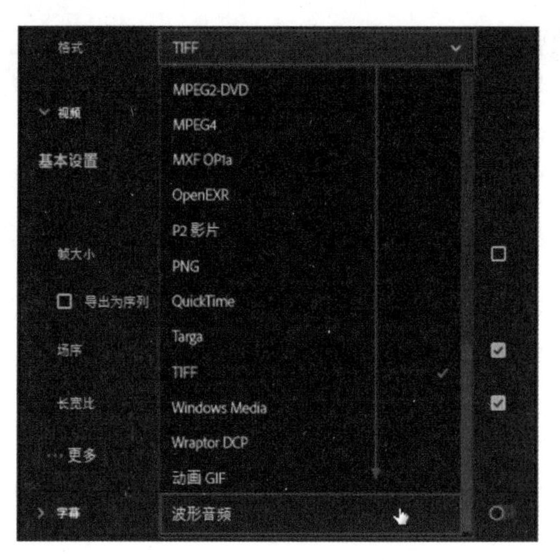

图11-31　选择音频格式

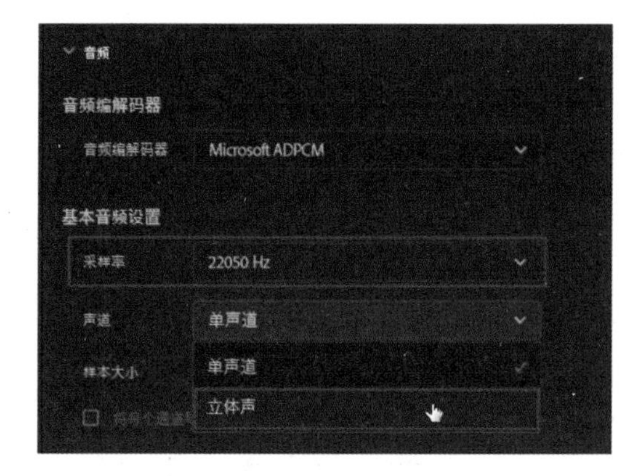

图11-32　设置采样率和声道

图11-33　设置文件的路径和名称

04 单击“导出”按钮，即可将项目文件导出为音频文件。在相应的位置可以找到所导出的音频文件，并且可以双击该文件进行播放，如图11-34所示。

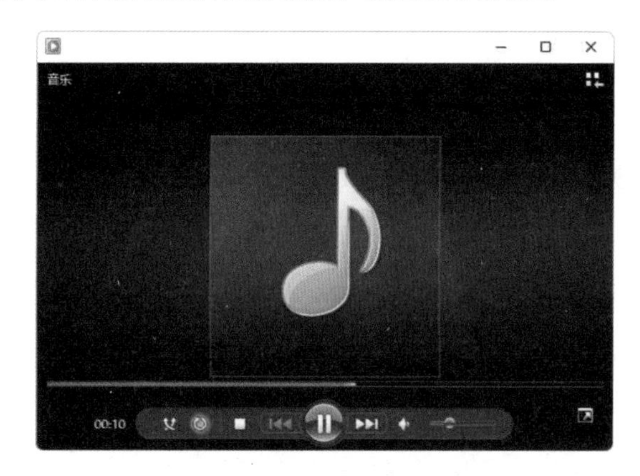

图11-34　播放音频文件

知识点滴：

在Premiere中，除了可以将作品导出为影片、图片和音频文件，还可以将项目以其他类型文件进行输出。选择“文件”|“导出”命令，可以在弹出的子菜单中选择导出文件的类型。在Premiere Pro 2024中，项目输出类型主要有如下几种。

- 媒体：用于导出影片文件，是常用的导出方式。
- 字幕：用于导出字幕文件。
- EDL：将项目文件导出为EDL格式。EDL(Editorial Determination List，编辑决策列表)是一个表格形式的列表，由时间码值形式的电影剪辑数据组成。
- OMF：将项目文件导出为OMF格式。
- AAF：将项目文件导出为AAF格式。AAF(Advanced Authoring Format，高级制作格式)是一种用于多媒体创作及后期制作、面向企业界的开放式标准。
- Final Cut Pro XML：将项目文件导出为XML格式。XML是Internet环境中跨平台的、依赖于内容的技术，是当前处理结构化文档信息的重要工具。

11.4 高手解答

问：为什么输出很短的AVI格式视频，文件都非常大？

答：因为AVI是一种无损的压缩模式。这种视频格式的好处是兼容性好、调用方便、图像质量好，缺点是占用空间大。如果选择无压缩的AVI输出格式，输出的文件会更大，所以在对图像质量要求不是特别高的情况下，输出影片时，通常选择MP4、MOV等格式。

问：输出音频时，通常可以使用什么方法减小文件？

答：输出音频时，可以通过降低音频的采样率来减小文件。

问：在导出的影片格式中，蓝光格式是有什么特点？

答：蓝光(blue-ray)是一种高清DVD磁盘格式，该格式提供了标准的4.7GB单层DVD 5倍以上的存储容量(双面蓝光可以存储50GB，这可以提供高达9小时的高清晰度内容或23小时的标准清晰度内容)。这种格式之所以被称为蓝光，是因为它使用蓝紫激光而不是传统的红色激光来读写数据。

第12章 综合实例

使用 Premiere 可以制作出各种各样的视频效果、电子相册、片头、广告等影片。只要掌握了 Premiere 的具体操作方法，就可以制作出所需要的效果。本章将通过讲解产品广告实例的制作方法和流程，对前面所学的知识进行巩固和运用，帮助读者掌握 Premiere 在实际视频编辑工作中的应用，并达到举一反三的效果。

12.1 案例效果

产品广告是为了引导目标消费者去购买广告主的产品或服务而从事的广告，广告的对象可以是消费者或最终使用者，也可以是渠道成员。本例将以化妆品广告为例，介绍Premiere在影视后期制作中的具体应用，拓展读者使用Premiere在影视编辑方面的应用思维，本例的最终效果如图12-1所示。

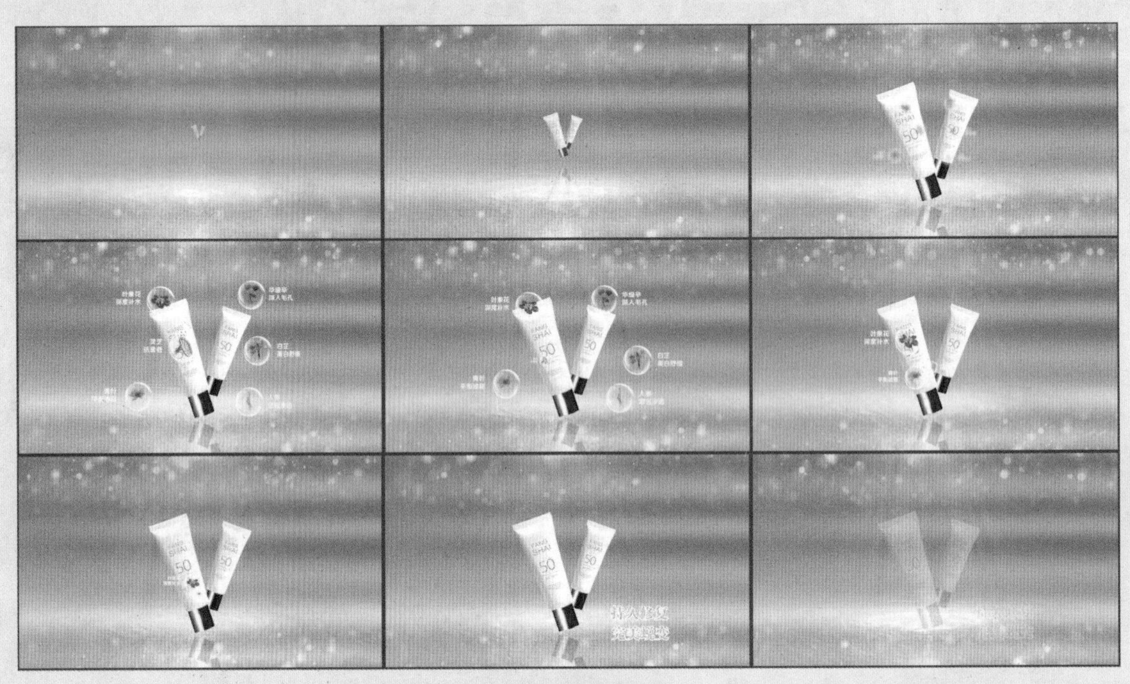

图12-1 实例效果

12.2 案例分析

本案例将展现化妆品产品的视频动画效果，在制作案例前，需要构思该案例所要展现的产品内容和效果。在本案例的制作中，主要包括以下几个方面。

(1) 将收集和制作的素材导入Premiere中进行编辑。

(2) 根据视频所要展示的内容，创建图像倒影效果。

(3) 依次创建各气泡效果和文字，然后对各气泡序列进行合成。

(4) 通过创建嵌套序列，对倒影序列、气泡合成序列和其他素材进行总合成。

(5) 根据视频动画效果，添加和编辑音频，然后对最终效果进行输出。

12.3 案例制作

根据对本案例的制作分析，可以将其分为6个主要部分进行操作：创建产品倒影动画、创建气泡、创建气泡合成动画、创建总合成、编辑音频和导出影片文件，具体操作如下。

12.3.1 创建产品倒影动画

本案例中的产品倒影效果运用了“垂直翻转”视频特效。为了使倒影效果更逼真，在制作倒影的过程中，还需要设置倒影的不透明度。

01 启动Premiere Pro 2024应用程序，新建一个名为“化妆品产品”的项目，然后导入所需素材，并进行分类管理，如图12-2所示。

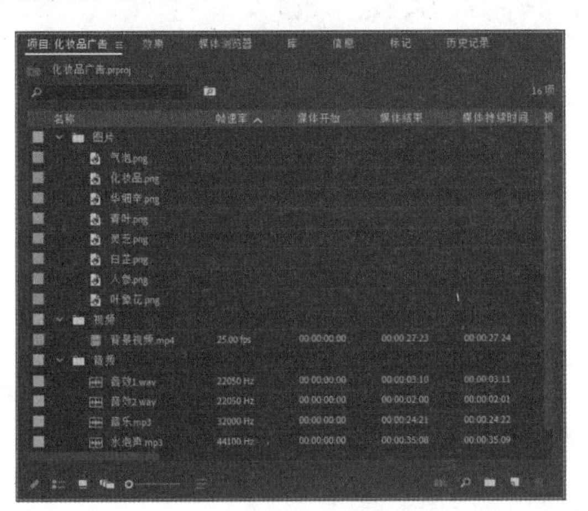

图12-2 导入并管理素材

02 选择“文件”|“新建”|“序列”命令，打开“新建序列”对话框，输入序列名称为“倒影”，设置编辑模式为“自定义”，帧大小为1920、1080，如图12-3所示。

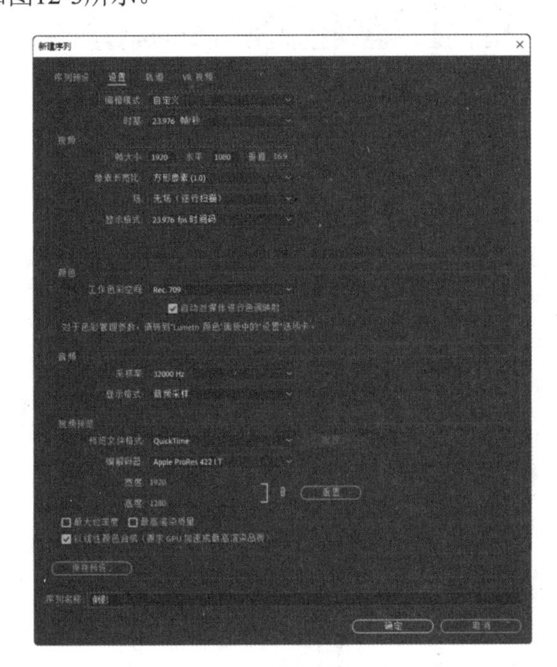

图12-3 设置新序列

03 将项目面板中的“化妆品.png”素材分别添加到视频2轨道和视频3轨道中，并修改其持续时间为20秒，如图12-4所示，视频预览效果如图12-5所示。

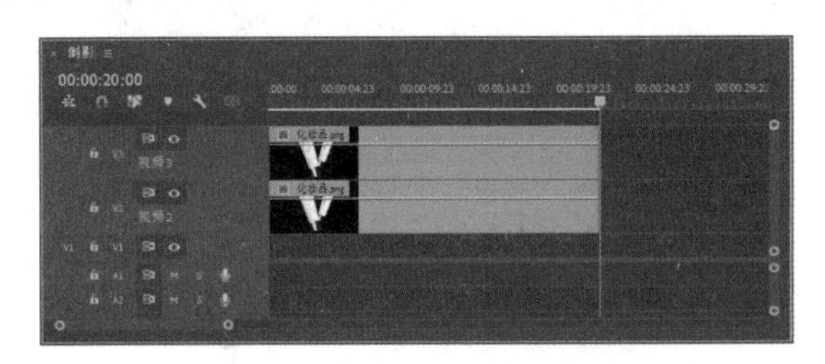

图12-4 在视频轨道中添加素材

图12-5 视频预览效果

04 将时间指示器移到第0秒，选择视频2轨道中的图片素材，然后在效果控件面板中分别为“缩放”和“不透明度”选项各添加一个关键帧，设置“缩放”值为0、“不透明度”值为20%，如图12-6所示。

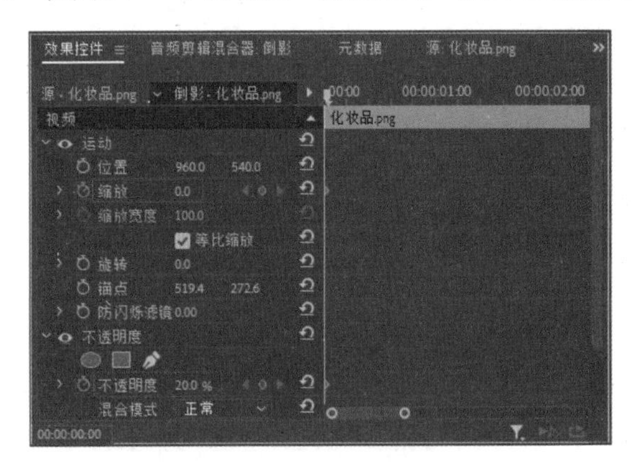

图12-6 设置关键帧属性

05 将时间指示器移到第1秒，为“不透明度”选项添加一个关键帧，并修改“不透明度”值为100%，如图12-7所示。

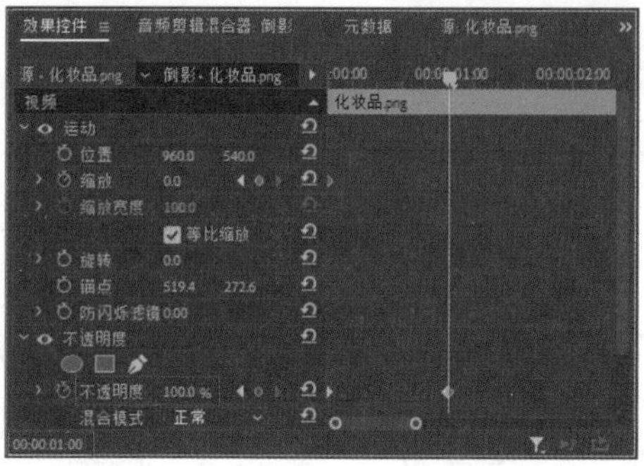

图12-7　设置“不透明度”关键帧

06 将时间指示器移到第2秒，为“缩放”选项添加一个关键帧，并修改“缩放”值为100，如图12-8所示。

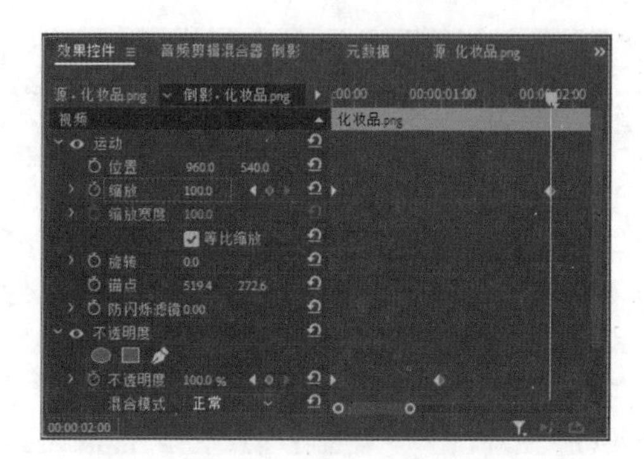

图12-8　添加关键帧

07 打开效果面板，依次展开“视频效果”和“变换”素材箱，选择“垂直翻转”视频效果，如图12-9所示。将“垂直翻转”视频效果添加到视频3轨道中的图片素材上，对图片进行垂直翻转，效果如图12-10所示。

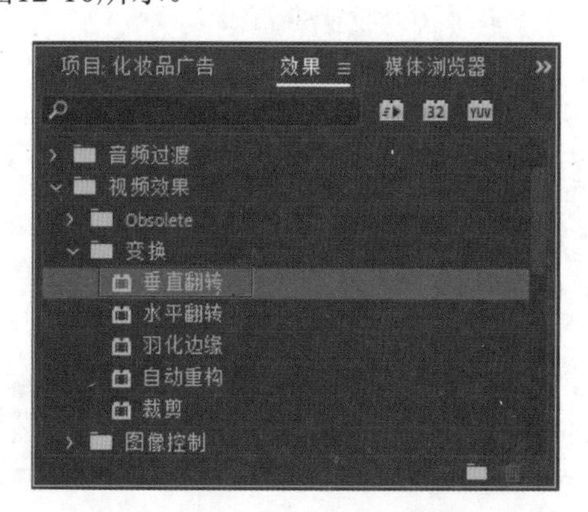

图12-9　选择“垂直翻转”视频效果

图12-10　垂直翻转效果

08 将时间指示器移到第0秒，选择视频3轨道中的图片素材，然后在效果控件面板中分别为“位置”“缩放”和“不透明度”选项各添加一个关键帧，设置位置坐标为960、600；缩放值为0；不透明度为0，如图12-11所示。

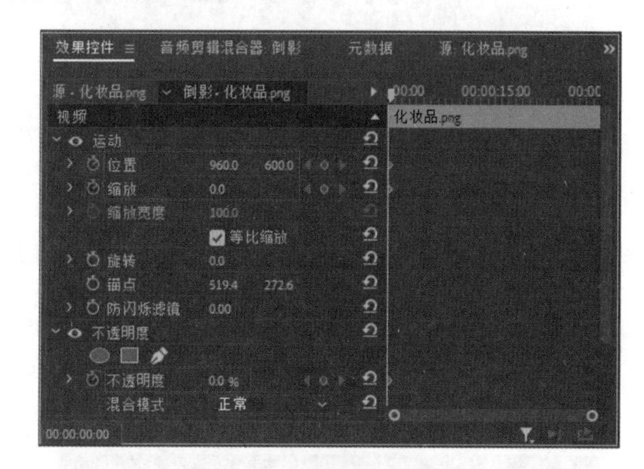

图12-11　设置关键帧属性

09 将时间指示器移到第1秒，为“不透明度”选项添加一个关键帧，并修改“不透明度”的值为35%，如图12-12所示。

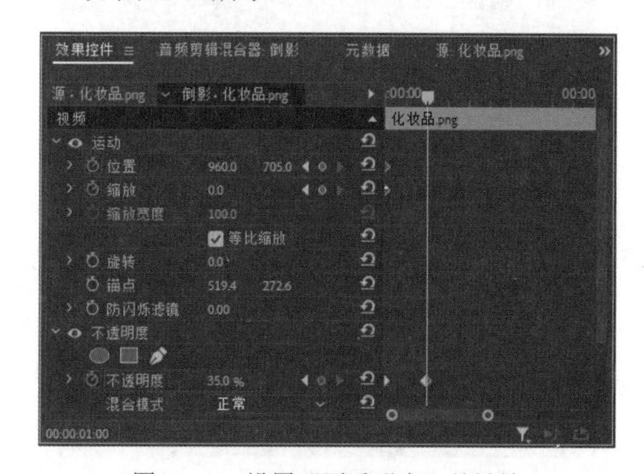

图12-12　设置“不透明度”关键帧

10 将时间指示器移到第2秒，为“位置”和“缩放”选项各添加一个关键帧，并修改“位置”坐标为960、1160，“缩放”为100，如图12-13所示。

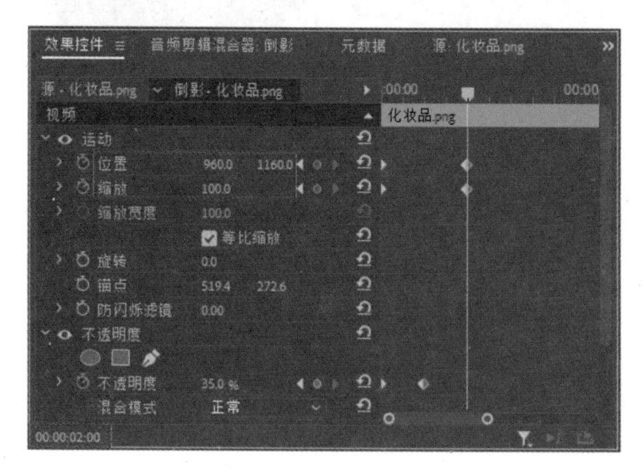

图12-13 设置“位置”和“缩放”关键帧

11 在节目监视器面板中对创建的倒影动画进行预览，效果如图12-14所示。

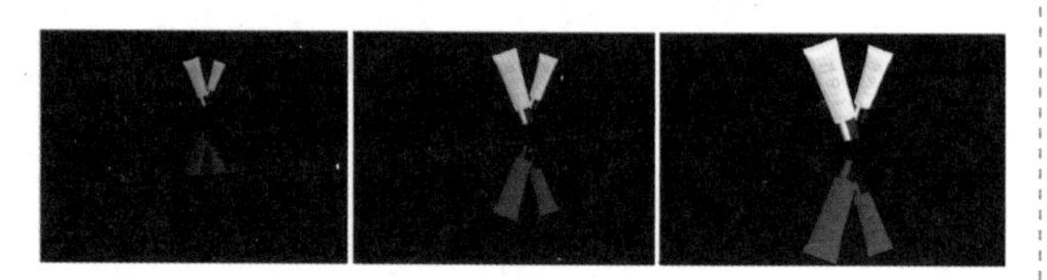

图12-14 倒影动画效果

12 在时间轴面板中选中编辑好的两个素材，然后选择“剪辑”|“嵌套”命令，在打开的“嵌套序列名称”对话框中输入嵌套的名称，如图12-15所示。单击“确定”按钮，即可将所选素材创建为嵌套对象，如图12-16所示。

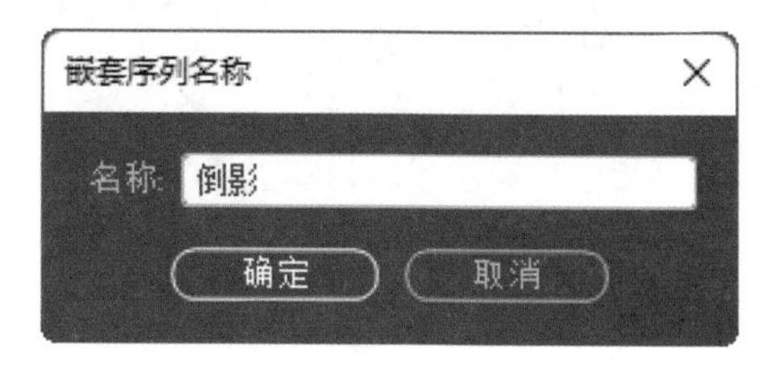

图12-15 输入嵌套序列名称

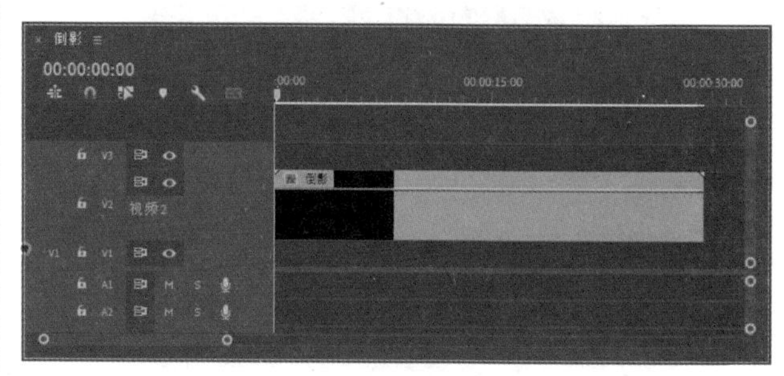

图12-16 创建嵌套序列

12.3.2 创建气泡

为了创建气泡动画效果，需要先创建各个气泡序列，以便后期对各个气泡进行动画编辑。

01 新建一个名为“气泡1”的序列，将“气泡.png”和“灵芝.png”素材分别添加到视频1轨道和视频2轨道中，如图12-17所示。

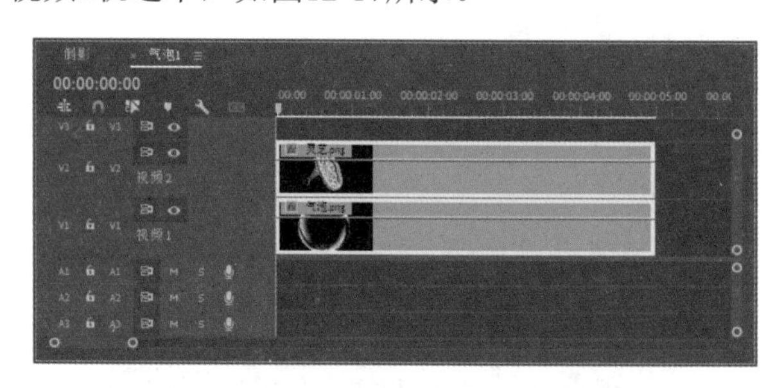

图12-17 在视频轨道中添加素材

02 选中视频1轨道和视频2轨道中的两个素材，然后选择“剪辑”|“速度/持续时间”命令，打开“剪辑速度/持续时间”对话框，设置“持续时间”为19秒，如图12-18所示。

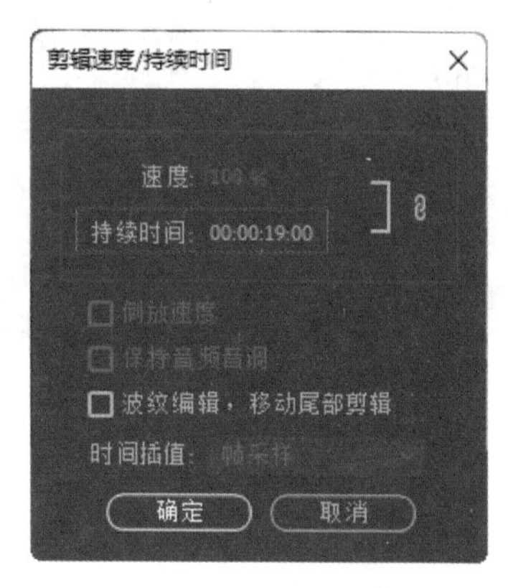

图12-18 设置素材的持续时间

03 选择视频2轨道中的图片素材，在效果控件面板中设置“缩放”为12，如图12-19所示。

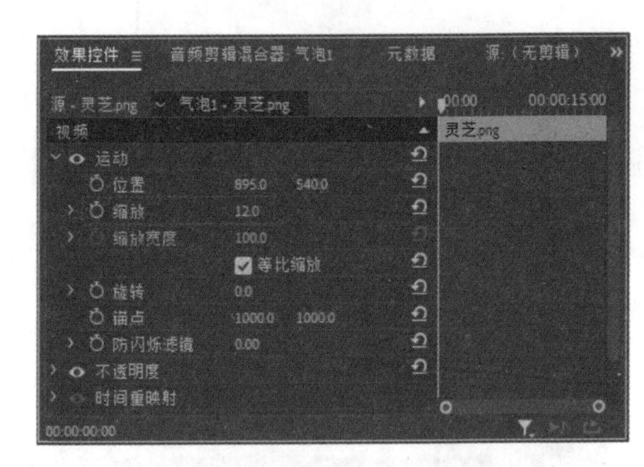

图12-19　设置素材“缩放”值

04 在节目监视器面板中适当调整灵芝图片的位置，将灵芝放入气泡中，效果如图12-20所示。

图12-20　调整图片位置

05 在工具面板中选择“文字工具”T，然后在气泡左方输入文字对象，设置字体为“方正正粗黑简体”、填充颜色为淡黄色(R255,G255,B224)，适当调整文字大小，效果如图12-21所示。

图12-21　创建文字

06 在时间轴面板中拖动文字对象的出点，与其他视频轨道中的素材出点对齐，如图12-22所示。

07 在时间轴面板中选中编辑好的图片和文字素材，然后选择“剪辑”|“嵌套”命令，在打开的“嵌套序列名称”对话框中输入嵌套的名称为“气泡1”，如图12-23所示。单击“确定”按钮，将所选素材创建为气泡1嵌套序列，如图12-24所示。

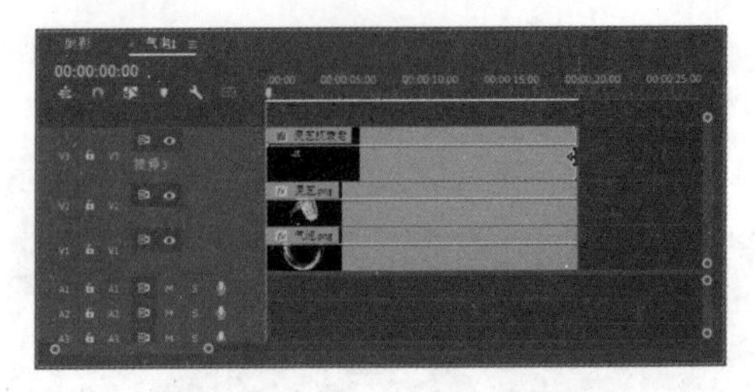

图12-22　拖动文字对象的出点

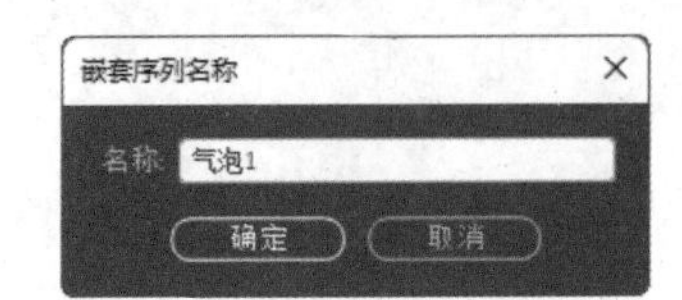

图12-23　输入嵌套序列名称

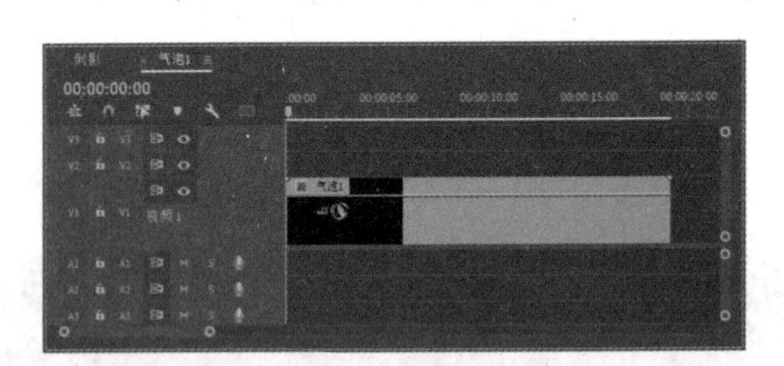

图12-24　创建气泡1嵌套序列

08 使用同样的方法，创建其他的气泡序列，如图12-25所示。

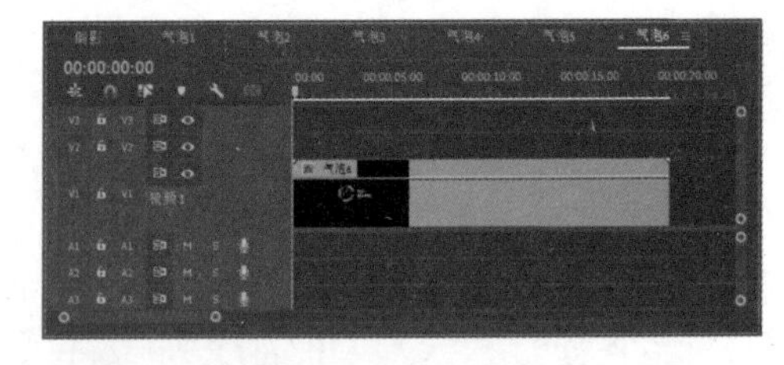

图12-25　创建其他气泡序列

09 在项目面板中创建一个素材箱对气泡序列进行分类管理，如图12-26所示。

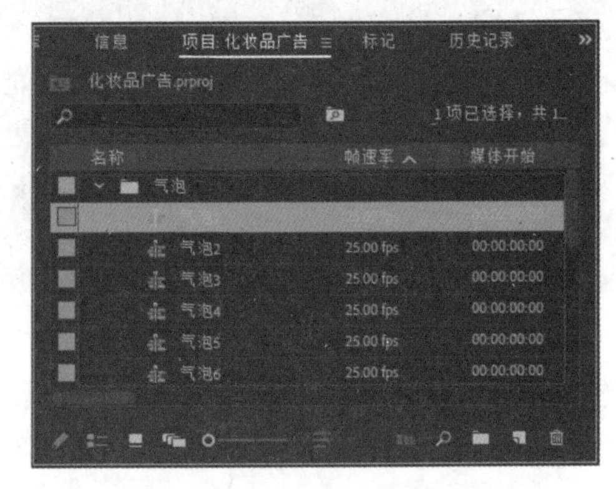

图12-26　分类管理气泡序列

12.3.3 创建气泡合成动画

创建好气泡序列后，可以创建一个新序列对气泡序列进行合成，然后在合成序列中对各个气泡序列进行动画编辑。

01 新建一个名为“气泡合成”的序列，设置视频轨道数为6，如图12-27所示。

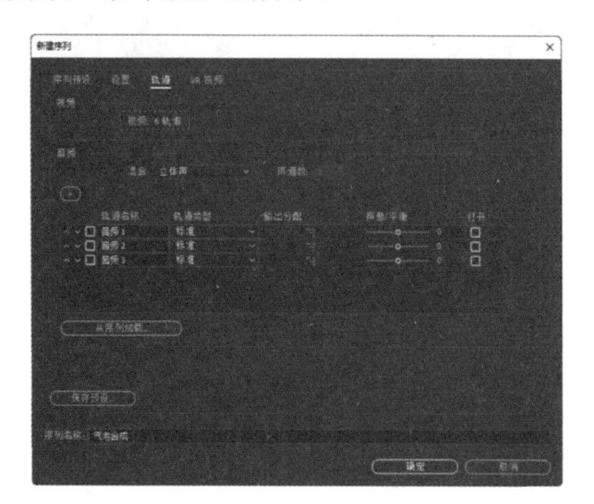

图12-27 新建序列

02 将创建的“气泡1”~“气泡6”序列分别添加到“气泡合成”序列的视频1~视频6轨道中，如图12-28所示。

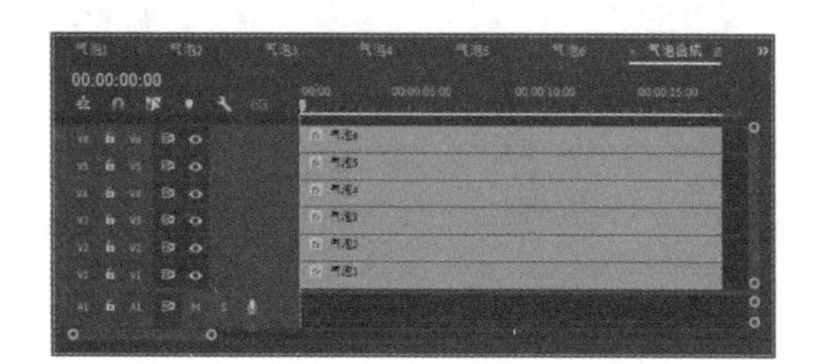

图12-28 添加各个气泡序列

03 将时间指示器移到第2秒，选择视频1轨道中的“气泡1”嵌套序列，然后在效果控件面板中为“位置”选项添加一个关键帧，保持默认坐标不变，如图12-29所示。

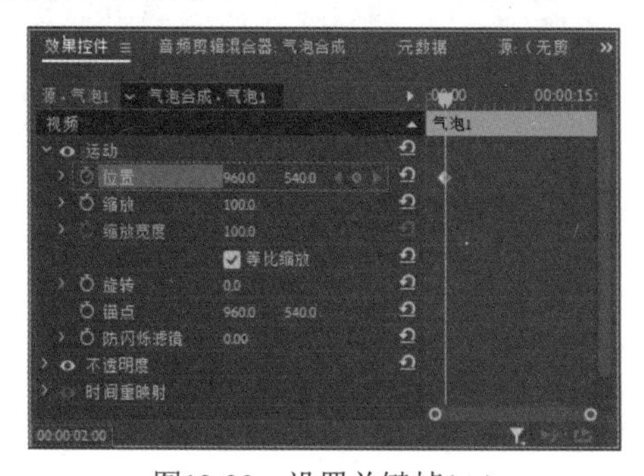

图12-29 设置关键帧(一)

04 将时间指示器移到第5秒，为“位置”和“缩放”选项各添加一个关键帧，并修改“位置”坐标为770、560，设置“缩放”值为60，如图12-30所示。

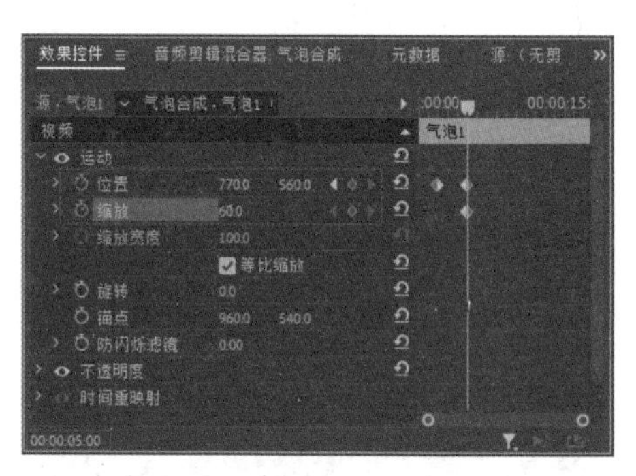

图12-30 设置关键帧(二)

05 将时间指示器移到第7秒，为“位置”和“缩放”选项各添加一个关键帧，并修改“位置”坐标为960、650，设置“缩放”值为0，如图12-31所示。

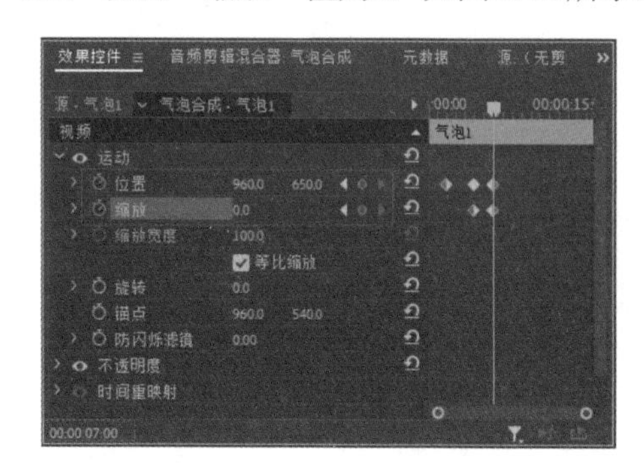

图12-31 设置关键帧(三)

06 使用同样的方法，对其他视频轨道中的气泡嵌套序列设置“位置”和“缩放”关键帧，使各个气泡产生运动效果，并在不同时间依次消失，效果如图12-32所示，然后将气泡合成序列中的所有序列创建为嵌套序列。

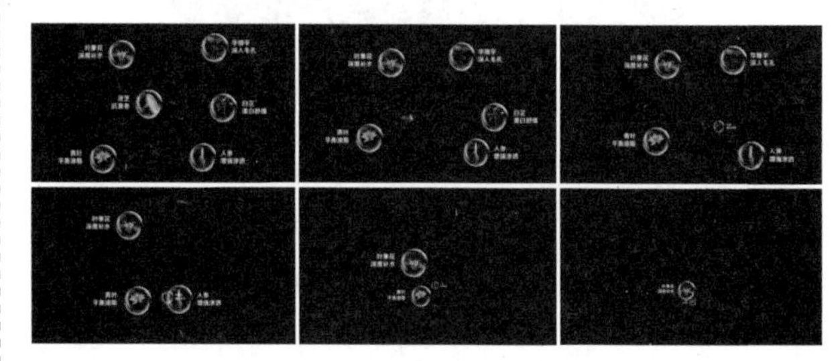

图12-32 气泡合成及运动效果

12.3.4 创建总合成

前面对素材倒影、气泡效果进行了单独的编辑，接下来就可以将这些序列进行总合成，在总合成过程中，可以对气泡出现的镜头添加模糊效果。

01 新建一个名为“总合成”的序列，设置视频轨道数为4，将“背景视频.mp4”素材和“倒影”序列分别添加到“总合成”序列的视频1和视频2轨道中，并将背景视频的出点与“倒影”序列的出点对齐，如图12-33所示。

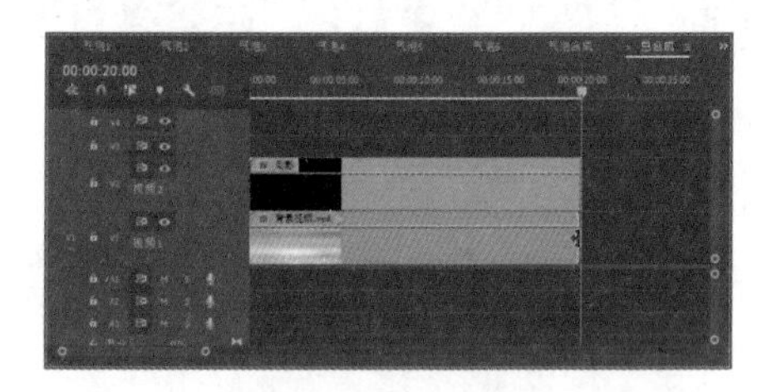

图12-33 在视频轨道中添加素材和序列

02 将“气泡合成”序列添加到“总合成”序列的视频3轨道中，设置其入点在第2秒，如图12-34所示。

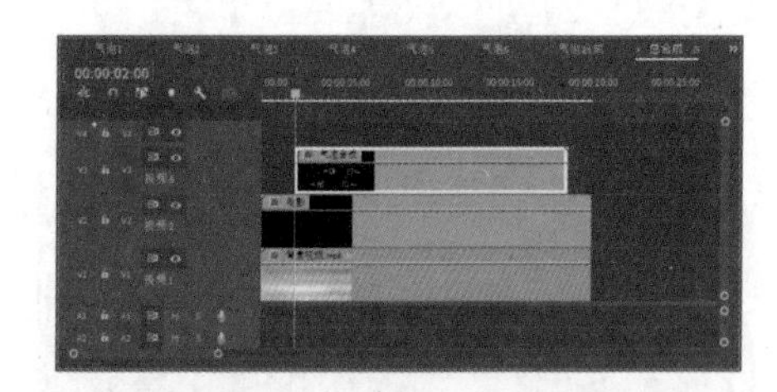

图12-34 添加气泡合成序列

03 打开效果面板，依次展开“视频效果”和“模糊与锐化”素材箱，然后选择“高斯模糊”视频效果，如图12-35所示。

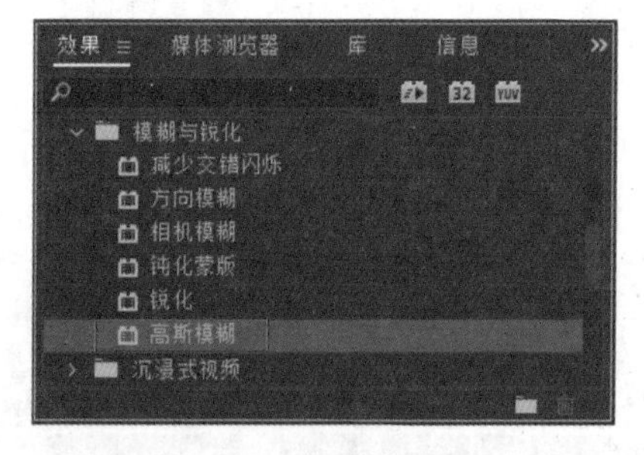

图12-35 选择“高斯模糊”视频效果

04 将“高斯模糊”视频效果添加到视频3轨道中的气泡合成嵌套序列上，对嵌套序列进行高斯模糊处理，视频效果如图12-36所示。

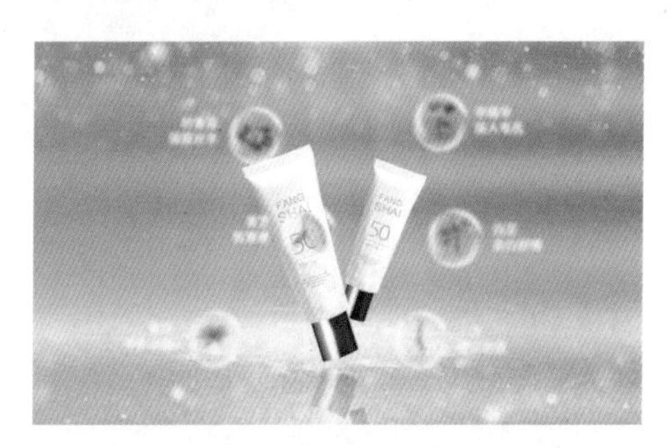

图12-36 气泡模糊效果

05 将时间指示器移到第2秒，在效果控件面板中分别为“缩放”和“模糊度”选项各添加一个关键帧，设置“缩放”值为0；“模糊度”值为100，如图12-37所示。

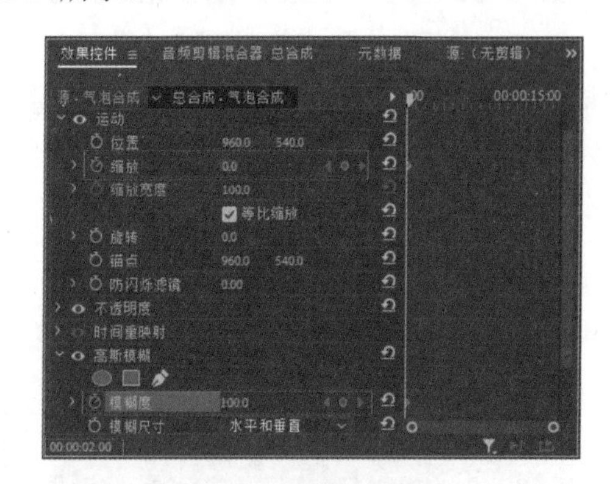

图12-37 设置关键帧(一)

06 将时间指示器移到第3秒15帧，分别为“缩放”和“模糊度”选项各添加一个关键帧，设置“缩放”值为100；“模糊度”值为0，如图12-38所示。

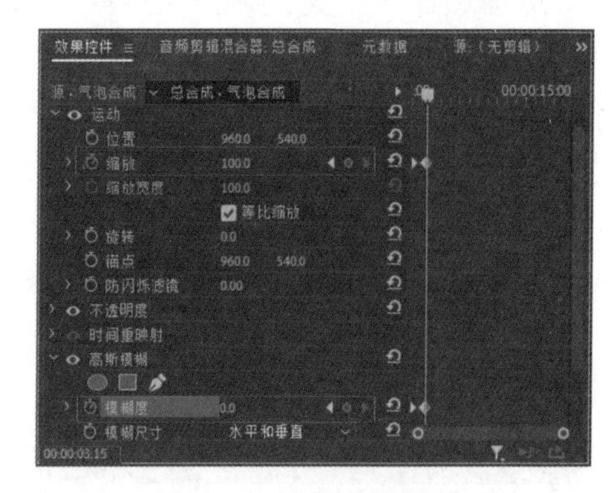

图12-38 设置关键帧(二)

07 在工具面板中选择“文字工具”**T**，然后在画面右下方输入文字对象，设置字体为“汉仪大宋简”、填充颜色为黄色(R255,G200,B80)、描边颜色为白，适当调整文字大小，效果如图12-39所示。

图12-39 创建文字

08 将时间指示器移到第17秒的位置，然后将文字图形的入点设置到此处，如图12-40所示。

09 展开倒影和文字视频轨道的关键帧控件区，然后通过设置不透明度关键帧制作倒影的淡出效果和文字的淡入淡出效果，如图12-41所示。

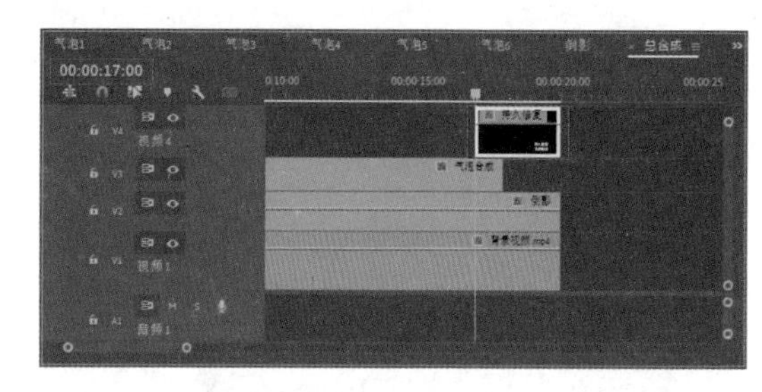

图12-40 调整文字的入点

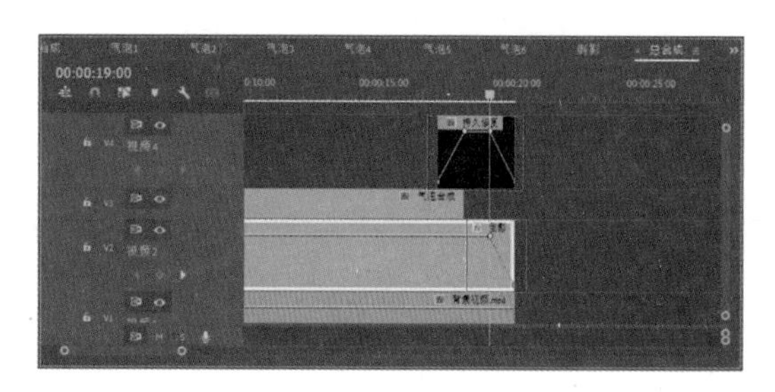

图12-41 制作淡入淡出效果

12.3.5 编辑音频

编辑好视频效果后，就需要根据画面效果添加声音效果。当声音素材的持续长度不适合视频效果时，就需要调整声音素材的出入点或速度，来改变声音的持续时间，并通过设置音量关键帧制作声音的淡入淡出效果。

01 将“音乐.mp3”素材添加到时间轴面板的音频1轨道中，将其入点放置在第0秒的位置，然后向左拖动素材的出点，将该素材的出点与视频1轨道中的视频素材出点对齐，如图12-42所示。

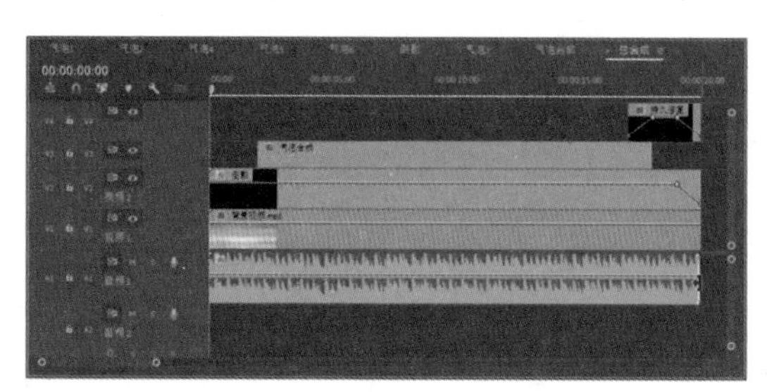

图12-42 添加并调整音频素材

02 展开音频1轨道的关键帧控件区，然后设置音量关键帧制作声音的淡出效果，如图12-43所示。

03 将“音效1.wav”和“音效2.wav”素材添加到时间轴面板的音频2轨道中，将其入点分别设置在第0秒和第2秒15帧的位置，如图12-44所示。

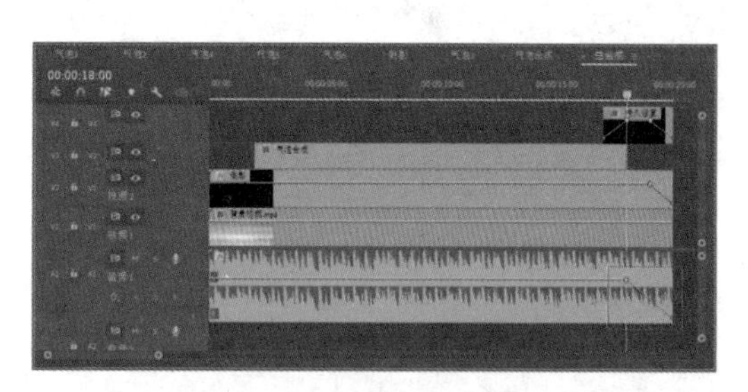

图12-43 制作声音淡出效果

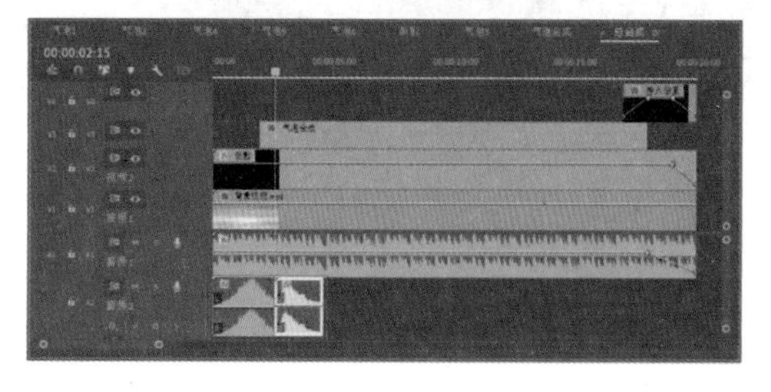

图12-44 添加音效素材

04 将“水泡声.mp3”素材添加到时间轴面板的音频2轨道中，将其入点设置在第8秒的位置，然

后适当调整素材的出点，使其处于水泡声阶段，如图12-45所示。

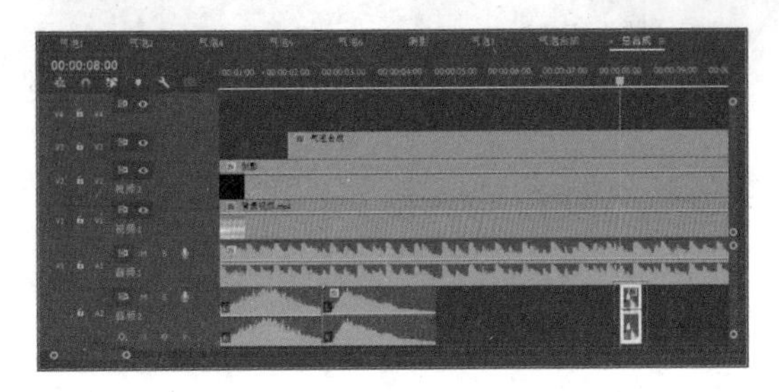

图12-45　添加并调整音频素材

05 按住 Alt键拖动编辑好的“水泡声.mp3”素材将其复制3次，分别设置其入点在第9秒15帧、第12秒和第14秒的时间，然后将最后的一个水泡声素材的出点调整到第15秒的位置。至此完成视频和音频的编辑操作，如图12-46所示。

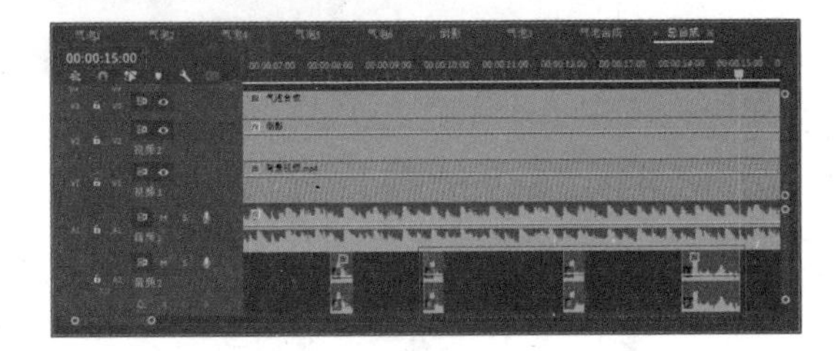

图12-46　复制并调整水泡声素材

12.3.6　导出影片文件

完成视频和音频的编辑后，最终还需要将作品导出为影片文件，以便制作人员和客户进行观看。

01 在时间轴面板中选择当前编辑好的总合成序列，然后选择“文件”|“导出”|“媒体”命令，切换到导出面板中，在“设置”选项组的“格式”下拉列表框中选择一种影片格式(如H.264)，如图12-47所示。

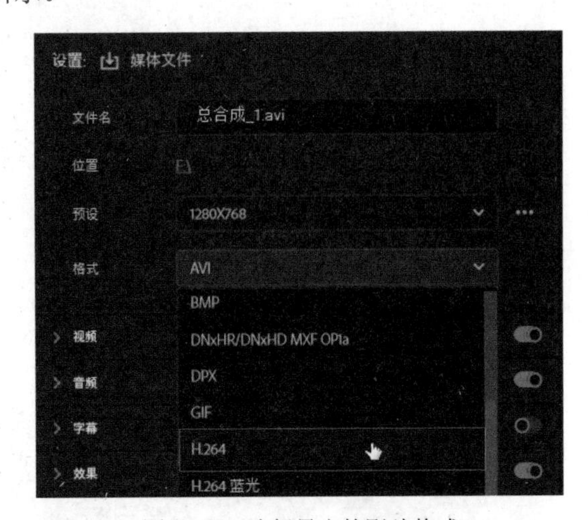

图12-47　选择导出的影片格式

02 单击“位置”选项的位置链接，然后在打开的“另存为”对话框中设置导出文件的路径和文件名，再单击“保存”按钮进行保存，如图12-48所示。

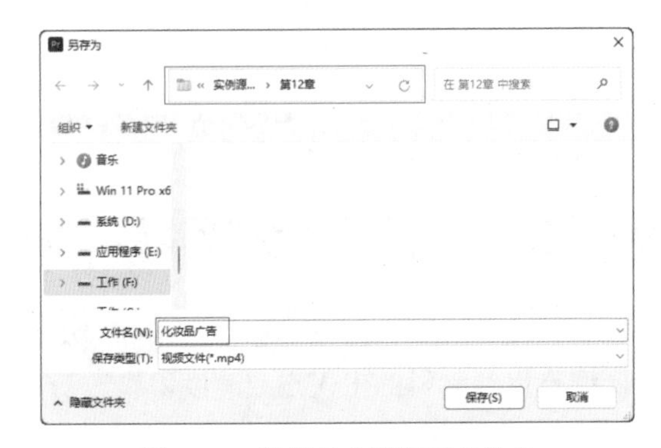

图12-48　设置导出路径和文件名

03 保持其他默认选项不变，单击面板右下角的“导出”按钮，即可将选择的序列导出为影片文件。然后使用播放软件即可播放导出的影片文件，如图12-49所示。

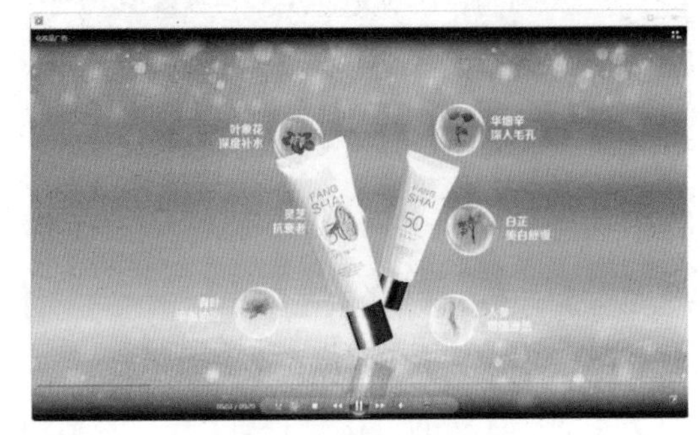

图12-49　播放最终的影片